KB112900

사피엔스
DNA역사

A BRIEF HISTORY OF EVERYONE WHO EVER LIVED:

The Stories in Our Genes

by Adam Rutherford

Copyright © Adam Rutherford 2016

First published in Great Britain in 2016 by Weidenfeld & Nicolson

an imprint of The Orion Publishing Group Ltd, an Hachette UK Company

Illustration credits: page 22, reproduced with permission from Chris Stringer;
pages 42–3, John Gilkes; page 111, reproduced and redrawn by Stephen Leslie;
page 223, taken from Galton, Francis, 'On the Anthropometric Laboratory at
the International Health Exhibition', Journal of the Anthropological Institute
14 (1884), 12 and reproduced with permission from Wiley;
page 273, courtesy of Cold Spring Harbor Laboratory;

Korean translation copyright © Sallim Publishing Co., Ltd. 2018
All rights reserved

This Korean edition published by arrangement
with Orion Books, an imprint of The Orion Publishing Group Ltd, London
through Shinwon Agency Co., Seoul

사피엔스
DNA 역사

● 애덤 러더퍼드 지음 | 한정훈 옮김 ●

살림

목차

나는 런던대학교에 입학한 이래로 스티브 존스 교수의 가르침을 받았다. 1994년 1학년 유전학 수업 첫날, 그분은 자신의 대표작인 『유전자의 언어(*The Language of Genes*)』를 구입하면 빈곤한 학생들인 우리에게 이익을 돌려주겠다고 말했다. 나는 55펜스를 돌려달라고 주장했다. 수년에 걸쳐 그분은 다른 누구보다 내게 지적으로 많은 영향을 끼쳤으며, 여러 면에서 이 책은 그분의 허락하에 그 고전의 연장선상에 있다. 2012년 영국 인본주의 협회(British Humanist Association)에서 영광스러운 강연을 하도록 초청받았을 때 존스 교수가 나를 소개했다. 그분은 내가 진정으로 당신의 자리를 물려받을 수 있도록 자신이 죽기를 기다리고 있다는 강한 느낌을 받았다고 농담을 던졌다. 아직 돌아가시지 않았기 때문에, 그리고 55펜스 때문에, 나는 이 책을 스티브 존스 교수께 바친다.

저자 서문

과학은 협업을 요구한다. 고독한 천재는 없으며, 악한 천재도 없고, 이단적인 천재도 거의 없다. 대부분의 과학은 팀에서 일하는 아주 평범한 사람들, 혹은 유사하거나 다른 분야의 여러 사람들과 함께하는 작업을 통해 이루어진다. 11세기 철학자 샤르트르의 베르나르(Bernard de Clairvaux)와 물리학자 아이작 뉴턴이 사냥꾼 오리온이 잠시 눈이 멀자 어깨에 난쟁이를 앉혀서 더 멀리 내다보았다는 그리스 신화를 인용하면서 강조한 것처럼, 과학자들은 역사적인 당대 거인들의 어깨 위에 지식을 구축한다.

이 책에 등장하는 과학은 역사, 고고학, 고생물학, 의학 및 심리학 같은 오래된 학문과 유전체학(genomics)이라는 새로운 학문을 접목시키기 때문에, 아마도 대부분의 경우보다 더 협력적일 것이다. 유전학 논문의 저자 목록은 이제 수십, 수백, 수천 개에 달할 정도다. 빅토리아 시대의 신사들이 한가롭게 자연의 구조를 열정적으로 탐구하던 유산은 먼 과거의 이야기가 되었다.

많은 분들이 이 책을 쓰는 데 도움을 주었고, 책 뒤쪽에 나열된 수많은 연구 논문들 역시 큰 도움을 주었다. 하지만 대부분의 경우 나는 본문에 특정 참고 문헌이나 개별 연구원을 언급하지 않은 채 이야기의 흐름에 덧붙였다. 이 책의 많은 연구가 런던대학교의 마크 토머스 교수님과 관련되어 있다. 토머스 교수님이 베풀어주신 수년간의 지도와 우정에 대해 깊이 감사드린다.

고대 DNA를 분석하는 특정 분야는 현재 몇몇 연구진이 주도하고 있지만, 기술이 향상되고 배포가 쉬워지고 점점 더 많은 데이터가 축적됨에 따라 빠른 속도로 퍼지고 있다. 이 이야기 중 몇 가지는 스반테 파보, 투리 킹 및 리처드 3세 프로젝트, 조 피크렐, 데이비드 라이시, 조쉬 아키, 요아킴 버거, 그레이엄 쿱, 요하네스 크라우스, 그리고 직간접적으로 나를 도와준 여러분들의 작업에서 가져온 것이다. 노고는 그분들의 몫이며, 어떤 오류라도 저의 몫이다. 456페이지에는 유전학자들이 사용하는 기술용어나 친숙하지 않은 용어에 대한 해설을 첨부하였다.

시작하는 말

•

'먼 미래 속에서 나는 훨씬 더 중요한 연구를 위해 열려 있는 분야를 본다…
인간의 기원과 역사에 빛이 비춰질 것이다.'
–찰스 다윈, 제14장 「요약과 결론」, 『종의 기원』, 1859

이것은 당신에 관한 이야기이며, 당신이 누구이고 어떻게 생겨났는지
에 대한 이야기다. 이것은 당신의 개인적인 이야기다. 이제까지 숨 쉬
었던 모든 사람들이 그랬듯 당신의 존재에 새겨진 인생의 여정은 독특
하기 때문이다. 이것은 또한 우리 모두의 이야기이기도 하다. 인류 전
체를 위한 대표로서 당신은 전형적이고 예외적이기 때문이다. 개인 간
의 차이에도 불구하고, 모든 사람은 매우 가깝게 연관되며, 우리의 가
계도(family tree)는 나뭇가지처럼 뻗어나가는 모양이 아니라, 비뚤어지
고 뒤엉켜 있다. 그러나 우리는 그것의 열매다.

　정확한 숫자는 계산을 시작하는 시점에 따라 다르겠지만, 지금까지
약 1,070억 명의 현생인류가 존재해왔다. 우리 모두는 아프리카 '단일
기원(single origin)'을 가진 종이기 때문에 가까운 사촌들이다. 하지만 우

리는 단일 기원이 실제로 의미하는 바를 묘사하는 언어를 가지고 있지 않다. 예를 들어, 그것은 한 쌍의 가상적인 아담과 이브를 의미하지는 않는다.

우리는 가족과 혈통, 계보 및 조상을 생각하며, 같은 방식으로 깊은 과거를 생각하려고 노력한다. 내 조상은 누구였을까? 당신은 단순하고 전통적인 가족 구조를 가졌을 수도 있고 나처럼 정돈되지 않은 가계도를 가졌을 수도 있다. 그래서 그 덩굴이 서랍 속의 오래된 실타래처럼 뒤죽박죽이었을 수도 있다. 그러나 어느 쪽이든 모든 사람의 과거는 조만간 혼란에 빠지게 된다.

우린 누구나 두 부모를 가진다. 부모의 부모도 둘이다. 그다음 그들도 두 부모를 가진다. 이렇게 과거로 계속 거슬러 올라가면 종국엔 영국의 침략인이 나오고, 당신은 수십억의 생존했던 사람들에 의해 각 세대는 갑절이 되었음을 알 수 있을 것이다.

진실은, 우리의 혈통이 그 자체로 닫힌 고리가 되고 뒤엉킨 그물이 되어 지금까지 살아온 모든 사람들이 그런 조상의 계보에 얽매이게 되었다는 것이다. 단지 수천 년 전으로 돌아가 보면 오늘을 살아가는 70억 인류의 대부분이 마을의 인구만큼 적은 소수의 사람들로부터 비롯된 것임을 알게 된다.

역사는 우리의 기록물이다. 우리가 누구인지 그리고 어떻게 생겨났는지 이해하려고 시도하면서, 수천 년 동안 과거와 현재의 이야기를 우리들이 채색하고, 조각하고, 쓰고, 말해진 것이다. 역사는 글쓰기와 함께 상호교감에 의해 시작되었다. 역사 이전에는 선사 시대가 있었으며,

이는 우리가 기록하기 전에 일어난 일들이다. 통찰에 의하면 생명체는 약 39억 년 동안 지구상에 존재해왔다. 우리가 속한 호모 사피엔스(*Homo sapiens*) 종은 불과 20만 년 전에 동아프리카에서 나타났다. 최초의 기록은 지금 우리가 중동이라고 부르는 메소포타미아에서 약 6,000년 전에 시작되었다.

이렇게 비유해보자. 이 책은 모두 11만 1,000단어, 또는 간격을 포함해 약 66만 개 문자의 길이로 이루어졌다. 지구상에 생명체가 존재한 시간을 이 책으로 표현할 경우, 각 문자는 간격을 포함 약 5,909년에 해당한다. 해부학적 현생인류가 지구에서 살아온 기간은… 이 문장의 길이 정도다. 우리가 역사를 기록한 시간은 진화발달에서 한 번의 날갯짓에 불과하며, 이 마침표(.)의 폭만큼이다.

역사기록은 얼마나 엉성한가! 문서는 해체되고 분해된다. 그것은 기후에 의해 빛바래고, 곤충과 박테리아의 먹이가 되거나 파괴되고, 숨겨지고, 흐릿해지거나 수정된다. 또한 역사의 기록은 주관적이다. 우리는 지난 10년 동안의 일에 대해서도 서로 다르게 인식한다. 신문은 편향된 정보를 그대로 기록한다. 카메라는 사람들이 의도한 이미지를 저장하고, 종종 맥락을 생략한 채 렌즈에 포착된 것만을 보여준다. 인간 자체가 객관적 현실에 대해 너무 신뢰할 수 없는 증인이어서 우리는 비틀거린다.

2001년 9월 11일 세계무역센터가 파괴된 사건의 정확한 세부적 진상은 상충되는 보고와 엄청난 공포와 혼란 때문에 여전히 잘 밝혀지지 않은 채 남아 있다. 역사의 법정에서 증인의 진술은 자주 번복되며 항상 의심하는 눈길 속에서 검증받는 대상이 된다. 세기를 거슬러 올라가 보면, 아마도 역사상 가장 영향력 있는 인물인 예수 그리스도조차도 실제로 존재했다는 동시대의 증거가 없다. 그리스도의 생애에 관한 대부분의 이야기는 그를 만난 적도 없는 사람들에 의해 그가 죽은 후 수십 년 뒤에 기록되었다. 오늘날 그런 기록이 역사적인 증거로 제시된다면, 우리는 심각하게 의문을 제기할 것이다. 기독교인들이 의지하는 복음서조차도 일관성이 없으며 시간이 지남에 따라 돌이킬 수 없게 변이되었다.

이는 역사나 기독교 연구에 대한 비판이 아니라 안개가 낀 것처럼 과거가 얼마나 애매모호한지에 대한 설명일 뿐이다. 최근까지의 역사는 주로 종교 문헌, 상업적 거래 문서, 왕족의 족보에 기록되었다. 현대에 와서는 반대의 문제가 나타나고 있다. 즉, 정보가 너무 많아서 그것을 관리할 방법이 거의 없는 상황인 것이다. 당신이 온라인으로 물건을 구매하거나 인터넷 검색을 할 때마다 그 배후에 있는 회사에게 당신의 정보를 수집하도록 자발적으로 제공하는 셈이다. 우리는 과거를 재구성하기 위해 책, 무용담, 구전 역사, 비석에 새겨진 기록, 고고학, 인터넷, 데이터베이스, 영화, 라디오, 하드 드라이브, 테이프 등에 저장된 정보 조각을 결합시킨다. 그리고 이제 생물학이 강력하게 이 정보를 들이키게 되었다.

이 책의 서장 시작 부분에 인용한 문구는 다윈의 『종의 기원(*The Origine of Species*)』의 마지막에 나오는 인간에 대한 언급이다. 그것은 마치 '먼 미래에는 그가 제안한 수정된 조상 이론으로 인류의 역사에 빛이

비춰질 것입니다. 다음 편에 계속됩니다'라며 속편이 나올 거라고 우리를 자극하는 듯하다.

다윈이 말한 먼 미래가 지금 오고 있다. 이제 우리의 과거를 읽을 수 있는 또 다른 방법이 생겼으며, 모든 조명이 인류의 기원을 비추고 있다. 당신의 세포에는 서사시가 담겨 있다. 그것은 무엇과도 비교할 수 없을 만큼 독특하고 끝없이 펼쳐지는 무용담이다. 이중나선이 발견된 후 50년 만에 DNA를 판독할 수 있는 우리의 능력은 DNA를 역사의 근원이자 탐구해야 할 교과서로 만들 만큼 향상되었다. 인류의 게놈, 유전자, DNA는 지구상의 생명체가 40억 년의 시행착오를 겪으며 당신을 낳은 여행의 기록이다. 당신의 게놈은 DNA의 총체다. 그것은 30억 개의 문자이며, (생물학적 관점에서) 신비로운 성적 결합 과정을 통해 DNA 문자들이 함께 어우러져 당신을 독특한 존재로 만들었다. 하지만 이 유전체 지문은 당신만 독특한 게 아니라 지금까지 지구에 살았던 1,070억 명 모두가 독특하다. 이 말은 당신이 일란성 쌍둥이라고 해도 적용된다. 일란성 쌍둥이의 게놈은 서로 구별이 불가능한 상태로 시작하지만, 임신 직후 순간적으로 서로 떨어지게 된다. 미국의 동화작가 닥터 수스(Dr Seuss)는 이렇게 말했다.

오늘의 당신이 바로 당신이다. 그건 진실 이상의 진실이다!
당신보다 더 당신답게 살아가는 사람은 아무도 없다!

당신을 만드는 정자는 임신되기 며칠 전 아버지의 고환에서 시작된다. 수십억에 달하는 정자 중에서 오직 하나만이 그 머리를 어머니의 난자에 접촉시킬 수 있다. 난자는 러시아 인형처럼 당신의 어머니가 할머니 뱃속의 태아였을 때부터 난소 안에서 성장하고, 마지막 월경주기 속에서 성숙해진 후, 자신의 차례가 되면 안락한 난소의 영역에서 벗어나 임신을 위한 과정으로 접어든다.

경쟁에서 승리하여 난자와의 접촉에 성공한 정자는 난자의 보호막을 녹이는 화학 물질을 배출하여 꼬리를 뒤에 남겨둔 채 안으로 들어간다. 그러면 난자는 다른 정자가 뚫고 들어올 수 없는 더욱 튼튼한 방어막을 만든다. 정자는 난자와 마찬가지로 독특하며 둘의 조합 역시 독특하다. 그리고 그 조합이 당신을 탄생시킨다. 진입 지점도 독특하다. 난자는 울퉁불퉁한 원형이므로 정자는 어디서나 구멍을 뚫을 수 있으며, 우주적인 우연한 명령으로 정자는 한 지점을 관통한 후, 한쪽은 태아의 머리, 다른 쪽은 태아의 꼬리가 되도록 효과적으로 신체 계획을 세우는 과정을 시작한다. 다른 생명체에서 경쟁에서 승리한 정자가 다른 쪽에서 들어온다면, 배아는 다른 방향으로 자라기 시작했을 것이며, 그것이 우리에게도 똑같이 적용될 수 있다는 것을 우리는 알고 있다.

당신의 부모님의 유전 물질인 게놈은 정자와 난자의 형성에 따라 서로 섞인 후 분할된다. 그분들의 부모님인 당신의 조부모님은 두 세트의 염색체를 제공해주었고, 그것이 염색사로 풀리고 서로 섞여서 결코 존재한 적이 없고 결코 다시는 존재하지 않을 새로운 조합을 만든다. 그분들은 또한 당신에게 약간의 풀어지지 않은 DNA를 준다. 당신이 남성이라면 부계 쪽으로 이어지는 Y염색체를 가지게 된다. Y염색체는 가늘고 주름진 DNA의 조각이며, 단지 몇 개의 유전자와 많은 파편을 가진다.

난자에는 모든 세포에 에너지를 공급하는 작은 발전소인 미토콘드리아와 DNA를 숨기고 있는 작은 고리들을 가지고 있다. 미토콘드리아는 자체적으로 소량의 게놈을 보유하며, 그 게놈은 난자 내부에 있기 때문에 오직 모계에게서만 나온 것이다. 이 두 가지가 합쳐져 전체 DNA의 아주 작은 부분을 구성하지만, Y염색체와 미토콘드리아의 명확한 혈통은 계보와 고대사를 거슬러 올라가며 조사에 유용하게 활용된다. 하지만 대다수의 DNA는 부모님의 것이 뒤섞여 있고, 그 안에는 조부모님의 것이 뒤섞여 있다. 그 과정은 인간이 살아오는 동안 계속 이어지며 당신 앞의 연결고리는 끊어지지 않는다.

네 엄마와 아빠는 너를 엿 먹인다.
본심은 아닐지 모르지만 그런다.
자기들의 결점으로 너를 채운다.
그리고 너만을 위해 더 추가한다.

위의 필립 라킨(Philip Larkin)의 시를 심리학적 측면 또는 부모의 입장에서 평가하지는 않겠지만, 생물학적 관점에서 본다면 맞는 말이다. 난자나 정자가 만들어질 때마다 유전자가 혼합되어 새로운 변이를 생성하고, 그것을 물려받는 아이에게 독특한 차이를 만들어낸다. 당신은 부모님의 DNA를 독특한 조합으로 물려받았으며, 그 과정(감수분열)에서 당신 자신을 위해 스스로 몇 가지의 새로운 유전적 변이를 만들어냈다. 당신이 자녀를 가진다면 그중 일부를 물려줄 것이고, 자녀들도 자신의 변이를 만들어낼 것이다.

그것은 진화가 일어날 수 있는 개체군의 차이에 달려 있으며, 인류가 오랜 시간에 걸쳐 육지와 바다를 넘어 지구라는 행성의 모든 구석구석으로 움직인 것처럼, 우리가 인류의 길을 따라갈 수 있는 건 이러한 차이에서 비롯된 것이다. 그 과정에서 유전학과 역사가 만나게 된다.

하나의 게놈은 인류를 위한 계획을 세울 수 있을 정도로 엄청난 양의 데이터를 포함하고 있다. 그러나 게놈학은 비교의 과학이다. 서로 다른 사람의 DNA 두 개 세트는 두 배 이상의 정보를 담고 있다. 모든 인간 게놈은 거의 동일한 유전자를 가지고 있지만, 모두 약간씩 다르다. 이는 우리 모두가 믿을 수 없을 정도로 유사한 동시에 완전히 독특하다는 사실을 설명해준다. 이러한 차이를 비교함으로써 두 사람이 얼마나 유전적으로 연관되어 있는지를 추정할 수 있고, 그 차이가 나타난 진화의 시점을 추정할 수 있다. 세포에서 DNA를 추출하는 것이 쉬워졌기 때문에 이제 우리는 이러한 비교를 모든 인류로 확대할 수 있다.

2001년에 큰 팡파르와 함께 최초의 완전한 인간 게놈이 발표되었지만, 사실 그것은 전체 DNA 중 소수의 유전 물질에 대한 개략적인 초안을 판독한 정도였다. 그것을 얻어내기 위해 수백 명의 과학자들이 거의 10년 동안 노력했으며 약 30억 달러의 비용이 들었다. 이는 DNA 한 글자 당 약 1달러에 해당하는 금액이다. 불과 15년 후 판독 작업은 훨씬 더 쉬워졌고, 개인 게놈의 데이터 정보는 헤아릴 수 없을 만큼 많아졌다.

이 글을 쓰는 현재 우리는 완벽하게 염기서열이 분석된 약 15만 개의 인간 게놈을 가지고 있으며, 전 세계 수백만 명의 사람들로부터 채취한 유용한 샘플을 보유하고 있다. '10만 게놈프로젝트'와 같은 명칭을 가진 대규모 의료 연구는 살아 있는 세포에 저장된 모든 데이터를 우리가 얼마나 쉽게 추출할 수 있는지를 보여준다. 영국은 출생하는 모든 국민의 게놈을 서열 분석하는 것을 진지하게 고려하고 있다. 그리고 그런 분석은 공식적인 과학 연구나 엄격한 정부 의료 정책에서만 이루어지는 것이 아니다. 당신이 200파운드(한화 약30만 원) 정도 비용을 지불하고 테스트 튜브로 타액을 채취해서 사설 회사에 보내면 그들은 당신 게놈의 주요 부분을 판독해서 유전적 특성, 역사 및 질병의 위험에 대해 여러 가지 사실을 알려준다.

지금 우리는 오래전에 사망한 역사적인 유명 인물 수백 명의 게놈도 보유하고 있다. 2014년에 신원이 확인된 영국 왕 리처드 3세의 뼈는 많은 고고학적 증거(제3장 참조)가 있었지만, 결정적인 증거는 DNA다. 과거의 왕과 왕비는 높은 신분과 그들의 이야기를 반복해서 말해주는 역사책 때문에 우리에게 잘 알려져 있다. 하지만 DNA는 궁극적으로 평등한 도구다. 유전학은 왕에 대한 연구를 발전시켰을 뿐만 아니라 DNA를 통해 살아 있는 과거의 가장 세밀한 세부 사항을 추출하는 새로운 능력을 우리에게 부여했고 평범한 보통 사람들의 민족, 국적, 이주에 대한 연구도 가능하게 만들었다. 이제 우리는 권력자나 유명인물뿐만 아니라 보통 사람들의 역사를 확인하고 검증할 수 있다. DNA는 보편적이다. DNA를 기준으로 보면 과거의 어느 누구도 지금까지 살았던 가장 중요한 사람으로 격상되지 않는다. 과거에는 왕의 혈통을 가지면 시민을 압도하는 절대 권력과 상속된 전리품을 누릴 수 있었지만, 진화-유전학-성(sex)은 국적과 국경과 모든 권력에 무관하다는 걸 우리는 곧 알게 될 것이다.

그리고 우리는 DNA를 통해 더 멀리 볼 수 있다. 예전에는 오래된 치아와 뼈와 고대인의 삶의 흔적이 흙속에 머물러 있는 경우에만 고대 인류에 대한 연구가 가능했다. 그러나 이제 우리는 진정한 고대 인류와 네안데르탈인과 우리의 먼 친척인 멸종된 또 다른 고대 인류의 유전자 정보를 함께 모을 수 있다. 그리고 이것들은 인류가 현재의 모습에 도달하게 된 새로운 경로를 제시해준다. 추출된 그들의 DNA는 다른 방법으로는 알 수 없는 것을 알려주고 있다. 예를 들면 우리는 DNA를 통해 네안데르탈인의 후각이 어떻게 진화했는지 알 수 있다. 세상에 그 모습을 드러낸 이후, DNA는 우리의 진화론을 크게 수정했다. 과거는 낯선 영역일지도 모르지만, 유전자의 지도(map)는 언제나 우리의 몸속에 있었다.

이 새로운 과학이 만들어내는 데이터의 양은 엄청나고 경이롭고 압도적이다. 기존의 연구를 뒤집는 새로운 유전학의 연구결과가 거의 매주 발표되고 있다. 내가 이 책의 후반부를 집필하던 무렵에 중국에서 현생인류의 치아 47개가 발견되었고, 이에 따라 아프리카에서 인류의 대이동 시기는 이전에 추정했던 것보다 1만 년 더 앞선 것으로 수정되었다. 그 후 이 책의 집필을 마무리하던 무렵에는 100만 년 전 죽은 네안데르탈인 소녀의 몸에서 호모 사피엔스의 DNA가 검출되면서 그 시기가 다시 2만 년 앞당겨졌다. 이런 시간은 진화론적 관점에서 길지 않은 것이며, 지질학적 시간에서도 잔물결에 불과하다. 그러나 그것은 기록된 인간의 모든 역사보다 훨씬 더 긴 것이며, 우리가 발을 딛고 있는 땅이 끊임없이 극적으로 움직이고 있음을 보여준다.

이 책의 제1부는 지구상에 적어도 네 종의 인류가 존재했던 때로부터 18세기 유럽의 왕들에 이르는 때까지의 과거를 유전학을 활용해서 재구성한 것이며, 제2부는 오늘날 우리가 누구인지, 21세기의 DNA 연구가 가족, 건강, 심리, 인종 및 우리의 운명에 어떻게 영향을 미치는지에 대해 말하고 있다. 제1부와 제2부 모두 DNA를 텍스트로 사용했으며, 물론 그 옆에는 고고학, 암석, 오래된 뼈, 전설, 연대기 및 가족사 등 수세기 동안 인류가 의지해온 역사적인 자료가 나란히 위치해 있다.

조상과 혈통에 관한 연구는 인간의 역사만큼 오래되었지만, 유전학은 짧은 역사를 가진 난해하고 새로운 과학이다. 사람들 간의 차이점을 과학으로 공식화하고 차별과 지배를 정당화하기 위해 인간을 비교하고 측정하는 수단으로 인간 유전학이 탄생했다. 유전학의 탄생은 우생학의 탄생과 밀접하지만, 19세기 후반에 이 단어는 지금과 같은 부정적 의미를 지니지 않았다. 과학에서 인종만큼 논란을 불러일으키는 주제는 없다. 사람들은 서로 다르며, 그 차이점의 무게는 역사상 가장 깊은 분열과 가장 잔인하고 피비린내 나는 행동을 촉발했다. 앞으로 자세히 살펴보겠지만, 현대 유전학은 우리가 인종의 전체 개념을 너무나 잘못 파악하고 있다는 걸 보여준다.

인간은 이야기하는 것을 좋아한다. 우리는 내러티브(narrative)를 갈망하는 종이다. 우리는 우리를 둘러싼 세상을 이해하기를 원하고, 인간이라는 복잡하고 난해한 존재에 대한 설명(시작, 중간, 끝)을 듣고 싶어 한다. 게놈 판독을 시작하면서 우리가 찾고자 했던 것은 역사와 문화의 수수께끼와 개인의 정체성을 밝혀줄 내러티브였다. 그리고 게놈은 우리가 누구인지, 왜 지금의 모습이 되었는지 정확히 말해준다.

하지만 아직도 우리의 희망은 완전히 충족되지 않았다. 인간 게놈은 이른바 '휴먼게놈프로젝트(HGP : Human Genome Project)'의 완성 이후 10년 이상 활발하게 연구한 모든 유전학자들을 포함한 모든 사람의 예상보다 훨씬 더 흥미롭고 복잡하다는 것이 밝혀졌다. 이러한 유전자의 복잡성과 우리의 이해 부족은 유전학에 관해 이야기할 때 우리가 말하고자 하는 바를 제대로 전달하지 못하게 하는 요인이 되고 있다.

한때 우리는 자신을 조상과 연결하고 가족의 내력을 설명하는 수단으로 피와 혈통에 관해 이야기했다. 그것은 더 이상 혈액에 존재하지 않는다. 그것은 우리의 유전자에 존재한다. DNA는 운명을 나타내는 단어가 되었고, 우리의 운명을 봉인하는 가닥이 되었다. 그러나 DNA는 운명이 아니다. 모든 과학자들은 자신의 분야가 언론에서 가장 잘 표현되지 않은 분야라고 생각한다. 하지만, 과학자이자 작가로서 나는 인간 유전학이 다른 무엇보다도 오해받을 운명에 서 있다고 믿는다. 그 이유는 우리가 문화적으로 유전학을 잘못 이해하도록 프로그래밍 되어 있기 때문이라고 나는 생각한다.

과학은 세계의 많은 부분이 우리가 인지하는 것과 다르다는 걸 보여준다. 그것이 우주이건 분자이건 원자이건 상관없이 말이다. 유전학은 우리가 가족, 혈통, 인종, 지능 및 역사에 관해 일반적으로 이야기하는 방식과 비교할 때 멀리 있거나 추상적인 분야다. 우리가 이러한 전형적 인간의 특성에 접근하는 주관성 혹은 우리가 그것에 대해 취하고 있는 입장은 동등하지 않다. 과학이 밝혀낸 것과 우리가 가족과 인종에 관해 말하는 방법 사이의 간격은 상당히 넓고 깊다. 앞으로 보게 되겠지만, 유전자가 보여주는 실상은 우리가 생각했던 것과 다르기 때문이다.

DNA로부터 생겨난 많은 허구와 신화도 또한 존재한다. 유전학은 우리의 가장 가까운 친척이 누구인지를 분명히 말해줄 수 있으며, 우리의 깊은 과거 속에 숨겨진 많은 수수께끼를 풀어줄 수 있다. 그러나 당신과 조상과의 공통점은 스스로 느끼는 것보다 훨씬 적으며, 당신의 계보 중에는 당신이 유전자를 전혀 물려받지 않은 조상도 있다. 따라서 족보 상으로 그는 분명히 당신의 조상이지만, 실제로는 당신과 어떤 의미 있는 유전적 연결도 없는 사람인 셈이다. 당신이 알고 있는 DNA에 관한 상식과는 무관하게 유전학은 당신의 자녀가 얼마나 똑똑할지, 어떤 스포츠를 잘 할 수 있는지, 성적 취향이 어떨지, 어떻게 죽을지, 그리고 왜 어떤 사람들은 잔인한 폭력과 살인 행위를 저지르는지 등을 알려주는 학문이 아니라는 걸 이 책을 통해 알게 될 것이다. 유전학이 우리에게 말해줄 수 있는 것과 말해줄 수 없는 것을 분명히 구분해야 한다.

우리의 DNA는 인류의 기원에 대해 질문할 수 있을 만큼 정교하게 우리의 두뇌를 부호화(encoding)하여, 인류의 진화가 어떻게 진행되었는지 파악할 수 있는 도구를 제공한다. 이 이상한 분자는 시간이 지남에 따라 변화했고, 그 변화를 축적하고 기록했으며, 인류가 그것을 읽는 법을 발견할 때까지 오랜 시간 동안 참을성 있게 기다렸다. 그리고 이제 우리는 그것을 읽을 수 있다. 이 책의 각 장에서는 역사와 유전학, 승리하고 패배한 전쟁, 침략자, 학살자, 살인, 이주, 농경, 질병, 왕과 여왕, 전염병, 그리고 왜곡된 성에 관한 여러 가지 이야기가 펼쳐질 것이다.

따라서 당신은 역사책을 들고 있는 셈이다. 이 책에 있는 이야기 중 일부는 우리가 지금까지 발견한 것을 과연 어떻게 알 수 있었는지 이해하기 위한 (뒤틀리고 어두웠던 과거를 포함한) 유전학의 역사다. 거기에는 국가, 인구, 유명 인물 또는 권력의 승계에 관한 몇 가지 이야기도 있지만, 대부분 이야기의 주인공은 익명의 대중들이다. 우리는 특별한 환경에서 빗나간 죽음을 맞은 익명의 남성, 여성, 어린이의 뼈를 골라낼 수 있다. 그들의 삶은 면밀한 법의학에 의해 드러나게 된다. 그들의 주검이 잘 보존되면서 뜻하지 않게 우리에게 자신의 DNA를 제공했기 때문이다.

생물학은 살아 있는 것에 대한 연구다. 그러므로 죽은 것에 대한 연구이기도 하다. 삶과 죽음은 놀라울 정도로 뒤엉켜 있고, 그래서 때로는 좌절감을 주고, 부정확하며, 명쾌하게 정의되기를 거부한다. 당신이 처음에서 시작하고 싶다면, 그곳이 시작하기에 아주 좋은 곳처럼 보일 수 있다. 하지만 거기에서 우리의 문제가 시작된다.

제1부

우리는 어떻게 왔는가

제1장
호색적이고 이동적인 인류

•

'시작도, 중간도, 끝도, 긴장감도, 도덕도, 원인도, 결과도 없다. 우리의 책에서 우리
가 사랑하는 것은 일시에 드러나는 수많은 놀라운 순간의 깊이이다.'
—커트 보니것 『제5 도살장(*Slaughterhouse-Five*)』

보니것은 절반만 맞았다. 분명히 시작은 없고, 끝이 있다 해도 보이
지 않는다. 우리는 언제나 중간에 존재하며 연결고리는 잃어버렸다. 당
신의 존재가 정확히 언제 시작했는지 알 수 없는 것처럼, 인류가 창조
된 정확한 시점도, 생명의 불꽃이 피어오른 시점도, 신이 붉은 흙으로
아담을 빚어 콧구멍에 숨결을 불어넣은 시점도, 우주가 알을 깨고 나온
천지창조의 시점도 알 수 없다. 살아 있는 것은 불확정적이고, 모든 창
조물은 4차원적인 시공간 속에 존재한다.

생명은 변화한다. 불변하는 유일한 존재는 이미 죽은 자들뿐이다. 당
신을 낳은 부모님이 있고, 그분들을 낳은 부모님이 있고, 또 그분들을
낳은 부모님이 있고, 역사가 나오고 역사 이전의 시간이 나온다. 그렇
게 거슬러 올라가면 결국 당신이 인식할 수 있는 조상은 불가피하게 모

호해져 유인원과 원숭이로 이어지며, 두 발로 걷던 존재가 네 발로 기어 다니게 되고, 육지를 돌아다니는 야생 포유류와 야만적인 짐승이 된다. 그리고 그 이전에는 물속에서 헤엄치는 수중 생명체, 벌레, 바다 식물이 되고, 대략 20억 년 전에는 암수의 결합조차 필요 없는 단세포 분열을 통해 하나의 개체가 둘로 증식한다. 최종적으로 지구상에 생명이 시작된 40억 년 전에는 깊은 바닷속 바위틈에서 거품처럼 뿜어져 나오는 뜨거운 수소 기체가 된다. 이런 지질학적 점증적 변화는 픽셀 단위로 흰색에서 검은색으로 이어지는 색상표처럼 파충류에서 포유류로, 네발보행에서 직립보행으로 이어진다. 때로는 색깔의 급변이 나타날 수도 있지만 대부분의 경우, 우리 조상의 변화 경로는 돌발적이기보다는 점진적으로 움직이며 회색처럼 애매해 보인다.[01]

그 당시 지구상의 생명체는 연속적이었고, 우리는 그 회색빛 연속체 위의 한 점에 불과했다. 네 발로 기어 다니는 털북숭이 원숭이를 닮은 유인원을 떠올려보자. 그 옆에는 앞발을 살짝 든 채 웅크린 유인원이 있고, 그 옆에는 구부정하게 두 발로 일어선 유인원이 있고, 또 그 옆에는 현생 인류를 닮은 직립한 유인원이 턱수염을 기른 채 촉이 날카로운 돌창을 휘두르고 있다. 우리가 그의 생물학적 변화 과정의 엉성함을 보

---

01 돌발이냐 점진이냐는 진화가 연속적으로 진행되는 과정인지 아니면 일거에 모든 것을 뒤바꾸는 격동인지에 대한 논쟁에서 위대한 생물학자 스티븐 제이 굴드(Stephen Jay Gould)와 존 터너(John Turner)가 사용한 말이다.
공식적으로 계통 점진설(phyletic gradualism)과 단속 평형설(punctuated equilibrium)로 알려진 두 이론은 수년간 경쟁해왔다. 과학에서 종종 그렇듯이, 정답은 '두 가지 성격을 모두 갖고 있다'로 보인다.

지 못하도록 그는 오른발을 살짝 내밀고 있다. 이 상징적인 장면이 의미하는 점은 현재 우리가 알고 있는 무언가가 진실이 아니라는 것이다. 우리는 유인원에서 인류로 이어지는 경로를 분명히 알지 못한다. 많은 생물의 변화 과정이 알려져 있지만 그 지도에는 구멍과 애매함이 가득하다. 진실이 아닌 두 번째 점은 인류의 진화, 직립보행, 뇌 용량의 증가, 도구와 문명에 전개 방향이 존재한다는 것이다. 이런 방향성을 통해 우리는 단순함에서 불가피하게 발전하여 직립한 미래와 정신 혁명으로 이어지는 진보를 떠올리게 된다.

하지만 우리는 다른 생명체보다 더 혹은 덜 진화한 것이 아니다. 인류의 특별함은 너무나 과대평가되어 있다. 우리는 다른 모든 종만큼만 특이할 뿐이며, 각 생명체의 종은 주어진 환경에서 후손의 영속성을 유지할 수 있는 최적의 유전자를 이끌어내도록 진화한 것이다. 여러 진화의 증거 및 현대적 진화론과 유전공학을 통해서는 유인원의 다섯 단계의 비약은 물론이고 좌에서 우로 20단계를 거치는 진보를 떠올리는 것도 불가능하다. 진화의 과정에 대한 측정이 존재하지 않으며, 생명체의 종에 대해 한때 우리가 사용했던 '고등'과 '열등'이라는 용어는 더 이상 어떤 과학적인 의미도 전달하지 않게 된 것이다.

찰스 다윈은 자신이 살았던 시대의 특징이었던 그런 용어를 1859년 종의 기원에 대한 구조를 세우기 위해 사용했다.[02]

---

02 다윈은 노트의 여백에 '고등이나 열등이라고 말하지 말'고 메모해 놓았지만, 진화적 진보라는 생각에 대한 경고의 표현으로 많이 사용했다. 그는 따개비의 몇몇 종이 진화 과정에서 더 단순화되었다는 사실을 지적했다. 다윈은 따개비를 정말로 사랑했다.

당시에는 똑바로 서서 돌아다니는 다른 직립 유인원의 존재에 대한 증거가 거의 없었으며, 그런 변화가 다음 세대에게 전달되는 메커니즘에 대한 지식도 없었다. 19세기 말 이후에야 우리는 유전적 특성이 부모로부터 자식에게 전달되는 과정을 알게 되었다. 1940년대에는 DNA가 후손에게 유전 정보를 전달하는 물질이라는 사실이 확인되었다. 1953년에는 DNA가 형성되는 이중나선 구조를 통해 유전자의 자기 복제 능력 및 동일 세포 형성 과정이 밝혀졌다. 그리고 1960년대에 우리는 DNA가 단백질을 코딩하는 방식과 그 단백질을 통해 모든 생명체가 형성된다는 것을 알게 되었다.

그레고어 멘델, 프랜시스 크릭, 제임스 왓슨, 로절린드 프랭클린, 모리스 윌킨스과 같은 과학계의 거인들은 이전 세대의 연구결과를 이어받고 동료들과 협력했으며 다음 세대 생명공학자들이 미래를 볼 수 있도록 커다란 역할을 했다. 이런 의문의 해결 과정이 위대한 20세기 과학이었고 21세기로 이어져 생명공학의 개념이 정립되었다. 보편적인 유전자 코드를 해독하고 이중나선 구조를 해석하면서, 우리는 생명체를 구성하는 일련의 간단한 법칙을 발견했다. 하지만 실제로는 그 법칙이 너무나 심오하고 복잡하다는 걸 우리는 곧 알게 될 것이다.

그러나 다윈은 그런 사실을 알지 못했다. 1871년에 두 번째 역작인 『인간의 계보(The Descent of Man)』를 출간했을 때 그의 주된 관심사는 아래의 의문이었다.

다른 생명체의 종과 마찬가지로 인간도 어떤 기존의 종으로부터 나온 것이 아닐까?

그 후 네안데르탈인의 존재에 대한 약간의 증거가 알려졌다. 벨기에와 지브롤터에서 두개골이 발견되었고, 독일 중부지방에서 뼛조각들이 발견된 것이다. 1873년에 이미 다윈은 환경 변화에 반응하는 자연선택에 의해 하나의 생물이 두 개 이상으로 분기되는 진화 구조에 대한 대략적인 개념을 세워 노트에 적어놓았다. 하지만 고대의 유인원이 인류의 계보에 진입하는 전체 과정은 여전히 알지 못했다.

그는 노트의 맨 앞장에 거의 알아볼 수 없는 글씨체로, '내 생각에는' 이라고 적어놓았지만 그 생각을 마무리하지 않았다. 19세기에 구체화된 개념은 모든 다른 동물과 마찬가지로 인류도 창조된 것이 아니라 어떤 연속성의 일부로서 계승된 종이라는 것이었다. 이제는 의도적으로 외면하는 소수를 제외하면 인류가 다른 종에서 진화된 것이라는 사실을 부인하는 사람은 없다. 까마득한 조상의 괴상한 두개골 사진은 더 이상 놀랄 일이 아니며 새로운 종이 발견되는 경우가 아니면 신문의 1면에 실리지도 않는다. 넘쳐나는 증거들이 인류가 침팬지, 보노보, 고릴라, 오랑우탄과 공통적인 유인원 조상을 가진 후손이라는 것을 분명히 보여주고 있다.

어떤 이들은 화석 기록의 부족을 드러내는 한 방법으로 고대 인류 진화의 모든 표본을 큰 테이블이나 한 개의 관에 놓을 수 있다고 말하지만, 그건 사실이 아니다. 우리는 전 세계에서 발견된 수천 명 분량의 고대인의 화석화 된 뼈를 가지고 있다. 그중 상당수가 동부 아프리카에 있는 인류의 발원지와 유럽에서 발견되었으며, 지금도 새로운 화석을 발굴하는 작업이 여러 곳에서 진행되고 있다. 하지만, 다윈이 볼 때 인류는 생물의 진화나무(evolutionary tree)의 가지 끝에 외롭게 매달린 수수께끼 같은 존재였다.

칫솔과 작은 송곳으로 무장한 채 어두컴컴한 고대의 동굴이나 메마른 고대의 강바닥에 앉아서 먼지를 뒤집어쓰며 발굴에 전념하는 고고학자들의 모든 순수한 열정에도 불구하고, 인류의 진보라는 완벽한 그림에 걸맞은 신체적인 증거를 보여주는 고대인의 표본은 거의 없다. 눈두덩의 골격, 발가락뼈의 곡선, 어금니의 융기 형태와 같은 특징에 따라 집단으로 배열되는 개별적인 화석이 있을 뿐이다. 이런 화석들은 발견된 장소, 지층의 종류, 주변에서 함께 발견된 것들(도구, 조리의 자취, 수렵의 흔적)에 따라 고고학적 연대가 측정된다.

또는 그 화석이 상태가 좋다면, 유골 속에서 서서히 규칙적인 속도로 붕괴되는 방사성 탄소 원소의 비율에 따라 연대가 측정된다. 모든 연구가 그렇듯이 이 측정 방식은 종종 논란을 일으키기도 하지만 유용하고 견고한 과학적 도구이며, 이를 통해 오래된 뼈를 분석하는 일은 복잡하고 고도로 정교한 작업이다. 현생인류와 다른 최초의 인간 종이 발견된 후 200년 동안, 인류 진화의 경로에 대한 우리의 이해 수준은 분명히 놀랄 만큼 발전했지만, 그 경로에 대한 우리의 추측은 계속 바뀌고 있다. 원숭이-유인원-초기인류-현생인류로 진보하는 모습은 수십 년 동안 전 세계의 박물관과 교과서에 전시되어 있으며 '이것이 우리가 현재에 도달한 과정입니다'라고 웅변하는 깔끔한 진화의 멋진 그림이다. 영국 켄트 지역에는 다윈이 칩거하며 인류역사상 최고의 아이디어를 구상했던 곳인 다운하우스(Down House)가 있다. 지금도 우리는 그 기념관에서 원숭이-유인원-초기인류-현생인류로 진보하는 그림이 그려진 머그컵을 살 수 있다.

1980년대 어린 내가 과학과 사랑에 빠졌을 때, 인류의 진화나무는 딱 그 그림처럼 보였다. 아버지는 나를 위해 「뉴 사이언티스트(New Scientist)」나 「사이언티픽 어메리칸(Scientific American)」 같은 과학 잡지를 사주셨는데, 그 잡지에는 한 생물종이 다른 종으로 변이되거나 여러 종으로 분기되는 도표가 자주 등장했고, 인류의 진화 과정에서 뒤안길로 사라지는 열등한 유인원들도 그려져 있었다. 인류가 더 적은 종을 가질수록 그 그림은 더욱 명확해 보였다. 하지만 20세기말에 더 많은 고대 인류의 종과 표본이 무덤에서 모습을 드러냈다. 그들은 그 깔끔한 도표를 뒤엉키게 할 만큼 충분히 달랐고, 그로 인해 인류 진화의 나뭇가지는 더 무성해졌고, 더 복잡해졌고, 불분명해졌다.

오랫동안 우리의 머릿속에 자리 잡았던 생명체의 진화나무라는 비유(metaphor)와 원숭이-유인원-초기인류-현생인류로 이어지는 깔끔한 그림에서 벗어나야 할 때가 되었다. 이제 우리는 진화를 가지가 뻗어나가는 나무가 아니라 물의 흐름과 유사한 것으로 보아야 한다. 그것은 인류라는 바다를 향해 흘러가는 개울, 하천, 강물의 집합이며, 그 과정에서 어떤 물결은 바다에 도달하지만, 어떤 물결은 잦아들고 사라지게 된다(다음 페이지 그림 참조). 또 다른 대안은 그래프 상의 종족 군집에 표본을 놓는 것이다. 이것은 그래프의 바닥에 가장 오래된 것을, 꼭대

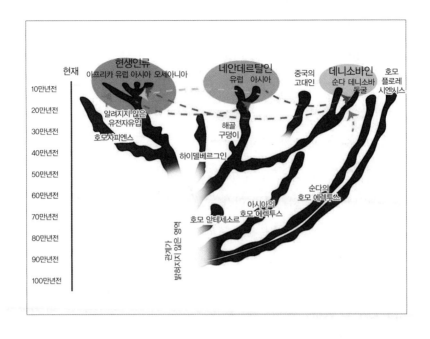

뒤엉킨 인류 진화의 나무 가지

뼈에 근거한 전통적 고인류학에서 한때 확신에 가까웠던 인류의 진화나무 이론은 DNA라는 새로운 분석 도구에 의해 가지가 잘려나가고 뒤엉키고 뿌리가 뽑힌 덤불이 되었다. 타원으로 표시된 영역은 고대 인류의 여러 종을 나타내고, 점선은 그들 간의 성적 결합을 통한 유전자의 흐름을 나타낸다. 우리가 더 많이 알게 될수록 그림은 점점 더 혼란스러워진다.

기에 유일한 생존자인 우리를 놓고, 중간 지점에는 모든 뼈들이 발견된 지점을 표시하는 방식이며, 당신은 그 지점들 사이에 있는 선이 가설을 의미하는 점선으로 되어 있다는 것을 받아들여야 한다. 이를 탐정 소설에 비유하자면, 누군가의 시신을 발견했지만 단서는 부족하고 연결고리가 끊어져 있는 상태와 같다. 이 일이 해결되려면 아직 멀었다.

우리는 우리 자신과 합리화에 완전히 빠져 있다. 인간은 동물의 일종이지만, 거울 속에 비친 모습을 들여다보듯 자신의 존재를 면밀히 관찰하면서 진화한 유일한 동물이다. 인류의 기원에 관한 책은 너무나 많지만, 이 책은 특히 고인류학 분야의 최신 도구를 사용하여 우리의 과거를 재구성해보려는 목적을 갖고 있다. 그 도구는 바로 DNA다. 이 작은 분자가 20세기에서 21세기로 넘어오는 20년 동안 전례 없는 혁명적 방식으로 인류역사에 대한 우리의 이해를 변화시켰다.

유전공학은 연구자들이 몇 년, 몇 개월이 아니라 몇 주, 며칠 내에 뒤처질지도 모른다는 두려움 때문에 새로운 연구결과를 서둘러 발표할 정도로 너무나 빠르게 변하는 분야다. 인류의 진화에 대한 연구가 끊임없이 혁명적으로 바뀌고 있기 때문에 뒤따라가는 것도 쉬운 일이 아니다. 우리 인류가 현재의 모습에 이르게 된 과정을 보여주는 그림은 그 어느 때보다 상세해졌지만, 여전히 갈 길이 멀다. 우리가 그 길에 들어서기 전에 지금까지 밝혀진 과정에 대해 간략히 알아보도록 하자. 거기에 처음이란 없었으므로 처음부터 시작할 필요는 없다. 그저 우리가 두 개의 발로 걸었을 때부터 시작하면 된다.

＊ ＊ ＊

직립 유인원은 적어도 400만 년 전부터 지구를 걸어 다녔다. 사실상
모든 유인원은 두 발로 움직일 수 있지만, 우리의 관심은 습관적인 두
발보행(bipedalism), 즉 걷기를 주된 이동 수단으로 사용하는지 여부이
다. 똑바로 서는 것은 척추의 위치와 모양, 척추와 두개골의 연결 등 많
은 해부학적 신체 구조를 동시에 변화시키기 때문에 인류의 진화에서
핵심적인 단계였다.

왜 이런 일이 일어났는지는 정확히 밝혀지지 않았으며, 많은 가설이
존재한다. 어떤 학자들은 직립보행이 운동의 효율성을 증가시켰다고
주장한다. 어떤 학자들은 직립이 나무를 타고 돌아다니는 것보다 아프
리카 사바나에서의 생활 또는 리프트 밸리(Rift Valley : 아프리카대지구대)
의 기후 변화에 적응하는 데 유리했다고 주장한다.

초기 직립보행 유인원 중 가장 유명한 것은 320만 년 전에 생존했던
루시(Lucy)다. 1974년 도널드 요한슨(Donald Johanson)은 40퍼센트가 보
존된 (오래된 화석의 보존율로는 대단히 높은 수치다) 그녀의 화석화된 유골
을 발견했다. 흥분됐던 그날 밤에 에티오피아 아와쉬 계곡에 있는 탐사
대 베이스캠프의 라디오에서는 비틀즈의 노래 '루시 인 더 스카이 위드
다이아몬드(Lucy In The Sky With Diamonds)'가 흘러나오고 있었다. 루시
라는 이름은 그 노래 제목에서 따온 것이다. 루시는 최초로 발견된 오
스트랄로피테쿠스 아파렌시스(*Australopithecus afarensis*) 종이다. 그녀의 종
족이 현생인류의 직접적인 조상인지는 아직 밝혀지지 않았다. 우리가

말할 수 있는 건 그 시기에 다른 많은 영장류가 살고 있었지만 그녀가 다른 어떤 종보다 더 밀접하게 인류와 관련된 것으로 보인다는 점이다.

현재의 생물 분류체계는 내 개인적으로는 좀 불만족스러운 방식이지만, 우리 종에 대한 이야기를 하기 위해 살펴볼 필요가 있다. 우리가 주로 사용하는 생물의 분류체계는 18세기 스웨덴의 자연학자 칼 린네(Carl Linnaeus)에 의해 고안된 것으로 생물에게 속명(genus)과 종명(species)[03] 두 개의 라틴어 이름을 부여한다. 떡갈나무의 분류학적 명칭은 쿼버스 로버(*Quercus robur*)다. 말벌의 학명은 랄라파 루사(*Lalapa lusa*)이고 피지 달팽이의 학명은 바 훔부기(*Ba humbugi*)다. 장수풍뎅이는 에네마 팬(*Enema pan*)이다. 일반적인 두꺼비는 부포 부포(*Bufo bufo*)라고 부른다. 이것은 좀 지루한 동어반복처럼 보이지만, 많은 평범한 동물들이 이런 학명을 가지고 있다. 우리와 가까운 영장류인 고릴라의 학명이 바로 고릴라 고릴

---

03 속과 종은 분류 체계 중 마지막에 위치한다. 따라서 가장 세부적이다. 표준 체계는 계(Kingdom), 문(Phylum), 강(Class), 목(Order), 과(Family), 속(Genus), 종(Species)이다. 나의 생물 선생님은 이렇게 외우라고 알려주셨다. 'Kings Play Cards On Fat Girls' Stomachs.' (왕이 뚱뚱한 소녀의 배 위에서 카드 게임을 한다). 하지만 다른 버전도 많이 있으니 당신 취향에 맞는 걸 골라서 외우면 된다. 예를 들면, 'King Philip Came Over For Group Sex.' (필립 왕이 그룹 섹스를 하러 왔다).

라(*Gorilla gorilla*)다.[04] 집에서 기르는 고양이는 펠리스 케터스(*Felis catus*)다. 펠리스와 케터스 모두 고양이를 뜻하는 라틴어다.

루시의 학명인 오스트랄로피테쿠스 아파렌시스(*Australopithecus afarensis*)는 대략 '아파르의 남방 원숭이를 닮은 동물' 정도로 번역된다. 그리고 남방 원숭이를 닮은 또 다른 종으로는 오스트랄로피테쿠스 세디바(*Australopithecus Sediba*), 오스트랄로피테쿠스 아나멘시스(*Australopithecus anamensis*), 오스트랄로피테쿠스 아프리카누스(*Australopithecus africanus*) 등이 있다. 초기 유인원은 시바피테쿠스(*Sivapithecus* : 시바의 유인원, 인도에서 발견되었다), 아르디피테쿠스(*Ardipithecus* : 땅의 유인원), 기간토피테쿠스(*Gigantopithecus* : 거대한 유인원)와 같은 속명으로 분류된다.

인간의 속명은 호모(*Homo*)이고 종명은 사피엔스(*sapiens*)이며, 합쳐서 호모 사피엔스(현명한 사람이라는 뜻)라고 부른다. 이것은 짧은 버전이다.

---

04 종 아래에는 종 내의 서로 다른 유형을 구분할 아종(subspecies)이라는 공식적인 범주가 존재한다. 고릴라(Gorilla)는 속명이며 고릴라 속에 속하는 몇 가지 종을 살펴보면 다음과 같다. 고릴라 베링게이(Gorilla beringei)는 비공식적으로 동부 고릴라라고 불리며, 최초로 이 동물을 총으로 사냥했던 사람인 프리드리히 로버트 폰 베링(Friedrich Robert von Beringe)의 이름을 따서 명명되는 모호한 영예를 얻었다. 학명이 고릴라 고릴라(Gorilla gorilla)인 서부 고릴라는 개체수가 가장 풍부한 종이다. 여기에는 두 가지의 아종이 있다. 그중 하나는 학명이 고릴라 고릴라 고릴라(Gorilla gorilla gorilla)인 서부 저지대 고릴라다. 분류학자들은 매우 진지한 사람들이지만, 가끔씩 이런 재미있는 명칭을 붙이기도 한다.
대부분의 과학자들은 우리를 '해부학적 현생인류'라고 지칭한다. 가장 오래된 해부학적 현생인류는 약 19만 5,000년 전에 살았던 걸로 추정되는 에티오피아의 오모 표본(omo specimen)이다. 일부 과학자들은 아종 분류인 호모 사피엔스 사피엔스(Homo sapiens sapiens)를 사용한다. 다른 인간의 아종도 제안되었지만, 지금은 모두 사라졌다. 나는 이것이 특별히 유용하다고 생각하지 않는다.

생물학의 분류체계는 어린이들이 거리, 마을, 대륙, 반구, 태양계 및 은하계에 이르기까지 주소를 쓰는 경우와 비슷하다. 종명과 속명보다 상위의 몇 가지 분류 기준은 인간을 생물의 세계에 정확히 위치시킨다.

역(*Domain*) : 진핵생물역 (복잡한 생명체)

계(*Kingdom*) : 동물계 (동물)

문(*Phylum*) : 척삭동물문 (등뼈를 가진 동물)

강(*Class*) : 포유강 (젖먹이동물)

목(*Order*) : 영장목 (원숭이, 유인원, 안경원숭이 등)

아목(*Sub-order*) : 하플로리니(Haplorhini)아목(마른 코를 가진 유인원)

과(*Family*) : 사람과 (고릴라, 침팬지, 오랑우탄 등 대형 유인원)

지금부터 전개되는 이 책의 모든 내용은 호모속에 관한 것이다. 네안데르탈인은 호모 네안데르탈렌시스(*Homo neanderthalensis* : 독일의 네안데르 계곡에서 온 사람이라는 뜻)로 분류된다. 호모 하빌리스(*Homo habilis*)는 손재주가 좋은 사람이라는 뜻이다.

호모속은 매우 배타적인 클럽과 같다. 같은 속에 있는 생물들이 반드시 서로 관련성을 가지는 건 아니지만, 그 속에 있지 않은 생물보다 서로 유사성을 보여준다. 이것이 현재 우리가 가진 최고의 생물분류체계다. 종의 정의는 논란의 여지가 있지만, 가장 많이 받아들여지는 형식은 성적 결합을 통해 자손을 함께 생산할 수 없는 경우 다른 종으로 구분하도록 정의하는 것이다. 지브로이드(zebroid) 라이거(liger), 노새

(mule), 버새(hinny), 그롤라 곰(grolar bear)은 모두 상대적으로 희귀하고 상대적으로 건강한 잡종이다.[05] 그러나 이런 동물은 모두 자신의 자손을 생산하는 번식능력을 갖지 못한다. 잠시 후 우리는 이런 종의 정의가 왜 인간에 대해 적절하지 않은지 알아볼 것이다.

현재의 관행에 따르면 호모속에는 약 7종이 있으며, 나는 그들을 모두 인류라고 부를 것이다. 논쟁의 여지가 있지만, 생물 분류체계의 핵심 문제 중 하나는 우리가 어떤 생물에게 이름을 부여할 때 그 생물의 현재 상태를 설명하려고 시도한다는 점이다. 이는 생명의 본질인 일시성, 즉 진화가 보편적이며 시간의 경과에 따른 변화가 일반적이라는 사실을 필연적으로 인정하지 않게 된다. 진화적 변화의 주체는 DNA이지만, 생물 분류체계는 DNA에 의존하지 않는다는 것을 기억하라.

하지만, 당분간은 종을 자손을 생산할 수 없을 정도로 상당히 다른 별개의 동물군으로 생각하자. 호모속에는 적어도 7가지의 종이 존재했다.[06] 수백만 년 전에 시작된 시대의 화석 유물을 우리에게 남긴 사람들을 고대인이라고 부를 수 있으며, 몇 가지 종의 고대인이 존재한다. 호모 에르가스터(*Homos ergaster*), 하이델베르그인(*heidelbergensis*), 호모 안테세소르(*Homo antecessor*) 등 몇 종이 이 기간 동안 미묘하게 다른 해부학적 세부 사항을 지닌 채 여러 지역에 존재했으며, 그들은 모두 이전의 호모

---

05 지브로이드는 말과 얼룩말의 잡종, 라이거는 암컷 호랑이와 수컷 사자의 잡종, 노새는 암 컷 말과 수컷 당나귀의 잡종, 버새는 수컷 말과 암컷 당나귀의 잡종, 그롤라곰은 북극곰 과 회색곰의 잡종이다. 그롤라곰은 희귀하지만 굉장히 무서워 보이는 동물이다.

06 과학자, 사회학자, 소설가, 우화 작가들은 수십 가지 종을 제안했고, 그중 일부는 다른 것 보다 그럴듯해 보였다.

에렉투스(*Homo erectus*, 직립 인류)에서 진화했다고 추정된다. 그들은 전 세계로 거주지를 넓히는 일을 훌륭히 수행했지만, 현재까지는 우리가 복구할 수 있는 DNA를 남기지 않은 듯하다. 지금 우리는 DNA를 통해 과거를 추적하는 중이다. 다른 고대인들 또한 대부분 유골이 너무 오래되었거나 유골이 버틸 수 없을 만큼 더운 지역에서 사망했기 때문에, 아직까지는 그들의 DNA 샘플이 채취되지 않았다. 그래서 그들과 우리의 관계에 대한 연구는 화석과 고고학으로 제한된 상태다.

2003년 인도네시아의 플로레스 섬에서 발견된 작은 여성 고대인으로 인해 기존의 인간 진화의 근거가 흔들리는 사건이 발생했다. 리앙 부아(Liang Bua) 동굴에서 신장이 1미터 정도 되는 여성의 유골과 적어도 8명에 해당하는 다른 사람들의 뼈의 일부가 발굴된 것이다. 즉시 호모 플로레시엔시스(*Homo floresiensis*)로 분류된 이 키 작은 인류는 호빗이라는 별칭으로도 불렸으며, 발은 컸지만 몸에 털이 많았다는 증거는 없었다. 그들이 이 습기 찬 동굴에서 살았던 시기는 1만 3,000년 전으로 추정되며, 이 시기는 농경이 시작되기 불과 몇 세기 전이다. 이 작은 사람들은 거대한 쥐와 작은 코끼리 종인 스테고돈(stegodon)을 사냥하여 불에 익혀 먹은 것으로 보인다.

이 작은 인류는 과연 누구였을까? 「네이처(Nature)」에 발표된 초기 보고서에 따르면 그들의 신체 구조는 호모속에 포함시키기에는 충분히 유사하지만, 호모종과는 별개의 종으로 분류해야 할 정도로 상당히 다른 것으로 밝혀졌다. 목소리가 큰 소수의 과학자들은 이런 입장을 비판하면서 호모 플로레시엔시스가 실제로 현생인류와 같았지만 추정되는 몇 가지 질병 때문에 병들고 몸집이 작아졌을 거라고 주장했다. 다운증후군, 소두증, 라론증후군, 풍토성 크레틴병 등이 모두 제기되었지만, 그 증거는 적었고 불확실했다. 고립된 섬에서 살아가는 생물의 개체군은 자연선택의 범위가 제한되기 때문에 매우 작거나 매우 크게 진화하는 경우가 많다. 실제로 호빗족은 거대한 설치류, 작은 하마, 작은 코끼리 등 특이한 크기의 동물군과 플로레스 섬을 공유했다. 이제는 모두 멸종된 호모 플로레시엔시스는 인간과 별개의 종으로 보이며, 아마도 200만 년 전 어느 시점에는 현생인류와 공통 조상을 가졌으나 열대 섬 생활의 환경 때문에 몸의 크기가 줄어들었을 것으로 생각된다.

그러나 우리는 이 난쟁이 인류의 유물에서 DNA를 추출할 수 없었다. 그들의 뼈는 화석화되지 않았고 물에 젖은 골판지처럼 흐물흐물했다. 2009년에 오랜 세월 보존될 수 있는 딱딱한 치아에서 호모 플로레시엔시스의 DNA를 추출하려는 시도가 있었지만 실패했다. 그들의 DNA는 빗속의 눈물처럼 시간 속에서 사라졌다. 아마도 수천 년에 걸친 열대 지방의 고온다습한 기후 때문에 이빨과 뼈에 남아 있던 모든 DNA가 소멸되었을 것이다. DNA가 남아 있었다면 이 고대 인류의 기원에 대한 격렬한 논쟁을 단숨에 해결했을 것이기 때문에 매우 안타까운 일이다. 섬이라는 그들의 거주 환경, 그들의 활동 범위의 한계, 그리고 그들의 신체적 특징은 플로레스의 호빗족이 우리의 조상이 아니라 먼 사촌이라는 걸 암시한다.

그럼에도 불구하고 지난 5만 년 동안 살았던 인류의 수는 갑자기 크게 증가했으며, 당연히 플로레스 섬의 호빗족과 괴물같이 거대하고 난

쟁이처럼 작은 동물들도 유명해졌다. 하룻밤 사이에 우리의 행성이 중간계처럼 보이기 시작했다.[07, 08]

---

07 미확인 동물에 관한 간단한 설명 – 미확인 동물이란 추측, 신화 또는 모호한 보고서에 의한 종으로서 여전히 파악하기 힘들고, 이론에 불과하거나 과학에서 벗어난 상태로 남아 있다. 히말라야 산맥의 설인(yetis), 캐나다의 사스쿼치(Sasquatch), 동남아시아의 바마누(Barmanou), 필리핀의 마나낭갈(Manananggal), 호주의 요위(yowie), 북미 대륙의 빅풋(Big Foot) 등 수백 년 동안 현존 인류와 유사한 유인원 괴물에 관한 신화와 전설이 있었다. 이 괴물들 중 어느 것도 시체, 화석, 사냥 습관, 포식 습관 또는 잘 찍힌 사진 증거 등 과학자의 갈증을 달래줄만한 방식으로 확인된 바 없다. 만약 당신이 이런 증거를 찾아낸다면, 말 그대로 세계를 깜짝 놀라게 할 것이고, 수십억 대의 카메라와 카메라폰 세례를 받을 것이고, 미지의 괴물을 추적하는 전문 업계의 주목을 받게 될 것이다. 1990년대에 DNA가 동물의 식별과 분류에 유용한 도구가 되기 시작했을 때, 미확인 유인원 괴물에 대한 몇몇 연구가 등장했으며 지금까지도 계속해서 이런 괴물의 존재를 증명했다고 주장하고 있다. 이런 주장은 과학자들에 의해 모두 사실이 아닌 것으로 드러났으며, 영국에서는 최근에 대중과 언론의 관심을 끌어보려는 시도로 비웃음과 피로감을 유발했다. 플로레스 섬에는 유인원 괴물에 관한 전설이 있다. 에부 고고(Ebu Gogo)라는 이름을 가진 이 괴물은 키가 작고 축 늘어진 젖을 가진 털북숭이 암컷이었다. 오래전에 멸종된 호모 플로레시엔시스의 유골과 이 전설을 연결시켜 보려는 유혹은 매우 강렬하다. 그러나 에부 고고는 수마트라와 다른 섬들에서 전해 내려오는 키 작은 괴물 이야기인 오랑 펜덱(orang pendek) 신화를 단순히 현지화한 것일 확률이 훨씬 높다. 미확인 동물 탐구는 가치 있는 과학의 주변에서 항상 어슬렁거리고 있다.

08 이 책을 마무리하던 무렵에 두 가지 새로운 연구가 플로레스 이야기를 다시 등장시켰다. 2016년 4월 토마스 수티크나(Thomas Sutikna)의 논문은 호모 플로레시엔시스의 생존 시기를 크게 수정했다. 동굴은 구조적으로 고르지 않은 지층에 위치하는 경우가 많아서 지질학적 연도가 바뀔 수 있다. 리앙 부아 동굴도 마찬가지였으며, 호빗이 이 동굴에서 거주하던 가장 최근의 시기는 약 5만 년 전으로 수정되었다. 2016년 6월에는 조금 더 작은 호빗 가족의 턱 조각과 치아 일부가 동쪽으로 50킬로미터 떨어진 곳에서 발견되었는데, 70만 년 전의 유골이었다. 아직 이들의 이름이 정해지지 않았지만, 더 많은 유골이 발굴될 게 틀림없다.

읽는 법을 배우다

DNA 판독 기술이 발전하면서 우리는 더 많은 것을 얻게 되었다. 지난 100년 넘게 인간의 진화에 대한 연구는 고대인의 뼈와 몇 가지 도구(해부학, 문화 등)에 의해 주도되어 왔다. DNA를 판독하는 것은 실제로 분자 수준에서 해부학의 한 형태다. DNA에는 뼈가 어떻게 형성되는지에 대한 단서와 진화가 어떻게 DNA를 형성시켰는지에 대한 단서가 담겨 있다. DNA 판독 기술의 개발은 주로 질병을 이해하고자 하는 열망에서 이루어졌지만, 게놈을 해독하면 인간의 역사도 함께 밝혀지는 것은 분명한 사실이다.

우리가 DNA를 판독할 수 있게 된 과정을 잠시 살펴보자. 1997년에 인간 유전학 분야에서 역사상 가장 큰 과학 프로젝트인 '휴먼게놈프로젝트(HGP)'가 본격적으로 시작되었다. 목표는 30억 개에 달하는 인간 DNA의 모든 문자를 완벽하게 해독하여 전 세계에 제공하는 것이었다. 수백 명의 과학자들(그들 중 일부는 이전에 서로 경쟁 관계였다)이 공동의 목표를 위해 효율적으로 협력했다. HGP에 대해서는 제5장에서 다시 자세히 다루겠지만, 이 프로젝트에서 가장 중요한 점은 DNA의 문자를 쉽고 저렴하게 판독할 수 있도록 설계된 기술적으로 웅장한 계획이라는 것이다. 그렇게 함으로써 의학, 진화, 그리고 인간에 대한 수수께끼가 혁명적으로 밝혀질 것이었다.

DNA 판독기술은 1970년대 말 영국의 천재적 유전학자 프레드 생어(Fred Sanger)가 개발했다. 그는 원본 시퀀스를 수백만 번 복사하는 프로세스를 사용했으며, 이를 위해 DNA의 성분을 우리가 쓰고 있는 알파 벳으로 표시했다. DNA는 뉴클레오티드 염기라고 부르는 A, T, C, G 4개의 문자로만 구성된다. DNA의 염기를 복사하고 연결시키려면 폴리메라아제(polymerase)라는 효소가 필요하다. 이 모든 성분을 튜브에 넣고 온도를 알맞게 설정하면 이중나선이 단일 가닥으로 분리되며, 이 단일 가닥이 누락된 가닥을 형성할 글자를 대체하는 템플릿으로 사용되어 최종적으로 원래 템플릿의 복사본 수백만 개가 완성된다. DNA의 문자는 각각 앞에 오는 문자와 뒤따르는 문자에 물리적으로 연결되며, 마침표 DNA에 의해 문장이 종결된다. 폴리메라아제 분자는 한 줄의 텍스트를 복사하는 타자기처럼 한 번에 한 문자씩 DNA를 더해나간다. DNA 시퀀싱에서 정확한 문자 분자뿐만 아니라 마침표로 작용하는 몇 개의 문자도 추가된다. 이 과정에서 너무 많은 복사가 이루어지고 마침표 DNA가 무작위로 추가되기 때문에, 모든 단일 문자에서

종

종결

종결되

종결되는

종결되는 수

종결되는 수많

종결되는 수많은

종결되는 수많은 D

종결되는 수많은 DN

종결되는 수많은 DNA

종결되는 수많은 DNA 분

종결되는 수많은 DNA 분자

종결되는 수많은 DNA 분자가

종결되는 수많은 DNA 분자가 만

종결되는 수많은 DNA 분자가 만들

종결되는 수많은 DNA 분자가 만들어

종결되는 수많은 DNA 분자가 만들어진

종결되는 수많은 DNA 분자가 만들어진다

종결되는 수많은 DNA 분자가 만들어진다.

DNA 시퀀싱은 DNA를 재구성하는 과정이다. 그 첫 번째 단계는 모든 문자에서 조각난 수백만 개의 DNA 사본을 만든 후, 크기별로 정렬시키는 것이다. DNA는 음전하를 띠는 분자이기 때문에 전해질 용액에 넣고 전압을 가하면 DNA가 양극 쪽으로 이동하게 된다. 이동 속도는 DNA의 질량에 의해 결정되며, 질량은 DNA 조각의 길이에 의해 결정된다. 큰 조각은 작은 조각보다 느리게 움직인다. 따라서 느리게 움직이도록 물이 아닌 젤리 같은 겔(gel)에 넣고 전압을 가하면, DNA는 모래를 체질하는 것처럼 크기에 따라 정확하게 분리된다.

여기에는 두 번째 단계인 또 하나의 기술이 숨어 있다. 영어 알파벳은 총 26개지만, DNA는 이 중에서 네 개만을 사용하므로 염기서열을 분석하려는 유전자를 네 개의 시험관에 투입한다. 그리고 첫 번째 시험관에는 A염기에 반응하여 체인을 멈추게 하는 마침표 DNA를 추가한다. 두 번째 시험관에는 C염기에 반응하여 체인을 멈추게 하는 마침표 DNA를 추가한다. 세 번째와 네 번째에는 각각 G염기와 T염기에 반응하여 체인을 멈추게 하는 마침표 DNA를 추가한다.

반응이 끝나면 첫 번째 시험관에는 A로 끝나는 모든 DNA 조각이 생성된다. 같은 방식으로, 두 번째 시험관에는 C, 세 번째 시험관에는 T, 네 번째 시험관에는 G로 끝나는 모든 DNA 조각이 생성된다. 이 4가지 용액을 젤 속의 4개의 열에 고정시키고 전류를 가하면, 각각 분리되어 모든 문자의 모든 위치가 밝혀진다.

A 열은 이렇게 보일 것이다. (문자는 젤에서 얼룩으로 나타난다).

*****AA**A*****A******A*A***A*

T 열은 이렇게 보일 것이다.

T*TT**T*T*T*T*T*T****T*T**

C 열은 이렇게 보일 것이다.

C**C****C**C*********C*C**C**C

G 열은 이렇게 보일 것이다.

*G***********G***G*G*********

4개의 열을 함께 겹쳐 쓰면 별표가 문자로 바뀌어 완전한 DNA 배열을 얻게 된다.

CGTCTAATCATCTGTATGTGTCACATCTAC

TV에서 과학자들이 점이 찍힌 검은색 선이 나열된 X레이 사진을 살펴보는 장면이 가끔 나오는데, 그게 바로 DNA를 판독한 사진이다. 당신 몸의 세포 안에 존재하는 DNA 문자들의 배열은 40억 년 동안 읽을 수 없었지만, 이제는 너무나 일반화되어서 저렴한 비용으로 몇 분 안에 읽을 수 있게 되었다. 이 획기적인 DNA 판독 기술을 개발한 공로로 프레드 생어는 두 번째 노벨 화학상을 받았다.[09]

1990년대에 30억 개의 DNA 문자를 판독하는 HGP의 목표와 함께

---

09 첫 번째 노벨상은 1958년에 인슐린 단백질의 아미노산 서열을 밝혀낸 공로였다. 그는 화학 분야에서 노벨상을 두 번 수상한 유일한 사람이며, 어떤 분야에서든 노벨상을 두 번 수상한 사람은 단 네 명에 불과하다. 내가 이 책을 쓰는 동안 프레드 생어의 사망 소식이 전해졌지만, 그의 기술과 그의 이름을 기린 케임브리지대학교 웰컴 트러스트 생어 연구소(Wellcome Trust Sanger Institute)는 영원히 기억될 것이다. 이 연구소는 생어가 살았던 집에서 가까운 곳에 있으며, 세계에서 가장 훌륭한 게놈 연구 센터 중 하나이다. CACCTATGATAGAGCCTGCTCAGCGAGCTAACTTCACTA.

생어의 기술도 진화되고 개선되고 자동화되었다. 제5장에 이것이 왜 그토록 오랜 시간과 엄청난 자본이 필요한 거대한 과업이었는지에 대해 설명하겠다. 내가 학생이었던 1990년대에는 (멋지게 찍은 엑스레이 사진이 아니라 컴퓨터 파일로 된) 짧은 길이의 DNA 샘플을 염기서열 분석 전문기관에 보내고 며칠 동안 그 결과를 기다려야 했다. 하지만 지금은 대부분의 유전학 연구소가 자체적인 염기서열 분석장치(시퀀서)를 보유하고 있기 때문에 몇 시간 내에 엄청난 양의 DNA 데이터를 판독할 수 있다. 새로운 기술이 프레드 생어의 분석기법을 완전히 대체하지는 못했지만 훨씬 더 빠르고 저렴해졌다. 신용카드 크기보다 작은 시퀀서도 개발되었기 때문에 야외에서 채취한 동물과 식물의 DNA를 USB 포트를 통해 노트북 컴퓨터에 연결해 현장에서 바로 판독할 수 있다. 이런 여러 가지 기술은 살아 있는 모든 사람들을 위한 유전학의 혁명을 가속화시키고 있다. 21세기로 접어들면서 우리는 오래전에 사망한 사람들의 DNA에도 동일한 기술을 적용할 수 있게 되었다.

죽은 뒤에도 DNA는 말한다

땅속의 동굴에서 한 남자가 영면해 있었다. 그는 그 속에서 죽었을 수도 있고, 그가 수백만 년 동안 가장 중요한 사람들 중 한명이 될 거라는 생각을 하지 못한 그의 가족에 의해 그곳을 무덤삼아 매장되었을 수도 있다. 죽은 후에 그는 두 가지 혁명을 이끌었다. 첫 번째 혁명은 그의 출현이 고대 인류에 대한 연구를 촉발시켰다는 것이다. 학자들은 약 4만 년 전 그 남자의 근거지가 지금 독일이라고 부르는 지역이었다고 추정한다.

그가 잠들어 있던 클라인 펠드호퍼 동굴(Kleine Feldhofer Grotte)은 19세기에 채석장 광부에 의해 파괴되어 현재는 존재하지 않는다. 기록에 의하면 계곡 바닥에서 몇 미터 위에 사람 키 높이 정도의 동굴 입구가 있었고 안쪽에 바위로 둘러싸인 가로 3미터, 세로 5미터 넓이의 천장이 높은 방이 있었다. 1850년대에 아마추어 탐험가들의 탐사를 시작으로 지금까지 진행된 다양한 발굴 작업을 통해 이 동굴이 있었던 장소에서 최소한 3명 이상의 유골과 수천 가지의 유물이 나왔다. 1856년에 채석장 광부들이 발견한 화석화된 뼈(두개골 2개, 넓적다리뼈 2개, 한 사람 분량 이상의 팔뼈, 어깨뼈, 갈비뼈 조각)는 지역 인류학자에게 전달되었다.

그 남자의 유골은 호모 사피엔스와는 다른 종류였고 최초로 발견된 건 아니었지만(아마도 세 번째로 발견된 듯하다), 그는 기준 표본(type specimen : 자기 종을 대표하여 이후의 모든 유골과 비교하는 표본)이 되었다. 종의 이름은 공식적으로 기준 표본에 붙여지므로, 살아 있을 때 그의 이름이 무엇이었든 간에 우리의 입장에서 그를 '1번 네안데르탈인'이라고 부르게 되었다. 이 남자의 공식적인 신원 확인을 통해 진정한 고인류학(고대 인간에 대한 연구)이 시작되었다.

고인류학자들은 그를 편히 쉬도록 내버려두지 않았다. 1번 네안데르탈인이 수행한 두 번째 혁명적인 사건이 150년 후에 발생했다. 그의 유골에서 DNA가 추출된 것이다. 냉동고처럼 차가운 동굴 덕분에 1번 네안데르탈인의 유골은 외부환경으로부터 보호받았고, 굶주린 동물들로부터 보호받았고, 무엇보다 탐욕스러운 박테리아로부터 보호받았다. 그렇지 않았다면 이들이 그가 그곳에 남긴 모든 증거를 철저하게 파괴했을 것이다. 특별한 마지막 안식처에서 1번 네안데르탈인의 뼈는 4만 년 전 죽은 사람이 아니라 4만 년 동안 잠들어 있던 사람처럼 거의 그대로 보존되어 있었다. 이는 호모 네안데르탈렌시스가 1997년에 매우 배타적이었던 클럽인 호모속에 가입한 최초의 비-호모 사피엔스(non-Homo sapiens) 인류가 되었음을 의미했다. 서서히 썩어가는 그의 오른팔 세포 속에는 남아있던 것은 과거부터 미래까지 계보를 충실히 담고 있는 DNA 분자였다.

'휴먼게놈프로젝트(HGP)'는 인간의 게놈만을 대상으로 한 것이 아니었다. 휴먼이라는 명칭과는 달리 프로젝트의 주요 목표에는 인간이 아닌 6가지의 생물종이 포함된 것이다. 인간의 게놈은 다른 생물종의 게놈과 비교 분석될 수 있다면 훨씬 더 유용해진다. 그래서 HGP에는 인류 이외에도 실험실에서 가장 일반적으로 사용되는 표준 생명체인 초파리(Drosophila melanogaster)와 쥐와 우리의 가장 가까운 유인원 친척인 침팬지가 포함되었고, 특이하게도 꿀벌이 포함되었다. 사회적 곤충인 꿀벌은 거의 모든 구성원이 번식을 하지 못하지만 DNA의 절반을 그들이 봉사하는 여왕벌과 정확히 공유하기 때문이다. 이 모든 것들이 20세기의 첨단 기술을 통해 전체 게놈을 읽고, 해독하고, 탐구할 가치가 있는 대상이었다.

1997년, 라이프치히(Leipzig)에서 일하던 스웨덴 출신 연구원 스반테 파보(Svante Pääbo)는 살아 있는 사람을 위해 개발 중인 기술과 똑같은 기술을 사용하여 새롭고 완전히 혁명적인 분야인 고생물학(palaeogenetics)을 위한 토대를 마련했다. 그는 독일 라이니셰스박물관(Rheinisches Landesmuseum)에서 1번 네안데르탈인의 오른쪽 상완골(팔꿈치와 어깨 사이의 뼈)을 제공받았다. 정밀한 톱으로 그 뼈의 중간 1인치 길이를 잘라내자, 한때 혈액과 면역 세포가 풍부했음을 보여주는 부드럽고 활기찬 골수가 드러났다. 골수는 새로운 세포 생성의 발전소 역할을 하는 부위이기 때문에 이는 세포분열과 유전자 복사가 왕성하게 이루어짐을 의미했다. 또한 그 뼈에 네안데르탈인 DNA의 첫 번째 보물이 숨겨져 있음을 의미했다.

* * *

DNA는 모든 생물 종에서 보편적이다. 그것은 책, 챕터, 종이접기, 팸플릿을 구성하는 언어와 비슷하게 다양한 방식으로 포장되어 있다. 또한 DNA는 여러 세대에 걸쳐 다양한 방법으로 전달된다. 동물에서는 DNA가 묶여서 염색체가 되고, 염색체를 이중나선의 거대한 덩어리가 감싸고, 이 덩어리를 작고 울퉁불퉁한 단백질이 감싸고, 이 단백질이 나선형으로 꽉 조여져 교과서에서 볼 수 있는 상징적인 X 모양처럼 보이게 된다. 우리의 대부분 세포에는 두 세트의 완전한 염색체가 들어 있다. 한 세트는 어머니로부터 물려받은 23개의 염색체로 구성되어 있고, 다른 한 세트는 아버지로부터 물려받은 23개의 염색체로 구성되어 있으며, 전체 23쌍의 염색체(46개의 염색체)는 모두 세포의 중심에 있는 작은 땅콩 모양의 핵 속에 가지런히 저장되어 있다.

생물학은 예외의 과학이고 끝없는 최적화의 과학이다. 23쌍의 염색체 중 상염색체(autosome)라고 부르는 22쌍은 서로 동일하며, 성염색체(sex chromosome)라고 부르는 나머지 한 쌍만 서로 다르다. 여성의 성염색체는 XX로 표현하고 남성의 성염색체는 XY로 표현한다. 여성은 부모 양쪽으로부터 X염색체를 하나씩 얻지만, 남성은 어머니로부터 X염색체를, 아버지로부터 Y염색체를 얻는다. 남성을 결정하는 데 중요한 역할을 하는 Y염색체는 다른 염색체에 비해 가느다란 DNA 조각이며, DNA의 총량에서 차지하는 비율이 매우 작다. 반면에 X염색체는 모든 인간 염색체 중 두 번째로 크다.

DNA가 부모에서 자식으로 전달되는 방식에는 또 다른 예외가 있다. 모든 상염색체와 성염색체는 세포핵을 벗어나지 않으며, 대부분 세포 중심의 경계 영역 내에 있다. 그러나 세포핵 내부가 아닌 미토콘드리아 내부에 존재하는 극히 소량이지만 중요한 DNA가 있다. 미토콘드리아는 모든 복잡한 생명체가 의존하는 작지만 강력한 에너지 생성 단위이며, 20억 년 전 두 개의 단세포 유기체가 상호 이익을 위해 융합되면서 생성된 것이 거의 확실하다. 이것이 의미하는 바는 미토콘드리아라는 새로운 세포가 이전의 모든 박테리아 또는 고세균 등 작은 단세포 유기체와는 다른 진핵생물이라는 새로운 생명체의 분기점을 형성한다는 것이다. 이 세 그룹은 역(Domains : 영역)이라고 불리며, 다섯 개의 계(Kingdom)보다 상위로서 생명체의 계층 중 맨 꼭대기에 있다. 3개의 역은 세균역, 고세균역, 진핵생물역이며, 진핵생물역은 기본적으로 처음 두 범주에 속하지 않는 모든 생명체를 말한다. 진핵 세포는 핵 속이 아닌, 세포 내 발전소 역할을 하는 미토콘드리아 내부에 극소량의 매우 중요한 DNA를 가지고 있다. 삐쩍 마른 Y염색체와 달리, 미토콘드리아 DNA(mtDNA)는 오직 엄마로부터만 아기에게 전달된다. 정자는 새로운 아기를 만들기 위해 유전 정보의 절반(22개의 상염색체와 X 또는 Y 성염색체)만 가지고 난자에 도달하기 위해 꼬리를 흔들며 헤엄쳐 나간다. 난자 역시 22개의 상염색체와 X염색체, 그리고 어머니의 mtDNA를 갖고 있다.

97퍼센트 이상 거의 모든 DNA는 22쌍의 상염색체와 X염색체에 의해 전달되며, 이 모든 유전 정보는 부모 양쪽으로부터 거의 동일한 방식으로 유전된다. 상염색체는 당신의 어머니, 아버지가 할아버지와 할머니로부터 물려받은 한 쌍의 염색체의 독특한 조합이다. 아버지의 고환에서 정자가 만들어지고 어머니의 난소에서 난자가 만들어질 때[10] 일치하는 두 개의 염색체가 나란히 정렬되어 뒤섞이게 된다.

하트 카드와 클로버 카드를 순서대로 두 줄로 나열한 다음, 같은 숫자 몇 개를 서로 바꿔놓는다고 상상해보자. 그러면 두 줄의 카드가 순서는 올바르게 배열되겠지만 하트 무늬와 클로버 무늬는 뒤섞이게 될

---

10 이 과정은 자궁에서 이루어진다. 당신을 만든 난자는 어머니가 할머니 뱃속의 태아였을 때 이미 어머니의 난소 안에서 만들어진 것이다. 따라서 당신의 DNA는 할머니의 몸속에서 형성된 셈이다.

것이다. 이와 똑같은 일이 염색체가 성세포를 만들 때 발생한다. 그러나 각각의 염색체는 에이스에서 킹까지 13장의 카드만을 교환하는 것이 아니라 수백만 가지의 교환이 가능하다. 그 결과 22개의 상염색체 각각에 대한 새로운 조합이 생긴다. 재조합(recombination)이라 불리는 이 과정을 통해 당신에게 독특한 개성을 부여하는 정교한 유전적 구성이 이루어진다.

하지만 mtDNA와 Y염색체는 이런 일을 하지 않는다. mtDNA는 어머니의 어머니의 어머니로 이어지는 모계를 통해 내려온 것이고, Y염색체는 정확히 똑같은 방식으로 부계를 통해 내려온 것이다. 조상을 찾는 사람들에게 이것은 흥미로운 도구가 되며, 역사적으로도 조상의 조사에 사용할 수 있는 가장 쉽고 가장 작은 최초의 DNA 덩어리였기 때문에 많은 연구의 초점이 되었다. 미토콘드리아는 세포 내부의 복잡한 환경 속에서 수백만 개가 존재하기 때문에 시간의 맹공격에서 살아남을 확률이 더 높다. 상염색체와 성염색체는 하나의 완전한 세트로서 핵 내부, 즉 세포의 중앙부에만 존재한다. 따라서 핵 DNA와 비교할 때 수백만 개의 동일한 복사본이 쌓여 있는 mtDNA가 가계도 분석에 훨씬 쉽게 활용될 수 있다. mtDNA와 Y염색체는 이 페이지에서 자주 등장할 것이다. 그 이유는 단지 조상을 찾기 위한 유용한 정보이기 때문만이 아니라, 때때로 그 정보의 가치가 과장되기 때문이다.

네안데르탈인은 스페인의 동쪽 끝에서부터 웨일스 북부의 동굴, 이스라엘 남부, 중앙아시아의 산맥으로 이어지는 서유럽 전역에서 살았던 사람들이었다. 우리가 발견한 가장 오래된 네안데르탈인의 뼈는 30만 년 전의 것이며, 3만 년 이내의 것은 발견되지 않았다. 이는 인간 종에게 합당한 생존 연대이다. 초기의 직립 유인원인 호모 에렉투스(*Homo erectus*)는 190만 년 전 아프리카를 벗어나기 시작하여 전 세계로 퍼져나갔다. 그러나 네안데르탈인은 현생인류가 지금까지 살아온 것보다 더 긴 시간 동안 생존했다.

우리는 해부학적으로 현생인류에 속하며, 약 20만 년 전에 동부 아프리카에서 진화해서 약 10만 년 전 쯤 아프리카를 벗어났다는 것이 일반적인 생각이다. 몇 년마다 더 많은 표본이 발견되기 때문에 이 연도는 조금씩 올라가고 있다. 2015년 10월 중국 남부 다오시안 지역에 있는 푸얀(Fuyan) 동굴에서 최소 8만 년 전 현생인류의 것으로 보이는 치아 47개가 발굴되었으며, 그 이빨의 소유자가 고향인 아프리카에서 먼 동쪽으로 가기까지 수만 년이 걸렸다고 추정하는 것은 무리가 아니다.

뼈에 근거한 전통적 고인류학에 따르면, 호모 사피엔스가 약 6만 년 전 유럽에 도착했을 때, 네안데르탈인은 이미 그곳에 있었고 작은 공동체를 구축해놓은 상태였다. 그러나 DNA의 증거로 볼 때 이런 시간대는 상당한 수정이 요구되며, 제1장의 뒷부분에서 살펴볼 것이다.

그럼에도 불구하고, 네안데르탈인의 해부학적 골격은 그들이 새로운 이주자였던 현생인류와 시각적으로 분명히 달랐다는 것을 보여준다. 고인류학의 핵심 척도 중 하나인 뇌 용량으로 비교해볼 때 네안데르탈인은 현생인류보다 더 큰 용량을 가졌다. 현대인 남성의 평균 용량은 약 1.4리터이고 여성은 약간 더 작다. 네안데르탈인의 뇌 용량은

1.2~1.7리터 정도였다. 뇌 용량이 지적 능력과 반드시 정비례하는 건 아니지만, 일반적으로 유인원의 두뇌가 커졌다는 것은 더 똑똑해졌음을 의미한다.

네안데르탈인은 우리보다 더 작고 더 옆으로 퍼진 몸집이었고, 술통 모양의 두꺼운 가슴과 넓은 코와 거친 눈썹을 가지고 있었다. 이런 신체적인 특징 때문에 그들은 꽤 나쁜 평판을 얻었다. 일반인의 대화에서 '네안데르탈인'은 저속하고 어리석음을 암시하는 비유어로 쓰이며, 야만적인 원시인과 혹은 괴성을 지르는 멍청이와 동의어다. 고대 인류의 분류에서 혼란을 겪은 19세기에, 독일의 위대한 생물학자 에른스트 헤켈(Ernst Haeckel)은 네안데르탈인을 '호모 스투피더스(*Homo stupidus* : 멍청한 사람)'로 부르자고 제안하기도 했다.

호모 네안데르탈렌시스가 동시대에 살았던 호모 사피엔스와 크게 다르다는 것을 보여주는 증거는 없다. 그들 역시 큰 먹이를 사냥하고 도살한 후 불에 구워 먹었다. 10만 년 전 그들이 바느질을 하고 옷과 장신구를 만들었다는 몇 가지 증거가 있다. 이런 도구의 발견 시점은 해부학적 현생인류가 유럽에 도달한 시점보다 앞선다. 이는 네안데르탈인이 새로 이사 온 친구에게 도구를 만드는 기술을 배운 것이 아니라 독자적으로 터득했음을 의미한다. 논쟁의 여지가 있지만, 최근 어떤 연구는 조약돌이 많기로 유명한 스페인 지중해 연안의 네르하(Nerja) 동굴에서 발견된 벽화를 그린 고대인이 현생인류가 아니라 네안데르탈인이었

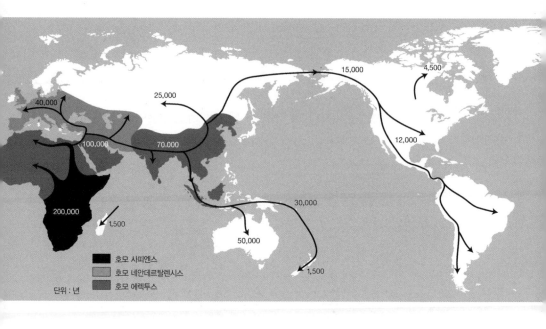

호모 사피엔스가 아프리카에서 전세계로 이주한 경로와 시기

해부학적 현생인류가 지구상에 처음으로 거주한 곳은 약 20만 년 전 아프리카 동부 지역이었다. 그들은 적어도 10만 년 전 아프리카에서 벗어나기 시작하여 유럽에서 네안데르탈인과 그 밖의 다른 인류를 만났다. 우리의 DNA에는 해부학적 현생인류가 네안데르탈인과 성관계를 가진 흔적이 남겨져 있다.

다고 주장했다. 어떤 사람들은 이라크 샤니다르와 남부 프랑스[11]의 무덤에서 발견된 꽃가루의 흔적은 네안데르탈인의 매장 의식에서 꽃을 사용한 증거라고 주장했다.

유물이 부족하기 때문에 네안데르탈인과 호모 사피엔스 간의 진화적 관계는 오랫동안 논란의 대상이 되었다. 네안데르탈인이 현대 유럽인의 직접적인 조상이라는 주장에서부터, 서로 성관계를 할 수 없는 완전히 다른 종이기 때문에 진화나무의 같은 나뭇가지에 놓을 수 없다는 주장까지 다양한 의견이 제시되었다. 하지만 우리와 네안데르탈인의 마지막 공통 조상은 약 60만 년 전에 존재했던 것으로 결론이 내려졌다.

스반테 파보가 1번 네안데르탈인의 상완골을 분석한 것이 이런 결론에 대한 첫 걸음이었다. 1997년 그는 정밀하게 절단한 뼈에서 0.4그램(소금 한 자밤의 무게)의 세포를 떼어내어 mtDNA의 조각을 뽑아냈다. 이는 당시로서는 가장 오래된 DNA를 복원한 것이었다. 스반테 파보의 연구는 오염되지 않은 고대의 DNA를 추출하는 것이 가능하다는 것을 처음으로 보여주었다.

1990년대에 엄청난 흥행을 기록한 영화 〈쥐라기 공원〉은 DNA를 통해 죽은 공룡을 부활시킬 수 있다는 생각을 우리의 문화적 관념 속에 아주 분명하게 각인시켰다. 그러나 항상 현실은 영화보다 이야기가 다

---

11 1908년 프랑스 라샤펠오생(La Chapelle-aux-Saints)에서 발견된 유골의 형태로 인해 구부정하고 멍청한 동굴 원시인이라는 네안데르탈인의 고정 관념이 만들어졌다. 하지만 1980년대에 에릭 트린카우스(Eric Trinkaus)는 훨씬 더 많은 법의학적 분석을 통해 그 유골의 주인이 40대 남성이었고, 허리가 굽은 이유는 네안데르탈인의 특징이 아니라 그가 앓았던 골관절염 때문이었음을 밝혀냈다.

소 부족한 법이다. 스반테 파보가 추출한 DNA는 오염되지는 않았지만 짧은 파편으로 조각난 상태였고, 낡은 책의 너덜너덜한 종잇장처럼 모든 것이 심하게 손상된 상태였다. 또한 〈쥐라기 공원〉이 6,500만 년 전 공룡[12]을 부활시킨 것과는 달리, 네안데르탈인의 상완골은 겨우 4만 년 전의 것이었다. 그럼에도 불구하고 스반테 파보와 그의 연구팀이 뭔가를 추출해냈다는 사실은 '휴먼게놈프로젝트'의 그림자 속에서 떠오르고 있는 유전학자들의 새로운 기술에 대한 증거다. 이것은 완전히 전례 없는 방식으로 과거를 해독하고 재구성하는 아기의 걸음마 같은 단계였다.

이 연구에 따라 네안데르탈인의 DNA가 모든 현생인류의 mtDNA와 다르다는 것이 처음으로 밝혀졌다. 분석된 DNA 파편의 염기서열은 모든 현생인류의 공통 선조가 출현하기 훨씬 전에 그들의 게놈이 우리의 계통으로부터 분리되었다고 확실하게 말할 수 있을 정도로 충분히 차이가 났다. DNA는 천천히 똑딱거리는 시계처럼 시간이 지남에 따라 상대적으로 예측 가능한 방식으로 변한다. 그래서 유사하지만 똑같지 않은 두 DNA의 염기서열을 비교함으로써 네안데르탈인이 현생인류와 얼마나 멀어졌는지를 추정할 수 있다. 이 기술은 완벽하지는 않지만 광범위한 측면에서 가치가 있다.

네안데르탈인의 DNA에 대한 최초의 연구 결과, 우리와 그들이 계

---

12 이 영화에 나오는 공룡 대부분은 백악기에 살았던 동물이다. 그러나 〈백악기 공원〉은 발음하기 까다롭기 때문에 〈쥐라기 공원〉이라는 제목을 붙인 듯하다.

통 분리된 시기는 55만~69만 년 전으로 나타났다. 이는 네안데르탈인이 호모 사피엔스와 다르다는 인류 진화의 전통적인 이론에 대해 확인해줬다. 즉, 네안데르탈인은 적어도 고인류학과 고고학이 주장하는 것과 거의 일치하는 시기에는 현생인류와 달랐기 때문에 현재의 상황은 이 기술적 업적에 의해 뒤집혀지지 않았다. 그러나 과거로 향하는 문이 열렸고 다음 10년 동안 모든 것이 바뀔 수도 있다.

유전학의 혁명은 놀라울 정도로 빠르게 진행되지만, 그 과정에서 요구되는 심오한 기술이 항상 걸림돌이 된다. 고대의 DNA를 추출하는 것은 쉬운 일이 아니며, 고대 DNA 연구는 방대한 규모 때문에 진정한 전문 기술이 요구되는 분야다. 살아 있는 세포에서 유전자를 추출하는 작업은 사과 파이를 먹는 것처럼 쉬운 일이며, 누구나 이를 정도 교육을 받으면 할 수 있는 일이다. 고도의 전문지식이 필요한 분야는 수치 계산을 통한 분석이다. 살아 있는 사람의 DNA와 비교하면 고대인의 DNA는 깨지기 쉬운 얇은 유리 같은 것이며, 오래전에 죽은 그들의 유전자를 판독하는 작업은 정교함이 요구되기 때문에 결코 누구나 할 수 있는 일이 아니다.

그러나 '휴먼게놈프로젝트'와 마찬가지로 이런 고대의 DNA 파편도 염기서열이 분석되면 데이터베이스화 되어 누구나 자유롭게 활용할 수 있도록 공개된다. 이제 유전학자들은 수천 년 전에 죽은 조상의 유전자를 탐구하기 위해 화석화된 뼈를 찾으러 축축한 동굴 근처에 갈 필요가 없다. 인터넷만 있으면 된다. 초창기의 고대 DNA 연구는 새로운 보존 기술과 분석 기술을 개발하는 것이 필수적이었다. 기존의 데이터베이스가 없는 상황에서 실제로 DNA를 추출해야 했기 때문이다. 2006년에 또 다른 연구팀이 크로아티아에서 발견된 3만 8,000년 전 네안데르탈인의 유골에서 DNA 추출에 성공함으로써 오래된 의문점을 해결했다. 거의 동시에 일부 공동 저자와 겹치는 상태로 「사이언스」와「네이처」 2개의 최고 학술지에 발표된 2개의 논문은 그 결과가 대단히 유사했지만 미묘하게 달랐다.

이 두 논문의 공통적인 중요성은 생성된 DNA 염기서열을 통해 현생인류로 이어지는 인류와 네안데르탈인으로 이어지는 인류가 약 50만 년 전 서로 갈라졌음을 발견했다는 것이다. 차이점은 앞으로 벌어질 일, 즉 이후 단계에서 상호교배(interbreeding)로 이어지는 놀랄 만한 성적 접촉이 있었을 가능성에 대한 것이었다. 한 편은 그럴 가능성이 있다고 언급했고 다른 한 편은 그렇지 않다고 언급했다.

그 후, 2010년에 완전한 네안데르탈인 게놈이 발표되었다. 스반테 파보의 연구 팀은 고대인의 뼈에서 DNA를 추출하는 기술을 근본적으로 혁신했다. 먼지 쌓인 화석에서 나온 파편과 부스러기를 모아서 네안데르탈인의 완전한 DNA 초안을 만들어낸 것이다.

이것을 좀 더 살펴보자. 유전학의 발전 속도는 정말 놀라울 정도였다. 현대인의 게놈은 2001년에 거의 완전한 형태로 해독되었고 (제5장에서 설명하겠지만 2003년에는 실제로 완벽하게 해독되었다), 몇 년 후에는 수만 년 동안 누구의 손길도 닿지 않았던 네안데르탈인의 뼈에서 멸종된 인간 종의 게놈을 완성했다. 스반테 파보와 그의 동료들이 타임머신을 발명한 것이다.

그들은 어떤 모습이었을까? 유전자 자체와 유전자가 사람들에 대해 우리에게 말해주는 것 사이에는 매우 밀접한 관련성이 있지만, 거의 모든 경우에 결정적인 것은 아니다. 이 책 전체에 걸쳐 이어질 주제는, 유전자는 운명이며 따라서 특정 유전자의 특정 유형이 개인의 모습을 정확히 나타낼 것이라는 문화적으로 만연한 결정론에 맞서고 거부하는 것이다. 이는 유전학자들 사이에서 널리 알려져 있지만, 여전히 많은 문화적 중요성을 지닌 아이디어이며, 미디어와 인간 생물학의 터무니없는 복잡성에 대한 극단적으로 단순한 이해에 의해 자주 부추겨졌다. 매우 중요한 효과가 있는 비교적 작은 유전자 집합을 가지고 있지 않다면, 개인의 유전자 서열을 아는 것은 제한된 정보만을 제공할 뿐이다. 이것은 나중에 더 자세하게 논의하겠지만, 좋든 싫든 지금으로서는 우리가 오래전에 죽은 고대인의 유전자를 분석할 수 있는 거의 유일한 방법이다.

고생물학을 공부하는 대학생들에게 유명한 시험 문제는 '네안데르탈인은 언어 능력을 가졌는가? 해부학적 증거로 뒷받침하여 3,000단어 이상으로 기술하라'다. 정답의 개요는 네안데르탈인이 서로 대화하는 능력을 가졌음이 거의 확실하다는 것이다. 그들의 목구멍 구조는 우리와 다르지 않았다. 특히 1989년 이스라엘의 케바라 동굴에서 발견된 설골(hyoid bone)은 네안데르탈인의 언어 능력이 우리와 비슷했다는 것을 보여준다. 설골은 턱과 목 사이에 있는 말굽 모양의 뼈다. 엄지와 집게손가락으로 (질식되지 않을 만큼만) 목을 누른 채 침을 삼켜보면 그 뼈의 움직임을 느낄 수 있다.

사람의 설골 구조는 총 12개의 미묘하게 조정되는 근육에 의해 혀, 성대, 후두, 인두 및 후두개 연골과 연결되어 있기 때문에, 모든 방향으로 독특하게 융기되고 지지된다. 이처럼 매우 작은 뼈와 연결된 미세한 근육의 움직임은 인간만이 유일하게 구사할 수 있는 언어 능력을 위해 특별하게 진화된 것이다. 케바라 동굴의 설골은 고대인의 언어 능력에 대한 간접적인 증거 역할을 하기 때문에 수많은 미시적 해부학 연구의 주제가 되었다. 그리고 답은 여전히 같다. 네안데르탈인은 거의 확실하게 우리와 같은 대화 능력을 가지고 있었다.

뇌신경학적 관점에서 볼 때, 네안데르탈인은 우리와 별로 다르지 않다. 대화능력은 우리 두뇌의 큰 부분을 차지한다. 언어처럼 복잡한 기능은 뇌의 여러 영역과 관련되어 있지만, 핵심적인 위치는 브로카 영역 (Broca's area)으로 알려져 있다. 이는 사고로 언어능력을 상실한 두 명의 환자의 뇌를 치료했던 19세기 프랑스 신경의학자 폴 브로카(Paul Broca)의 이름을 딴 것이다. 이 신경해부학적 크기는 네안데르탈인의 의사소통능력에 대한 질문에 답하는 데 그다지 유용하지 않다. 그것은 스튜 (stew)에 넣는 고기 덩어리 정도 되는 뇌의 큰 부분이기 때문이다. 언어 능력이 없는 다른 영장류도 브로카 영역을 갖고 있다. 따라서 네안데르탈인이 우리보다 평균적으로 더 큰 두뇌를 가졌다는 것을 감안할 때, 모든 영장류와 마찬가지로 네안데르탈인도 브로카 영역을 가졌다고 추측하는 것이 합리적이다.

새로운 유전학을 사용함으로써 과거로부터 해답이 나타날 거라고 생각할 수도 있다. 언어능력과 불가분적으로 관련된 $FOXP_2$라고 불리는 유전자에 대해 많은 연구가 이루어지고 있다. 이 유전자가 신체에서 실제로 수행하는 역할이 무엇인지 완전히 파악되지는 않았지만, 우리와 가까운 유인원과 지구상의 다른 모든 생명체와 비교했을 때 우리가 쉽게 해내는 의사소통과 손동작의 유형에 필수적인 것임은 분명하다. 유전자가 어떻게 작용하는지를 확인하는 핵심 방법 중 하나는 그것이 잘못되었을 때 무슨 일이 일어나는지를 관찰하는 것이다.

우리는 동물 실험에서 특정한 유전자를 의도적으로 파괴하여 어떤 일이 발생하는지 관찰한다. 윤리적인 이유 때문에 사람들에게는 이런 실험을 하지 않지만, 사람의 질병과 관련된 유전자를 연구하는 것이 이런 실험과 비슷하다고 볼 수 있다. 나의 모교인 런던대학교의 아동건강 연구소에서 1990년 발견된 $FOXP_2$유전자는 몇 가지 돌연변이가 보고되어 있다. 유전적 언어발달장애를 가진 (이니셜 KE로만 알려진) 파키스탄인 가족이 그곳에서 검사를 받았다. 이 가족의 유전적 가계도를 통해 일곱 번째 염색체상에 비정상적인 영역이 존재하고 친척 중 16명이 심각한 영향을 받은 것으로 확인되었으며, 이후의 연구에서 이 특이한 유전자에 맞춤법 오류가 있음이 밝혀졌다.[13] 그때부터 $FOXP_2$는 문법 유전자(grammar gene) 또는 언어 유전자(language gene)라는 유명세를 탔고 대대적인 언론의 보도가 이어졌다.

언어와 대화는 단 하나의 유전자가 아니라 많은 유전적 요인에 의해 제어되는 복잡한 행동이기 때문에 위의 보도는 사실이 아니다. 그러나 $FOXP_2$가 의사소통 방법에 중요한 역할을 하는 건 분명하다.[14] 또한, 다른 동물에서 $FOXP_2$와 동등한 버전을 살펴보면 이 유전자가 동물의 발성에 큰 역할을 한다는 것을 알 수 있다. $FoxP_2$유전자가 제한된 수컷 금화조는 암컷에게 구애하는 노래를 들려줄 수 없으며, $Foxp_2$유전자[15]가 파괴된 어린 쥐는 어미 쥐와 의사소통을 하는 데 필수적인 초음파 소리를 낼 수 없다.

$FOXP_2$는 분명히 언어 능력에 핵심적인 유전자다. 네안데르탈인 게놈에 대한 2006년의 분석 결과, 그들이 우리와 똑같은 종류의 $FOXP_2$

---

13 DNA에는 문제를 일으키거나 진화를 유발하는 많은 종류의 돌연변이가 존재한다. 모든 돌연변이는 DNA의 문자배열에 의해 인코딩되는 단백질의 생성을 변경시킨다. 어떤 돌연변이는 하나의 DNA 문자를 삭제한다. 예를 들면, Genome(게놈)에서 e를 삭제하여 Gnome으로 바꾸는 식이다. 어떤 돌연변이는 문장이 끝나기도 전에 마침표 DNA를 추가한다. 파키스탄인 가족에게서 발견된 것과 같은 과오 돌연변이(missense mutation)는 비정상적인 위치에 띄어쓰기를 유발하여 단백질을 엉망으로 만든다. 예를 들면, 'too late(너무 늦었다)'를 'tool ate(도구가 먹었다)'로 바꾸는 식이다. 하지만 이런 돌연변이가 심각한 문제나 사망을 초래하지 않으면, 진화의 원동력인 다양성의 원천이 될 수 있다.

14 하나의 유전자가 어떤 특징의 유일한 원인이 되는 이런 현상을 제5장에서 자세히 다룬다.

15 예리한 독자들은 이 페이지에 $FOXP_2$의 세 가지 버전이 있음을 눈치 챘을 것이다. $FOXP_2$는 인간의 유전자를, $Foxp_2$는 쥐의 유전자를, $FoxP_2$는 금화조의 유전자를 나타낸다. 왜냐하면, 다소 피곤하게도 유전학자들이 다른 생물종에는 대소문자를 구분하여 사용하기 때문이다. 정확한 이유는 나도 잘 모른다.

유전자를 가지고 있으며, 이는 침팬지와는 다른 유형의 유전자임이 밝혀졌다. 그 차이는 미묘하지만 분명히 중요하다. 침팬지와 우리의 FOXP$_2$ 단백질 염기서열 사이에는 단지 두 가지 차이가 있을 뿐이지만, 우리는 언어 능력을 가졌고 침팬지는 언어 능력을 갖지 못했다.

네안데르탈인에 대해서도 똑같이 말할 수 있을까? '네안데르탈인은 언어 능력을 가졌는가?'라는 시험 문제에 대한 기본적인 해답은 내가 1995년에 제출한 것과 같지만, 좋은 점수를 원하는 지금의 대학생이라면 답안지의 내용이 완전히 달라야 한다. 'Plus ça change, plus c'est la meme chose(세상이 변할수록 더 똑같아지는 법이다)'라는 격언은 이 시험에는 적용되지 않는다. 네안데르탈인은 분명히 대화를 나눌 수 있는 능력을 가졌을 것이다. 그러나 우리가 진정한 타임머신을 발명할 때까지는 증명이 불가능하다.

이런 결론이 만족스럽지 못하다면 (그리고 오래된 뼈에 대한 연구는 자주 그렇다), 우리가 완벽한 답안지를 작성할 수 있는 또 다른 방법이 있다. 그건 바로 냄새(smell)다. 하지만 단 하나의 달콤한 결론을 내리기 전에, 여기에는 관행적인 과학적 양해사항이 있다. 우리는 냄새가 어떻게 작용하는지 실제로 이해하지 못한다. 인간의 코에는 특정 분자에 반응하여 작동하는 세포가 있다. 우리가 공기 중의 냄새를 맡는 과정은 두뇌에 직접 연결되는 코의 뉴런 막에 걸려있는 후각수용체(olfactory receptor)라는 단백질에 의해서 이루어진다.

후각수용체는 시력을 유발하는 망막의 간상세포, 원추세포와 상당히 유사하지만, 시각을 자극하는 빛을 포착하는 것이 아니라 후각을 자극하는 화학 물질을 포착한 후 뇌에 도달하는 신호를 보내서 냄새를 인식하게 된다. 시각수용체와는 달리 후각수용체에는 여러 가지 유형이 있으며 각각은 서로 다른 냄새의 분자를 포착하는 것으로 보인다. 상황을 더 복잡하게 만드는 것은 하나의 냄새 분자가 다수의 후각수용체를 자극하는 것을 보인다는 점이다.

모든 단백질과 마찬가지로 후각수용체는 유전자에 코딩되어 있으며, DNA로 작성되어 인간의 게놈에 새겨진다. 우리는 냄새와 관련된 약 400가지의 후각 유전자를 가지고 있으며, 이것이 무수히 많은 방식으로 결합하여 우리가 즐기는 풍부한 냄새를 맡게 된다. 이들이 어떻게 결합되어 복잡한 후각을 만드는지는 여전히 미지의 영역으로 남아 있다. 그러나 몇 가지가 예외적으로 밝혀졌으며, 2015년에 이것 중 하나인 OR_7D_4유전자에 초점을 맞춘 연구가 성공적으로 이루어졌다.

그래서 우리는 인간 유전학이 너무 이해하기 어렵다고 낙담하지 않았을지도 모른다. OR_7D_4는 다행스럽게도 단 하나의 냄새 분자만을 탐지하기 때문에 인간이 냄새를 맡는 방식과 매우 직접적인 관계가 있는 후각유전자다. 모든 사람은 이 유전자의 서로 다른 변종을 갖고 있으며, 특이하게도 이것은 안드로스테논(androstenone)이라는 화학 물질의 냄새와 상당히 밀접하게 연관되어 있다. 이 스테로이드는 동물뿐만 아니라 인간의 땀에도 들어 있지만, 우리는 그것이 사람에게 무슨 역할을 하는지 사실상 알지 못한다. 그러나 돼지의 경우 안드로스테논은 교미를 위한 중요한 수단이다.

수컷 돼지는 침에서 안드로스테논을 분비하여 '멧돼지 악취' 혹은 '거세되지 않은 수컷 냄새'를 발산한다. 암컷 돼지가 이 냄새를 맡으면 성적으로 흥분해서 짝짓기 자세를 취하게 된다. 내가 아는 한, 인간에게 이런 일이 벌어지지는 않는다. 많은 사람들이 그것을 썩은 오줌 냄새라고 느끼지만,[16] 어떤 이에게는 달콤한 향수처럼 느껴진다. 우리 중 일부는 안드로스테논 냄새를 전혀 맡지 못한다. 나 역시 그 냄새를 전혀 맡을 수 없다. 이런 후각의 차이는 당신의 19번 염색체에 존재하는 OR_7D_4 대립유전자에 의해 결정된다.

OR_7D_4는 완벽하게 일반적인 유전자다. 그것은 우리의 세포에 들어 있는 약 2만 개의 유전자 중 하나이며, 유전자의 전형적인 길이인 수천 개 이하의 문자(뉴클레오티드)로 이루어져 있다. 이 문자 중 일부의 변형이 수컷 돼지 냄새가 코를 자극할 때 당신이 어떻게 반응하는지를 결정한다. 이것은 실질적이고 본능적인 감각과 매우 직접적인 상관관계가 있는 반면, 대부분의 다른 냄새 수용체 유전자는 유전자의 염기서열이 우리가 실제로 인식하는 것과 어떻게 관련되는지에 따라 더 복잡하고 미묘하다.

나는 이 고대인 후각유전자의 연구 논문을 작성한 과학자 중 한 명인 매튜 콥(Matthew Cobb)에게 네안데르탈인에게 이런 질문을 던진 이유를 물었다. 대답은 간단했다. '우리가 질문할 수 있기 때문입니다.' 나

---

16 2010년 런던 코벤트 가든 꽃시장에서 BBC 과학 프로그램 촬영 당시 제가 요청한 안드로스테론 냄새를 맡고 토한 이탈리아 여성 관광객께 다시 한 번 사과드린다.

는 그 대답을 좋아한다. 그 논문의 진정한 목적은 오래 전에 죽은 사람의 냄새와 후각 구조를 들여다보는 것이 아니라, 오늘날 다양한 버전의 OR_7D_4 유전자가 전 세계 인류에 어떻게 분포되어 있는지를 확인하는 것이다. 그렇게 함으로써 매튜 콥의 연구진은 그 변이가 최근의 인간 진화를 넘어 돼지의 가축화와 분포 패턴을 공유할 것이며, 나중에 우리가 우유의 음식물화가 같은 방식으로 유사한 영향을 미쳤다는 것을 알게 될 거라고 추측한다.

그러나 이런 깊은 과거로 들어가는 약간의 발걸음은 현대의 유전학이 얼마나 쉽게 고대인을 탐구할 수 있게 되었는지를 보여준다. 이런 단순하고 그리 중요하지 않은 유전자가 거의 마술적인 것을 말해준다. 과거를 재구성하고자하는 우리의 열망은 감각의 영역에 새로운 전환을 가져왔다. 이제 우리는 네안데르탈인이 발정한 수컷 돼지와 마주친다면 혐오감을 느낄 거라는 걸 알고 있다. 전혀 냄새를 맡지 못하는 나와는 다르게 말이다.

네안데르탈인의 게놈 중 하나에서 피부와 머리카락의 색소를 인코딩하는 MC_1R이라는 유전자가 발견되었다. 현대인의 일부가 이 유전자의 희귀 버전을 가지고 있다. 부모로부터 물려받은 16번 염색체에 희귀 버전이 있다면 빨간 머리가 되는 것이다. 하얀 피부와 빨간 머리[17]를 갖게 하는 MC_1R 대립유전자는 여러 가지 유형이 있지만, 가장 일반적인 것

---

17 빨간 머리와 MC_1R 유전자에 대해서는 제2장에서 자세히 다룬다.

은 DNA 문자열의 4분의 3 지점에서 G가 C로 바뀐 형태다. 네안데르탈인의 MC_1R 중 일부에서 살아 있는 인간에게는 나타나지 않는 다른 돌연변이가 발견되었다는 사실은 그들 중 일부가 하얀 피부와 빨간 머리를 가졌다는 걸 의미할 수도 있다.

지금까지 남아 있는 그들의 머리카락은 없으며 색소는 시간이 지남에 따라 모두 사라진다. 그래서 그것을 테스트하기 위해 우리는 네안데르탈인의 MC_1R 유전자 버전을 가져와서 유전적으로 조작할 수 있는 박테리아 또는 다른 작은 유기체에 삽입하고 무슨 일이 벌어지는지 관찰하게 된다. 이 시스템은 머리카락을 자라게 하지는 않지만, 멜라노솜을 채울 멜라닌 타입을 결정하고, 멜라닌 타입은 피부와 머리카락의 색깔을 만든다. 결과는 모호했다. 그들은 빨간 머리였을까? 아마 그럴 가능성이 높지만, 그렇다 해도 우리와 같은 빨간 머리는 아니었을 것이다.

이 책의 계속되는 주제는 유전자가 우리 자신에 관해 말해줄 수 있는 것에 대한 한계다. 나는 우리와 동일하거나 유사하거나 현저하게 다른 것으로 밝혀진 네안데르탈인의 유전자를 몇 가지 더 나열할 수 있다. 그러나 유전자형(유전자가 우리 게놈에서 배열되어 있는 형태)과 표현형(유전자가 단백질로 나타나는 형태 및 궁극적으로 가시화되는 특성)과의 관계는 명확하지 않다. 투박하게 축약된 유전자가 우리의 게놈에 존재하듯이 네안데르탈인의 게놈에도 존재하기 때문에, 우리는 그것이 무엇을 하고 있는지 정확히 추측할 수 있다. 21세기 유전학의 가장 큰 실험 중 하나는 생쥐에서 인간 유전자의 등가물을 조작하여 어떤 일이 일어나는지를 관찰하고, 유전자가 손상된 사람의 질병을 분석함으로써 해당 유전자의 기능을 확인하는 것이다.

이런 방식의 몇몇 연구를 통해 우리는 $SRGAP_2$라는 유전자가 지능과 관련이 있는 것으로 추정할 수 있게 되었다. 우리와 네안데르탈인은 침팬지보다 이 유전자의 복사본을 더 많이 가지고 있으며, 그래서 결과적으로 우리의 뉴런에 더 많은 연관성을 가지게 된 듯하다.

우리는 출생 전 태아의 손 발달에 관여하는 $HACNS_1$유전자에 관해서도 이야기 할 수 있게 되었다. 그 유전자는 침팬지가 가지고 있는 버전과 매우 다르다. 침팬지의 손동작은 우리만큼 정교하고 세련되지 않다. 그러나 우리는 $HACNS_1$ 이 우리 자신의 발달 과정 동안 무슨 일을 하는지 모르며, 따라서 우리의 손기술의 진화에서 그 유전자가 어떤 역할을 했는지 모른다. 네안데르탈인의 거의 모든 유전자 염기서열이 밝혀졌지만, 진실은 대부분의 경우 미지의 영역에 남아 있다. 유전자가 어떻게 배열되어 있는지 안다고 해서 그것이 하는 역할을 아는 건 아니기 때문이다.

그러나 이런 사실이 100년의 역사를 가진 유전학을 약화시키지는 않는다. 우리는 개개의 유전자에 의해 결정될 수 있는 네안데르탈인에 대한 몇 가지 특징(머리 색깔, 냄새 등 거의 사소한 관심 사항)을 알아보았다. 나의 흥미를 끄는 것은 선사 시대의 더 커다란 그림이다. 우리가 단지 소수의 유전자가 아닌 유기체의 모든 DNA를 관찰하기 시작했을 때 유전학은 유전체학으로 바뀌었다. 네안데르탈인의 게놈 전체를 조사하는 것은 개별 유전자를 검사하는 것보다 훨씬 흥미롭다. 그것이 우리 자신에 관해 더 많은 걸 알려주기 때문이다. 우리와 네안데르탈인과의 관계는 유전학에 의해 공통 조상을 가진 것으로 재정립되었다. 그들은 우리의 혈통에서 50만 년 전쯤 사라졌다. 그러나 무엇보다 DNA 분석이 분명히 보여준 사실은 현생인류가 그들과 성관계를 가졌다는 것이다. 그것은 두 종족이 처음으로 만나는 순간 그리고 그 이후 언제나 반복적으로 이루어졌다.

당시에 무슨 일이 벌어졌던 것일까? 인간은 호색적이고 이동적이다. 이 관점에서 보면 최소한 우리가 언급한 시간대에서 우리가 사용하는 언어는 기만적으로 느껴진다. 고대 인류가 아프리카에서 이주했다는 말은, 그들이 짐을 싸서 막대기에 걸고 약속의 땅인 북쪽을 향했다는 말처럼 들린다.

인류의 기원에 대한 현대적 추정의 전체적인 근거는 해부학적 현생인류가 최초의 거주지에서 벗어난 것으로 정의되는 아프리카 기원설(Out of Africa hypothesis)이다. 하지만 수천 년 전의 일이었다고 말하는 것 이외에는 그 가설의 시간 척도는 정확히 알려져 있지 않다. 우리의 조상인 호모 사피엔스는 약 6만 년 전에 유럽으로 들어갔다. 그 이야기는 제2장에서 자세히 다루겠지만, 그들이 어느 날 갑자기 여행 가방을 들고 나타난 것은 아니다. 소집단 또는 부족의 확산은 조상이 있던 곳에서 근본적으로 멀어지는 것을 포함하여 모든 방향으로 확장되었다. 그것이 우리가 말할 수 있는 최선의 방법이다. 첫 번째 연구는 그런 완곡어법적인 유전자 흐름(gene flow) 사건이 적어도 다섯 번 있음을 보여주었지만, 다섯 명의 개인이 성관계를 맺어서 자손을 낳았고 그 자손들이 자신의 삶을 이어나가 먼 미래에 이르렀다는 것을 의미하지는 않는다. 그것은 개체군과 종족들이 서로 간에 교배하고 그들의 DNA를 공유했다는 것을 의미한다.

지금까지 분석된 모든 네안데르탈인 DNA 염기서열은 온라인 데이터베이스로 이용가능하며, 요즘은 최신 유전자 분석 기술을 통해 누구나 자신의 게놈을 스캐닝할 수 있고 (완전히 분석되지는 않지만) 여러 가지 DNA를 분석 할 수 있다. '23앤미(23andMe)'는 그런 일을 하는 회사 중 하나이며, 나는 그곳에 나의 게놈 분석을 의뢰했다. 그 분석 결과는 나중에 더 자세히 살펴보겠지만, 이와 같은 개인적 유전자 분석에서 나타나는 사실 중 하나는 당신이 네안데르탈인의 DNA를 갖고 있는지 여부이다. 내 경우에는 전체 DNA의 2.7퍼센트라는 많은 양이 네안데르탈인으로부터 유래된 것이었다.

하지만 '23앤미'의 데이터에 따르면, 이 비율은 실망스럽게도 대부분의 유럽인들의 평균과 일치한다. 학술적 데이터에서는 유럽인의 네안데르탈인 유전자 비율이 더 낮기 때문에 이것은 과대평가된 것으로 보인다. 30억 개의 문자로 이루어진 DNA가 나의 게놈을 구성하며, '23앤미' 데이터를 기반으로 하면 그중 약 8,100만 개가 네안데르탈인에게서 나왔고, 나의 23쌍의 염색체에 걸쳐 다양한 크기로 퍼져 있다. 사람의 46개 염색체 중 6개가 8,100만 개 미만의 DNA로 구성되어 있으며, 나를 남자로 만든 Y염색체도 그중 하나다. 이런 유전자 유입은 모두 한꺼번에 일어난 것이 아니며, 그 영향력이 단 한 가지 방식으로 감지되는 것도 아니다. 그러나 그것은 내 안에 있다.

지난 100년 동안 네안데르탈인은 구부정하고 사납고 괴성을 지르는 원시인으로 낙인찍혔다. 두개골을 토대로 재구성된 네안데르탈인의 얼굴은 우리와 같은 종족으로 보이지 않으며, 매력적이지도 않다. 그러나 아름다움은 매우 주관적인 문제이며, 당신이 그들을 좋아하지 않는다고 해서 우리 조상들이 그들을 좋아하지 않았다는 것을 의미하지는 않는다. 우리 조상들은 분명히 그들과 성관계를 가졌다.

나는 네안데르탈인의 DNA를 가지고 있다. 그러므로 네안데르탈인은 나의 조상이다. 당신이 그들의 DNA를 가지고 있다면 그들은 당신의 조상이다. 당신이 유럽인의 혈통이라면, 네안데르탈인의 DNA를 갖고 있을 게 확실하다. 이처럼 반복적인 가족성 역교배를 통해 별개의 집단에서 DNA를 도입하는 것을 유전자유입(introgression)이라고 부른다. 유전자유입은 서로 다른 개체군이 일부 DNA를 섞는 융합의 한 형태다. 네안데르탈인은 발견된 이후 우리의 사촌 또는 가까운 친척으로 언급되었다. 유전학을 토대로 하면, 네안데르탈인은 우리의 선조라는 것이 나에게는 분명해 보인다.[18] 이것은 DNA 가계도의 핵심 개념 중 하나로서, 가계의 매우 깔끔한 가상적인 모든 가지를 뒤섞는 개념이며, 기존의 분리된 개체군들로부터 나오는 유전자를 섞는다는 의미에서 혼

---

18 더블린 트리니티 대학의 연구원인 라라 캐시디(Lara Cassidy)에게 감사를 표하고 싶다. 그녀가 공개 강의에서 반론을 제기하기 전까지 나는 네안데르탈인과 종을 정의하는 문제에 대해 심각하게 생각하지 않았다. 그녀가 옳았고 내가 틀렸다. 그리고 그것은 나로 하여금 많은 생각을 하도록 만들었다. 그녀에게 다시 한 번 감사한다.

합(admixture)이라고 부른다.

유럽인은 네안데르탈인의 DNA를 가지고 있다. 하지만 그것이 모든 인류의 유전자 속에 존재하는 건 아니다. 대부분의 아프리카인은 네안데르탈인의 DNA를 갖고 있지 않으며, 일부 동아시아인은 유럽인보다 더 많이 가지고 있다. 장기적 관점에서 유전자 흐름 현상은 혼합이 일어나는 방식이다. 직설적으로 말하자면 우리는 섹스에 대해서 이야기하고 있는 것이다. 해부학적 현생인류는 해부학적 네안데르탈인과 역사적으로 기회마다 많은 성관계를 가졌다.

우리는 크로아티아의 네안데르탈인 뼈를 통해 인류가 약 6만 년 전에 이종교배를 했음을 알았다. 이는 호모 사피엔스가 유라시아에 처음 도착한 것으로 추정되는 시기다. 네안데르탈인과 호모 사피엔스는 만나는 순간마다 짝짓기를 했다. 루마니아의 뼈은 그런 상황이 약 4만 년 전 다시 발생했음을 보여준다. 우리 조상들은 호모 네안데르탈렌시스와 마주칠 때마다 성적으로 흥분한 것이다.

5만 년 전에 시베리아 알타이 산맥에서 죽은 네안데르탈인 여성은 2014년에 게놈 클럽에 가입했다. 그녀의 발가락뼈는 그녀의 종족으로부터 나온 것 중 가장 상세한 DNA의 원천이었다. 그러나 2년 후인 2016년 2월, 그녀의 게놈에 대한 더욱 상세한 분석이 우리의 생각을 다시 한 번 뒤엎었다. 그 분석은 그녀가 현대인의 DNA를 가지고 있음을 보여 주었고, 그것을 다른 고대인들과 비교함으로써, 우리는 그 유전자 유입이 언제 일어났는지에 대한 정보를 얻을 수 있었다. 그 유입은 그녀가 태어나기 약 5만 년 전 조상 중 한 명에게 발생했다. 우리는 그 조상이 누구인지 모른다. 그러나 그가 누구이든, 그는 우리와 같았다. 그리고 그는 호모 사피엔스가 아프리카를 벗어난 이후 시간과 공간의 먼 길을 거쳐 왔다. 그는 아프리카 이민자의 첫 번째 물결을 대표하는 사람일 수도 있다. 아마도 인류가 고향땅을 벗어났다고 우리가 생각하는 시점보다 수만 년 전에 동쪽을 개척한 선발대일 것이다. 아프리카 기원설은 원칙적으로 완전히 손상되지 않지만, 고대의 DNA가 제공한 이와 같은 증거로 인해 그 시기와 전반적인 흐름이 크게 변했다.

호모 사피엔스와 네안데르탈인은 서로 마주칠 때마다 성관계를 가졌고 유전자 흐름이 발생했다. 우리가 유전자 흐름 사건에 대해서 이야기 할 때, '사건'이라는 단어는 '이주'라는 단어와 마찬가지로 잠재적으로 오해의 소지가 있다. 오늘날 유럽 전역의 인구에서 네안데르탈인 DNA가 광범위하게 분포되어 있음을 감안할 때, 당신의 조상 중 한 명이 아마도 다른 더 땅딸막한 종족과 짝짓기를 한 후에 이 DNA가 우리의 유전자 풀에 도착한 것 같지는 않다. 이 사건은 개체군 규모에서의 이종교배를 의미하기 때문에, 이런 혼성 유전자유입이 왜 일어났는가라는 질문은 매우 흥미롭다.

난자와 정자가 만들어질 때, 유전자는 임의적으로 재조합되므로, 이종교배의 결과로서 개인이 갖게 될 유전자는 제비뽑기의 운과 같은 것이다. 개인 번식의 결과로 유전자가 사람들에게 퍼지면서 자연선택은 그 유전자의 유용성을 넘어서 손을 뻗칠 수 있게 된다. 2015년 가을, 현생인류가 진화 과정에서 네안데르탈인으로부터 얼마나 다양한 게놈을 취득했는지 분석하는 일련의 연구가 진행되었다. DNA는 덩어리로 유전되는 경향이 있기 때문에, 공유되는 덩어리의 크기에 의해 우리는 게놈의 비트가 얼마나 유용한지 알 수 있다. 유용성이 분명해서 시간이 지남에 따라 자연선택될 가능성이 높은 유전자는 그것이 자손의 세대로 전달될 때 옆에 있는 다른 DNA 비트를 동반할 수 있으며, 선도 그룹의 존재에 의해 앞으로 나아가는 자전거 경주처럼 집단적으로 함께 움직이게 된다.

이와 반대로, 그 유전자 버전이 해로울 경우에는 게놈은 그것을 천천히 도태시킬 수도 있다. 네안데르탈인 DNA를 네안데르탈인에서 유래했다고 생각되는 현대인의 특정 DNA와 비교함으로써, 진화론적 관점에서 하이브리드화(hybridization)에 대한 매우 정교한 성공 모델을 구축할 수 있다. 그레이엄 쿱(Graham Coop)과 그의 동료들은 이 연구를 진행하면서 우리의 게놈이 천천히 네안데르탈인 DNA를 제거하고 있음을 발견했으며, 이는 그들과의 짝짓기가 우리에게 큰 불리한 점은 아니지만 유리한 점도 아님을 암시한다. 네안데르탈인 DNA 덩어리 주변의 우리 DNA는 약한 부정적 선택을 겪고 있다. 이는 개체군 규모와 관련이 있는 것으로 보이며, 지쳐버린 선도 그룹 때문에 자전거 경주 집단 전체가 천천히 감속하는 것과 유사하다. 여러 곳의 네안데르탈인의 뼈에서 추출한 mtDNA는 모두 비슷하기 때문에 호모 사피엔스에 비해 네안데르탈인의 숫자가 항상 적었을 가능성이 높다. 이는 유전적 다양성이 낮았음과 번식 개체군이 적었음(아마도 수천 명에 불과했을 것이다)을 의미한다.

따라서 이 만남이 이루어졌을 때 호모 사피엔스가 그들보다 훨씬 더 인구가 많았다고 추정할 수 있다. 네안데르탈인의 DNA가 호모 사피엔스에게 별다른 이점이 아니었다면, 호모 사피엔스의 DNA에 들어온 후에 훨씬 더 큰 유전자 풀에 의해 휩쓸려버릴 수도 있었을 것이다. 네안데르탈인의 DNA는 호모 사피엔스의 몸속에 있는 동안 그것과 비교해서 주목할 만한 장점을 가진 DNA가 없었기 때문에 영속될 수 있었을 것이다. 켈리 해리스(Kelley Harris)와 라스무스 닐슨(Rasmus Nielsen)의 두 번째 논문에서도 이와 똑같은 점을 발견했으며, 또한 연관이 강하지 않은 종 사이에서 볼 수 있듯이 유전자유입에 반발하는 선택이 번식에 대한 유전적 장벽을 세울 만큼 충분히 강력하지 못했음을 발견했다.

우리가 이런 유전자유입을 이해하는 데 좀 더 도움이 되는 또 다른 특이한 세부 사항은 대량수치처리(number crunching)에서 나온다. 네안데르탈인으로부터의 유전자유입 총량은 다른 염색체보다 현대인의 X염색체에서 비교적 적다. 남성은 X염색체와 Y염색체를 하나씩 가지고 있기 때문에 X염색체를 후손에게 전해줄 확률은 50퍼센트다. 그러나 여성은 2개의 X염색체를 가지고 있기 때문에 항상 자신의 X염색체를 후손에게 전해준다. 우리의 X염색체에 네안데르탈인의 DNA가 적다는 사실은 출산으로 이어진 그들의 최초의 만남이 여성 호모 사피엔스와 남성 네안데르탈인이었다는 것을 의미한다.

네안데르탈인의 DNA가 우리를 위해 특별히 하는 일은 아직 밝혀진 것이 없다. 따라서 왜 수천 세대에 걸쳐 그들의 DNA가 천천히 제거되고 있는지가 의문이다. 여기서 중요한 교훈 중 하나는 그것이 진화의 속도가 숨 막히게 느린 소각 과정이라는 걸 보여준다는 점이다. 심각하게 해로운 영향은 즉시 지워졌을 것이며, 영원히 사라졌을 것이다. 하지만, 그들의 DNA가 우리와 섞여 있고 수천 세대 중에서만 선택된다는 사실은 어떤 형태의 하이브리드 비호환성이 명백하지 않다는 것을 나타낸다. 이 분석은 극도로 정밀한 통계 검사 현미경을 통해 DNA 염기서열을 들여다보아야만 확인할 수 있다. 그리고 그것이 네안데르탈인이 별개의 종이라는 것을 분명히 제시하지는 않는다.

우리는 이 이종교배가 어떻게 일어났는지 알 수 없다. 강제적이었는지 아니면 상호 합의였는지 우리는 모른다. 그들과 현생인류는 10만 년 전 시베리아에서 처음 만났다. 그들은 현생인류와 유럽 본토에서 5,000년 이상 공존해왔으며, 이는 기록된 인간의 역사와 거의 같은 길이의 시간이다. 많은 부분이 명시적으로 문서화된 지난 5,000년 동안의 역사에 대한 우리의 이해를 떠올려보고, 유럽의 선사 시대에 무엇이 대신 기록되었는지를 떠올려보면, 당신은 깊은 과거를 재구성하는 문제의 어려움을 짐작할 수 있을 것이다.

우리와 네안데르탈인과의 관계는 지난 수십 년 동안 면밀히 연구되었으며, 이제 우리는 현생인류가 그들과 동시대에 살았고 성관계를 가졌고 후손을 낳았다는 걸 알게 되었다. 그러나 일부 고고학적 조사는 현생인류가 다른 인류를 사냥하고 잡아먹었을 가능성도 제시하고 있다. 네안데르탈인이 널리 분포하고 있었기 때문에 현생인류는 유라시아 전역에서 그들과 마주쳤을 것이다. 하지만 그들의 개체수가 적어서 유전자 병목 현상이 생기고 유전적 다양성이 결여되어 전체 인구의 건강이 저하됐을 수도 있다. 그들이 맞서도록 진화하지 못한 질병을 현생 인류가 가져왔을 수도 있다. 그들의 존재는 궁극적으로 우리의 존재에 포함되었다. 네안데르탈인은 원시적인 종이었으며, 진화론적 시간에 깜박거린 배아의 빛이었지만, 지질학적 세(世)를 뛰어 넘을 정도로 강하지는 않았다. 그들의 개체수가 적음에서 없음으로 변한 이유가 무엇이든 간에, 우리는 그들의 유전자를 가지고 있으며, 그들의 불멸은 우리 자신만큼이나 오래 지속될 것이다.

이빨과 손가락뼈

알타이 산맥은 중국, 몽골과 접한 러시아 국경 근처의 땅에서 솟아 나온 얼음처럼 차가운 고지대다. 이 가혹한 시베리아 내륙에는 그곳에 살았던 데니스(Denis)라는 18세기의 은둔자의 이름을 따서 데니소바(Denisova)라고 불리는 동굴이 있는데, 혹독한 기후로 인해 1년 중 대부분의 시간 동안 그곳에 접근할 수 없다. 40년간의 탐사 작업을 통해 데니스의 동굴에서 현생인류와 네안데르탈인의 유골이 발굴되었으며, 사자, 하이에나, 털로 뒤덮인 코뿔소 그리고 러시아답게 여러 마리의 곰을 포함하여 수십 종의 동물 뼈도 발견되었다. 구소련 연구자들은 이 동굴에서 고대에서 중세까지 이어지는 5만 개가 넘는 인간 유물을 찾아냈다.

이것은 23만 년 이상 동안 어떤 형태로든 인간의 손길이 닿았다는 것을 의미한다. 시베리아는 지구상에서 가장 인구가 적은 지역 중 하나이며, 인구밀도가 1제곱킬로미터 당 평균 3명에 불과하다. 데니스의 동굴에 수십만 년 동안 인간의 거주가 이어졌다는 것은 평범한 일이 아니다. 하지만 자세히 살펴보면 그 이유를 알 수 있다. 거친 날씨에도 불구하고 그곳은 매우 바람직한 거주지다. 그림처럼 아름다운 강이 내려다보이는 해안가에 위치하고 있으며, 남향의 직사각형 입구 안쪽으로 들어서면 가로 9미터, 세로 11미터 크기의 넓은 공간과 침실, 서재로 활용할 수 있는 3개의 작은 공간이 나오며, 벽난로와 부엌 화로에서 나오는 연기를 배출하는 굴뚝도 뚫려 있다. 전체 면적은 약 270제곱미터에 이른다.

2008년에 그 동굴에서 과거 거주자 중 한 명의 유골이 발견되었다. 그걸 유골이라고 부르는 건 좀 민망할 수도 있다. 소년기 치아 및 제5단일 말단 수동 지골, 쉽게 말하면 어린 아이의 이빨 한 개와 새끼손가락 뼈 한 개뿐이었기 때문이다. 유골이 발견된 지층을 통해 유골의 주인이 살았던 시기는 3만~5만 년 전으로 추정되었다. 단 한 개의 손가락뼈였지만, 고인류학자들이 그 주인을 사람, 고릴라, 침팬지를 포함하는 분류 범주인 호미닌(hominin)에 포함시키기에 충분했다. 그러나 그보다 정확하게 분류하려면 손가락뼈 하나로는 충분하지 않은 것이 일반적이다.

이 유골은 예외였다. 치아는 호모 사피엔스나 호모 네안데르탈렌시스의 것으로 보기에는 너무 컸다. 그러나 손가락뼈에 남아 있던 DNA는 기존의 인류 진화이론을 뒤집기에 충분했다. 러시아 탐험가가 발견한 그 뼈는 DNA 분석을 위해 스반테 파보에게 전달되었고, 그건 매우 행운이었다.

스반테 파보의 연구팀은 이 작은 뼈에서 어렵게 미토콘드리아 게놈을 추출하여 (이 과정에서 뼈는 완전히 파괴되었다) 그 결과를 2010년 부활절 직전에 「네이처」에 발표했다. 수만 년의 피할 수 없는 부패 과정에서 복구된 이 염기서열은 혁명적이라고 부르기에 충분했다. 그것은 현생인류와도 달랐고 네안데르탈인과도 달랐다. 이들 이외에 호모속에 포함되는 다른 종은 그 당시 유럽이나 아시아에서 존재하지 않는 것으로 알려져 있었으며, 그것은 인간의 영장류 사촌격인 침팬지, 보노보와 비슷한 염기서열도 아니었다. 그 아이(얼마 후 여성으로 밝혀졌다)는 새로운 유형의 인간이었다.

이 작은 DNA 루프에서 추출된 제한된 정보 중에서 몇 가지 DNA의 주요 차이점의 개수는 그 뼈의 주인이 새로운 이주 경로를 통해 아프리카를 벗어난 조상을 가진 인간임을 보여주었다. 그 경로는 약 50만 년 전에 시작된 네안데르탈인의 조상의 이동경로와 달랐고, 적어도 10만 년 전에 시작된 현생인류의 조상이 아프리카를 벗어나는 이동경로와도 달랐다. 그녀의 DNA 차이점의 개수는 우리와 네안데르탈인의 두 배였고 이 숫자는 세 종족의 마지막 공통 조상이 존재했던 시점을 계산하는 데 사용할 수 있다. 이를 통해, 약 100만 년 전에 아프리카의 어딘가에서 우리와 분리될 한 무리의 사람들이 살았으며, 그들은 네안데르탈인과 데니소바인이었다고 추정할 수 있게 된 것이다. 그 분리는 일시적이었으며 단지 수십만 년 동안만 지속된 듯하다.

2010년 크리스마스에 나머지 게놈이 완성되었다. '시베리아 남부에서 온 정체불명의 호미닌'이 첫 번째 연구에서 그녀를 표현한 방식이었다. 화석은 본질적으로 희귀하고 화석화되기 위해서는 많은 행운이 필요하다. 그녀의 몸을 구성하는 200개가 넘는 뼈 중 하나에 불과한 이 손가락뼈는 연구진에게 커다란 행운을 가져다주었다. 지금까지 발견된 어떤 네안데르탈인의 유골보다 이 작은 뼈 내부에 들어있던 DNA가 더 잘 보존된 이유는 그곳의 혹독한 기후 때문인 것으로 보인다.

네안데르탈인이나 현대인의 손가락뼈와 비교했을 때, 그 뼈의 크기는 그 주인이 청소년 혹은 어린이였음을 나타낸다. 뼈는 성별에 관해서는 아무것도 말하지 않는다. DNA가 모든 것을 말해준다. 성별은 DNA에 의해 결정되지만, 고대인의 DNA 샘플에서는 염색체 개수가 선택 사항이 아니다. 염색체는 세포의 자연 주기의 특정 시점에만 뚜렷하게 식별가능한 모양을 만들고, 살아 있는 생명체에서 추출한 세포에서만 얻을 수 있다. 따라서 데니소바인의 손가락뼈에서 X염색체나 Y염색체를 발견하는 건 불가능했다. 그 대신, 스반테 파보의 연구팀은 뼈 조각에서 DNA를 추출하여 손상된 영역을 복원시키도록 설계된 다른 DNA 비트로 만든 데이터베이스에 삽입했다. 이 라이브러리가 완성되면 컴퓨터에서 코드 문자 시퀀스를 생성할 수 있기 때문에 뼈를 다시 직접 손대지 않더라도 원하는 모든 비교를 수행할 수 있다.

그 첫 번째 단계는 현대인의 Y염색체처럼 보이는 파편이 있는지 확인하는 것이다. 데니소바인의 손가락뼈에는 그런 파편이 없었으므로 아마도 남성이 아니라 여성일 확률이 높았다. 이것은 우리 과학자들이 원하는 부재의 증거가 아니라 증거의 부재다. 그러나 이 경우에는 Y염색체처럼 보이는 파편이 나타나지 않으면 여성이라고 믿기에 충분하다. 그녀의 게놈에서 나타난 다른 특징은 갈색 눈, 갈색 머리 및 어두운 피부를 가졌음을 암시했다. 제2장에서 자세히 살펴보겠지만, 이것은 현생인류가 하얀 피부와 파란 눈을 갖기 이전에 모든 호모종이 공통적으로 가졌던 형질이다.

두 번째 단계는 현대인, 데니소바인, 네안데르탈인 사이의 조상의 거리가 어느 정도인지 확인하는 것이었다. 이를 수행하는 방법은 그들의 DNA 스트레치를 조사해서 정확한 염기서열을 비교하는 것이다. 간단하게 말하자면, 염기서열이 유사할수록 서로 간에 더 밀접한 관련이 있다고 볼 수 있다. 이는 쌍둥이에서 박테리아에 이르기까지 생물의 모든 단계에 적용된다. 새로운 게놈의 비교는 데니소바인과 네안데르탈인이 어떤 살아 있는 인간보다 더 밀접하게 관련되어 있음을 보여주었다.

그러나 실질적인 뜻밖의 결말은 데니소바인의 DNA가 피지, 파푸아뉴기니, 호주 북동쪽 해안에 산재한 섬의 원주민인 현대 멜라네시아인들에게 잘 보존되어 있다는 것이 밝혀지면서 이루어졌다. 네안데르탈인이 나에게 (그리고 당신이 유라시아의 혈통이라면 당신에게도) 영원한 흔적을 남겼듯이, 단 하나의 손가락뼈로만 알려진 데니소바인은 여러 세대에 걸쳐 그곳 섬사람들에게 게놈의 5퍼센트에 이르는 자신들의 유전적 자취를 남겼다.

티베트인들은 고도에서의 생활에 잘 적응되었기 때문에 에베레스트 산맥 주변의 산소가 적은 매우 척박한 고지대에서 살아갈 수 있다. 북쪽의 중국 사람들과 남쪽의 인도 사람들은 그렇지 못하다. 이런 고지대 적응성은 대부분 $EPAS_1$이라는 유전자에서 결정된다. 티베트인의 $EPAS_1$은 주변 민족과는 분명히 다른 DNA 영역에 위치한다. 이 매우 특이한 유전자를 기존에 알려진 다른 지역 사람들의 염기서열과 비교한 결과, 티베트인들의 고지대 적응 유전자가 데니소바인에게서 유래된 것으로 추정되었다. 그것이 사실이라면 혼성 유전자유입이 다른 사람들은 어려움을 겪게 되는 환경에서 티베트인들이 살아남을 수 있는 적응성을 제공한 것이다.

네안데르탈인이나 데니소바인이 몇 개의 염색체를 가졌는지 확인할 수는 없지만, 호모 사피엔스와의 이종교배가 성공적으로 이루어진 것으로 볼 때 우리와 같은 개수를 가졌을 가능성이 높다. 우리가 지금까지 이 고대인들의 게놈의 대규모 배열에 대해 밝혀낸 것 중에는 중요한 사실이 있다.

사람과(*hominidae*)에 속하는 현존하는 영장류는 팬(침팬지 및 보노보), 퐁고(오랑우탄), 고릴라(고릴라), 호모(인간) 네 종류가 있는데, 우리를 포함한 모든 영장류는 게놈 내의 모든 동일한 유전자를 효과적으로 공유하지만, 24쌍의 염색체를 갖는 다른 영장류와는 달리 인간은 23쌍을 가지고 있다. 차이점은 우리가 가진 것 중 두 번째로 큰 단일 DNA 덩어리인 2번 염색체에서 나타난다. 인간의 2번 염색체가 그렇게 큰 이유는 침팬지, 오랑우랑, 고릴라에서 발견되는 두 가지 염색체가 완벽하게 하나로 합쳐진 것이기 때문이다. 털북숭이 유인원의 두 가지 염색체의 유전자는 사실상 동일하며, 인간의 2번 염색체에 존재하는 유전자와 똑같은 순서로 배열되어 있다.

우리의 세포에는 이 거대한 염색체 결합 이후에 불필요해진 염색체 구조의 잔해를 볼 수 있다. 염색체는 긴 풍선의 매듭처럼 허리가 꼬인 모양이며, 이를 동원체(centromere)라고 부른다. 침팬지의 중복된 두 개의 염색체는 각각 동원체를 가지고 있지만, 인간의 하나로 합쳐진 2번 염색체는 하나의 동원체와 인간이 털북숭이 네발 사촌들과의 공통 조상에서 벗어난 또 다른 그림자의 잔해를 가지고 있는 것이다. 우리의 DNA 염기서열에서 이를 확인할 수 있으며, 네안데르탈인과 데니소바인의 게놈에서도 확인된다. 이것은 네안데르탈인, 데니소바인, 현생인류가 서로 계통 분리되기 이전에 이 독특한 호모속의 특성이 발생했음을 보여준다.

1996년 요한 바오로 2세는 교황다운 근엄한 말투로 진화론은 '단순한 이론' 이상의 것이라고 말했다. 이는 과학과 종교의 불화 사이에서 관용의 다리를 놓는 발언이었지만, 일반적 의미의 '이론'과 달리 과학에서의 '이론'은 자연의 진정한 본질에 대한 서술의 정점이자 축적된 생각의 핵심이라는 것을 그는 모르고 있었다. 이론은 우리가 가진 최고의 지식이다.

어쨌든, 교황은 '존재론적 불연속성(ontological discontinuity)'이 있음을 인정함으로써 인간이 신성하고 특별하게 창조되었다는 주장과 인간이 과거의 유인원에서 진화된 존재라는 반박할 수 없는 증거를 조화시키려고 애썼다. 당신이 하느님의 숨결이 우리에게 들어왔던 은유적 순간을 찾고 있다면, 그 두 염색체가 합쳐진 때가 바로 그 순간이 될 수 있다. 그렇다면 데니소바인과 네안데르탈인도 인류라는 특별한 존재에 속한다. 그렇지 않다면 존재론적 불연속성은 없으며, 단지 현재에 이르는 울퉁불퉁한 내리막길이 있을 뿐이다.

이 고대인들에게 무슨 일이 일어났던 것일까? 우리는 정말로 모른다. 데니소바인은 완전히 수수께끼 같은 존재다. 시베리아 동굴에서 다른 뼈들이 발견되었다는 소문도 들리지만, 현재 우리는 손가락뼈와 커다란 어금니에 의존하고 있다. 2015년 후반에 두 번째 치아가 발견되었으며, 더 많은 것이 발굴 중이라고 한다.

우리는 그 어린 소녀의 유골(첫 번째 치아는 다른 젊은 성인의 것이었다)을 통해 데니소바인의 게놈을 발견했고, 그들이 호모 사피엔스도 호모 네안데르탈렌시스도 아니라는 것을 확인했다(가장 최근의 연구결과에 따르면 호모 사피엔스와 마찬가지로 네안데르탈인도 그들과 성관계를 가졌다). 그들은 100만 년 동안 인류가 아니었고, 네안데르탈인도 80만 년 동안 그랬다. 그러나 어떤 시점에서 그들 중 한 무리가 호모 사피엔스 종과 혈연관계를 맺었고, 그 자손들은 결국 동쪽의 땅, 특히 멜라네시아 제도에 거주하게 된 것이다.

우리의 과거로부터 온 유령

지금까지 확인된 우리 조상의 이야기에는 거의 초현실적인 비틀림이 한 가지 더 있다. (나는 앞으로 얼마 동안 더 많은 비틀림이 있을 거라고 확신한다.) 2013년, 이 책의 많은 이야기에 등장하는 하버드대학교 유전학자 데이비드 라이시(David Reich)는 데니소바인의 게놈을 (정교하고 감각적인 통계 분석의 형태로) 매우 자세히 분석하는 과정에서 설명하기 어려운 뭔가를 발견했다. 네안데르탈인과 데니소바인은 약 40만 년 전에 우리와 다른 혈통으로 분리되었다. 그러나 자세히 살펴보면, 데니소바인의 게놈은 40만 년이라는 시간 이상으로 우리와 많이 다른 것처럼 보인다. 라이시와 몇몇 학자들에 따르면, 이는 데니소바인이 현재 우리가 비교할 DNA를 갖지 못한 또 다른 고대 인류와도 성관계를 갖고 유전자를 교환했다는 것을 의미한다. 이 또 다른 고대 인류는 섹스의 결과만을 우리의 DNA에 남긴 은밀한 존재, 말하자면 유령 종족이다.

그들이 누구인지에 대한 추측이 분분하다. 영국의 고대인 유골 연구의 권위자이자 런던 자연사 박물관의 연구원인 크리스 스트링거(Chris Stringer)와 몇몇 학자들은 호모 하이델베르겐시스 등 아직까지 DNA를 추출하지 않은 고대인의 뼈를 통해 밝혀질 종족이라고 생각한다.

한때 명확했던 인간의 진화에 대한 그림을 더욱 진흙투성이로 만들 또 다른 주장을 제기하는 유골도 발견되었다. 중국 남서부 광시 주앙(Guangxi Zhuang)의 롱린 동굴(Longlin Cave)에서 발굴된 이상한 사람들의 뼈가 그것이다. 그들은 홍적세가 홀로세로 바뀌던 시기인 1만

4,000~1만 1,000년 전에 생존했다. 지금까지 이 시기에는 해부학적 현생인류만이 생존했다고 알려져 있었다. 그러나 이 사람들은 해부학적 현생인류가 아니었다. 그들은 현생인류와 많은 특징을 공유했지만 원시적인 특징도 상당히 가지고 있었다. 롱린 동굴에 사슴 고기를 요리한 여러 가지 문화적 흔적이 남아 있었기 때문에 그들은 붉은사슴 동굴인(Red Deer Cave people)으로 불리게 되었다.

이 발굴에 참여한 호주 연구팀의 일원인 콜린 그로브스(Colin Groves)는 붉은사슴 동굴인이 우리와 가깝지만 '우리'는 아니며 또 다른 인간 종으로 분류 될 수 있다고 말했다. 붉은사슴 동굴인의 DNA 추출은 지금까지 실패했지만, 일부 연구자들은 이 사람들이 데니소바인과 현생인류 간의 이종교배의 결과일지도 모른다고 추정하고 있다. 점점 복잡해지는 이 분야에서 DNA를 확보하기 전까지 데니소바인은 또 다른 수수께끼로 남아 있을 것이다.

지금으로서는 여기까지 알려져 있다. 당신이 종의 오래된 정의에 충실하기를 원한다면, 네안데르탈인을 별개의 종이라고 부를 수 없다. 우리가 고수하는 공식적 분류 기준에서 데니소바인은 아직 어디에도 속하지 않는 상태다. DNA는 공식적 분류 기준이 아니며, 손가락뼈와 치아는 분류 근거로 충분하지 않다. 그러나 데니소바인은 우리도 아니었고, 네안데르탈인도 아니었다. 그러나 우리는 그들과 행복하게 성적 관계를 가졌고 후손을 낳았다. 이것은 생명체를 분류하는 우리의 어려움을 가중시키는 이상한 수수께끼이며, 신성한 피조물의 완성을 보여주기 위해 고안된 체계, 시간 속에 고정된 생물, 그리고 돌에 새겨져서 우리 앞에 나타난 체계에 대한 우리의 고정관념을 흔들리게 한다. 생명이 시간을 통해 전달되고 끊임없이 변화한다는 것을 인식했기 때문에 다윈의 위대한 아이디어는 그 이상적 체계를 허물어뜨렸다. 변화하지 않는 유일한 생명체는 죽은 것뿐이다.

분명히 벌레와 원숭이는 같지 않으며, 상상으로도 서로 성적으로 결합하여 후손을 낳을 수 없다. 이들은 수억 년 동안의 진화를 통해 분리된 별개의 생물이다. 침팬지와 인류는 겨우 600만 년 전에 계통 분리되었지만, 서로 번식을 위한 성행위를 할 수 없다는 것을 우리는 알고 있다. 상상 속에서는 침팬지와 섹스를 할 수 있겠지만 그건 너무나 혐오스러운 일이다. 그러나 DNA 분석을 통해 우리가 지금까지 알게 된 사실은 100만 년 전에 계통 분리되어 여러 세대와 오랜 시간 동안 서로 달라진 여러 고대인들 간의 신체적 차이가 성공적인 번식 성행위를 하는 것을 막을 만큼 충분하지 않았다는 점이다.

우리에게 이용 가능한 모든 증거에 따르면, 현대를 살아가는 70억 명의 인류는 5만 년 전 존재했던 적어도 네 개의 고대 인류 그룹 중 마지막으로 남아 있는 그룹이다. 그중 하나인 플로레스(Flores)의 작은 고대인들은 섬에서의 고립돼 삶이라는 기이한 진화론적 운명에 의해 강제로 멀리 떨어지게 된 특이한 종이었다. 그러나 다른 종은 우리와 크게 다르지 않았다. 앞으로도 우리는 수십 또는 수백 명의 고대인 뼈를 조사할 것이며, 그 과정에서 분류하기 난해하고 격렬한 논쟁을 불러일으키는 유골이 나타날 것이다. 이런 논쟁들 중 일부는 DNA로 해결될 것이고 다른 일부는 더 격화될 것이다.

한 가지 분명한 사실은, 앞으로 발견될 고대 게놈들이 우리가 호모속의 마지막 후계자가 되기 전 100만 년 동안 세계가 훨씬 더 다양한 인류 종이 살아가던 곳이었다는 것을 밝혀줄 거라는 점이다. 우리가 세웠던 과거 수백만 년의 인류 계보는 DNA에 의해 무너져버렸고, 재건은 이제 막 시작되었다. 인류 진화의 나뭇가지는 잘려나갔고, 이제 우리는 우리가 헤엄치는 유전적 풀로 이어지는 개울과 하천과 강과 지류를 표시하는 새로운 유전적 지도를 만들고 있다.

이런 설명은 우리의 새로운 유전적 역사의 표면을 단지 스쳐지나가는 정도에 불과하다. DNA 분석 기술이 더욱 강력해지고 유골이 계속해서 발굴되면 우리는 먼 과거에 모든 인류 종 사이에서 이루어진 더 많은 성적인 유희를 밝혀낼 것이다.

네안데르탈인과 데니소바인의 DNA에 대한 새로운 연구는 그들과 관련된 시간, 장소 및 영향이 거의 매주 단위로 수정될 정도로 빠른 속도로 진행되고 있다. 그 어느 때보다 현재의 인류가 누구이며 어디서 온 것인지에 대한 과거의 낡고 단순한 견해가 잘못되었음이 분명해지고 있는 것이다. 깔끔하게 가지가 뻗은 진화나무의 시대 또는 웅크린 유인원이 단계별로 일어서는 그림의 시대는 갔다.

미국의 비트 시인 에드워드 샌더스(Edward Sanders)는 난장판(clusterfuck)이라는 단어를 창조했다. 이 단어는 원래는 카오스적인 상황을 묘사하기 위해 만들어졌으며, 종종 군대에서 기동이 잘못되었을 때 사용되기도 하지만, 내 생각에 이 단어는 인류의 진화를 표현하는 데 더할 나위

없이 적절한 말이다. 우리를 지금의 모습으로 이끈 진화를 묘사하려고 한다면, 멋지고 깔끔한 나무가 아니라 100만 년 동안 벌어진 커다란 난장판이라고 말하는 게 합리적일 것이다. 인간(호모 사피엔스, 네안데르탈인, 데니소바인)은 서로를 만날 때마다 항상 성관계를 가졌다. 그들은 너무나 생명력이 넘치는 시대를 살았다.

제2장부터 우리는 인류 진화의 나무가 역사적인 족보 또는 과거의 과학 논문에서 그려낸 형태의 깔끔한 나무가 아님을 몇몇 밀접하게 관련된 종을 통해서, 심지어 다윈이 1837년 그의 노트에 매우 가시적으로 그려놓은 그림을 보면서 분명히 알게 될 것이다. 인류가 직립하고 이동하고 성적 유희를 즐기는 동안 우리 종의 진화 나뭇가지들은 서로 뒤엉켜버렸다.

이제 우리는 고대인 사촌들이 오랫동안 우리와 떨어져 있었기 때문에 지나치게 다른 것처럼 보였다는 걸 알게 되었다. 물론 네안데르탈인, 데니소바인, 그리고 아직 알려지지 않은 유령 사촌들은 분명히 우리와 다른 점이 있었으며, 앞으로 연구가 진행되면 이에 대해 더 많은 걸 알게 될 것이다.

그러나 그들 역시 우리가 되었다. 우리는 오래된 뼈와 우리 자신의 세포에서 그들을 발견할 것이다. 우리는 몸속에 과거를 지니고 있다. 시작은 없었고 잃어버린 고리도 없었다. 오직 시대를 거치는 생명의 밀물과 썰물이 이어졌을 뿐이다. 고대인들은 결코 소멸되지 않았다. 그들은 우리 안에 있다.

제2장
최초의 유럽연합

8000년 전, 룩셈부르크, 로쉬보어 지역

유럽 이전에, 유로화가 나오기 이전에, 세 개의 제국(가장 짧았던 나치의 제3제국, 두 번째 독일제국, 첫 번째 844년간 지속된 신성 로마제국) 이전에, 쥐떼가 가는 곳마다 사람들을 황폐화시킨 페스트균을 퍼뜨리기 이전에, 곱사등이 악당 리처드 3세 이전에, 대헌장(마그나 카르타 : Magna Carta) 이전에, 마지막 침략자들이 왕의 눈에 화살을 꽂으며 1066년 영국을 정복하기 이전에, 첫 번째 신성로마제국 황제이자 위대한 유럽의 중재자 카롤루스(Carolus Magnus, Charlemagne) 대제 이전에, 바이킹과 북부 스코틀랜드인들이 화산섬 아이슬란드의 자연에 최초로 발을 들여놓기 이전에, 니케아 공회와 현대 기독교의 기초가 세워지기 이전에,

로마 제국의 발전과 몰락, 위대한 정복자 알렉산드로스 대왕과 그의 해박한 과학 교사 아리스토텔레스의 토론 이전에, 그리스의 도시 국가 이전에, 크레타 문명, 미케네 문명, 북쪽의 색슨족, 픽트족, 고트족 이전에, 이 모든 민족 관습 문화 전쟁 침략 기술 기록 이전에, 모든 역사가 이루어지기 이전에, 우리는 이미 이곳에 있었다.

유럽은 동부 대평원에서부터 대서양 끝 트라팔가르에 이르기까지 역사 이전부터 수천 년간 인류의 땅이었다. 세계에 등장한 모든 인류 종족 중에서 호모 사피엔스만이 3만 년 이상 우리가 지금 유럽이라고 부르는 대륙과 섬의 유일한 점유자였다.

초기 인류는 200만 년 동안 이 대륙을 떠돌아다녔다. 여기에는 호모 에렉투스(*Homo erectus*)가 포함되어 있는데, 그들은 아프리카의 고향 땅을 떠나 전 세계에서 크게 번성했고, 서유럽 전역과 동쪽으로는 자바 섬까지 퍼졌다. 불가리아의 동굴에서 140만 년 전에 살았던 호모 에렉투스의 치아가 발견되었고, 또 다른 유물이 그루지야, 프랑스, 유럽 전역에 산재해 있다. 영국에서 인류에 대한 증거는 거의 100만 년 전으로 거슬러 올라간다. 이 기간의 대부분은 현재의 네덜란드와 육지로 연결되어 있으며, 그들은 도구와 유용한 매머드의 흔적을 현재의 북부 노퍽 해안의 모래와 점토에 남겼다. 최근에 해안이 급속하게 침식하면서 이 잔해들을 우리에게 노출시키고 있다. 그러나 이 모든 사람들이 유럽 곳곳에 남긴 자취와 흔적에도 불구하고, 그들의 뼈는 새겨진 유전적 역사적 기록을 보존하기에는 너무 오래되었거나 너무 축축하다.

네안데르탈인들은 독일(그들의 이름이 유래된 네안데르 계곡이 있는 나라),

프랑스와 유럽 동쪽지역, 웨일스, 이스라엘 그리고 더 동쪽까지 유럽 전역에 거주지를 만들었다(제1장 참조). 그들은 처음으로 유럽에서 태어나고 자란 진정한 유럽인이었다. 네안데르탈인은 현생인류와의 추정적 공통 조상인 호모 하이델베르겐시스(*Homo heidelbergensis*)로부터 50만~60만 년 전 아마도 중부 유럽 어딘가에서 갈라졌다. 그리고 그 독일의 고대인들은 20만 년 전 무렵 멸종된 듯하다. 지금 우리는 해부학적인 현생인류(즉, 우리들)가 약 6만 년 전까지 그들의 땅에 도착하지 않았다는 걸 알고 있다.

현생인류는 아프리카에서 중동으로, 중동에서 북쪽과 서쪽으로 천천히 움직였다. 우리는 현생인류가 이전의 유럽인인 네안데르탈인과 시간과 공간적으로 겹친다는 걸 알고 있으며, 그들의 흔적을 우리의 DNA 속에 가지고 있다. 유럽에서의 공존은 아마도 약 5,000년 동안 지속되었을 것이며, 이것은 진화적 척도로 보면 찰나에 불과하지만, 아마도 200세대에 걸친 거대한 이주를 통해 문화를 발전시키고 수많은 성행위, 죽음, 일반적인 생활을 계속하기에는 충분히 긴 시간이다. 비록 그들의 자취가 우리 안에 존재하지만, 우리는 그들보다 오래 생존했다. 어떤 사람들은 아마도 현생인류가 그들을 사냥했을 것이며, 도살하고 잡아먹었다고 주장하기도 한다. 약 3만 년 전의 것보다 최근의 네안데르탈인의 뼈와 도구는 발견되지 않았다.

그래서 당분간은 수만 년 동안 유럽이 현생인류의 땅이었다고 말할 수 있다. 지난 10년 동안, 특히 매우 중요한 시점인 2015년에, 수많은 새로운 연구가 유럽인의 기원에 대한 우리의 이해를 변화시켰다. 이 연구들은 주로 고대인과 현대인의 DNA를 이용했지만 고고학과 언어도 활용했다. 네안데르탈인의 종말과 역사의 시작 사이에 유럽의 정착자들(호모 사피엔스)은 신체적, 문화적으로 변화했고, 다음 몇 페이지에 걸쳐서 우리는 유전자와 문화(주로 농경문화)가 현대 유럽을 어떻게 형성했는지 보게 될 것이다. 제1장의 고대 조상 연구와 마찬가지로, 우리는 오래된 뼈와 DNA를 결합시켜서 과거를 재구성하고 있지만, 유골은 거의 없거나 멀리 있다. '멀리 있다'는 것은 별로 문제가 되지 않는다. 유골들 간의 지리적 거리가 우리에게 대륙에 걸친 분포에 대한 좋은 아이디어를 줄 수 있기 때문이다. '거의 없다'는 것이 문제다. 유전학은 비교를 통한 학문이기 때문이다. 우리가 보유한 자료가 많을수록 유전학이라는 사진의 해상도가 좋아지게 된다. 그러나 '자료가 거의 없다'는 것이 수천 년 동안 땅속에 묻혀 있던 고대인들의 현실이다.

유럽에서 가장 오래된 게놈은 러시아 남부 돈강(River Don) 유역에서 발견된 사각형 턱을 가진 3만 7000년 전 남자에게서 나온 것이다. 오늘날 그는 코스텐키인(Kostenki)이라고 불리며, 그의 DNA는 더 근래의 유럽의 수렵-채집인들(코텐스키인보다 3만 년 후에 출현한 스페인 지역의 고대인)과 유사성을 나타냈다. 하지만 동아시아 인종과의 유사성은 거의 없었다. 동양인하면 떠오르는 주요 신체적 특징은 약 3만 년 전에 발현되기 시작했다. 동양인의 특유한 치아 모양, 땀샘의 밀도, 굵고 곧은 머리카락이 그 당시 중국에서 나타났다. 이러한 가시적인 변화는 모두 하나의 유전자에서 유래했으나, 사람들 사이의 전반적인 유전적 유사성과 차이점은 피부보다 훨씬 더 깊게 측정되었다.

가장 오래된 완전한 현생인류의 게놈에 대한 기록은 더 이전에 극동에 위치한 거대한 러시아 강 유역에서 나온다. 이르티슈강(Irtysh)은 오브강(Ob)의 주요 지류이며, 중국에서 북극 카라해까지 이어지는 러시아 중앙의 수천 킬로미터를 관통한다. 매머드의 뼈를 이용해 보석과 조각품을 만드는 러시아 예술가 니콜라이 페르시토프(Nikolai Persitov)는 2008년 이 재료를 구하러 다니던 도중 뭔가에 걸려 넘어졌다. 그것은 이르티슈강의 남부 지역이 침식되면서 우연히 모습을 드러낸 대퇴골(넓적다리뼈)이었다. 그 뼈의 주인은 4만 5,000년 전에 죽은 사람이었으며, 현재는 그가 발견된 장소의 이름을 따서 우스트-이심인(Ust'-Ishim)으로 불린다. 파보와 라이시 그리고 라이프치히대학교와 하버드대학교 연구진은 그의 게놈을 분석했고, 살아 있는 사람에게 수행하는 방식으로 완전하게 그의 DNA를 복구했다. 동쪽과 유전적 유사성이 거의 없는 코스텐키인과는 달리 우스트-이심인의 DNA는 동아시아인과 서유럽인 모두와 유사성을 공유했다. 따라서 우스트-이심인은 유럽인과 아시아인 모두에게 조상이 될 가능성이 높으며, 수천 년에 걸쳐 한 집단은 해가 뜨는 쪽(동쪽)을 향해 가고 다른 집단은 해가 지는 쪽(서쪽)으로 향해 가는 시기 이전에 아프리카에서 이주한 사람들을 (적어도 유전적으로) 대표한다고 볼 수 있다.

* * *

유럽의 최신 유전자 분석의 대부분은 지난 1만 년에 초점을 맞추어 왔으며, 그 시기는 전 세계에서 농경에 대한 증거가 강하게 나타난다. 여기에는 돼지, 염소, 양, 라마 등 다양한 동물의 가축화(개는 이보다 훨씬 이전인 약 1만 5,000년 전에 안전과 사냥을 위한 동반자로서, 사냥물의 찌꺼기를 먹이며 가축화했다)와 작물 재배가 포함되며, 신석기 도구로 경작했을 것이라 추정된다. 인류가 농경을 시작한 이유는 여전히 논쟁의 대상이다. 이 시기에 유럽의 기후는 더 안정적이었고, 아마도 더 습했을 것이며, 털 많은 코뿔소와 매머드 등 혹한기에 번성했던 몇몇 거대한 동물들은 모두 멸종됐다.

유럽이 더 안정되고 따뜻해짐에 따라 가축화가 더 쉬워지고 더 필요해졌을 것이다. 규칙적인 음식물 섭취 덕분에 건강상의 이점이 있었을 수도 있지만, 사람들이 가금류 섭취 후 키가 작아졌다고 암시하는 고고학적 유물로 인해 이 점에 대해서는 논란이 일었다. 이는 영양소가 적은 식단과 관련될 수 있다. 이 내용은 110쪽에만 관련성이 있으므로 지금은 무시해도 좋다. 가공 식품과 탄수화물을 피하고 구석기시대의 수렵-채집인들이 먹었다고 상상하는 음식만을 선호하는 '팔레오 다이어트(Paleo Diet : 원시인 식단)'가 인기를 얻으며 유행하고 있다. 이에 따르면 유제품이나 가공 곡물, 렌틸콩, 완두콩 또는 다른 인위적으로 키워진 채소는 좋지 않다. 천연 견과류는 괜찮지만, 땅콩은 농장 생산물이기 때문에 안 좋다는 것이다. 대부분의 유행하는 다이어트가 그렇듯, 팔레오 다이어트 역시 거의 헛소문에 근거하여 만들어진 것이다.

농업 혁명기에, 우리는 복잡한 음식물 분자를 가장 먼저 소화시키는 침샘 효소인 타액 아밀라아제를 암호화하는 유전자의 증식과 확대를 보게 된다. 어떤 사람들에게는 그 유전자의 복사본이 18개나 있지만 침팬지에게는 2개만 있다. 아밀라아제는 녹말, 탄수화물이 풍부한 식품을 소화시키며, 포도당을 생성하는 것을 돕고, 이를 통해 진화와 활동적인 두뇌에 필요한 에너지를 공급하게 된다. 이것은 불로 가열된 탄수화물에 더 효과적으로 작용한다. 우리가 언제부터 음식물을 불로 가열해서 먹었는지는 확실하지 않다. 증거의 범위는 넓지만 불로 조리한 음식은 30만 년 전 우리 메뉴의 일부였기 때문에 해부학적 현생인류 이전이다.

구석기시대 인류의 진화에서 관찰되는 아밀라아제 유전자의 확장, 조리된 음식의 존재 및 우리의 두뇌의 엄청난 용량 증가는 영양분이 풍부한 뿌리식물을 먹는 긍정적인 선택을 암시한다. 이것은 현재 가설이다. 그것은 그림을 아주 깔끔하게 맞추고, 문화가 유전자에 어떻게 영향을 미치는지, 그리고 반대로 유전자가 문화에 어떻게 영향을 미치는지에 관한 우리의 전반적인 그림에 잘 들어맞는다. 오래전 과거의 식단을 검증하기가 쉽지 않지만, 비록 당신이 땅콩을 먹도록 허용되지 않더라도, 유전학의 단서는 팔레오 다이어트의 기초가 자연 견과류라는 걸 보여준다.

모든 유행 다이어트와 마찬가지로 그것은 아마도 약간 효과가 있을 것이다. 그러나 다이어트 자체의 내용 때문이 아니라, 식이요법으로 인해 사람들이 더 적게 먹게 되고 그들의 음식에 대해 더 많이 생각하게 되고 저녁 식사 접시에 파스타나 칩을 가득 담지 않기 때문이다. 그러므로 식이요법을 실천해도 된다. 하지만 진화론의 선례에 근거한 척하지는 말자. 그리고 과거의 조상들이 무엇을 먹었든 지금 우리는 인류역사상 어느 시점보다도 오래 살고 있고 더 잘 살고 있음을 기억하자.

어쨌든, 현재의 신기원 초기, 즉 홀로세(Holocene)에 발생한 농업 혁명은 농경에 대한 첫 번째 증거와 일치했다. 비록 그 혁명의 이유가 불분명하지만, 그것은 모든 것을 돌이킬 수 없이 변화시켰다. 농경 생활로의 전환은 우리의 뼈와 우리의 유전자를 근본적으로 변화시켰다. 우리는 곧 이를 살펴볼 것이다. 당신이 예상하는 대로, 땅은 가장 부자연스러운 방식으로 활용되면서 더 명백하게 바뀌었다. 나는 기차를 타고 영국을 여행하는 걸 좋아하며, 영국의 푸른 언덕을 보면서 경탄한다. 나는 해외에 있을 때 그것을 갈망하곤 한다. 그러나 한편으로 나는 그것이 얼마나 부자연스러운지, 수천 년 동안 어떻게 설계되고 건설되었는지, 땅의 생물 다양성에 매우 치명적인 생울타리(hedgerow)가 농작물과 동물과 맹수와 재산을 분리시키려는 사람들에 의해 어떻게 그곳에 배치되었는지에 대해 곰곰이 생각하게 된다. 스코틀랜드의 고지대와 잉글랜드 북부의 거친 야생 덤불조차도 수천 년 동안 계속해서 가축의 먹이가 되었고 부자연스럽게 재배되었고 다시 가축의 먹이가 되었다.

농경 혁명에 의해 사라져버린 수렵-채집인들은 1만 2,000년 전 약 200만 명에 달했던 것으로 추정된다. 농경은 중동의 어딘가에서 시작되어(아프리카와 중국의 다른 지역에서도 비슷한 시기에 시작되었다) 대륙을 넘어 바이러스처럼 퍼졌으며, 이후 역사의 대부분에서 인간의 주된 활동 영역이 되었다. 오늘날의 농업은 산업화되었으며 우리가 먹는 거의 모든 음식을 통제하는 독점적 기업에 의해 지배되고 있다. 그러나 이 책은 그것에 관해 말하려는 건 아니다. 시작 당시, 농경은 소규모의 자급자족 형태였고, 맑은 숲으로 둘러싸인 들판을 개간한 영토였고, 영원한 거주지였다.

작물은 성질상 계절적이기 때문에 계획적 농경의 필요성이 커졌으며, 흉년에 대비하여 항아리와 단지에 곡식을 저장하게 되었다. 이러한 계획 덕분에 수년 동안 잉여 농산물이 생겼고, 그로 인해 다른 사람들이 모여들어 성장하고 번영하는 공동체가 나타나게 되었다. 우리 인간은 과학기술적인 종족이다. 과학은 우리 영혼 속에 존재하며, 농업은 자연과 매우 반대되는 기술이다. 미약하게 시작했지만, 토지 경작에 근본적인 혁신이 이루어지면서 더 많은 수확 효율을 가져왔다. 이와 함께 경제적 불균형이 발생했다. 일부는 풍요로워졌고, 다른 이들은 궁핍해졌다. 이것은 일부 가족이 커졌고 더 많은 자녀를 낳게 되었으며 문화와 기술이 더 크게 발달했음을 의미한다. 이런 과정이 지속되었다. 로마 제국 시대에는 지구상에 2억 5,000만 명의 농부가 있었으며, 수렵은 이제 유럽에서 멀리 떨어진 호주, 남미, 아프리카 등지의 기껏해야 200만 명의 사람들에게만 한정된 생활 수단이었다.

농업 혁명의 영향, 지역 및 규모에 관한 논쟁은 수십 년 동안 인류학자들의 주제였고 앞으로도 계속될 전망이다. 고대 농경의 도구, 땅속에 묻힌 유물, 깨진 항아리와 그릇, 고대인과 고대 동물들의 뼈와 함께 (경쟁하는 것이 아니라) 우리는 이제 고고학의 무기고에 DNA를 추가 할 수 있다. 농업에 대해 논쟁하는 건 유럽인다운 것이다. 40년 동안 우리는 유럽 연합(EU)에서 농업과 CAP(Common Agricultural Policy : 공동농업정책)에 대해 논쟁해왔다.

이 이야기 역시 모두 농경에 관한 것이며, 브뤼셀에서 그리 멀지 않은 곳에서 시작된다. 8,000년 전 지구에는 약 500만 명의 인류가 존재했다(이는 현재의 노르웨이 인구와 비슷하다). 그들은 멀리 넓게 퍼졌다. 이때까지 인류는 남미, 호주 및 그 중간에 있는 대부분의 장소(남태평양 섬이나 뉴질랜드는 아니지만)의 끝에 도달했으며, 이 시기부터 수많은 고고학적 유골과 유물이 나타난다.

우리는 이제 막 그들의 게놈을 확보하기 시작했을 뿐이지만, 인류의 진화에 대한 그림이 이미 다시 그려지고 있다. 많은 연구는 유전학자, 고고학자 및 역사가의 대규모 공동 연구에 의해 이루어졌으며, 하버드 대학교 라이시(David Reich) 교수의 연구실에서도 유전학 연구가 활발히 진행되고 있다. 라이시의 국제적 팀은 2015년에 9명 고대인으로부터 DNA를 추출했다. 한 명은 룩셈부르크 로쉬보어(Loschbour) 외곽의 어두운 동굴에서 거주하던 사람이었고, 한 명은 슈투트가르트에서 살던 여성이었다. 나머지는 스웨덴의 작은 마을 모탈라(Motala)에 있는 동굴에서 발견됐다. 그들은 모두 7,500년 전에 사망했다. 분명히 그들 자신은 알지 못했겠지만, 그들은 유럽과 세계를 새롭게 만들 혁명의 시작점에 서 있었다.

로쉬보어인은 사냥꾼(수렵-채집인)이었다. 마지막 안식처에서 그는 창 끝에 장착하여 동물을 사냥하고 도살하는 날카로운 돌촉과 고기를 자르고 가죽을 만드는 데 사용하는 생활 도구로 둘러싸여 있었다. 그가 도살한 동물들은 8,000년 전 북유럽의 평원을 돌아다니던 멧돼지와 사슴이었을 것이다. 하지만 동쪽에서 새로운 문화와 지식을 가진, 수렵보다는 목축을 선호하는 이주자들이 나타나면서, 그는 마지막 사냥꾼이 되었다. 로쉬보어인의 뼈는 1935년에 그의 무덤에서 발굴되었지만 DNA는 2014년에 어금니에서 추출되었다.

슈투트가르트의 여성은 1982년에 무덤에서 나왔으며, 그녀의 DNA 역시 어금니에서 추출되었다. 그녀가 약 5,000년 전에 농사를 짓고 살았다는 사실은, 함께 발굴된 항아리, 조롱박, 돌로 만든 농기구, 가축화된 동물의 흔적 등 전형적인 줄무늬 토기 문화(Linear Pottery Culture)의 증거로 확인되었다. 모탈라 씨족이 편히 쉬던 영묘에서 시끄러운 세상으로 나온 것은 10년 전의 일이었다. 그들의 DNA는 두개골, 치아, 경골(정강이뼈), 대퇴골(넓적다리뼈)에서 채취되었다. 로쉬보어인처럼 모탈라인들도 사냥꾼이었다.

세 가지 DNA가 모두 유전적으로 달랐다. 슈투트가르트인과 로쉬보어인은 검은색 머리카락 유전자를 가지고 있었고, 로쉬보어인과 모탈라인은 파란색 눈동자 유전자를 가지고 있었다. 슈투트가르트인의 아밀라아제 유전자는 16개의 복사본이 있었으며, 이는 탄수화물이 많은 식습관을 의미했다. 로쉬보어인과 모탈라인의 아밀라아제 유전자 복사본의 개수는 이보다 적었다. 이를 통해 그들이 살아가던 모습의 대략적인 그림과 문화적 관습에 대한 좀 더 상세한 이미지가 그려졌다. 그러나 데이비드 라이시의 연구진은 이들의 DNA를 정교하게 분석함으로써 1만 년에 걸친 유럽인의 삶의 토대를 발견할 수 있었다.

유럽인의 유전적 기초에 대한 우리의 이해는 현대를 살아가는 유럽인의 유전자를 연구한 결과에서 나왔다. 이것은 많은 장점을 가지고 있지만, 현재 개체군의 DNA가 수천 년 전 같은 장소에서 살았던 과거 개체군의 DNA를 반드시 반영하지는 않는다는 걸 우리는 알고 있다. 로쉬보어인, 모탈라인, 슈투트가르트인의 게놈을 2,345명의 현대 유럽인과 비교함으로써, 라이시는 고대 유럽인의 DNA가 오늘날 유럽인의 DNA의 전반적인 구성에 미친 다양한 기여도를 분석할 수 있었다. 이를 통해 현대 유럽인이 세 가지 다른 그룹의 고대인에서 유래되었다는 사실이 확인되었다. 로쉬보어인, 모탈라인, 슈투트가르트인이 반드시 이를 대표하는 건 아니지만, 그들 간의 차이점은 오늘날 우리가 보는 다양한 비율의 DNA를 확인시켜준다.

최초의 유럽인은 4만 년 전 아프리카에서 중부 유라시아를 통해 이주한 수렵–채집인이었다. 이들은 원주민인 네안데르탈인과 짝짓기를 했다. 우리는 9,000~7,000년 전 사이에 동쪽 농경 개체군의 유전적 손길이 이 수렵–채집 개체군에 도달한 것을 볼 수 있다. 하지만, 동쪽 농경 개체군은 수렵–채집 개체군을 내쫓거나 멸종시키지 않았다. 우리는 두 개체군이 명확하게 구분되어 살지는 않았지만 같은 시기에 일부는 수렵 채집생활을 했고 일부는 농경 생활을 했으며, 수렵–채집인의 유전자가 서서히 농경 개체군의 게놈으로 유입되었다는 걸 알 수 있다.

그리고 약 5,000년 전, 또 다른 동쪽 사람들의 주요한 파도가 나타났다. 얌나야인(Yamnaya)는 러시아의 대초원에서 왔으며 양을 키우고, 마차를 타고, 청동 장신구를 만들고, 매장 의식의 일환으로 황토색으로 죽은 자를 색칠했다. 얌나야인들이 문화와 유전자를 가져오자, 그들의 생활 방식과 하얀색 피부가 빠르게 중부 유럽으로 퍼져 나갔다. 농경이 지배적이 되어 결국 수렵과 채집을 완전히 대체했고, 하얀색 피부가 검은색 피부를 대체했다. 제2장의 뒷부분에서 이에 대해 다시 살펴볼 것이다.

당신이 하얀색 피부를 가졌다면, 분명히 유럽 이주의 세 가지 물결의 산물이다. 우리는 이러한 새로운 유전자 흐름 모델을 통해 인류의 역사를 재평가하는 과정에 있다. 그리 멀지 않은 과거에는 인류의 역사가 단순히 진화생물학자들이 '창시자 사건(founder event)'이라고 부르는 사건의 연속이라고 가정했었다. 이는 아프리카의 고향에서 작은 부족들이 더 멀리 이동하여 정착지를 건설하고, 성장하고, 새로운 미지의 영토에서 그 과정을 반복하는 새로운 작은 부족들을 형성하는 것을 의미했다. 반복적인 DNA 덩어리의 작은 표본들이 모여 있는 것처럼 보였기 때문에, 초기 유전학 연구(지난 10년간을 뜻하며, 이는 유전학 분야에서 엄청나게 긴 시간이다)에서는 이 모델이 정확하다고 파악했을 것이다. 또한 우리가 아프리카에서 더 멀리 벗어날수록 유전적 변이가 줄어들 것이라고 당신은 기대할 수 있으며, 이는 널리 관찰되는 현상이다. 최신 분석은 어떤 지리적 지역의 현재 거주민이 반드시 과거의 거주민을 대표하는 것은 아니라는 사실을 보여준다. 이것은 현대 유럽인의 이주 대상이 되었던 지역을 보면 분명해진다.

오늘날 호주나 북아메리카에 살고 있는 사람들의 대다수는 지난 500년 동안 유럽에서 이주해왔기 때문에 그들의 게놈은 처음에 그곳에 있었던 원주민을 대표하지 않는다. 그러나 이런 비영구성(impermanence)이 더 오래된 인류 개체군에게도 반드시 적용되는 건 아니다. 예를 들어, 현재의 베링 해협이 1만 5,000년 전에는 육지였다는 이유 때문에 시베리아의 농부들이 북미 대륙의 첫 번째 정착민들과 가장 비슷할 거라는 가정은 맞지 않는다. 실제로 오래된 뼈를 발굴하여 DNA를 분석해보면, 오늘날의 시베리아인은 동양인과 더 유사하지만 고대 시베리아인은 북부 유라시아인과 혼합된 아메리카 원주민과 더 유사하다는 것을 알 수 있다.

이 모든 사실은 우리가 지나치게 직선적이고 물결처럼 퍼져 나가는 이주 형태에 대한 가정을 세웠다는 것을 의미한다. 하지만 지난 몇 년 동안 떠오른 그림은 인류가 깔끔하게 사방으로 뻗어나간 것이 아니라, 모든 시기에 모든 방향으로 이주했고 복잡한 십자 퍼즐 모양으로 인류의 유전자가 흘렀다는 것이다. 해양과 산맥은 유전자 흐름에 커다란 장벽이지만, 광활하게 펼쳐진 대륙에서는 지평선만이 한계다. 유전자는 아시아에서 아메리카 대륙으로 흘러들어 갔다.

고대 인류의 게놈은 그들의 이동과 이주에 대해서만 알려주는 건 아니다. DNA는 과거를 재구성하기 위해 지금 우리가 사용하는 일련의 도구 중 하나이며, 우리는 고고학과 지질학에서 응집된 지식으로 이 그림들을 구성했다. DNA는 행동 양식도 보여준다. 고대 인류의 문화는 그들의 동굴, 습지, 거주지뿐만 아니라 우리의 세포에도 새겨져 있을 수 있다.

젖과 꿀

우리가 우유를 마시는 건 특이한 현상이다. 포유류라는 용어는 모유 수유, 즉 새끼가 어미의 젖샘에서 분비되는 젖을 빨아먹는 동물이라는 뜻이다. 하지만 이는 태어난 지 얼마 안 된 어린 새끼에만 해당하며, 어느 정도 성장한 포유류는 어릴 적 행동에서 벗어나 더 이상 젖을 먹지 않게 된다.

사람만이 예외다. 모든 문화가 그런 건 아니지만, 서양에서는 성인이 되어도 우유를 마시고 다양한 형태의 유제품을 섭취한다. 이런 식습관은 유럽인들에게는 매우 자연스러운 일이며, 일부 아프리카 민족과 중동의 유목 민족에서도 찾아볼 수 있다. 그러나 언제나 그런 건 아니었다. 역사상 거의 모든 사람들은 우유를 소화시킬 신체능력이 없었다. 현대 사회를 살아가는 성인 대부분도 마찬가지다. 사람은 누구나 락타아제(lactase : 젖당분해효소)라는 효소를 갖고 있는데, 이것은 유전자에 의해 생성되는 긴사슬지방산(LCT : long chain triglyceride)이다. 이 효소가 수행하는 기능은 단 한 가지, 우유를 소화시키는 것뿐이다. 우유에서 느껴지는 단맛은 락토오스(젖당)라는 성분 때문이며, 위장 내벽에서 분비된 락타아제는 락토오스를 두 개로 분해시켜 당 글루코스와 갈락토스를 만든다. 이런 딱딱한 명칭을 보면 우아한 작명법은 생물학자에게 익숙한 일은 아니듯 하다.

대부분의 인류역사에서 락타아제는 어린 아기의 체내에서만 활성화되는 효소였다. 이유기가 지나면 LCT의 활동은 급격히 감소되고, 그 결과 대부분의 인류역사에서 성인의 식사 메뉴에는 우유가 등장하지 않았다. 대부분 이유기가 지난 사람들은 우유를 먹으면 상당히 괴로운 문제를 겪어야 했다. 복부팽만, 위경련, 구토, 설사, 방귀, 복명(뱃속에서 꾸르륵거리는 소리) 등 갖가지 배탈 증상이 그것이다. 락타아제가 결핍되거나 활동을 멈추면 락토오스는 소장에서 흡수되지 못한 채 대장으로 내려가서 대장균에 의해 분해되는데, 이때 부글부글 끓는듯이 가스가 발생한다. 이것이 복부팽만과 방귀를 유발하는 직접적 원인이며 뱃속의 압력이 증가하면 설사로 이어진다. '유당분해효소 결핍증(lactose intolerance)'이라고 불리는 이런 증상은 그리 유쾌한 경험은 아니지만, 특별한 질병도 아니며 대부분의 사람이 성인이 되어 우유를 마시면 겪게 되는 일반적인 현상이다. 그래서 많은 사람들은 우유를 기피하는 것이다.

하지만 당신이 유럽 혈통이라면 예외다. 유럽인 체내의 락타아제는 성인이 된 후에도 기능을 유지한다. 이 특이한 현상을 락타아제 지속성(lactase persistence)이라고 부르는데, 영국 스타일로 차에 우유를 조금 섞어 마시거나 핫초코에 우유를 부어 마시는 게 당신에겐 자연스러운 일이겠지만 어떤 사람들의 눈에는 매우 유별난 체질로 보일 것이다. 흑인의 극소수, 동남아인의 일부, 중동인의 일부만이 락타아제 지속성을 나타내며, 대부분의 현대인에게 우유는 배탈을 일으키는 골칫거리와 동의어다.

락타아제 지속성의 유전적 성질은 잘 알려져 있다. 락타아제 유전자 내부 및 주변의 DNA에서 발생하는 몇 가지 개별적 변화가 락타아제 지속성을 일으킨다. 영국인, 북유럽인, 서유럽인 (그리고 이들의 식민지로 이주한 백인들) 중 대다수가 가진 유전자에는 독특한 변화가 눈에 띈다. 락타아제 유전자의 시작점 앞에 있는 1만 3,000개의 DNA 문자 중 특정한 C가 T로 바뀐 것이다. 이런 형태의 돌연변이는 특별하지 않지만, 그 위치가 특별한데 언어적 비유로 이것의 유전학적 의미를 설명하기가 까다롭다. 이렇게 예를 들어보자. 나는 이 책을 구성하는 7개의 장과 각 문단과 각 문장들이 상호 긴밀성을 유지하면서 궁극적인 주제를 지향하기 바라지만, 일반적으로 각 아이디어는 바로 앞의 내용을 뒤따르기 마련이다.

그러나 유전학에서는 하나의 유전자가 다른 유전자에게 직접적인 영향을 줄 수 있으며, 동일한 염색체 내에서 둘 사이의 거리가 멀리 떨어져 있어도 가능하고, 서로 다른 염색체 상에서 더 멀리 떨어져 있어도 가능하다. 이를 설명하기 위해 나는 1만 3,000개의 문자를 거슬러 올라가 99쪽에 전후 문맥과는 아무 관련이 없는 완전히 이질적이고 무의미해 보이는 문장('이 내용은 110쪽에만 관련성이 있으므로 지금은 무시해도 좋다')을 적어 놓고서 그걸 무시해달라고 독자들에게 부탁했었다. 하지만 그 문장은 지금 이 페이지와 직접 연관되어 있고, 게놈에서는 그런 일이 매우 빈번하게 벌어지고 있는 것이다.

락타아제 유전자의 시작점 앞에 배열된 1만 3,000개의 뉴클레오티드는 락타아제 유전자의 활동을 제어하는 영역이며, 그곳 원격 제어 센터에서 돌연변이가 발생하면 성인이 된 후에도 우유 섭취가 가능해진다. 돌연변이 영역 및 실제적 효과가 없는 다른 사소한 변형 영역을 조사하고, 그곳에 축적된 변화를 기존의 다른 게놈과 비교함으로써 락타아제 돌연변이가 얼마나 오래된 것인지 측정할 수 있으며, 그 결과 기원전 1만~5000년 사이라는 것이 밝혀지고 있다. 또한 락타아제 유전자 및 다른 비트와 유전적 잡동사니를 포함하는 클러스터에서의 이런 특정 유전자형의 존재는 자연선택에서 락타아제 유전자가 매우 선호되었음을 보여준다.

그런데 락타아제 유전자의 돌연변이에 또 다른 장점이 없다면(이에 대한 실질적 증거는 없다), 신선한 우유를 정기적으로 공급받을 수 없는 상황에서는 락타아제 지속성이 진화적 장점을 가진다고 보기 어렵다. 그래서 아마도 이런 돌연변이는 젖이 많이 나오는 야생 동물을 가축으로 길들여 우유를 짜내던 농경사회에서만 경험할 수 있었던 특유한 생활 방식이 우리 유전자에 변화를 불러일으킨 고전적인 예(유전자–문화 동시진화)가 아닐까 생각한다. 우유를 생산하는 가축을 키우고 우유를 소화시키는 신체구조를 갖게 되면 분명한 장점이 생긴다. 이것은 막연한 추측이 아니라 합리적인 추론이다. 첫째, 영양이 풍부한 음식물을 꾸준히 안정적으로 제공받을 수 있다. 둘째, 기후에 따라 들쑥날쑥한 곡물 수확량을 보완할 수 있다.

6,000년 전, 우유는 신석기시대 인류의 생활 속 일부로 자리 잡았다. 루마니아, 터키, 헝가리 등지에서 출토된 토기 조각에는 말라붙은 음식물의 흔적이 남아 있는데, 브리스톨대학교 리처드 에버셰드 교수 연구팀이 가스 크로마토그래프(chromatograph : 유기화합물 분석기)를 이용해 이를 분석했다. 흔적물은 헬륨과 같은 불활성 기체에 의해 길고 미세한

관 속으로 운반되어 구성 분자의 성분 별로 분리되고, 분리된 분자는 각각 다른 속도로 운반체에서 이탈하여 검출 시료에 의해 정확하게 식별되었다. 그 결과 수천 년간 땅속에 묻혀 있던 토기 그릇 조각에서 유지방이 모습을 드러냈다. 토기의 주인들에게는 우유를 저장할 방법을 찾는 것 외에는 선택의 여지가 별로 없었다.

기원전 5500년 경, 인류는 치즈를 만들기 시작했다. 2012년에는 현재의 치즈 거름망을 닮은 원시시대의 체와 그릇이 폴란드에서 발견되었고, 여기서도 우유 성분이 다량 검출되었다. 이 그릇을 사용했던 원시 인류가 우유를 변형시켜 유지방을 만드는 기술을 가지고 있었음이 확인된 것이다. 치즈는 그 자체가 이상한 물질이지만 우리가 그걸 먹는다는 사실도 너무나 특이한 점이다. 치즈는 우유가 썩은 결과물이며, 인류역사상 최초로 가공 처리된 음식물로 추정된다. 그러나 한편으로 치즈는 영양이 풍부한 우유를 고체 형태로 저장하기 좋은 방법이었을 것이고, 원시적인 치즈는 스틸턴 치즈처럼 커다랗고 단단한 원통 모양이 아니라 모차렐라 치즈처럼 작은 덩어리 모양이었을 것이다. 로마인들은 염소나 양의 젖으로 만든 치즈만 먹었고 소는 주로 농사를 짓는 데 이용했다. 로마인의 기록에 따르면 소젖(우유)은 독일인과 영국인들이 즐겨 먹는 음식이었다.

이처럼 고대의 유적지에서 발굴된 그릇에 들러붙은 음식물 찌꺼기 성분이 수백만 년 동안 보존된 경우는 극히 드문 사례이기 때문에 고대인의 식습관을 들여다보기 위해서는 다른 방법이 필요하다. 락타아제 지속성은 현대 유럽인들에게 보편적으로 나타나는 특징이다 (일부 아프리카 민족과 중동 민족 역시 락타아제 지속성 갖고 있지만 유럽인과는 다른 기원을 가진 돌연변이에 따른 것으로 추정된다). 하지만 약 8,000년 전 유럽인에게는 그런 특징이 없었다. 따라서 '언제부터 그런 특징이 발현되었고 어떻게 전파되었을까' 하는 의문이 생긴다. 2007년 영국과 독일의 유전학자들이 협력하여 독일 동부, 헝가리, 리투아니아, 폴란드 등 여덟 개 지역에서 5,000~5,800년 전 고대인의 유골을 발굴했다. 독일 지역의 무덤에서는 북유럽에서 가장 오래된 것으로 추정되는 토기 문화와 농경문화의 흔적이 나타났다. 치아와 갈비뼈 및 다른 부위의 뼈에서는 DNA가 추출되었다. 그런데 이 DNA에서는 우유를 소화시키도록 해주는 유전자 돌연변이가 전혀 발견되지 않았다.

이런 시점의 게놈과 고고학 데이터는 대략적인 시간 프레임을 설정한다. 그 데이터는 다소 부정확하지만, 이는 먼 과거의 본질이다. 낙농이 시작된 곳을 확인하는 건 더 어려운 과제다.

그러나 불가능한 일은 아니다. 런던대학교 마크 토머스 교수는 몇 년 동안 낙농의 기원을 연구해왔다(탐정처럼 고대 유전자를 추적하는 많은 연구원들이 그를 돕고 있다). 2009년 그는 여기저기 흩어져 있는 유전학적, 고고학적 증거를 한데 모아 전산화된 모델을 만들었다. 일종의 통계학적 퍼즐 맞추기인 이 모델을 통해 낙농의 뿌리를 찾아내 선명한 복원도를 그리려는 시도였다. 락타아제 지속성 유전자는 오늘날 스칸디나비아, 아일랜드를 포함하는 북서부 유럽 근방에 분포되어 있는데, 이는 그 유전자의 기원이 이 지역임을 의미한다. 그리고 북유럽 인종의 비타민D 결핍과 락타아제 지속성 유전자의 진화적 장점이 연관 관계가 있다는 주장도 제기되어 왔다. 우유를 섭취하면 적은 일조량에 따른 비타민 부족을 보충할 수 있기 때문이다.

그러나 마크 토머스의 연구진이 찾아낸 것은 그런 내용이 아니었다. 그들은 고고학적 데이터(낙농용 농기구의 방사성 탄소 연대분석 자료 등)를 입력하여 락타아제 지속성이 광범위하게 퍼지게 된 시나리오에 관한 컴퓨터 시뮬레이션을 진행했고, 세 가지 고대인 그룹(수렵 집단, 비낙농형 농경 집단, 낙농형 농경 집단) 간 유전적 차이점을 상세히 비교분석했다. 우리는 락타아제 지속성 유전자가 무작위로 편재된 것이 아니라 진화에 의해 선택된 것이라는 사실을 알고 있으므로, 이런 시뮬레이션을 통해 락타아제 지속성 유전자가 수렵 집단과 비낙농형 농경 집단의 락타아제 비지속성 유전자를 밀어내고 그 자리를 차지한 곳을 추정할 수 있다. 그 위치는 락타아제 지속성 유전자가 발현된 지점이 아니라 이전의 유전자를 대체하면서 사람들 사이로 퍼져나가기 시작한 지점이다.

이런 자료가 모일 때 컴퓨터 시뮬레이션에는 락타아제 지속성 대립형질 유전자의 진화 가능성이 가장 높은 지역을 보여주는 지도가 나타난다. 그곳은 슬로바키아를 에워싼 지역으로서 북쪽으로는 폴란드, 남쪽으로는 헝가리와 접해 있다. 이는 고고학적 사실과 잘 맞아 떨어지며, 헝가리와 폴란드의 농경지에서 출토된 유물과도 부합한다. 7,500년 전 이 지역에 거주한 고대인들은 토지를 개간하여 밀, 완두콩, 렌틸콩, 수수 등을 경작한 농부였다. 또한 그들은 소, 돼지, 염소를 키웠고, 가끔씩 들판으로 나가서 멧돼지와 사슴을 사냥하기도 했다. 날카로운 석기와 목기를 사용했지만 청동기의 존재는 아직 몰랐으며, 흙을 빚어 만든 물병, 단지, 항아리를 사용했다. 이런 특징 때문에 우리는 그들을 신석기인이라 부른다.

토기 조각에 말라붙은 우유 성분을 채취했던 브리스톨대학교 연구팀은 고대인이 먹었던 음식에 관한 다른 단서를 찾기 위해 고대인이 사용했던 그릇을 조사했는데, 2015년에는 꿀 성분을 발견했다. 터키, 덴마크, 알제리에 걸친 광범위한 지역에 분포된 수천 개의 토기 조각을 분석한 결과, 그중 네 개에서 벌꿀의 흔적이 나온 것이다. 또 다른 조사에서 연구팀은 고기 성분도 발견했다. 이렇게 수집된 음식물 데이터를 통해 우리는 고대인이 요리를 하고, 농사를 짓고, 벌꿀을 채취하고, 소와 돼지 같은 가축을 키우고, 우유를 짜내어 항아리에 저장하고, 우유 표면에 응결된 덩어리를 채로 걷어내는 모습을 떠올릴 수 있다. 그리고 이런 기술이 발전하여 유럽 대륙 전체로 전파되면서 유럽인들에게 매우 소중한 우유로 만든 음식물을 소화시키는 유전자도 함께 퍼져나갔다.

이 이야기에는 매우 중요한 두 가지의 교훈이 담겨 있다. 첫째는 사람들이 자주 묻는 질문 '우리는 지금도 진화중인가?'에 대한 답이다. 지금으로서는 그렇다고 확신하기는 힘들다. 전 세계 많은 사람들이 가지고 있는 서로 다른 유전자가 변화하는 흐름을 관찰하는 것이 쉽지 않기 때문이다. 진화는 오랜 시간이 걸리고 넓은 공간에서 펼쳐지는 4차원적인 진행 과정이며 대부분의 경우 느리게 이루어진다. 따라서 진화가 끼친 영향을 평가하려면 인내심이 필요하고, 현재로서는 우리가 가진 데이터가 충분하지 않다. 그러나 분명히 말할 수 있는 사실은, 인류가 가까운 과거까지도 진화를 거듭했으며 이를 통해 오늘날과 같은 모습을 같게 되었다는 것이다. 자연선택의 압력이 인류의 행동과 문화를 변화시킨 진화라는 결과물로 나타났음은 의심의 여지가 없지만, 지구상에 살아온 다른 모든 생명체의 유전자와 마찬가지로 우리의 유전자 역시 오랜 시간에 걸쳐 끊임없이 변하고 있음을 우유는 분명히 보여준다.

둘째, 우리가 살아가는 세계는 우리에 의해, 우리의 생활 방식과 문화에 의해, 우리 자신의 존재에 의해 완성되며, 그에 응답하여 우리의 DNA가 반응한다는 점이다. 유전자는 문화를 변화시키고, 문화는 유전자를 변화시킨다. 농업은 인류의 문화와 생물학적 특징을 변화시키는 데 가장 큰 원동력이었다. 그러니 내일 아침에는 신선한 우유와 꿀을 바른 빵을 먹으며 이렇게 생각해보면 어떨까? (당신이 유럽인이라면) 당신의 조상인 유럽의 고대인이 문화에 혁명을 일으켜서 당신의 DNA에 이런 아침 식사 메뉴를 추천해주었다고 말이다. 본 아페티!(Bon Appetit! '맛있게 드십시오'라는 뜻의 프랑스어)

파란 눈과 금발머리

오늘날 인종을 구분하는 명확한 기준 중 하나는 피부색이다. 우리는 대충 시각적 구분을 하고 평균적인 피부 색조에 근거하여 흑인과 백인과 같은 사실상 의미 없는 분류를 한다. 인종에 대한 의문점은 제5장에서 자세히 다룰 예정이며, 유전학자들이 사람을 정의하려는 이러한 광범위한 인종적 시도에 과학적 가치를 두지 않는 이유를 설명할 것이다.

아프리카, 호주, 인도양의 섬 일부 지역에 사는 사람들은 완전한 흑색인 가장 검은 피부를 갖고 있다. 스코틀랜드와 스웨덴 북부의 일부 사람들은 피부가 너무 하얘서 거의 투명해 보일 정도다. 그 중간에 모든 피부색이 다양하게 존재한다. 이는 근거 없는 상상이 아니며, 인류의 피부색이 연속적인 색상표 처럼 다양하다는 건 분명한 사실이다.

　그럼에도 불구하고 유럽인의 신체적 특징은 마치 우유에 대한 우리의 사랑처럼 특이하다. 우리 유럽인 중 많은 수가 금발이고, 일부는 파란 눈과 하얀 피부를 가졌다고 포괄적으로 말할 수 있다. 우리 중 일부는 더욱 특이한 빨간 머리도 갖고 있다. 이것은 모두 유전자 돌연변이의 결과물이다. 앞에서 언급했듯이 이것은 DNA(유전자형)가 초기 형태에서 변했다는 것과 그 변화의 신체적 결과(표현형)가 다르다는 걸 분명히 알려준다.

　피부색과 머리색을 결정하는 데 적어도 11개의 유전자가 직접적 역할을 하는 것으로 보인다. 멜라닌에는 두 종류가 있다. 흑색 또는 갈색을 나타나는 유멜라닌(eumelanin)과 적색을 나타내는 페오멜라닌(phaeomelanin)이다. 페오멜라닌은 빨간 머리의 원인이며 잠시 후 살펴볼 것이다. 피부 깊숙이 위치하는 멜라노사이트(melanocyte)라 불리는 특수 세포가 태양 적외선에 노출되는 정도에 따라 멜라닌을 생산한다. 멜라닌은 멜라노솜(melanosome)이라 불리는 작고 특수한 세포 주머니에 모여들어 세포 사이를 왕복하는데, 이로 인해 태양에 노출된 피부가 검게 변하는 것이다. 멜라노솜은 자외선 손상에서 DNA를 보호하는 수단으로 세포핵이 있는 곳으로 움직이며 임의적으로 이중나선을 잘라낼 수 있다. 머리카락의 모낭에 있는 멜라노사이트는 자라나는 머리카락의 뿌리로 멜라노솜을 운반하며, 이것이 머리색을 결정하게 된다.

멜라닌은 이런 신진대사 과정의 마지막 부분이다. 머리카락과 피부의 색깔은 당신이 가진 멜라닌의 종류와 농도에 부분적으로 의존하지만, 또한 당신의 멜라닌이 머리카락과 피부에서 약화되는 방식에 상당한 영향을 미치는 것으로 보이는 다른 유전자의 완전한 에너지원이기도 하다. 유멜라닌이 세포핵에 제공하는 보호 기능은 태양 기후에 대한 적응이다. 멜라닌이 부족한 우리 백인들은 햇볕을 보자마자 선탠을 한다(그래서 나는 자외선 차단제를 항상 가지고 다닐 것을 권장한다). 그러나 열대 지방의 뜨거운 태양 아래서 살아가는 사람들은 선천적으로 멜라닌이 풍부하여 그럴 필요가 없다.

유전자가 확인되면서, 우리는 언제 어디서 이런 변화가 일어났는지 비교적 쉽게 말할 수 있게 되었다. 물론, 그것이 단순한 과정은 아니며, 여러 시점에 여러 가지 방식으로 나타난다. 그러나 5만 년 전 중동과 남유럽에 거주했던 아프리카인들이 검은 피부였다는 건 분명한 사실이다. 또한 우리는 헝가리, 스페인에 묻힌 DNA와 약 8,000년 전 룩셈부르크 로쉬보어에서 살았던 남자의 유골을 통해 수렵-채집인들이 검은 피부색을 가졌다는 걸 알고 있다. 이런 두 가지 시점 사이에 하얀 피부색의 유전적 흔적은 나타나지 않았다.

2015년, 이언 매디슨(및 다른 학자들)은 $SLC_{24}A_5$와 $SLC_{45}A_2$라는 긴 명칭을 가진 두 개의 중요한 유전자를 발견했고, 이것 역시 탈색(즉, 하얀 피부색)과 관련된 변종이 없음을 확인했다. 7,700년 전 모탈라 동굴에 살던 스웨덴 씨족은 하얀 피부색 유전자 버전과 HERC$_2$ / OCA$_2$ 유전자 버전을 가졌는데, 후자는 하얀 피부뿐만 아니라 금발머리와 파란 눈동자를 갖게 하는 유전자다. 이 스웨덴 사람들은 오랫동안 이런 외모를 지닌 듯하다.

게놈학에 의해 만들어진 새로운 유전학은 진화적 선택의 압력 하에서 나타난 특징에 대해 우리가 추측했던 것을 확신할 수 있게 해준다. 2015년 겨울에 당시로서는 가장 많은 고대 유럽인의 DNA를 분석한 가장 광범위한 연구결과가 발표되었다. 이언 매디슨의 기념비적인 논문에 기원전 6500~300년 사이에 사망한 고대인 230명의 게놈을 분석한 결과가 들어 있었던 것이다. 그들 중 일부는 우리가 이미 알고 있는 사람들이다. 로쉬보어인, 모탈라인 그리고 헝가리와 폴란드의 몇몇 고대인들이 거기에 포함됐다. 그리고 새롭게 발견된 고대 유럽인의 유골도, 과학자들이 두개골의 가장 두꺼운 뼈에서 추출한 DNA의 형태로 그 논문에 들어 있었다. 귓불 뒤쪽을 만져보면 두개골에서 튀어나온 단단한 뼈가 느껴진다. 이것을 돌기꼭지(mastoid)라고 부른다. 거기서 약 2센티미터 안쪽에 추체골(petrous)이라고 부르는 융기된 뼈가 있다. 이 명칭은 바위를 의미하는 라틴어 'petrus'에서 나온 말이다. 돌처럼 단단한 이 뼈는 DNA를 보존하기에 매우 적합하다.

그래서 이 논문에는 아나톨리아인, 이베리아인, 얌나야인, 폴타프카인, 스루브나야인이 있었다. 모두 2,300~8,500년 전 스페인 북부 해안에서 시베리아의 알타이 산맥에 이르는 지역에서 살았던 사람들이다. 이렇게 거대한 집단을 통해 자연선택의 자취를 발견하는 것이 연구진의 목표였다. 이언 매디슨과 동료들은 이 모든 게놈의 DNA에서 발생한 수백만 가지의 개별적 변화를 통해 자연선택의 유형을 조사했다. 락타아제 지속성이 가장 많이 발견되었고, 농경에 따른 식습관 변화에 적응한 것이 분명해 보이는 몇몇 다른 음식과 관련된 유전자형도 발견되었다. 이 유전자들 중 일부는 비타민D와 가장 밀접하게 관련된 변형이며, 식습관의 변화와 새롭게 취득한 핵심적 음식물에 적응하는 인류의 변화 능력을 추측케 한다.

연구진은 밀 단백질 글루텐에 대한 자극적 위장 민감성의 한 형태인 소화장애와 관련된 DNA도 발견했지만, 이것은 다른 음식물 적응과 관련된 자연선택에 따라 이루어진 듯하다. 발견된 한 가지 변종이 밀에는 풍부하지 않은 에르고티오네인(ergothioneine)이라는 아미노산을 처리하는 데 도움을 주기 때문이다. 곡물을 재배한 초기 농경 고대인에게는 소화장애에 도움을 주는 이런 대립유전자가 유익했을 것이다. 연구진은 하얀색 피부와 파란 눈을 선호하는 유전자의 자연선택을 확인했지만, 우리는 모탈라인들이 파란색 눈동자와 금발머리를 가졌다는 사실을 이미 알고 있다. 동쪽에서 온 하얀색 피부 유전자는 빠르게 유럽으로 퍼졌고, 사람들의 외모 변화와 농경 실행에 따라 장기간에 걸쳐 개체군이 증가했다. 연구진은 키도 살펴보았다. 키는 유전자에 의해 큰 영향을 받으며, 환경에 따라서도 상당한 영향을 받는다(제6장 참조). 우크라이나의 얌나야인들은 이동생활을 하는 유목민이었다. 아마 러시아 서부의 대초원에서 온 목동이었을 것이다. 뼈를 통해 그들이 키가 컸음을 우리는 알고 있다. 또한 우리는 그들의 DNA에서 큰 키와 관련된 유전자를 발견할 수 있다. 4,800년 전 그들은 이런 유전자를 동쪽에서 자신들과 함께 가져왔고, 농경과 식습관 변화와 함께 대륙 전체로 전파되었다. 하지만 그 유전자의 자연선택은 대부분 유럽 중부와 북부에서 일어났다. 이탈리아와 스페인에서의 자연선택은 작은 키를 선호했는데, 아마도 추운 날씨와 빈약한 음식물 때문인 듯하다.

유럽 연합 1만 년의 그림이 서서히 모습을 드러내고 있다. 다른 어떤 특징보다도 이 연구가 가장 분명하게 보여주는 것은 지난 1만 년 동안 우리 안에서 벌어진 자연선택에 따른 진화다. 그것은 우리가 찾아낼 수 있는 가장 광범위한 기록을 통해 인류의 이동과 문화(특히 농경문화)의 유입, 그리고 그에 따른 심오하고 측정 가능한 영향 사이의 상호작용을 보여준다. 죽은 이들의 게놈을 통해 활발했던 자연선택을 볼 수 있게 된 것이다.

하지만 우리는 왜 특정한 유전자가 선택되는지 명확히 알 수 없다. 이런 자연선택은 암컷에게 과시하려는 어금니의 가시적 변화, 혹은 유명한 다윈의 핀치새에게 나타나는 견과류의 껍질을 쪼기 위해 고도로 전문화된 부리의 다양성과 같이, 우리가 TV의 자연 역사 프로그램에서 볼 수 있는 적응의 형태가 아니다. 그러나 그것은 DNA의 미묘한 변화, 후손에게 그 DNA가 발현되는 빈도의 변화로서, 분명히 다윈이 말한 진화다. 개체군 속으로 대립유전자가 전파되는 것은 자연선택의 척도다. 우리가 더 많은 증거를 발굴하고, 우리 유럽인의 조상으로부터 더 많은 DNA를 추출해낼수록 더 많은 자연선택의 신호가 드러날 것이다. 이런 기술은 아시아, 아메리카, 그리고 인류가 이주한 지구상 마지막 장소인 남태평양과 뉴질랜드에서도 활용되고 있고 앞으로도 계속 활용될 것이다. 역사, 고고학과 DNA의 결합은 인류의 이동 경로뿐만 아니라 우리의 진화에도 새로운 청사진을 만들 것이고, 현재의 우리가 어디서 왔는지를 보여줄 것이다.

빨강이 온다

'빨간 머리가 아닌 사람은 문제가 뭔지 모른다.'

– L.M. 몽고메리, 『빨강머리 앤(*Anne of Green Gables*)』, 1908

멸종된다는 건 문제가 많다는 뜻이다. 그러므로 신문이 믿을 만하다면 앤이 옳았다. 하얀 피부색과 금발 머리는 북유럽에서의 적응일 것이고, 아프리카인, 동아시아인, 남아시아인, 아메리카 대륙의 원주민의 머리색과 비교해볼 때 금발 머리는 희귀한 현상이다. 그러나 훨씬 더 특이한 머리색도 있는데, 바로 빨간색이다.

빨간 머리는 단 하나의 유전자에서 발생하는 변화 때문에 나타나며, 전 세계 인구의 약 4~5퍼센트를 차지한다. 그래서인지 독특한 아름다움으로 여겨지기도 한다. 스코틀랜드에 빨간 머리를 가진 사람이 많은 원인은 아마도 우리 조상의 역사상 특정 시기에 특정 고대집단에서 고립된 정도에서 기인하는 듯하지만, 확실히 밝혀진 것은 없다. 스코틀랜드인의 약 40퍼센트가 이 대립형질 인자를 적어도 하나씩 가지고 있으며, 열 명 중 한 명은 머리색이 빨갛다. 그러나 전 세계적으로 볼 때 빨간 머리는 가장 특이한 머리 색깔이다.

빨간 머리 유전자에 관한 몇 가지 흥미로운 이야기가 있다. 이 유전자가 코딩하는 단백질을 멜라노코틴1수용체 (melanocortin 1 receptor, MC_1R)라 부르는데, 비슷하게 긴 이름인 G 단백질-결합 수용체를 가진 넓은 계층에 속한다. 이것들은 세포막을 감싸고 있는 길고 구부러진 분자로서, 외부 세포로부터 적절한 분자 신호를 받게 되면 물질대사를 하기 위한 경로를 만들어낸다. MC_1R의 경우, 뇌하수체에서 멜라노사이트(melanocyte : 멜라닌 형성세포)로 보낸 분자가 이 세포들을 자극하여 피부 멜라노솜(melanosome : 멜라닌 소포)에서 멜라닌을 생산하게 한다. 지구에 사는 대부분의 사람들의 몸속에서는 갈색 또는 검정색 유멜라닌이 생성되지만, MC_1R이 빨간색 돌연변이를 포함하는 사람들의 체내에서는 페오멜라닌이 생성된다. 멜라노솜은 머리카락 모낭의 뿌리에 공급되며, 이것이 빨간 머리를 만들어내는 것이다.

물론 인간 유전학에서 대부분 그렇듯, 이것이 그리 간단한 과정은 아니며, 훨씬 더 흥미로운 과정이다. 이 단백질은 317개의 아미노산으로 구성되며 유멜라닌을 페오멜라닌으로 바꾸는 몇 가지 다른 변종이 존재한다. 사람의 모든 단백질은 20개 아미노산의 여러 가지 조합을 통해 만들어지며 각 단백질은 유전자 내에서 세 개의 DNA 문자에 의해 정해진다. 만약 MC_1R에서 단백질 내 151번째 위치에 일반적인 아르기닌 대신 시스테인이라는 아미노산이 있다면 당신은 빨간색 머리를 갖게 된다. 294번 위치에 아스파르트산 대신 히스티딘이 있는 경우에도 당신은 빨간색 머리를 갖게 된다. 같은 효과를 갖지만 여기에 몇 가지 다른 돌연변이도 존재한다. 그러나 왜 모든 빨간 머리가 동일한 돌연변이를 갖지 않는지에 대한 설명은 다음 기회에 하기로 하자.

1997년 6월, J.K.롤링은 해리 포터라는 소년과 그의 친구 론 위즐리의 이야기를 세상에 내놓았다. 론 위즐리에게는 빨간 머리 친척이 여러 명 있는데, 그중에는 일란성 쌍둥이 형제인 프레드와 조지도 있었다. 첫 번째 해리 포터 소설이 출간되고 3주 후, 아마도 마법과 같은 우연의 일치로 빨간 머리 쌍둥이에 관한 첫 번째 주요 유전학적 연구결과가 발표되었으며, 거기에는 25쌍의 위즐리형 쌍둥이가 포함되었다. 빨간 머리와 매우 강하게 관련된 세 가지 주요 변종이 확인되었지만, 흥미로운 점은 제어 집단에서 나타났다. 이 집단에는 한 명은 빨간색 머리를 갖고 다른 한 명은 빨간색이 아닌 머리를 가진 이란성 쌍둥이가 포함되었다. 이들 중 13명을 테스트한 결과, 다섯 명이 동일한 MC_1R 유전자를 가지고 있었다. 빨간 머리 대립유전자를 가졌다고 해서 반드시 빨간 머리가 발현되는 건 아니라는 것이 그 당시에 분명히 밝혀지기 시작했다. 유전자는 결코 단독으로 작동하지 않으며, 하나의 기능만을 수행하는 경우도 거의 없다. 이들 쌍둥이 간의 불일치는 표현형이 빨강이냐 아니냐의 범위까지 MC_1R의 발현에 강력하게 영향을 끼치는 다른 변경유전자(genetic modifier)가 분명히 존재할 것임을 보여주었다.

네안데르탈인의 게놈 한 쌍에서 채취된 표본(하나는 스페인 북서부 엘시드론에서, 다른 하나는 이탈리아의 리파로 메체나 동굴에서 채취되었다)은 이들의 MC_1R이 307번 위치에서 우리가 갖는 아르기닌 대신 글리신으로 변형되었음을 보여준다. 제1장에서 언급한 것처럼, 이런 돌연변이는 현대인의 빨간 머리에서는 발견되지 않으며, 시간의 힘을 이겨내고 지금까지 존재하는 네안데르탈인의 머리카락은 한 가닥도 없다. 그러나 네안데르탈인의 머리 색깔의 진실을 알아내기 위해 우리가 할 수 있는 몇 가지 기발한 검사 방법이 존재한다. 이 네안데르탈인이 스페인에서 지녔던 것과 동일한 단백질을 페트리 접시(petri dish : 세균 배양을 위한 얕은 유리접시)의 세포 속에 투입함으로써, 우리는 세포의 활동이 아니라 색깔 자체를 볼 수 있으며, 이를 통해 세포의 행동에서 나타나는 색깔에 대해 추정할 수 있다.

살아 있는 사람의 빨간 머리에서 보이는 다른 돌연변이는 다른 방식으로 멜라노사이트의 기능을 감소시킬 수 있으며, 실제로 이런 세포 테스트를 통해 멜라노사이트의 기능 감소를 확인할 수 있다. 그러나 이것이 빨간 머리를 의미할까? 그럴 수도 있다. 샘플링된 두 명의 네안데르탈인 게놈 간의 물리적 거리는 이들이 괴짜가 아님과, 우리가 우연히 특이한 DNA를 샘플로 채취했음을 암시한다. 금발 머리와 하얀 피부가 거의 확실히 일조량이 적은 북유럽 기후에 대한 적응을 의미하는 것에 비해, 제2장과 제3장에서 우리가 살펴보는 변종은 그렇지 않은 듯하다. 오늘날 이태리 사람과 스페인 사람 대부분이 갖고 있는 타르처럼 새까만 머리카락을 생각해보자. 우리는 발견할 수 있는 단서로 과거의 조각을 모아서 맞추며, 검증 가능한 가설을 세워 해답을 찾으려 노력한다. 이번 경우에는 '아직 우리는 정확한 답을 알 수 없다'라는 사실만이 진실이다.

2014년 7월, 기후 변화와 유전자 변화라는 재앙이 빨간 머리를 멸종시키려 하고 있다는 충격적인 뉴스가 전 세계를 강타했다. 내가 본 첫 번째 헤드라인은 칼레도니아에서 빨간 머리가 많은 걸 고려하면 이해할 만한 우려를 표하는 스코틀랜드 신문 「데일리 레코드」의 것이었다. 얼핏 보더라도 「데일리 메일」 「타임스」 「가디언」 「텔레그래프」 「인디펜던트」 「미러」 「선」 등 모든 주요 영국 신문이 매력적인 빨간 머리를 가진 유명인의 다양한 사진과 함께 이 기사를 다루고 있음이 분명했다. 사진에는 남자배우 크리스티나 헨드릭스, 줄리안 무어, 데미안 루이스가 자주 등장했고 해리 왕세자도 있었다. 각종 소셜미디어와 뉴스 웹사이트는 공포에 휩싸였다. 세계적으로도 이에 민감하게 반응하는 「내셔널 지오그래픽」 「위크」 및 다수의 잡지와 뉴스매체가 이 이야기를 쏟아냈다. 「인디펜던트」의 헤드라인이 대표적이었다.

'기후변화 때문에 빨간 머리가 멸종 위기에 처했다'라고 과학자들이 경고하다

조사자들에 따르면, 넓게 보았을 때 이 신문들은 기후 변화가 스코틀랜드를 구름이 적고 일조량이 많은 환경으로 변화시키고 있다고 보도하고 있었다. 그래서 빨간 머리 형질을 우월하게 해주는 자연선택적 압력이 사라지고 있으며, 빨간 머리는 한때는 유용했던 특징이었지만 더 이상 장점을 갖지 못한 채 거대한 진화의 쓰레기통 속에 버려질 거라는 기사였다. 다음은 빨간 머리 유명 인사들의 사진에 이어진 「인디펜던

트」의 기사에서 발췌한 내용이다.

갤러쉴즈에 위치한 스코틀랜드스DNA 사의 앨리스테어 모펏 박사는 이렇게 말했다. "우리는 스코틀랜드, 아일랜드, 북부 잉글랜드의 빨간 머리가 기후에 대한 적응이라고 생각합니다. 흰색 피부와 빨간 머리가 나타난 이유는 충분한 햇빛을 받지 못하는 환경에서 가능한 모든 비타민D를 얻어내기 위해서라고 생각합니다. 기후가 변하면 구름층이 변하고 이것이 유전자에 영향을 끼칩니다. 구름이 적어지면 일조량이 늘어나서 빨간 머리 유전자를 갖는 사람의 수가 줄어들게 됩니다."

아니, 그렇지 않다. 앞에서 언급했듯이, 하얀 피부가 북부의 추위에 대한 적응이라는 이론에 대한 훌륭한 증거가 있지만, 빨간 머리도 그렇다는 증거는 없다. 나는 기후 변화의 결과로 스코틀랜드의 구름층이 옅어질 거라는 어떤 증거도 알지 못한다.

앨리스테어 모파트가 누구일까? '스코틀랜드스DNA'는 어떤 회사일까? 사실 이 회사는 유전적 계보를 검사해주는 사업을 하는 '브리튼스DNA(제3장 참조)'의 자매 회사다. 앨리스테어 모파트는 그 회사의 창업자이자 CEO(최고경영자)다. 이 이야기는 '스코틀랜드스DNA'가 언론에 배포한 자료에서 나왔으며, 고객의 게놈에서 빨간 머리 대립형질의 존재 여부를 검사해주는 신규 서비스의 홍보와 겹쳤다.

진실이 잠에서 깨어나기도 전에 소설 같은 이야기가 세상을 떠돌아다닌 것이다. 즉시 많은 사람들이 '스코틀랜드스DNA'의 주장에 들어 있는 오류를 비난했고, 언론을 관심을 끌기 위해 연구로 포장된 PR이라는 불편한 진실에 주목했다.

이 사건의 경우, 빨간 머리 대립유전자가 멸종될 방법을 생각하기 어렵다. 이 이야기에서 주장된 자연선택의 압력은 빨간 머리가 스코틀랜드의 구름 많은 기후에 대한 적응으로서 존재한다는 것이다. 그런 증거는 전혀 없다. 만약 그 말이 옳다고 상상해보면, 자연선택의 압력이 빨간 머리 형질이 사라지도록 밀어붙임으로써 빨간 머리는 심각한 부적응 상태에 놓일 것이다. 이는 그 환경 속에 존재하는 개인에게 악영향을 끼친다는 걸 의미한다.

빨간 머리가 나쁜 적응 상태가 아니라는 사실은 두말할 필요조차 없다. 오히려 그건 너무나 멋지게 적응한 결과물이다. 빨간 머리가 자연선택의 힘에 굴복하여 무기력하게 사라질 거라는 주장은 빨간 머리와 유전학자에 대한 (그리고 그들의 가족과 친구에 대한) 터무니없는 모욕이다. 낭포성 섬유증(cystic fibrosis), 듀켄씨 근이영양증(Duchenne muscular dystrophy)처럼 정말로 나쁜 적응이라고 할 수 있는 유전적 특성조차도 사라질 가능성이 없다. 단일 복사본의 보인자가 건강하게 생존하면 잘못된 유전자를 후손에게 물려주기 때문이다. 유전학적 스크리닝(genetic screening : 유전적 질병의 발견과 예방을 위한 조사방법)과 전문가의 조언을 통해 이런 문제점은 차츰 줄어들 것이다. 완전히 없어지면 더욱 좋겠지만 그럴 가능성은 지금으로선 크지 않다.

사람의 염색체의 개수인 46초쯤 조심스럽게 고려해본 후 나는 빨간 머리가 완전히 사라질 수 있는 세 가지 그럴듯한 방법을 떠올렸다.

1. 인류가 멸종된다.

2. 어떤 이유 때문에 빨간 머리를 가진 모든 사람들과 그 유전자를 가진 모든 사람들이 영원히 섹스를 그만둔다(이것은 전 세계 모든 사람들을 검사해야 한다는 걸 의미한다).

3. 빨간 머리와 그 대립유전자를 가진 모든 사람들을 몰살시킨다(이것 역시 모든 사람들을 검사해야 한다는 걸 의미한다).[19]

솔직히 말하자면, 1번 의견이 가장 가능성이 높다. 우리가 알고 있는 절대적 진리는 인간의 다른 많은 특징과 유사하게 빨간 머리가 생리학적 장점을 가진 돌연변이인지 아닌지를 유적학적으로 모른다는 것이다. 빨간 머리가 북쪽 기후에 대한 적응(스코틀랜드와 스칸디나비아의 회색 날씨에 대한 적응)이라는 건 알려져 있다. 빨간 머리는 놀림의 대상이 되기도 하지만 어떤 사람에게는 엄청난 성적 매력으로 느껴지는 자연선택이기도 하다. 이 돌연변이는 과거에는 보편적이었을 수도 있고, 눈에 띄는 효과가 없었을 수도 있다. 그러다가 상당히 고립된 북유럽의 어느 집단 속으로 흘러들어와 정착하여 지금 우리가 보는 것처럼 특별하게

---

19 언제나 재미있는 만화인 〈사우스 파크〉의 '빨간 머리 아이들' 에피소드에서 주인공 중 한 명인 에릭 카트먼(Eric Cartman)은 허구의 역사상 가장 사악한 인물일지도 모른다. 빨간 머리는 비인간적이고 영혼이 없다는 말에 대한 처벌로 친구가 카트먼의 머리를 빨간색으로 몰래 염색했을 때, 그는 자기가 정말로 빨간 머리가 되었다고 속아 넘어갔다. 예상대로 그는 입장을 바꿔서 빨간 머리가 아닌 모든 사람을 몰살시키자고 주장한다. 그의 계획이 실현되었다면, 인류의 유전자 풀에는 MC_1R 빨간 머리 대립 유전자에 대한 동형 접합체만 남게 되었을 것이다. 즉, 이 방법은 효과가 있다.

낮은 빈도로 매력을 발산하는 것인지도 모른다.

'스코틀랜즈DNA'사의 예측처럼 빨간 머리가 사라지는 일은 절대 일어나지 않을 거라고 나는 확신한다. 나는 「가디언」에 기고한 글을 통해 붉은 색에 대한 최후의 심판일이 임박했으니, 활발한 출산을 통해 후손 사이에서 다양한 대립형질을 유지함으로써 지구에서 빨간 머리 인류의 생존을 지원하고 도울 것을 공개적으로 제안했다. 당연히 나는 (이런 일이 발생할 가능성이 극히 희박함을 설명한 후) 아내의 허락을 요청했다.

사실, 나는 신규 추가 서비스가 필요하지 않았는데, 이미 그 서비스를 받았기 때문이다. 나는 '브리튼즈DNA'(꽤 그럴듯해 보이는 멸종 운운하는 헛소리의 배후인 회사)에게 내 유전자를 검사해달라고 의뢰했고, 그 결과에 MC_1R $Val_{60}Leu$이 들어 있었다. 나는 빨간 머리는 아니지만 빨간 머리 유전자를 가지고 있었던 것이다. 나의 MC_1R 단백질 60번 위치에 발린(valine) 아미노산 대신 류신(leucine)이 있었다. 내 조상 중 어떤 분의 유전자 내에 있는 DNA의 한 문자가 G가 C로 바뀐 것이다. 내 머리 색깔은 의심할 여지없는 인도 혈통답게 검정색이므로 이건 좀 놀라운 일이었다 (하지만 요즘은 희끗희끗한 새치가 늘고 있다. 사람이 나이를 먹어감에 따라 멜라노사이트가 약화되어 이런 유령을 만들어낸다).[20] 내 아버지는 어두운 갈색 머리를 가졌으며(이제는 백발이 성성하다), 대부분 잉글랜드와 스코틀랜드 북부 출신인 그분의 가족들 역시 내가 아는 바로는 대부분이 빨간 머리가 아니다.

러더퍼드 집안 자체가 빨간 머리가 매우 드문 잉글랜드와 스코틀랜드 북동주 출신이므로 이것 또한 놀랍지 않다. 몇 년 전, 자유분방한 젊은이답게 나는 여름 내내 면도를 하지 않고 턱수염을 길렀다. 누렇게 시든 잔디 속의 양귀비꽃처럼 까만 턱수염 사이에 적갈색이 드문드문 대담하게 모습을 드러냈다. 나는 몇 개를 뽑아서 친구의 선명한 빨간색 머리카락과 현미경으로 비교했는데, 둘을 구분하는 게 불가능했다. 내 게놈에는 빨간 머리 유전자가 그런 식으로 존재하고 있었던 것이다. 내 아내는 금발이며, 우리 아이 셋 중 둘은 금발 머리이고 둘은 갈색 눈동자를 가졌다. 금발 머리인 아들은 눈동자가 너무 파래서 스웨덴 사람처럼 보인다. 내 아이들 중 한 명은 MC_1R 빨간 머리 형질을 가졌을지도 모른다. 내 처제는 약간 붉은색이 도는 금발 머리이며, 빨간 머리 남편과의 사이에 두 명의 아이를 가졌는데, 아이들은 당신이 상상할 수 있

---

20 2016년 3월에 머리카락과 수염의 유전학에 대한 최초의 포괄적인 연구 결과가 발표되었다. 이와 함께 우리에게 이미 알려진 일자눈썹, 턱수염 모양, 남성의 대머리 형태, 새치 발생 경향 등과 관련된 유전자의 대립 유전자 모음이 공개되었다. 이 글을 쓰는 시점에는 이런 대립유전자들이 상업용 게놈 테스트 데이터뱅크에 아직 추가되지 않았지만 조만간 추가될 것으로 예상된다. 이와 같은 유전자가 알려지고, 이미 여러 가지 기능을 가지고 있다는 사실은 유전자가 우리 몸에서 많은 일을 한다는 것을 보여준다. 사람의 머리색이 회색으로 변하는 건 유전적인 영향도 있겠지만, 생명체와 환경 사이에서 정상적으로 이루어지는 복잡한 상호 작용의 일부다.

는 것 중 가장 영광스럽고 밝은 빨간 머리를 가졌다. 그렇다면 이런 탄성을 자아내는 북유럽 특징이 사라질 가능성은 얼마나 될까? 아마도 '전혀 없다'와 '거의 없다'의 중간쯤일 것이다.

턱수염에만 빨간 털이 나타나는 건 흔한 일이지만, 그 이유는 학자들도 잘 모른다. 지난 몇십 년간 그보다 더 시급한 연구 과제가 많았으므로 독자들의 양해를 바란다. 빨간 머리 쌍둥이 연구는 내 돌연변이인 $Val_{60}Leu$가 '금발 머리와 연한 갈색 머리'에서 자주 발생했음을 보여준다. 물론 나는 금발도 아니고 갈색 머리도 아니다. 유전학에서 그런 일은 흔하게 일어난다. 유전자의 변종이 모든 사람에게 같은 형태로 발현되는 건 아니다. 그것이 인간의 유전적 다양성의 본질이다.

어떤 형질은 아일랜드인의 빨간 머리에서 높은 빈도로 존재한다. 어떤 형질은 낮은 통증역치와 약간 관련되어 있다. 어떤 형질은 치과의사가 자주 사용하는 마취약에 대한 개인별 반응에 미묘하게 영향을 주는 것처럼 보인다. 이것은 단지 하나의 유전자이고 우리 눈에는 그 결과가 분명하게 보이는 것 같지만, 여러 가지 변형이 존재하며 다양한 표현형을 가진다. 우리가 그 게놈의 모든 것 즉, 유전형, DNA의 역사, 사람들에게 전해지는 방식, 유전자와 표현형이 영원히 존재하도록 이끄는 진화의 압력 등을 상세히 알고 있는 경우에도, 그것이 표현되는 방법은 여전히 수수께끼로 남아 있다. 그래서 다른 소리를 하는 누군가가 뭔가를 팔고 있는 것이다.

영국인이 온다

영국은 유럽 북동부에 위치해 있지만, 국가적 자부심이 충만한 입헌 군주제를 유지하고 있다. 지금까지 이루어진 영국 국민에 대한 가장 상세한 유전학적 분석을 살펴보자. 과연 영국인이란 누구일까?

고고학자들은 때때로 기술적 문화를 사용하여 민족 또는 시대를 정의한다. 이런 문화는 대개 다양한 기술을 통합하는 광범위하고 분산된 특징이다. 예를 들어 비커문명(The Beaker culture)을 건설한 사람들은 5,000년 전에 시작하여 수천 년 동안 독특한 물그릇과 항아리를 만들었고, 청동기와 그밖의 금속가공 기술을 가졌고, 화살을 사용했고, 유럽 전역으로 퍼져 나갔다. 비커문명 이전에는 줄무늬 토기(the Linear Pottery)를 사용했던 사람들이 있었으며, 이들 역시 유럽 전역에 널리 분포했고 항아리를 만들었다(줄무늬는 항아리의 재료인 찰흙에 새겨진 여러 개의 줄을 가리킨다. '줄무늬 토기'가 명확한 정의는 아니지만 일반적인 명칭으로 굳어졌다). 이것은 광범위하고 때로는 뒤엉킨 정의이기는 하지만, 우리가 넓은 영역과 많은 개체군에 걸친 문화의 거대한 변천을 바라보는 데 도움을 준다. 이들 도자기 만드는 사람들 속에는 신석기시대에 유럽 북서부의 수렵(채집인들을 몰아낸 농경 문화)인들도 포함되어 있다.

유럽으로 사람의 유입은 최초의 인류 진출 이후로 끊이지 않았다. 비록 바다가 유전자 흐름의 절대적인 장벽은 아니지만, 연속적인 육지가 유전자의 여행을 쉽게 해주는 것에 비해 영국을 프랑스, 네덜란드, 스칸디나비아에서 분리시킨 바다는 역사에 걸쳐 국경을 넘는 자유로운 유입을 더디게 만들었다. 영국은 1066년까지 침략당하지 않았다. 하지만 영국이 항상 섬나라였던 건 아니다. 내 고향인 이스트 앙글리아(East Anglia)는 지금은 한가로운 바닷가이지만 과거에는 네덜란드와 연결된 연속적인 대륙의 일부였다. 도거랜드(Doggerland)라 불리는 이 육지는 템스강과 라인강이 현재의 영국 해협으로 흘러나가는 길목 역할을 했다. 오늘날, 그것의 그림자가 BBC 라디오4의 〈해상기상예보〉 프로그램에서 도거 뱅크(Dogger Bank)라고 언급되며, 한때 마른 땅이었던 1만 7,000제곱킬로미터에 걸친 해저의 모래밭에 광활하게 펼쳐져 있다. 북극 지방의 빙하가 최대로 이곳을 뒤덮었던 2만 1,000년 전에는 해수면이 지금보다 100미터쯤 낮았고, 도거랜드를 둘러싼 땅도 역시 단단했다.

마지막 빙하기 동안 이런 얼음다리를 통해 털로 뒤덮인 코뿔소, 매머드 떼와 고대 인류가 영국 땅을 밟았다. 이 고대 인류가 누구였는지는 정확히 밝혀지지 않았다. 이곳에서 서쪽인 웨일스 북부 지역에서는 네안데르탈인의 치아가 발견되었다. 그 지역은 다른 어느 곳보다 생활의 흔적이 보존되기 좋은 환경임에도 불구하고, 이 치아 이외에는 인간의 유물이 거의 남아 있지 않다. 박스그로브(영국 서부 석세스 지역의 마을)에서 발견된 고대 인류는 50만 년 전 생존했던 호모 하이델베르겐시스였다. 그는 단지 정강이뼈로만 확인되었는데, 뼈에는 식인종 또는 육식동물의 것으로 보이는 이빨 자국이 있었다. 사우스 다운스(South Downs : 잉글랜드 남부를 동서로 연결하는 낮은 구릉지)에 위치한 박스그로브인의 마지막 안식처 부근에서는 80만 년 전부터 그의 시대까지 이어지는 아슐

리안(Acheulian) 돌도끼 수백 점이 발굴되었다. 그리고 서포크의 페이크필드는 70만 년 전 도거랜드의 중간 지점이었고, 지금도 서포크 해안에서 흔히 발견되는 돌덩어리에서 날카로운 조각을 떼어내 석기로 사용했던 미지의 고대인들의 땅이었다.

이런 오래된 뼈의 주인들은 거의 언제나 네안데르탈인(Neanderthal Man), 크로마뇽인(Cro-Magnon Man) 등 '인(Man)'이라고 명명되었는데, 당시에도 인류의 절반은 여자(Woman)였을 것이므로 이는 좀 불합리다. 하지만 1912년 서섹스 필트다운의 골프장 근처의 분지에서 발견된 두개골은 정말로 반쪽만 사람이었다. 이 두개골은 한동안 세상의 주목을 받았지만 현대인의 머리뼈에 오랑우탄의 턱뼈를 붙여 만든 가짜임이 밝혀졌고, 아마도 찰스 도슨의 짓으로 보인다. 도슨은 과학적 성과를 내기 위해 필사적으로 매달린 인물로, 왕립 협회에 가입하고 국제적인 명성도 얻었지만 수 년 동안 이런 식으로 교묘한 고고학적 사기를 저질렀다.[21]

아름다운 노포크 해안에는 헤이즈버러(Happisburgh)라고 독특하게 발음되는 작은 마을이 있다. 현재 그곳에는 등대, 교회, 멋진 술집이 있지만, 과거 약 100만 년 동안 인간의 지배를 거의 받지 않은 지역으로 여겨졌다. 북해의 파도가 매년 그곳의 모래 해안을 침식하여 주택들이 갈색 바닷물 속에 잠겨버릴 위험이 커지고 있다. 그 결과, 새로운 과거가

---

21 나는 이것이 사실이 아니기를 바랐다. 필트다운인(Piltdown Man)이 1953년에 공식적으로 허위임이 밝혀졌고 살아 있는 모든 과학자가 그것이 사실이 아니라고 생각하는데도 불구하고, 창조론자들은 아직도 인간의 진화론을 부정하는 증거라며 그것을 인용한다.

절벽과 해변에서 모습을 드러냈다. 2000년에 개를 데리고 해변을 산책하던 마을 주민이 구석기시대의 돌도끼를 발견한 것이다. 이후 본격적인 발굴이 진행되어 더 많은 도구와 사냥의 잔해와 들소의 도살 흔적과 코뿔소, 코끼리, 말, 큰 사슴, 거대한 비버 등의 뼈 조각이 나왔다.

그리고 2013년에는 인간의 생흔화석(ichnofossil)이 출토되었다. 생흔화석은 인간의 뼈는 없지만 남아 있는 흔적을 통해 인간의 생활 모습을 보여주는 증거다. 물결이 낮을 때만 드러나는 진흙 바닥에서는 고대인의 발자국이 발견되었다. 발 사이즈는 270밀리미터 정도로 보이며, 진흙 바닥의 생성 연대는 발자국의 주인이 약 80만 년 전에 영국의 산맥을 걸어 다녔다는 걸 말해준다. 바다와 시간의 흐름에 따라 발가락과 세부 사항은 없어졌기 때문에 그들이 어떤 종이었는지는 알 수 없다.[22] 하지만 영국이 거의 100만 년 전부터 인류의 거주지였음은 분명해졌다.

빙하가 물러가자 해수면이 상승했다. 어떤 학자들은 거대한 해일이 도거랜드를 덮쳐서 바다 속에 잠기게 했고 고대 농경인들이 서유럽에 막 도착한 기원전 6500년부터 영국이 섬으로 되었다고 추정한다. 이런 추정은 정복자들과 유전학자들에 대한 우리의 호기심을 자극한다. 우리는 문화와 지리적 기원을 공유하는 것처럼 보이는 고고학적 문명을 가진 사람들에게 켈트족, 픽트족, 앵글족, 색슨족과 같은 명칭을 붙인

---

22 영국 인류학계의 원로인 크리스 스트링거(Chris Stringer)는 이 발자국을 호모 안테세소르(Homo antecessor)의 것으로 추정한다. 호모 안테세소르는 120만 년~80만 년 전에 살았던 인류이며 중부 스페인의 아타 푸에라 산맥에 있는 동굴에서 발굴되었다. 스트링거의 이런 추정은 대체로 옳았다.

다. 이들 중 일부는 나머지에 비해 더 잘 정의된다. 로마 민족은 로마에서 유래되었지만, 400여 년 동안 영국에 있었던 로마인들은 대부분 갈리아(지금의 북이탈리아, 프랑스, 벨기에 등을 포함한 지역)에서 징집된 사람들이었다. 과거의 사람들에게 별개의 명칭을 붙이려는 모든 시도에 대해 유전학은 반발하는 특성을 갖고 있다.

영국은 1066년 이래로 계속해서 조금씩 이주민을 받아들였지만 심각한 침략을 받은 적은 없었다. 하지만 그 이전에는 대규모의 침략이 여러 번 있었으며, 정복자들은 영국 땅에 정착하거나 자신의 고향으로 돌아갔고, 그들의 문화를 남기기도 했다. 21세기에 제기된 질문은 '그들이 유전자를 남겼을까?' 하는 것이다. 이 질문에 대한 해답을 찾는 것이 2015년 '브리튼제도의 사람들'이라고 불리는 거대한 프로젝트의 목표였다. 피터 도넬리와 월터 보드머 경, 두 유전학자가 이 프로젝트를 이끌었는데, 이들의 역사에 대한 관심은 알려진 바 없었고, 유전적 질병, 특히 암 분야에서 유명한 학자였다. 그러나 게놈은 DNA이고, DNA는 데이터이기 때문에, 그들의 프로젝트는 질병 유전자 내의 해로운 변종에서 진화와 역사를 추적하는 유익한 변종으로의 짧은 도약인 셈이다. 물론 우리는 전체적으로 우리의 게놈이라는 관점에서는 믿을 수 없을 만큼 유사하다. 그러나 정교하고 고도로 인지가능한 통계적 기법을 사용하여 우리가 DNA에서 뽑아낼 수 있는 세부적 단계는 전례가 없을 정도이며, 다른 수단에 의해서는 탐지가 불가능한 과거의 비밀(법의학적 분석에 의해서만 감지할 수 있는 희미한 지문)을 밝혀낼 수도 있다.

영국 전역에서 2,039명의 사람들이 신중하게 선정되었고 이들의 타액이 시험관에 채취되어 자신들의 역사를 보여주었다. 그들은 현명하게 선발되었다. 2,039명 모두가 자신의 출생지에서 100미터 이내에 사는 네 명의 조부모를 가진 사람들이었다. 식민지와 19, 20세기에 다른 곳으로부터 이주해온 영향을 배제하기 위한 조건이었다.

참여자의 대다수가 중장년이었으므로 그들의 조부모는 분명히 빅토리아 시대의 사람들이었고, 이는 수천 년에 걸친 세대를 통해 정착된 DNA를 추출할 가능성을 확장시켜준다. 10개 나라 6,000명의 유럽인들이 영국인과 유럽 본토인 사이의 유사점과 차이점을 찾기 위해 연구진이 검사하는 표본이었다.

DNA에서 사용하는 확대 비율은 DNA가 그려내는 유전적 도표의 해상도를 결정한다. 해상도가 높아질수록 '인간(Human)'이 '비-아프리카인(non-African)'이 되고, '광범위한 북유럽인(broadly northern European)'이 되는 것이다. 영국인들의 DNA를 정밀한 고해상도 이미지로 확대하면 왕과 여왕의 역사뿐만이 아니라 프로젝트에 적합한 일반 대중의 역사가 나타난다. 이 강력한 렌즈는 위대한 평등의 구현이며 승리와 정치에 덜 오염된 역사적인 자료다. 게놈은 성별에 무관한 대량의 기록이고 때로는 시간의 정치학을 반영하기도 한다. 조상의 자취를 끌어낼 수 있는 미묘함은 역사를 변화시키고 때로는 강화시킨다. 이것은 눈으로 볼 수 없는 형태였지만 가장 정교한 통계학 덕분에 오랫동안 잃어버렸던 계보의 한 가닥이 모습을 드러내는 것이다. 시험관에 담긴 타액으로부터 영국인 게놈 상의 50만 개의 위치가 확인되어 컴퓨터와 모든 개별적 SNP(single nucleotide polymorphism, 권말 용어해설 참조)와 중립적 변화에 제공되었다. 이는 누구에게도 특별한 이점을 부여하지 않는다는 것을 의미한다. 2,039명 모든 참가자의 타액의 DNA가 서로 비교 분석되었고, 6,000명의 유럽인 표본과도 비교 분석되었다. 이것은 컴퓨터의 힘에 의해 가능해진 일이다.

이 프로젝트를 수행하는 소프트웨어는 각 게놈 상의 50만 개의 변수에 기초하여 사람들을 가능한 한 유사한 집단으로 분류하지만, 지리적 변수는 의도적으로 고려하지 않는다. 또한 이 소프트웨어는 표본의 나머지 부분보다 서로 유전적으로 더 유사한 사람들을 분류하도록 설계되었으며, 총 17개 집단의 색상이 기호로 코딩되었다. 그리고 분류가 이루어졌을 때, 월터 보드머의 연구팀은 조부모의 위치에 따라 각 집단을 영국 지도 위에 배치했다.

이런 해상도에서만 차이점이 분명하게 나타난다. 모든 영국인이 완전히 균일화되었다면 지도는 해변의 조약돌처럼 보일 것이고, 표본 내의 소수만으로도 지도가 어떤 모양인지 알 수 있을 것이다. 그러나 그렇지 않았다. 영국인의 고대 유전자 지도는 다른 지역과의 유사성이 비교적 약한 사람들의 집합을 명확하게 보여준다. 차이는 적지만 강력하며, 집단적으로만 눈에 보인다.

나머지로부터 분리되는 이런 세부 수준의 집합에서 유전학적으로 가장 뚜렷한 집단은 오크니 주민들이다. 스코틀랜드인의 기준에서 보더라도 오크니 사람들은 멀리 떨어진 그들만의 섬에 사는 사람들이므로 이것은 그리 놀랄 일이 아니다. 오크니 사람들의 유전자의 약 25퍼센트가 1,100년 전 노르웨이 바이킹에서 물려받은 것으로 보인다(유전적 변

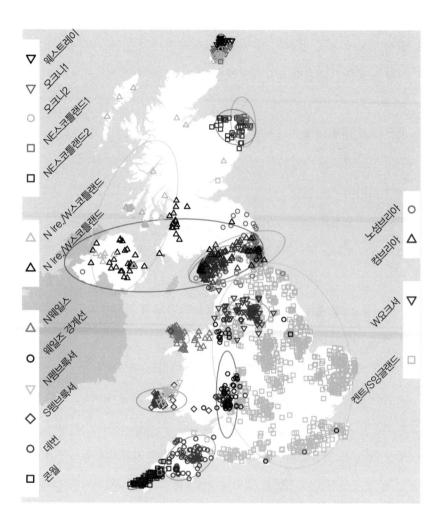

대영제국 국민들의 상세한 유전자 지도

'브리튼 제도의 사람들' 프로젝트는 영국인 2,039명에서 추출한 DNA를 출생지에 따라 유전적으로 유사한 집합으로 분류하여 지도에 배치했다. 이 지도는 영국의 역사를 반영하는 DNA의 지역 분포를 보여준다.

화의 수치에 기초하여 29세대를 가정하였고, 한 세대는 28년으로 잡았다). 그 시점인 916년에 오크니 섬을 침략한 바이킹은 그곳에 정착하여 현지인들과 잘 융화되었다.

이런 해상도에서 콘월 사람들(Cornish)은 데번(Devon) 사람들과 구분되며, 그들 간의 유전적 차이의 경계선은 보드민 습지(Bodmin Moor)에서 타마르강 어귀(Tamar Estuary)에 이르는 지리적 경계선과 매우 유사하다. 웨일스인들 또한 나머지 영국인들과 차이가 나타나며, 웨일스 내에서도 남북으로 구분된다. 웨일스 남부 내에서도 게놈 상의 문화적 차이가 드러난다. 눈에 보이지 않는 선이 웨일스의 끝에 위치한 고워 반도(Gower Peninsular) 최남단에 그어져 있다. 이 선은 동으로 펨브룩셔(Pembrokeshire)주를 양분하여 인접 주와 만나는 지점인 카마던셔(Carmarthenshire)주 북쪽 타프강(the River Taf)까지 이어진다. 16세기부터 이 지역은 앙글리아 트랜스왈리아나(Anglia Transwalliana '웨일스 속 작은 잉글랜드'라는 뜻)로 알려졌고, 경계선은 랜드스커 라인(Landsker Line)이라고 불렸다.

비록 1,000년 가까이 이어져왔지만, 이 경계선은 다른 무엇보다 언어적인 장벽이며, 공식적인 법률적 경계와는 무관하다. 경계선 남쪽으로 영어 사용자의 거주 지역이 있지만, 웨일스인의 대부분은 웨일스어를 사용한다(적어도 역사적으로는 그랬다. 현재는 영어가 전 지역에서 통용된다). 이 경계선은 수 세기에 걸쳐 국지적인 인구의 이동과 전통에 따라서 북쪽 또는 남쪽으로 조금씩 이동했다. 하지만 대개는 수십 킬로미터 길이의 희미한 경계선으로서 보존되었다. 이 경계선과 대체로 유사한 성벽

(서쪽으로 로취에서 동쪽으로 라한에 이르는 노르만족의 성을 연결한 장벽)으로 이루어진 분명한 경계선도 있지만, 이 성들이 이런 비공식적 국경선을 보호하는 최전방이었다고 말하는 것은 좀 무리한 주장이다.

'브리튼제도의 사람들'프로젝트는 랜드스커 라인이 게놈 상에도 존재한다는 것을 보여주었다. 앙글리아 트랜스왈리아나 주민들은 웨일스 남부의 250킬로미터를 건너뛰어 잉글랜드와 유전적으로 더 많은 유사성을 공유한다. 웨일스인의 초기 유전자 지도에는 이런 유사성이 나타나지 않았고, 전체적으로 웨일스인과 잉글랜드인 간에 뚜렷한 차이점이 보이지 않았다. 이는 유전자 지도 제작진의 오류가 아니라 최신 기술이 미시적 흔적을 통해 이런 게놈 상의 유사성을 포착할 수 있음을 명확하게 보여주는 것이다.

이런 가장 미세한 차이점은 유목민처럼 떠돌아다니는 대신 그곳에 머물렀던 평균적인 나머지 사람들을 보여준다. 이 유전자 지도에서 주변 사람들과 다른 분명한 존재, 즉 엘멧이라 불리는 부족 집단으로 자신들이 등장했다는 사실은 서부 요크셔 사람들을 놀라게 하지 않을 것이다. 레기드(Rheged)라 불리는 켈트족 정착지 상에 위치한 컴브리아 사람들도 놀라지 않을 것이다. 또한 이 유전자 지도는 역사에 관한 중대한 사실을 알려준다. 그것은 영국 내의 지역적 개체군을 반영할 뿐만 아니라 유럽인의 DNA와의 비교를 통해 현대 영국인의 게놈의 기원이 어디인지를 보여준다. 현대 영국인의 게놈에는 고대 이탈리아인(로마인)의 흔적이 거의 없었다. 브리튼 섬을 400년 동안 지배했던 로마인에 대한 고고학적 증거는 광대한 영역에 놀랍도록 많이 남아 있지만 생물학적 자취는 상대적으로 적었다.

우리는 켈트족을 꼬인 번개 문양과 추상적 십자가 문양의 방패로 대표되는 독특한 예술과 문화를 가졌던 야성적인 웨일스인, 스코틀랜드인, 브르타뉴인, 아일랜드인이라고 낭만적으로 생각한다. 그들은 콘월에서 웨일스를 거쳐 브리튼 섬의 서해안으로 밀려났고, 일부는 스코틀랜드로 갔으며, 픽트족은 북쪽으로, 색슨족은 남쪽으로 갔다.

그러나 그들은 하나로 묶을 수 있는 단일 집단이 결코 아니다. 영국인의 게놈에 따르면, 스코틀랜드의 켈트족은 앵글로색슨족과도 다르지만 웨일스의 켈트족과는 훨씬 더 다르다. 같은 일이 콘월족에게도 일어난다. 그들은 400킬로미터 떨어진 프랑스 남부 브르타뉴의 켈트인을 닮았다. 켈트인하면 요크셔주 웨스트 라이딩의 엘멧 왕국, 컴브리아 주의 레기드 왕국, 데번주와 콘월주의 덤노니아 왕국 등 여러 왕국이 떠오르지만, 이들은 이런 유전적 해상도에서 서로 다른 집단이다. 농경 기술과 같은 문화에서 유사성이 나타날 수 있고 장신구의 형태가 공통적일 수 있지만, DNA는 이들이 반드시 조상의 뿌리를 공유하지는 않았다는 것을 보여준다. 문화적 유사성은 어느 시점에서 교환되었거나 모방되었을 수도 있고, 혹은 우연에 따른 것일 수도 있다. 그러나 유전학에 따르면 유전적으로 유사한 사람들의 집단이 브리튼 섬의 끝으로 퍼져나가서 켈틱(Celtic)이라 불리는 문화 속으로 정착한 시점은 없었다. 그 단어는 영국인의 DNA에 반영되지 않는다고 추정되는 사람들을 가리키는 현대적인 발명품인 셈이다.

노르만족(노르웨이계 바이킹)의 영국 침략은 끊임없이 이어졌고 수백 년에 걸쳐 문화와 역사를 형성했다. 현대 영국인의 유전자를 현대 유럽인의 유전자와 비교하면, 브리튼제도에 들어와서 원주민과의 밀접한 관계를 통해 자신들의 생물학적 자취를 남긴 사람들이 누구였는지 알 수 있다.

영국 남부는 유전자 지도에서 가장 크고 단단한 색깔 블록이며, 뉴캐슬, 동 앙글리아, 켄트, 도르셋으로 둘러싸인 거의 직사각형 모양이다. 우리는 그들을 앵글로-색슨이라 부르지만, 그건 잘못된 말이다. 그들은 앵글로-색슨이라기보다는 미에세(Mierce), 게비세(Gewisse), 웨스트 시액세(West Seaxe)와 같은 부족을 구성하는 유럽 본토의 북동부에서 온 사람들이 퍼져 있는 것에 가까웠다. 이들은 15세기에 현재의 노르웨이 남부, 덴마크, 벨기에가 위치한 지역에서 살던 사람들로서 아마도 훈족, 블가르족, 알란족 등 동쪽 사람들의 공격에 의해 밀려난 후 영국으로 들어와서 로만 브리튼(Roman Britain 고대 로마제국 시대의 영국)의 쇠퇴를 가속화시킨 듯하다.

로마인의 퇴장에 이어서 암흑시대(the Dark Ages)가 시작되었다. 암흑시대란 로마는 빛이었고 그 세련된 문화가 우리의 해안에서 빠져나감으로써 브리튼 섬에 장막이 덮여졌다는 의미이며, 그 시점이 언제인지에 관해 여러 가지 가설이 제시되었다. 로마인들이 떠난 후의 역사를 우리가 거의 기록하지 못했다는 건 사실이지만, 농업이 그랬듯이 문화도 풍요로웠으며, 역사학자들은 무엇이 좋아졌고 무엇이 나빠졌는지에 대해 여전히 논쟁 중이다. 어떤 이론은 호전적인 색슨족이 나타나서 버려진 영국 원주민들을 몰살시켰다거나, 혹은 로마 제국의 폭압에서 그들을 해방시켰다고 주장하기도 한다. 유전자 지도는 로마가 지배했고 색슨족이 물려받은 영역에 상응하는 견고한 빨간 블록을 보여주었다. 그것은 혼합, 즉 유럽 색슨족의 유전자와 고대 영국 원주민의 유전자의 사실상 균등한 유전자 분포를 보여준다. 색슨족은 브리튼제도에 왔고, 보았지만, 이기는 대신, 결혼과 정착을 통해 현지인들의 삶 속에 통합되었다. 로마인과는 달리 그들은 계속 머물렀고, 그때부터 그들의 유전자도 지속되었다.

인류역사에서 한 가지 확실한 건 영원한 것은 없다는 것이다. 9세기에 북쪽에서 덴마크계 바이킹이 나타났다. 이들은 서기 800년 경 영국의 동해안에 출몰하기 시작해서 자주 해적질을 했다. 이들은 865년에 명확한 의도를 갖고 다시 나타났다. 무골왕 아이바(Ivar the Boneless)와 사안왕 시구르드(Sigurd Snake-in-the-Eye)가 이끄는 군대였다. 그리고 할프단 라그나르손이 서포크에 도달하여 앵글로색슨 영토를 정복했다. 그들은 북으로 진격하여 요크와 컴브리아를 손에 넣고, 몇 년에 걸쳐 남하하여 런던까지 진격했으며, 동 앵글리아를 정복했다. 데인로(Danelaw : 덴마크계 바이킹의 영국 지배)가 성립되어 잉글랜드 대부분을 통치했고, 서쪽에는 알프레드 지배하의 웨식스 왕국이 성립되었다. 웨식스 왕국은 잉글랜드와 스칸디나비아를 포함했고, 국경과 정치 체제가 불안정했지만 노르웨이인들이 침략하여 1066년 스템포드 브리지 전투에서 하랄드 하르드라다가 목에 화살을 맞고 전사할 때까지 지속되었다. 이후 해롤드 고드윈손이 짧은 기간 동안 영국을 지배했지만, 그해 말 헤이스팅스 전투에서 눈에 노르만 정복자의 화살을 맞고 전사했다. 이로써 덴마크계 바이킹의 영국 점령은 끝났다.

사실상 영국인의 게놈에는 덴마크인의 흔적이 거의 남아 있지 않다. 스코틀랜드 북부에서 나타나는 앵글족, 색슨족 그리고 노르웨이인의 유전적 유산과 비교하면, 이곳에서의 긴 여정에도 불구하고 덴마크인의 DNA가 없다는 건 이상한 일이다. 이는 그들의 200년간 지배에 관해 뭔가를 말해준다. 덴마크인들은 융화하지 않았다. 그들은 왕국을 건설했고 국경선을 정해서 방어했고 선데이(sunday), 먼데이(monday) 등의 단어를 영어 속에 남겼지만, 뚜렷한 DNA를 남기지 않은 것이다. 농사를 지었고 글을 썼고 위대한 예술을 창조했다는 점에서 바이킹은 흔히 묘사되듯이 피에 굶주렸던 건 아닐지도 모른다. 브리튼 섬 주민과 그들과의 최초의 만남은 해적질, 강간, 약탈이었지만, 여기서도 유전적 흔적을 남기지 않았다. 이전의 로마인처럼, 이들 덴마크계 바이킹도 크누트 왕조와 하랄드 왕조를 세우고 위로부터의 절대 권력을 휘두르며 피지배계급과는 어떤 혈연관계도 맺지 않은 것이다.

제1장에서 어떻게 우리가 매우 작은 고대인 집단의 후손이 되었는지, 그리고 놀랄 만큼 가까운 과거에 모든 혈통의 선이 어떻게 교차했는지를 살펴보았다. 모든 사람이 바이킹의 후손이기 때문에 당신도 역시 바이킹의 후손이다. 지금 내가 영국인을 여러 집단으로 분리하는 것처럼 보일지라도, 그것은 유전자를 정밀하게 분석한 결과일 뿐이며,

'브리튼제도의 사람들' 프로젝트는 그런 사실을 부정하지 않는다. 모든 사람이 너무나 많은 혈통을 물려받았기 때문에, 그들로부터 뻗어 나올 가지는 어느 지점에서는 교차할 것이다.

그러나 당신은 여전히 앵글족보다는 바이킹에서 뻗어 나온 가지를 더 많이 갖고 있을 것이며, 틀림없이 덴마크 바이킹보다는 노르웨이 바이킹에서 뻗어 나온 가지를 더 많이 갖고 있을 것이다. 덴마크인은 로마인처럼 멀리서 지배했고 영국에는 거의 상주하지 않았기 때문에 영국에 거의 후손을 남기지 않은 듯하다.

그리고 비록 이런 구분이 웨일스인을 브리튼제도의 나머지 사람들과 뚜렷이 구분되게 하지만, 그것은 또한 웨일스 출신이라는 현대의 국가적 자부심을 애매하게 만든다. 북웨일스는 남웨일스와 유전적으로 다르며, 그 차이는 남 잉글랜드인과 스코틀랜드인의 차이 혹은 디본 사람과 콘월 사람과의 차이처럼 선명하다. 혹시 당신이 이웃사람들보다 더 웨일스적이라 해도, 그건 사소한 것에 불과하며 여전히 당신의 유전자의 일부는 바이킹, 사라센족, 앵글족, 색슨족에 속하며, 잠시 후에 보겠지만 신성로마제국에도 속한다.

브리튼제도의 이런 유전자 지도는 전례가 없는 것이다. 그 지도는 역사와 사람을 연결시켜준다. 이들은 영국에 도달해서 이미 그곳에 있던 원주민들과 교류하고 그곳의 땅에 정착하고 융화한 보통 사람들이다. 그 지도는 영국 전역에 걸친 균일성과 다양성을 동시에 보여주는 너무나 아름다운 그림이기도 하다. 유전자 지도에서 고대 왕국에 따른 심볼의 집합을 보면 활력과 확신이 생긴다.

우리는 모두 똑같은 사람들인 동시에 조금씩 다르기도 하다. 차이는 너무나 심오하고 굴곡진 영국 역사를 반영하는 유전자 지도의 흥미로운 영역에서 나타나지만, 그 국토는 최근 수백 년 동안 상당히 안정되어 있다. 나는 다양한 유전자를 가진 내 아이들을 생각한다. 그들은 엄마로부터는 남웨일스와 아일랜드 유전자를, 아빠로부터는 북동부 잉글랜드와 스코틀랜드와 거기에 멋을 더해주는 약간의 남아시아 유전자를 물려받았다. 내 아이들은 21세기 영국의 유전자를 담아내는 그릇이다. 그 그릇에는 너무나 영국적인 카레가 담겨 있는 셈이다.

똑같은 유전자 기술이 식민지 시대가 끝나고 전 세계 사람들의 이동이 풍요로워진 시대의 우리에게 적용될 수 있다. 사람의 유입이 영국을 튼튼하게 만들었고, 이제 그런 일이 지구상의 모든 나라에서 펼쳐질 수 있다.

930년, 블라쉬가비스(blaskogabyggd), 아이슬란드

북쪽 저 멀리에는 또 다른 이상한 이야기가 있다. 인류가 최초로 아이슬란드에 발을 디딘지 60년 후, 팅벨리르 남작이 지역민을 살해했다. 얼마 후 그는 넓은 화산 평원 위 동료 귀족들이 재판하는 법정에 서야 했다. 형벌로 팅벨리르의 영토는 지역민들에게 몰수되었고, 그들은 그를 외국이 아닌 그들 섬의 내부에 유배시키기로 결정했다. 버려진 얼음 섬에서 팅벨리르는 일찍 삶을 마감했다. 새로운 공동의 영토(팅벨리르의 영토였던 곳)는 알싱(입법의회)이라는 이름으로 세계 최초의 국가 민주주의의 장소가 되었고, 국회와 법제정의 기반이 되었다. 아이슬란드의 국회는 지금은 수도인 레이캬비크로 옮겼지만, 여전히 알싱으로 불린다. 팅벨리르의 영토는 황량하고 냉혹하지만 눈으로 뒤덮여 있지 않을 때는 초록색이며, 북미 대륙과 유라시아 대륙을 나누는 1.6킬로미터가 넘는 넓이의 협곡이 내려다보이는 톱날처럼 험준한 벼랑 위에 위치한다. 아이슬란드는 지구의 맨틀이 갈라진 곳에 걸쳐 있으며, 이 두 개의 맨틀 판은 손톱이 자라나는 속도로 서서히 멀어지고 있다. 이것이 최근까지도 불을 토하고 있는 아이슬란드 활화산의 근원이다. 에이야프얄라요쿨(Eyjafjallajökull)과 바르타분가(Bardarbunga) 그리고 몇몇 다른 작은 화산이 지난 5년간 용암을 분출했다.

아이슬란드는 특이한 곳이다. 살아 움직이는 풍경이 지구가 아닌 외계의 모습(빙하, 척박한 땅, 붉은 화산, 은빛의 영토) 같지만, 문화와 언어는 풍성하고 매혹적이다. 그곳의 위도는 겨울에는 하루 종일 암흑이며, 여름에도 태양이 거의 지평선 아래에 잠겨 있음을 의미한다. 이웃인 스칸디나비아 사람들도 아이슬란드인들은 좀 별나다고 생각한다.

이 나라는 너무나 독특한 역사를 가졌기 때문에 유전학자에게는 천국과도 같은 곳이다. 그래서 내가 태어난 나라 다음으로 두 번째로 좋

아하는 나라이기도 하다.[23]

매우 귀중한 고대 유럽 문헌 중 하나인 아이슬란드 영웅전설(Icelandic Sagas)에는 최초의 부족 이야기가 나온다. 60년에 걸쳐 써진 이 책은 세계를 바꿀만한 중요성을 가진 사건들을 담고 있다. 여기에는 빈란드(Vinland : 현재의 북미대륙)라 불렀던 땅을 처음으로 밟은 레이프 에릭손(Leif Ericson)의 발자취와, 1004년 경 구드리드 토르브야나도티어(Gudrid Thorbjarnardóttir)의 아들인 스노리 포핀손(Snorri Porfinnsson)의 탄생 이야기도 들어 있다. 스노리 포핀손은 그들의 신세계에서 태어난 유럽 혈통을 가진 최초의 사람이었다. 또한 그 책에는 바이킹의 명성에 걸맞게 여러 가지 유령, 요정, 성행위, 폭력, 음주와 그에 따른 구토 등의 내용도 포함되어 있다.

실제로 모든 아이슬란드 정착민의 족보가 공식적인 기록으로 남겨져 있다. 860년대 초 북대서양에서 실종된 가르다 스바바손(Garddar

---

23 나는 아이슬란드 국가 설립에 대해 언급 한 첫 번째 아담 러더퍼드 박사가 아니다. 나와 동명이인인 그는 이집트학(Egyptology)을 연구한 존경받는 20세기 학자였다. 나는 두 번이나 그 사람으로 오인받았던 적이 있다. 그것은 신체적으로나 학문적으로 당황스러운 일이었다. 왜냐하면 그는 a)이미 수십 년 전에 사망했고, b)독실한 기독교인이자 성서학자였기 때문이다. 1937년 그는 영웅전설이나 현대의 유전체학이 아니라 아이슬란드 사람들의 역사를 다룬 소논문을 발표했다. 물론 유전체학은 당시에는 존재하지 않는 학문이었다. 대신 그는 자신의 기독교 근본주의를 복음화하려는 잘못된 시도의 일환으로 아이슬란드인의 기원을 성경에 나오는 이스라엘의 열두 번째 부족이라고 주장했다. 그 아담 러더퍼드 박사에게는 유감스러운 일이지만, 아이슬란드 신화에 대한 증거는 너무나 확고하다.

Svavarsson)이 아마도 최초의 아이슬란드 방문자였겠지만,[24] 그가 머문 기간은 한 번의 겨울에 불과했다. 최초의 거주민부터 12세기 거주민까지 아이슬란드인의 계보를 문서화한 란드나마보크(Landnamabok : 정착의 책)에 따르면 플로키 빌게라손이 그다음이었다. 잉골퍼 아르나손과 그의 가족은 874년에 도착했고, 그가 레이캬비크(Reykjavik : 안개의 만)라고 부른 남서 피오르드에 최초의 영구 거주민으로 자리 잡았다. 그해에 다른 정착민들이 뒤따랐고, 란드나마보크에는 400개 이상의 가족이 나열되어 있다. 란드나마보크에 따르면, 알싱이 성립된 해인 930년에는 1500개의 농장, 마을과 3,500명 이상의 사람들이 존재했다.

아이슬란드의 개체군에서는 종종 이상하고 흥미로운 게놈이 나타난다. 아이슬란드는 너무 작은 나라이고 지금까지 거주민의 연대기가 정확하게 알려져 있기 때문에, 9세기부터 그곳에서 살았던 모든 사람의 광범위한 기록이 존재한다. 아이슬란드인들의 역사는 단 35세대뿐이다. 정착 시대가 끝난 이후 외부인이 아이슬란드로 이주한 기록은 거의 없으며, 전체 인구는 40만 명을 넘은 적이 없다. 이것이 그들의 모든 계보와 유전자 분석을 더욱 쉽게 만든 원인이었다. 아이슬란드인들은 이런 사실을 알았고 위대한 통찰력으로 그들의 정체성 데이터베이스에

---

24 고대 스칸디나비아 사람들이 도착하기 전에 아이슬란드에는 이미 다른 사람들이 있었던 것이 거의 확실하며, 아마 스코틀랜드 수도승들이었을 것이다. 이들은 아이슬란드에 정착하지 않았고, 수도승이었으므로 자손을 남기지도 않았다. 그들이 거주하던 오두막은 8세기와 9세기의 것이지만, 870년대에 아이슬란드 인들이 정착하기 위해 도착했을 때 버려졌다. 최근의 게놈 연구에 의해 상세하게 밝혀지고 있는 것은 이 정착민들의 이야기다. 그래서 나는 이전의 수도승들의 이야기는 다루지 않겠다.

DNA를 추가하기로 결정했다. 그래서 고대 및 현대의 모든 아이슬란드인의 게놈이 매우 광범위하게 연구된 것이다.

21세기가 시작된 이후에는 아이슬란드의 유전적 계보를 분석하는 작업이 이루어졌다. 유전학 분야에서 거의 그렇듯이, 가장 분명한 유전적 자취를 남기는 미토콘드리아 DNA와 Y염색체가 우선적 분석대상이었다. 그리고 아이슬란드인들은 이런 자취에서도 평범하지 않았다. 그들의 미토콘드리아 유형의 3분의 2가 대부분 스코틀랜드와 아일랜드에 밀접하게 관련되어 있었다. 나머지 3분의 1과 Y염색체의 대부분은 스칸디나비아에서 유래되었다. 이민이 거의 없으며 인구가 과거에도 적었고 지금도 적기 때문에, 이런 단순한 비율을 가진 아이슬란드의 DNA의 기원은 영국처럼 유전자가 뒤섞인 국가나 유럽처럼 거대한 대륙의 DNA의 기원보다 연구하기에 용이하다.

이 비율이 의미하는 바를 생각해보자. 스칸디나비아 남성들은 스코틀랜드나 아일랜드 여성들과 결혼하여 후손을 낳았다. '브리튼제도의 사람들'프로젝트에서 오크니 섬의 주민들이 유전적으로 가장 다른 것으로 밝혀졌다. 덴마크 바이킹과는 달리 노르웨이 바이킹은 그 아름다운 섬에 빈번하게 들어와서 지역민의 환대를 즐겼고 자신들의 자취를 매우 선명하게 남겼다. 스코틀랜드와 아일랜드는 노르웨이와 덴마크 바이킹의 계절적 약탈 목표로 알려진 곳이다. 그들은 해안 마을뿐만 아니라 더 깊숙한 내륙의 서쪽과 북쪽으로도 공격을 감행했고 그 과정에서 아내가 될 여성들을 얻었다. 그런 결혼이 강제적이었는지 자발적이었는지는 알려진 바 없다.

그것이 아이슬란드 현대인의 DNA에 기초한 이야기다. 그러나 그 나라의 역사가 짧기 때문에 과거가 그리 멀리 있지 않았다. 지난 수세기 동안 아이슬란드의 고고학자들은 최초 이주민들의 매장지를 찾기 위해 화산 지역을 조사했다. 그리고 2009년 카리 스테파운손(Kari Stefansson)이 이끄는 소수정예의 아이슬란드 유전학자들이 10세기 아이슬란드 정착민 95명의 유골에 남아 있던 치아에서 DNA를 추출해냈다. 카리 스테파운손은 910년까지 거슬러 올라가서 아이슬란드 영웅전설에 유명한 추남으로 기록된 전사이자 시인으로 이어지는 자신의 족보를 찾아냈다.

아이슬란드 고대인의 무덤은 섬의 여기저기에 흩어져 있다. 주로 레이캬비크 근방에 많고 북부에도 일부가 있지만, 내륙은 용서받지 못하는 지역으로 여겨졌기 때문에 대부분의 시신이 외곽 지역에 안장되었다. 이들은 서기 1000년 이전에 사망한 것으로 추정되는 사람들이며, 그중에는 팅벨리르 남작 살인사건 재판의 배심원으로 보이는 사람도 있었다. 아이슬란드 국립 박물관에는 고대인 780명의 유골이 보존되어 있지만, 대부분이 탄소연대 측정을 거치지 않았기 때문에 나이는 거의 적혀 있지 않다.

그러나 아이슬란드는 '약 1,000년 전에 공식적으로 기독교로 개종했고 그 결과 매장 관습이 바뀌었다'라는 유전자 연구에 유용한 역사적 기록을 갖고 있다. 고대 노르웨이인들은 시신을 집 주변의 북남향 무덤에 매장했는데, 대부분 단독 묘였고 드물게 작은 가족묘가 있었으며, 무기, 장신구, 동물 또는 배를 함께 묻었다. 죽은 자들이 헬가프옐, 헬 또는 발할라 등 사후 세계로 갈 때 타고 가라는 의미였다. 하지만 기독교도들은 공동묘지와 동서향 무덤을 선호했고 어떤 흥미로운 순장품도 넣지 않았다.

이들 고대 정착민에서 추출된 DNA는 현대인의 mtDNA의 초기 연구 수준까지 확인되었지만, 매우 흥미로운 차이가 나타났다. 연구진이 분석한 고대 아이슬란드인의 미토콘드리아 게놈의 영역은 현대 아이슬란드인의 mtDNA보다 현대 스코틀랜드인, 아일랜드인, 스칸디나비아인의 mtDNA과 더 유사했다. 이는 거대한 개체군에서 추출된 표본이 전체 인구를 대표하지 못할 때 발생하는 유전적 표류(genetic drift)라는 현상의 일면이다. 당신의 주머니 속에 50개는 청색이고 50개는 녹색인 구슬 100개가 들어 있다고 가정해보자. 그중 80개를 꺼낸다면 아마도 각각 40개쯤 나올 것이다. 그 비율을 기준으로 새로운 구슬 100개가 든 주머니를 만들어서 뽑기를 반복해도 청색과 녹색의 비율은 유지될 것이다. 하지만 단 한 개의 구슬만 꺼낸다면 청색 또는 녹색 둘 중에 하나만 나오게 된다. 그리고 그것을 기준으로 새로운 구슬 100개가 든 주머니를 만든다면, 거기에는 한 가지 색깔의 구슬만 가득할 것이다.

진화에서 어떤 기초 개체군이 그들이 유래한 개체군에 비해 작을 때 이런 효과가 자주 나타난다. 이를 창시자 효과(founder effect)라 부르며, 이 경우 유래한 개체군을 제대로 반영하지 못한 게놈이 전체 인구의 기초가 된다. 작은 집단에서는 이 효과가 더욱 빠르게 나타나며, 우리는 아이슬란드인을 통해 이를 확인할 수 있다. 아이슬란드의 창시자 게놈은 그들이 떠나왔던 땅인 브리튼제도 북부와 스칸디나비아에 유사하게 남아 있다. 그리고 섬에 고립된 채 30세대 이상 동안 다른 원천으로부터 의미 있는 유전자 유입이 없는 상태에서 아이슬란드인의 게놈은 오직 초기의 어머니들로부터만 빠르게 퍼져나갔다.

＊ ＊ ＊

DNA에 대한 아이슬란드인의 관심은 유전학이 발전하는 속도만큼 빠르게 증가했다. 스테파운손과 그의 회사 '디코드(deCODE)'는 아이슬란드인의 유전적 특징을 밝혀내는 원동력이다. 그들은 전 세계를 위해 목표를 높게 세웠다. 2015년 그들은 당시로서는 가장 완전한 인간 게놈 세트인 완전히 해독된 2,636명의 아이슬란드인 유전자를 발표했고[25], 10만 명 이상의 유전자를 표본화했다.

이런 대규모 연구를 통해 그들은 개별적으로는 보이지 않는 유전자 패턴을 보여주었고, 많은 희귀성 질병 유발 유전자 또는 질병 관련 유전자를 발견하는데 기여했다. MYL₄유전자형은 환자들에게 심방세동, 즉 불규칙적인 심장박동을 유발하는 것으로 판명되었다. 담석증을 일으키는 유전자형과 알츠하이머병에 관련된 유전자형도 발견되었다. 매우 특이한 갑상선 상태는 모계 유전에서는 호르몬 분비를 촉진시키고 부계 유전에서는 호르몬 분비를 감소시키는 변종 소엽을 보여주었다.

---

25 지금은 게놈이 완전히 해독된 사람 수가 1만 명에 달한다고 한다. 하지만 아직 공식적으로 발표되지는 않았다.

이것은 설명하기 어렵지만, 우리가 이제 겨우 이해하기 시작한 인간 유전학의 복잡성을 분명하게 나타낸다.

또한 연구진은 전혀 작동하지 않는 매우 높은 수준의 유전자도 발견했다. 유전자 내의 여러 돌연변이는 미묘하게(혹은 어떤 경우에는 심각하게) 자신이 코딩한 단백질의 형태를 바꿔서 그 단백질이 작동하는 방식을 변경시킨다. 그런 작은 변화가 빨간색 머리, 파란색 눈동자 등 여러 가지 신체의 변형으로 나타난다. 어떤 돌연변이는 문장 끝에 마침표를 붙이듯 단백질의 말단에 종결 메시지를 도입한다. 다른 돌연변이는 추가적인 DNA 문자를 삽입하여 전체 단백질의 구조가 어긋나게 만든다. 이것은 35밀리미터 영화 필름과 영사기의 싱크가 어긋나서 당신이 원했던 화면의 절반만을 보게 되는 상황과 비슷하며, 틀이동 돌연변이 (frameshift mutation)라 부른다. 세 개의 문자로만 이루어진 단어를 이용해서 이를 살펴보자.

the big red fox ate cat pie (커다란 새빨간 여우가 고양이 파이를 먹었다)

시작부에 임의의 문자 x를 삽입하고 세 문자로 이루어진 단어 구조를 유지하면 뒤엉킨 문장이 나타난다.

txh ebi gre dfo xat eca tpi e (커엑다 란새빨 간여우 가고양 이파이 를먹었 다)

또한 이런 돌연변이는 정상적 코드로 이루어지는 과정을 왜곡시켜서 단백질이 제대로 기능하지 못하게 만들 수 있다. 이것을 기능상실 돌연변이(LOFs : loss of function mutations)라 부른다. 'deCODE'사의 중요한 2015년 논문은 아이슬란드인들이 다른 나라의 국민들보다 이런 돌연변이를 더 많이 가졌음을 보여주었다. 아이슬란드인의 12분의 1이 유전적으로 LOF를 물려받은 것이다. 표본화된 사람들의 유전자를 통해 연구진은 이런 방식으로 완전히 기능이 상실된 유전자 1,171개를 발견했다. 이 유전자는 살아 있는 사람들에게서 발견되었으므로 삶에 무익한 돌연변이가 아니며 성장에 치명적인 것도 아니다.

인간은 약 2만 개의 유전자를 갖고 있으므로 한두 개쯤 기능이 상실되어도 별일 아니라고 생각할 수도 있다. 그러나 그건 어떤 유전자의 기능이 상실되느냐에 따라 달라진다. 아이슬란드에서 확인된 1,000개 이상의 돌연변이는 이런 유전자가 작동하도록 활성화하는 시작점일 뿐만 아니라, 전체 유전자를 잃어버려도 생명의 손실을 유발하지 않도록 여분의 유전자가 우리의 생체에 새겨진 것이다.

작은 섬에서의 삶

그리고 그 섬과 소규모의 최초 인구를 고려하면 놀랍지 않게, 아이슬란드인들은 고도의 균질성을 이뤘고, 부모 양쪽으로부터 동일한 유전자를 물려받았기 때문에 열성 형질의 발현 가능성이 증가되었다. 이는 유전학자들이 '적은 효과적 개체군 크기'라 부르는 동종교배(inbreeding)

의 일면이다. 그렇게 지속적으로 제한된 인구에서 근친상간은 상존하는 유령이었고, 우리는 그것이 가족에게 어떤 악영향을 끼치게 되는지 제3장 3부에서 살펴볼 것이다.

아이슬란드인들도 그런 위험을 알고 있으며 경고가 넘쳐난다. 전형적 부계 성씨를 따르는 작은 마을에서는 같은 성씨를 가진 이성의 관심 표명을 받는다면 당신은 깜짝 놀라서 눈살을 찌푸릴 테지만, 아이슬란드인의 작명 관습은 유전적 근친 가능성에 유의미한 경고를 해주지 않는다. 아이슬란드에서는 아버지의 이름이 자식의 성이 된다. 딸은 '-도티어'를 붙이고 아들은 '-손'을 붙인다. 예를 들어, 아이슬란드 출신 유명 가수인 비요크 구드먼즈도티어(Bjork Gudmundsdottir)[26]는 '구드먼의 딸 비요크'라는 뜻이고, 그녀의 아버지 구드먼 군나르손은 '군나르의 아들 구드먼'이라는 뜻이며, 그녀의 할아버지 군나르 에릭손은 '에릭의 아들 군나르'라는 뜻이다.

2013년에 소프트웨어개발 회사 새드 엔지니어스 스튜디오스(Sad Engineers Studios)는 아이슬렌딩가 앱(Islendinga-App)을 만들었다. 이 앱은 1,000년 이상을 거슬러 올라가는 기록을 통해 만들어진 아이슬렌딩가보크 족보 전집에 나오는 아이슬란드에 살았던 적이 있다고 기록된 거의 모든 사람을 효율적으로 데이터베이스화한 것이다. 남녀 사용자들은 스마트폰으로 서로의 아이슬란딩가 앱을 연결해서 얼마나 가까운 관계인지 확인할 수 있으며, 족보적 근접성이 확인되면 근친 경보가 발

---

26 그녀는 누구와도 비교할 수없는 천재다.

동된다.

정말 이상한 나라의 놀라운 민족이 아닌가! 국가의 기원에서 국민의 DNA에 이르기까지 이곳보다 더 상세한 연구가 이루어진 나라가 지구상에 존재하는지 나는 알지 못한다. 전 세계의 나머지와 비교해볼 때, 아이슬란드인들의 뿌리는 깊지 않고 결과적으로 유전적 다양성 역시 넓지 않다. 그러나 그들의 기록은 분명히 깊고 넓다. 때로는 다양성이 없는 것이 좋은 열매를 맺을 수도 있지만, 당신이 풍성한 열매를 맺게 할 통찰력과 상상력을 가진 경우에만 그럴 것이다.

우리 모두 쓰러진다

잠시 인간 게놈을 벗어나서 유럽과 그 너머의 제국, 문화, 참변을 살펴보자. 우리에게 역사를 말해주는 건 단지 우리의 DNA뿐만이 아니다. 페스트균 예시니아 페스티스(*Yersinia pestis*)는 매우 전형적인 막대기 모양의 박테리아로 2마이크로미터(일반적인 유럽인의 머리카락 굵기의 10분의 1) 길이의 단세포생물이다. 또한 운동기관이 없기 때문에 독자적으로 움직일 수 없고 눈에 잘 띄지 않는다. 예시니아 페스티스는 1894년 스위스 국적의 세균학자 알렉산더 예신(Alexandre Yersin)에 의해 발견되었고, 1960년에 그의 이름을 기려 그렇게 명명되었다.

이제 쥐벼룩 제노실라 케옵시스(*Xenopsylla cheopsis*)를 상상해보자. 이 기생 곤충은 러시아 다람쥐의 일종인 마르모트라 불리는 포동포동한 동물을 깨물고 피를 빨아 영양분을 섭취한다. 제노실라 케옵시스는 피부를 찢는 두 개의 톱날 같은 돌기를 가졌고, 그 사이에 상인두(epipharynx)라 불리는 속이 빈 바늘이 있다. 이 돌기와 바늘이 함께 관을 형성하여 쥐벼룩의 침이 마르모트의 몸속으로 들어가고 혈액을 빨아내는 기능을 한다. 마르모트는 가렵고 짜증나지만 쥐벼룩은 포만감을 느끼게 된다.

모든 동물의 내장과 피부는 여러 가지 박테리아로 가득 차 있다. 이 미생물은 대부분 해롭지 않으며, 많은 수가 유익한 역할을 한다. 하지만 동물은 모두 다르기 때문에 쥐벼룩과 마르모트와 인간은 박테리아에 대해 서로 다르게 반응한다. 페스트균은 마르모트의 몸속에서 특별한 해를 끼치지 않고 살아왔으며, 그래서 오늘날까지 아시아 초원지대에서 그렇게 공존하고 있다. 식욕이 왕성한 쥐벼룩은 마르모트의 피와 함께 페스트균을 빨아들이고, 페스트균은 쥐벼룩의 소화관 속으로 꿈틀대며 내려간다.

쥐벼룩의 따뜻한 내장 속에서 증식을 시작하는 페스트균은 자신과 엉긴 피를 한 덩어리로 합치도록 도와주는 단백질을 생산하며, 얇은 막으로 된 피부를 만들어서 쥐벼룩의 내장에 들러붙는다. 이것은 쥐벼룩이 섭취한 혈액의 소화를 어렵게 만들고, 그래서 여전히 배고픔을 느끼는 쥐벼룩은 다른 동물로 옮겨가서 피를 빨려고 시도한다. 새로 빨아들인 신선한 피가 쥐벼룩의 내장으로 홍수처럼 밀려들어 엄청나게 증식한 페스트균과 뒤엉킨 핏덩어리 중 일부를 밀어내고, 그것이 쥐벼룩의 톱날 돌기로 역류하여 쥐벼룩이 깨물고 있는 가엾은 동물에게 내뱉어진다. 페스트균은 발도 없고 다른 많은 박테리아가 갖고 있는 프로펠러형 회전체도 없지만 이동하는 방법을 분명히 알고 있는 셈이다.

여기까지의 페스트균의 삶은 일반적인 기생생물의 생명주기와 특별히 다를 바가 없다. 우리가 알고 있는 모든 생명체는 기생생물을 가지고 있으며, 숙주와 기생생물의 관계는 진화의 많은 측면에서 중요한 발전의 원동력이었다. 그러나 벼룩이 피를 빨려고 깨무는 두 번째 동물이 마르모트라는 설치류가 아니라 호모 사피엔스라는 두발로 걸어 다니는 커다란 포유류라면 심각한 문제가 발생한다. 정상적인 우리의 피부는 감염을 막아내는 첫 번째 보호막이지만, 페스트균은 쥐벼룩이 사람의 피부를 뚫고 피를 빨도록 유도하여 그 보호막을 무력화시킨 후 병원성 세포를 역류시켜 사람의 몸속으로 내뱉도록 만들었다. 거기서 페스트균은 자신의 생명주기를 늘리기 위해 모든 수단을 동원한 작업을 시작하며, 그럼으로써 사람의 삶을 종결시킨다.

페스트균은 당신의 상피세포(위장, 입 속, 혈관내벽 등 젖은 표면 어디에나 있는 세포)를 구성하는 단백질을 만드는 유전자를 찾아내어 공격하고, 자신을 식세포작용(대식세포라 불리는 사람의 면역세포가 팩맨처럼 침입자를 잡아먹는 과정)에서 보호해주는 단백질을 만든다. 또한 페스트균은 당신의 세포막에 작은 구멍을 뚫는 단백질을 생성하며, 이로 인해 박테리아가 스며들어 더 많은 세포를 감염시키게 된다. 페스트균은 림프절에 숨어서 성장하고 증식하는 교묘한 전술을 쓰기 때문에 인간의 고도로 진화된 면역 체계의 공격을 피할 수 있다. 페스트균의 덩치가 커지면 숙주인 인간의 세포를 터뜨리고 세포내 환경으로 감염된 내용물을 뿜어내어 종기, 홍조, 발열, 통증 등 염증 반응의 전형적 징후를 유발한다. 당신의 여러 가지 신진대사 경로가 페스트균에 의해 비정상적으로 작동하며, 이는 대식세포가 침입자에게 굴복하여 자살하도록 만든다.

태아의 손가락 사이 물갈퀴가 그 역할을 다하면 스스로 소멸되는 것에서 알 수 있듯이, 세포의 자기파괴는 생명활동에 있어서 건강하고 정상적인 과정이다. 그러나 대식세포의 이런 자살은 인체에서 예정된 과정이 아니며 절대로 바람직한 일이 아니다.

대식세포가 소멸되면 도미노 효과가 일어나서 당신의 면역 체계가 훨씬 더 약화된다. 통증과 발열은 깨질 듯한 두통으로 이어지고 당신의 몸은 종양으로 시달린다. 혈관 세포도 파괴되어 산소와 영양분의 공급이 극단적으로 차단된다. 그러면 손가락, 발가락의 세포가 죽으면서 손발이 시커멓게 변하여 고름을 흘리고 괴사가 진행되어 썩게 된다. 당신의 림프절은 보라색 물풍선처럼 부풀어올라 특히 겨드랑이와 사타구니에 가래톳(bubo : 허벅다리 윗부분의 림프선이 부어올라 생긴 멍울)이 나타나고, 이 상태가 되면 이미 당신은 너무 상태가 악화되어 거의 손을 쓸 수 없게 된다. 결국 당신은 굶주린 벼룩이 당신의 혈관에 페스트균을 뱉어낸 후 2주일 만에 사망한다.

당신의 폐로 흘러 들어간 페스트균은 당신이 기침이나 재채기를 할 때 공기 중으로 퍼져 다른 사람들에게 전파된다.[27] 또 그것은 당신의 혈관을 감염시키고, 다른 여러 가지 세포 종말 증상과 함께 임파선을 붓게 하고 폐렴을 유발시키고 패혈증으로 당신을 생명을 빼앗는다. 하지만 지금은 페스트균의 증식을 차단하는 좋은 치료약과 항생제가 개발되었기 때문에 초기에 치료하면 쉽게 물리칠 수 있다. 2015년 가을 미국 콜로라도의 사례처럼 여전히 발병하고 있기는 하지만, 요즘의 페스트는 빠르게 확인할 수 있는 개인적인 질병이며, 환자를 격리하고 항생제로 치료하여 집단적 발병을 예방하고 있다.

사체를 발굴하다

로마 제국의 황혼기에는 문제가 훨씬 심각했다. 질병이 유럽대륙 역사의 경로를 심각하게 바꾼 적은 드물지만, 페스트균은 적어도 두 번 그것을 해냈다. 첫 번째 페스트균에 의한 집단 사망은 6세기에 발생했고, 감염의 진원지는 유스티니아누스 1세가 비잔틴 제국을 통치하던 콘스탄티노플이었다. 541년, 겨우 일 년 동안 발병한 페스트였지만, 그것의 최고조는 지옥과 같은 재앙이었다.

---

27 '장미꽃 둘레를 돌자(Ring a Ring of Roses)'라는 동요가 17세기 흑사병에서 유래되었다는 주장이 있다. 에취 에취 하고 재채기하는 가사는 감염된 환자가 기침을 하는 것이며, 장미는 역병의 징후인 붉은 반점을, 꽃다발은 전통 약초를, '우리 모두 쓰러진다'는 피할 수 없는 죽음을 의미한다는 것이다. 그러나 이것은 분명히 20세기 사람들의 사후 분석이며, 대부분의 민속학자들은 이 주장에 동의하지 않는다.

역사가 프로코피우스(Procopius)가 당시에 쓴 책 『비사(*Secret History*)』에는 콘스탄티노플의 참상을 상세히 기술하고 있다. 사태가 가장 심각했을 때는 하루에 1만 명씩 죽어나갔다고 그는 주장했다. 현대 역사학자들은 좀 더 보수적으로 매일 5,000명 정도가 사망했을 것이라 추정하지만 이 역시 놀라운 숫자다. 이런 전염병의 아비규환으로 제국 전체에서 약 2,500만 명이 죽었다. 당시의 정확한 사망자수는 확인하기 어렵지만, 다음 두 세기로 이어진 여파를 고려하면 이 수치는 두 배로 커진다. 이 전염병의 치명적 마수는 독일, 프랑스, 이탈리아, 스페인 등 유럽 전역은 물론이고 북아프리카까지 확산되었다. 역사학자들은 다음 두 세기 동안 이어진 여파에 따른 인구 감소가 로마 지배 체제의 종말에 엄청난 역할을 했을 것으로 추정하며, 전염병으로 인해 허약해진 군대가 중동 민족에게 유럽으로 향하는 문을 열어주었을 것으로 추정한다.

프로코피우스는 542년 이집트 수에즈 근처 항구에 살았던 페스트 감염자들을 이렇게 묘사했다.

가래톳이 부풀어 올랐다. 그리고 멍울은 복부 아래쪽 허벅다리 윗부분뿐만 아니라 겨드랑이 안에서도 발생했으며, 몇몇 경우에는 귓속과 가랑이의 여러 부위에서 나타났다.

…부풀어 오른 부위를 절개하자, 그 안에서 자라난 이상한 종류의 고름 덩어리가 보였다. 어떤 경우에는 즉시 사망했고, 다른 경우에도 며칠 넘기지 못했다. 그리고 어떤 이들의 몸에서는 콩알 크기의 시커먼 종기가 무수히 돋아났고 이들은 하루도 살지 못했다.

이것은 페스트균의 그 난폭하고 치명적인 양상이 어땠는지를 보여주는 최초의 묘사였고, 몇 세기 후 흑사병이 창궐했을 때 나타난 증상의 고전적 형태였다. 옥수수 알이 있는 곳에 쥐가 있고 쥐가 있는 곳에 쥐벼룩과 페스트균이 있으므로, 프로코피우스는 이집트와 로마의 곡물 무역이 최초 감염의 발원지였을 거라고 주장했다.

유전학자들은 다르게 말한다. 고대유전자학이라는 학문이 기반을 다지면서 지난 몇 년간 이에 대한 연구가 활발하게 이루어졌다. 다양한 전염병에 의해 사망한 사체가 많이 발굴됨에 따라, 학자들은 세계 곳곳에서 페스트균의 충분한 표본을 확보했으며, 그것의 유전자 코드를 추출했다.

뮌헨 근처 아슈하임에 있는 6세기 전염병 사망자 매장지 12곳에서 발굴된 19개의 치아는 유스티니아누스 시대의 전염병의 원인을 밝히는 단서를 제공했다. 고대인의 DNA에는 그들의 몸속을 돌아다녔던 다른 생물 종의 흔적이 남아 있기 때문이다. 2013년 한 연구진이 그 치아에서 나온 DNA를 분석했고, 현재 우리가 볼 수 있는 것과 의심의 여지 없이 동일한 페스트균의 DNA를 발견했다.

이를 통해 그 참혹했던 전염병이 정말 페스트균에 의한 것이었는지에 대한 오랜 논쟁이 종결되었다. 그리고 아슈하임 매장지에서 추출된 유전자를 인류와 다른 종을 비교하는 진화의 수형도(evolutionary tree)에 위치시키자 새로운 사실이 드러났다. DNA의 유사성이 일부 역사 자료가 주장하던 아프리카가 아니라 분명히 동쪽이었던 것이다. 아마도 동쪽에서는 온순한 존재였던 이 박테리아가 실크로드를 통한 중국과의 교역 과정에서 서쪽으로 전파되어 끔찍한 전염병을 일으키도록 변이된 것으로 보인다.

오늘날 페스트균의 온상인 쥐벼룩은 유라시아의 대초원에서 사는 설치류의 몸속에 기생하고 있으며, 추측이긴 하지만 과거에도 설치류가 수백만 명의 죽음을 알리는 전령이었던 쥐벼룩의 원천이었음을 쉽게 상상할 수 있다.

흑사병(The Black Death)

그리고 두 번째 페스트균 역시 동쪽에서 찾아왔다. 런던의 상징물인 스미스필드 정육 시장과 바비칸 극장가의 중간 지점에 이스트 스미스필드 흑사병 공동묘지(East Smithfield Black Death cemetery)가 있다. 이 런던 중심부는 지금은 멋지고 호화롭고 살기 좋은 곳이지만, 그 지하에는 과거의 죽음이 존재한다. 영국 조폐국 근처에 있는 런던의 유서 깊은 광장에서 2만 제곱미터의 구역이 1986년부터 발굴되었다. 8월 런던의 도심에서 번영의 장막을 걷어내자 끔찍한 역사가 모습을 드러낸 것이다. 1348~1350년 사이에 런던에서는 죽은 자들을 변변한 장례 절차도 없이 땅에 파묻는 집단 매장이 이루어졌다. 흑사병이 유럽 본토에서 영국으로 전파되어 1350년까지 영국 인구의 3분의 1을 죽음으로 몰아넣었고, 이 구역이 흑사병 사망자들을 파묻는 첫 번째 구덩이로 지정되었다.

그곳은 공동묘지라기보다는 인간을 퇴비더미처럼 던져 넣는 땅이었다. 기독교적 장례 의식은 당시 사회의 필수적인 문화였지만, 살아남은 자들이 죽은 자들의 장례를 치러줄 겨를이 없을 만큼 빠른 속도로 시체가 늘어났다. 몇몇 추정에 따르면 하루에 정상적으로 매장 가능한 시신의 수는 200구 정도에 불과했기 때문에, 이스트 스미스필드에서는 공장에서 물건을 찍어내듯 급하게 장례를 치르고 대규모로 수천 구의 매장이 이루어졌다. 이스트 스미스필드는 '재앙의 공동묘지'로 알려져 있으며, 현재까지 확인된 600여 구의 시신 중 일부는 가지런히 일렬로 눕혀져 있었고, 나머지는 급하게 그들의 무덤으로 던져진 채로 널브러져 있었다. 구덩이 속 사망자들의 연령대는 14세기의 정상적인 인구통계와 일치하지 않았다. 사망률은 전형적으로 유아기와 노년기 나이에서 치솟지만, 흑사병 시신의 구덩이에서는 약 4분의 1이 다섯 살 이하의 어린이였고 나머지는 성인이었으며, 대부분 35세 이하였다. 이 수치는 페스트가 강하고 빠르게 퍼졌고 건강한 인구마저 큰 비율로 휩쓸어갔음을 보여준다.

요하네스 크라우스(Johannes Krause)의 연구팀은 이 구덩이에서 DNA를 추출해냈다. 하지만 그 DNA는 사람의 것이 아니라 벌레의 것이었다. 런던 전염병의 전체 과정을 최초로 조사함으로써 크라우스의 연구팀은 페스트균의 진화 과정과 그 끔찍한 여정의 유전적 발자취를 밝혀냈다. 그리고 유스티아누스 시대의 전염병과 마찬가지로, 1340년대 흑사병 또한 중국에서 유래했다는 것을 보여줬다.

전체 유전자 서열이 공개적으로 이용 가능하도록 데이터베이스화되면서, 역사학과 유전학이 보조를 맞출 수 있었다. 우리는 러시아에서 콘스탄티노플, 메시나, 제노바, 마르세이유, 보르도를 거쳐 최종적으로 런던까지 이어지는 5년간의 페스트균의 경로를 추적할 수 있다. 이 모든 항구 도시들이 흑사병을 내륙으로 퍼뜨리는 거점으로 작용했고, 그 과정에서 약 500만 명이 목숨을 잃었다.

600년 전 비잔틴 제국과 마찬가지로, 흑사병의 여파가 14세기 이후 수백 년 동안 유럽의 인구를 덮쳤으며, 1666년 런던 대화재 이후에야 겨우 진정되었다. 하지만 요하네스 크라우스의 연구는 그것이 결코 사라지지 않았다는 것을 보여준다. 전염병 자체는 끝났을지 모르지만, 그 전염병을 일으키는 페스트균의 DNA는 오늘날까지 동일하다.

이제 우리 자신의 DNA로 돌아가 보자. 흑사병은 유럽 전역의 건물, 교회, 그리고 우리 발밑의 구덩이에 비참하게 웅크린 대중들 속에 어두운 표식을 남겼다. 자연의 힘이 강력하고 공격적일 때 우리의 DNA에도 그 흔적을 남길 수 있다. 2014년에 인간 면역 계통의 일부 유전자를 분석한 결과, 유럽인과 전통적으로 집시(Gypsy)라고 불렸던 개체군에서 진화론적 선택 압력의 흔적이 나타났다.

집시의 기원은 인도 북서부에 있지만 여러 차례에 걸쳐 집단적으로 유럽으로 이주했으며 11세기에 동유럽에 영구적으로 정착했다. 루마니아 유럽인과 루마니아 집시 사이에 많은 혼합이 없었기 때문에, 이것은 고대인 유전자 연구를 위한 독특하고 유용한 인구구조라 할 수 있다. 그리고 적어도 천 년 동안 두 개체군 모두 동일한 환경, 동일한 기후 및 동일한 진화론적 압력을 견뎌야 했다.

이러한 자연의 힘 중 흑사병은 큰 것이었다. 인도 유럽계 과학자 연합은 집시의 DNA에 남겨진 전염병의 흔적을 조사했다. 네덜란드 출신 미하이 네티아(Mihai Netea)는 루마니아, 스페인, 인도 과학자들과 함께 연구하면서, 공개적으로 사용가능한 게놈 데이터베이스를 탐색하여 인류가 가지고 있는 무수히 많은 면역 유전자를 관찰하였고 20만 개의 SNP를 살펴보았다. SNP는 당신과 나와 다른 모든 사람들 사이의 많은 차이점을 나타내는 유전자 스펠링의 개별적 변이다.

루마니아 유럽인과 루마니아 집시의 유전자 풀에서 그들은 긍정적 선택에 의해 진화하고 있는 유전자 클러스터에 대한 증거를 발견했다. 이것은 '선택적 일소'라고 불리는 과정이며, 제1장에서 자세히 설명했다. 이 흔적은 집시가 이주하기 전의 인도 북서부의 사람들에게는 존재하지 않았던 것이었다(또한 아프리카인과 중국인에게도 나타나지 않았다). 긍정적 선택의 존재와 집시와 유럽인 간의 유전자 혼합의 결여는 이 두 민족이 지난 1,000년 동안 비슷한 진화론적 압력을 받았고, 인도에서는 동일한 압력이 나타나지 않았다는 사실을 보여준다. 흑사병은 인도 대륙에서는 별다른 힘을 쓰지 못했지만 유럽을 초토화시켰고, 사망률의 부담은 진화의 거대한 동력이 될 수 있었다. 그게 우연의 결과인지 그들의 선천적인 면역력 때문인지는 밝혀지지 않은 상태다.

이런 결과는 강력한 연관성을 암시하며, 미하이 네티아의 연구는 그것을 상세하게 뒷받침한다. 전염병에 대한 반응으로 분명하게 진화를 겪었던 DNA 영역 내에는 전형적으로 투박한 명칭을 가진 유전자 계

통이 존재한다.[28]

이 유전자 계통은 톨-유사수용체(Toll-like receptors) 또는 TLRs라고 불리며, 그것이 암호화하는 단백질은 굶주린 대식세포나 감시세포와 같은 면역 세포의 표면에 위치한다. 거기서 TLRs는 특정한 표식이 있는 미생물의 출현을 조심스럽게 기다린다. TLRs가 침입자를 확인하면 면역 경보가 울리고 체내에서 우리를 보호해주는 선천적 세포 부대가 활성화된다. TLRs 1, 2, 6 및 10은 페스트균을 식별하는 조합이며, 세계의 다른 지역 사람들과 달리 집시와 루마니아 사람들에게서만 미세하게 측정할 수 있도록 진화된 유전적 위치에 클러스터로서 자리 잡았다. 페스트균의 흔적은 이렇게 우리 유전자에 존재하고 있다.

* * *

프로코피우스의 『비사』는 유스티아누스 시대의 전염병에 대한 기록이다. 그러나 오래된 뼈에서 고대의 DNA를 추출하는 기술이 더 발전

---

28 초파리 연구자들은 이런 투박한 명칭을 공식적으로 사용하는 데 거부감을 갖지 않는다. 큰 동물보다 초파리에서 훨씬 쉽게 유전자를 조작하고 돌연변이를 시킬 수 있고 인간을 대상으로 하는 실험보다 윤리적 장벽이 훨씬 낮기 때문에 많은 유전자가 초파리에서 최초로 발견되었다. 하지만 포유동물을 연구하는 유전학자들은 생쥐나 인간에서 유사한 유전자를 찾고, 인간의 등가물의 명칭을 파리에게 주어진 원래의 (그리고 설명적이거나 단순한 재미를 위한) 이름에서 만들어낸다. 노벨상 수상자인 발생학자 크리스티안네 뉘슬라인 폴하르트(Christiane Nusslein-Volhard)는 1980년대에 초파리에서 톨(Toll) 계통의 유전자를 발견했으며, 'Das ist ja toll!(환상적이다!)'라는 탄성을 들은 후 그대로 이름을 지었다.

할수록 과거를 연결하는 법의학 연구는 더 깊고 풍부해지며, 우리에게 또 다른 이야기를 전해준다. 덴마크의 유전학자 사이먼 라스무센(Simon Rasmussen)의 연구팀은 전염병에 대한 조사를 마친 후 2015년 가을에 전염병에 따른 죽음의 주기에 대한 최신 분석 결과를 발표했다. 페스트균의 유전적 그림자로 유명한 중세의 전염병 무덤을 조사한 이전의 노력과는 달리, 그들은 유럽 전역에 산재한 청동기 시대 무덤에서 발굴된 고대인 101명의 치아를 이용하여 상아질의 게놈을 조사했다. 이 기술은 고대에 대한 유전학적 연구가 지난 몇 년 동안 어떻게 발전했는지를 매우 분명하게 보여준다. 연구진이 조각난 890억 개의 DNA 파편에서 효과적으로 정보를 추출했기 때문이다.

모든 고대 DNA와 마찬가지로, 그것은 대부분 인간의 유전자가 아니었고 심각하게 오염된 상태였다. 일부는 부패한 시체에서 먹이를 찾으려고 달라붙은 유기체일 수도 있고, 일부는 우리 안에 살고 있는 인간 세포보다 많은 생물, 즉 거의 무해하거나 유익한 박테리아일지도 모른다. 그리고 일부는 악성 병원균일 수도 있고 심지어는 그 고대인들을 죽인 병원균일 수도 있다. 짚더미에서 바늘 찾기와 같은 이런 과정에 있어서 과학자들은 자신이 찾고 있는 게 무엇인지를 분명히 알아야 한다. 지옥의 아비규환처럼 뒤섞인 DNA 파편 속에서 라스무센은 폴란드, 러시아, 에스토니아 및 아르메니아의 페스트균 게놈의 마지막 잔해를 추출했다.

라스무센의 연구팀은 페스트균 게놈의 조각을 해독하여 밀접한 관련 종인 예시니아 슈도투베르쿨로시스(Yersinia pseudotuberculosis : 토양에서 살기 때문에 인간에게 크게 해롭지 않은 변종 페스트균)및 다른 균주와 비교했다. 이러한 비교를 통해 페스트균의 모든 변종이 서로 갈라진 시점으로 분자시계(molecular clock)를 설정하고[29] 가장 최근의 공통 조상(most recent common ancestor : MRCA)이 존재했던 시기를 계산할 수 있었다.

그 결과는 5,783년 전이었고, 따라서 수천 년 전으로 알려진 가장 오래된 감염보다도 앞서는 때였다. 이는 인류가 그 시점에 감염되었다는 것을 반드시 의미하지는 않는다. 그러나 라스무센은 모든 유전적 잔해 중에서 현대의 페스트균에 치명적 독성을 부여하는 약 55종의 특정 단백질을 암호화하는 단편을 추출했다. 거기에는 쥐벼룩 페스트 독소(Yersinia murine toxin : Ymt)라고 불리는 유전자를 제외한 모든 것이 존재했다. 이것은 페스트균을 쥐벼룩의 내장에서 소화되지 않도록 보호하여 성공적으로 생존하게 해주는 유전자다. 벼룩을 페스트균의 운반체로 만드는 것이 바로 이 Ymt지만, 5,000년 전에는 존재하지 않았던 것이다. 연구팀은 Ymt가 기원전 1000년 무렵부터 존재했으며, 아마도 다른 박테리아 종이 페스트균에게 제공했을 거라고 추정했다. 이것을 측면 유전자전이(lateral gene transfer)라고 부르며 박테리아 진화의 필수적인 과정이다.

박테리아가 섬모를 확장시킬 때 짧은 DNA 조각이 다른 세균 종

---

29 이 통계 기법에는 여러 가지 기능과 신뢰도를 가진 다양한 방식이 있지만, 라스무센은 BEAST2라는 소프트웨어에서 베이지안 마르코프 사슬 몬테 카를로(Bayesian Markov Chain Monte Carlo)라는 기법을 사용했다. 우리는 인간 유전자를 명명하는 것에 익숙하지 않지만, 분석 알고리즘으로 이를 보완한다.

의 게놈에 섞여 들어갈 수 있다. 다른 종으로부터의 변이를 나타내는 DNA의 측면 비트가 존재하기 때문에 Ymt가 전달된 시점이 확인되었고, 따라서 청동기 시대의 페스트균은 벼룩을 매개체로 삼지 않았다는 것이 확인되었다. 페스트균이 본격적으로 전염병을 전파시키는 데 필요한 유전자를 가졌더라도, 벼룩이 없다면 감염 및 발병은 가장 치명적인 형태인 서혜 임파선종이 아니라 폐렴 및 패혈증일 가능성이 높다. 8,000년 전 농경이 도입된 이후 유럽의 인구는 증가와 감소를 거듭해 왔다. 그 감소 중 하나가 기원전 4000년에서 3000년으로 넘어가는 전환기에 발생했고, 우리는 그 시기에 전염성 병원균이 존재했다는 것을 알고 있다. 페스트균이 이 기간 동안 유럽인의 진화를 형성하는 데 일정한 역할을 했다고 추측하는 것은 특히 이후의 역사에 기록된 절멸을 감안할 때 비합리적이지 않다.

페스트균은 우리가 기억할 수 있는 시간보다 훨씬 오랫동안 우리와 함께 살아 온 유령이다. 그것은 인류의 역사상 가장 치명적인 박테리아이며, 여전히 우리를 괴롭히고 있다. 청동기 시대의 페스트균은 런던 동부의 집단 묘지에서 발견된 것과 거의 동일하지만 감염의 심각성은 적다. 이는 그것의 DNA 때문이 아니며, 단지 현대의학기술로 쉽게 치료할 수 있기 때문만도 아니다. 인류는 이 살인적 박테리아에 더 잘 대처하기 위해 유전적으로, 사회적으로 그리고 문화적으로 진화했다. 전염병은 항상 떠돌아다니고 있지만, 이제는 과거처럼 반복적으로 인간의 땅을 황폐하게 만들지는 못할 것이다. 그것은 여전히 지구상에 존재하며 아마도 미래에도 존재하겠지만, 우리의 DNA는 전염병의 날카로운 창끝을 매우 무디게 만들었다.

아이러니하게도 페스트균은 인간을 전혀 신경 쓰지 않는다. 그것은 선호하는 숙주인 벼룩을 통해 주로 작은 포유류 사이를 옮겨 다니면서 생명주기를 이어나가지만, 그 동물에게 특별히 커다란 고통을 주지는 않는다. 벼룩, 서캐, 사면발이 등이 인간에게 기생하기는 하지만, 우리의 먼 사촌인 털북숭이 포유류에게 기생하는 만큼 많은 수는 아니다. 그 박테리아가 5,000년 동안 무차별적으로 인류에게 부과한 무자비한 죽음의 증상, 독성, 재앙과 같은 여파의 연속은 군대를 무력화시키고 제국을 전복시킴으로써 유럽을 형성하도록 만들었지만, 이는 자연선택의 맹목적이고 무분별한 부작용일 뿐이다.

인류는 농업과 무역과 번영의 부산물로 자신들에게 페스트균을 가져왔다. 곡식이 있는 곳에 쥐가 있고, 쥐가 있는 곳에는 벼룩이 있다. 진화는 무기 경쟁이며, 숙주의 DNA와 거기에 기생하는 유기체의 DNA 간에 영원히 치고받는 핑퐁 게임이며, 생존을 위한 투쟁의 나선형 주기다. 페스트균은 벼룩을 발견하여 노예로 만들었고, 벼룩은 쥐를 선호했으며, 쥐는 인류의 그림자 속 어디에나 숨어 있었다. 그리고 5,000년 넘는 시간 동안 페스트균은 벼룩의 뱃속에서 오직 생존하고자 하는 본능에 의해 고전적이고 보편적인 자연선택을 통해 유전자를 변화시켰고, 이에 따라 우리의 유전자를 변화시켰다. DNA가 유럽과 세계의 역사를 바꾼 것이다.

아프리카를 벗어나는 느린 걸음

유럽인들의 모험 이야기는 고대 인류가 동부 아프리카 고향으로부터 벗어나는 느린 걸음에 비하면 모두 현대적이다. 여전히 상상하기 어렵지만 그 발걸음은 수백 년, 수천 년에 걸쳐서 진행됐다. 인류가 현재에 더욱 다가갈수록 증분은 더욱 줄어들고 인간의 진화는 더욱 파악하기 쉬워진다.

잠시 시간을 들여 시간척도를 조사해보는 것은 가치가 있다. 인류의 아프리카 기원설(Out of Africa)은 많은 자료에 의해 지지되는 이론이며 오늘날 거의 반론이 없다. 그러나 우리가 수천 년과 수백 세대에 걸쳐진 사람의 이동을 생각할 때 그 의미가 너무 단순하게 해석된다. 아마 '이주'라는 단어가 연상되어 오해를 불러일으키는 듯하다. 현대 역사에서 이주는 매우 특정한 어떤 현상을 의미하며, 현재 뜨겁게 논쟁 중인 주제다. 진화적 시간척도에 걸친 이주는 완전히 다른 현상이다. 수천 년에 걸쳐 겨우 수천 킬로미터를 가는 것은 거의 이동이라 할 수 없으며, 그 이동이 남긴 고고학적 유물이 광범위하게 산재해 있다.

그러나 그 시간척도와 그 수천 년은 유전자의 이동을 파악하는 데 필요한 기초를 똑같이 제공하며, 어떻게 유전자가 수 세대의 시간에 걸쳐 집단 속으로 퍼졌는지, 그리고 어떻게 유전자가 미묘하고 거의 보이지 않는 진화의 힘에 의해 선택되고 배제되었는지를 알려준다. 이런 의미에서 고고학은 유전학이 참여하여 상상불가능한 시간의 바다를 거슬러 올라가는 수단을 제공해서 자신을 이해시켜주기를 기다리고 있었다고 할 수 있다.

비록 고대인의 **뼈**에서 DNA를 얻어내는 것이 과거보다는 쉬워졌지만 여전히 엄청나게 어려운 일임을 다시 강조할 만한 가치가 있다. 그 목적은 오염되지 않은 게놈의 광범위한 표본을 부스러기가 아닌 23개 염색체 전체에서 나온 큰 덩어리로 취득하는 것이다. 사실 DNA가 추출될 수 있는 대부분의 화석은 단 1퍼센트만이 순수한 유기체 자신의 것이고, 나머지 99퍼센트는 수천 년 혹은 수만 년 동안 유골을 먹이로 삼아 온 박테리아에 의해 오염된 것이다. 우리가 역사상 인류의 이동에 대해 정교한 비교와 주장을 할 수 있는 근거가 이런 커다란 DNA 조각에 들어 있다.

고대 유럽인의 DNA는 아주 풍부하지는 않지만, 지금은 비교적 쉽게 구할 수 있다. 반면에 고대 아프리카인의 DNA는 사실상 존재하지 않는다. 그 이유는 주로 기온과 관련되어 있다. 춥고 건조한 동굴 속에 들어있는 DNA는 고온다습한 동굴 속에 들어 있는 DNA보다 잘 보존된다.

인류의 산실이었던 아프리카에서 수많은 고대 인류의 **뼈**가 발견되었지만, 그 속에는 DNA가 거의 남아 있지 않다.[30] 그러나 유럽에서 발견된 뼈에는 신석기시대의 DNA가 풍부하게 남아 있기 때문에, 학자들은 이것을 현대 유럽인의 유전자와 비교하고 유럽의 동굴 및 우리 조상의 땅속에 산재하는 모든 유물을 분석하여 유럽의 역사를 점점 더 상세하게 재구성하고 있다.

이 모든 결과는 고고학, 언어학, 문화 연구 그리고 이제는 DNA 연구에 의해 제공되는 변화와 개선에 따라 전 세계에 걸친 인류 이동의 정교한 그림을 발전시키고 있다. 그리고 그 그림은 뒤엉킨 유럽 대륙의 국경선보다 훨씬 더 복잡해지고 있다. 이제 우리는 유전자가 어디서 왔는지, 그리고 문화(특히 농경문화)가 어떻게 우리의 DNA를 영원히 변화시켰는지 알 수 있다. 우리 게놈 속에 있는 이런 흔적은 발견되기를 기다리고 있었고, 그래서 고대인들은 우리에게 그들이 살았던 모습을 보

---

30 2015년 가을에 「사이언스」에 엄청난 논문이 게재되었다. 이 논문에 있는 최초의 고대 아프리카인 게놈은 에티오피아 고지대의 동굴에 매장된 한 남성으로부터 추출되었다. 현재의 모타 동굴은 넓고 나뭇잎이 무성하며, 일 년 중 일부 기간에는 입구 위로 아름다운 폭포가 흘러 동굴에서 내려다 보이는 강으로 이어진다. 매장지가 그 남성의 이름이 되었다. 모타는 검은 눈동자와 검은색 피부를 가졌고, 약 4,500년 전에 생존했으며, 평온한 상황에서 죽었고, 손을 턱 아래에 놓은 채 똑바로 누워서 묻혔다. 그의 게놈을 분석한 케임브리지대학교 안드레아 마니카(Andrea Manica) 교수의 연구팀의 논문은 해부학적 현생인류의 유전자가 유럽에서 역류하여 아프리카 전역의 사람들의 유전자에 퍼지고 침투했다는 사실을 보여주었다. 이것은 놀라운 뉴스였다. 하지만 2016년 1월 마니카의 연구팀은 그 논문에 오류가 있다고 발표했다. 우연히 컴퓨터 통계 분석의 한 단계를 생략했기 때문에 역류의 정도가 너무 과대평가된 것이었다. 실수는 동료 연구진에 의해 확인되었고 마니카 교수는 훌륭한 태도로 모든 책임을 인정했다. 분석된 게놈 데이터 자체는 유효하며 우리는 모타의 게놈에 대한 추가 분석을 기다리고 있다. 이것이 과학이 작동하는 방식이며, 오류를 스스로 수정하여 지식과 이해를 얻는 것은 충분히 인정받을 자격이 있다.

여줄 수 있었다.

시간의 흐름 속에서 우리가 진보함에 따라, 지난 천 년에 걸친 깊은 역사로부터 우리는 전례 없는 방식으로 삶과 혈통이 기록된 왕과 여왕의 시간 속으로 들어간다. 스웨덴 모탈라의 고대인 씨족, 룩셈부르크 로쉬보어인, 그리고 우리가 부활시킨 모든 이들은 그저 보통 사람들이었고, 단지 DNA가 궁극적으로 평등한 도구라는 이유 때문에 인류역사 속에서의 그들의 역할이 이제 언급되고 있다.

살았던 모든 이는 대부분 잊혀지게 된다. 그러나 유럽 및 이른바 나머지 세계가 진화하면서 씨족들은 부족으로, 국가로 그리고 마침내 제국으로 커졌다. 로마는 쇠퇴했고, 그 과정에서 기독교가 성장했다. 그리고 9세기 초, 당신 조상 중 한 명의 즉위식과 함께 유럽의 천 년 제국이 시작됐다.

제3장
우리가 왕이었을 때

i. 왕은 불멸한다

프랑크 왕국 카롤링거 왕조의 두 번째 왕 카롤루스 대제는 신성로마제국의 황제가 되었고, 위대한 중재자라고 불렸다. 그리고 당신의 조상이기도 하다. 나는 넓게 보면 당신이 유럽인의 후손일 거라고 추측하고 있다. 그건 통계학적으로 불합리하지 않지만 추정일 뿐 확정은 아니다. 그렇지 않더라도 조금만 참고 기다리자. 우리는 곧 당신 자신의 고귀한 왕의 혈통을 만나게 될 것이다.

알렉산드로스 대왕, 알프레드 대왕과 함께 카롤루스 대제는 'the Great(대왕 또는 대제)' 칭호를 부여받은 소수의 왕 중 한 명이다. 그의 초기 삶은 잘 알려지지 않았지만 여러 속설로 미루어볼 때 서기 742년 무렵 출생한 걸로 보인다. 그 당시 망해가던 로마 제국의 동쪽 끝에서 페스트가 수백만 명을 절멸시키고 있었다. 그의 출생지도 정확히 알려져 있지는 않지만 지금의 독일—벨기에 국경 지역인 아헨 근처인 듯하다. 그의 충복이자 전기문 작성자였던 아인하르트(Einhard) 조차 찬양의 정수인 『카롤루스 전기』에서 초기 삶을 제대로 묘사하지 않았다.

그러나 유럽 통치자의 최초의 위인전인 이런 책이 존재한다는 사실 자체가 그가 얼마나 중요한 인물이었는지(혹은 적어도 중요하게 여겨졌는지)를 보여준다. 유럽의 여러 나라에서 '카롤루스'는 고유명사가 아니라 '왕'을 뜻하는 일반명사가 되었다. 그는 단구왕 페팽(Pippin the Short : 키가 작아 붙은 페팽 3세의 별명)[31]의 아들이었다. 페팽 3세는 768년 아키텐 지방의 끈질긴 반란을 진압하고 돌아오던 중 사망할 때까지 프랑크 왕국의 영토를 확장시킨 공격적인 통치자였다. 왕위를 계승한 카롤루스는 차분하게 영토 확장을 계속했다. 북동쪽으로는 색슨족과 싸웠고, 이태리의 롬바르드족, 스페인의 회교도와도 싸웠다. 그는 교황과 선왕의 좋은 정치적 관계를 이어받았고, 서기 800년에 성 베드로 대성당에서 교황 레오 3세의 주관 하에 치러진 대관식을 통해 신성로마제국의 초대 황제로 공인받았다. 그 대관식은 너무나 중요한 행사여서 카롤루스 대제는 교황에게 감사의 선물로 귀중한 중세 유물이었던 '신성한 포

---

31 그는 특별히 키가 작은 건 아니었다. 이것은 아마 '젊은 왕'을 뜻하는 프랑스어 'Pepin le Bref'의 오역인 듯하다. 카롤루스 자신은 키가 컸다. 최근 측정된 바에 따르면 그의 정강이뼈의 길이는 18센티미터였는데, 이는 키가 적어도 178센티미터임을 의미하며, 193센티미터라는 설도 있다. 그의 동시대 남성의 평균 키는 168센티미터였다.

피'(아기 예수의 할례된 포피)³²를 바쳤을 정도였다.

정력적인 통치자였던 카롤루스는 여러 명의 황후와 후궁을 통해 적어도 18명의 자녀를 가졌는데, 두 번째 황후 힐데가르드가 낳은 아이는 9명이었다. 그 자녀들 중에는 젊은왕 루도비쿠스, 곱사등이 피피누스, 메스의 주교가 된 드로고, 루오드하이드, 아달하이드, 흘루도비치, 위그가 있었다. 그는 여러 아들을 팽창하는 제국의 권력 핵심에 앉혀 지배권을 강화했다. 왕실의 족보는 현대에 이르기까지 체계적으로 문서화된 역사책이라 할 수 있다. 풍요로운 카롤루스 대제의 족보는 그의 아들 경건왕 루이(Louis the Pious)에서 시작하여, 로타, 버타, 윌라, 로젤, 볼드윈 등 여러 후손의 시대를 거치고 21세기로 이어져 베이커-더크라는 네델란드 가문에 도달한다. 왕까지 거슬러 올라가는 이 가문의 족보는 온라인상에서 누구나 이용가능하다.

이 족보에 17세기 독일 개신교 목사인 요아킴 노이만도 포함되어 있는 건 멋진 우연이라 할 수 있다. 그는 훗날 뒤셀도르프의 정치적 책략과 종교 분쟁을 피해 독일식 이름 노이만을 같은 의미(새로운 사람)를 가진 그리스식 이름 네안더로 바꾸고, 뒤셀강 근처 작은 동굴에서 평화와 명상을 추구했다. 하지만 그는 그 동굴에서 거주했던 유일한 '새로운 사람'이 아니었다. 그 동굴은 100년 후 최초의 신인류인 네안데르탈인

---

32 이는 예수의 포피에 관한 최초의 기록이다. 수 년간 전 세계에 걸쳐 적어도 18번의 여러 종류의 의식이 있었다. 17세기 로마 교황청 도서관장이었던 레오 알라시우스는 한 논문에서 예수의 포피가 천국으로 승천하여 토성의 고리가 되었다고 주장했다. 이 주장을 뒷받침하는 근거는 희박하다.

이 발견될 장소(요아킴 네안더 계곡)였던 것이다.

얼마나 주목할 만한 족보인가! 아마추어 족보학의 세계에서 황실의 후손은 고상함의 상징으로 간주된다. 사실, 대부분의 사람은 밀물과 썰물 같은 존재로서 자신이 살아 숨쉬었다는 역사적 족적을 거의 남기지 못하기 때문에, 역사에 이름을 올린 누군가의 후손이라는 건 명성을 가져다준다. 왕의 혈통을 물려받았다는 것, 더구나 시시한 왕이 아닌 신성로마제국 최초의 황제의 혈통을 물려받았다는 것은 엄청난 일이 틀림없다.

〈드라큘라 백작〉〈반지의 제왕〉의 사루만, 〈007 황금총을 가진 사나이〉의 스카라만가, 〈스타워즈〉의 두크 백작, 〈위커맨〉의 서머아일 영주 등을 연기한 위대한 배우 크리스토퍼 리는 자신의 어머니가 이태리 사르자노 지방 명문가 카랑디니 가문 출신 에스텔 마리 백작부인 혈통을 물려받았기 때문에 카롤루스 대제의 직계 후손이라고 주장했다.

카랑디니 가문은 유럽에서 가장 유서 깊은 가문 중 하나이고 서기 1세기까지 거슬러 올라간다. 카롤루스 대제와 연결된다고 알려져 있으며, 신성로마제국 독수리 문장을 사용할 권리를 가진다고 프레드릭 바바로사(Frederick Barbarossa) 황제로부터 공인받았다.[33]

아마도 그의 주장은 영화 역사상 가장 사악한 몇몇 배역을 연기하면

---

[33] 2011년 크리스토퍼 리에 대한 더블린대학교 법학학회 명예 종신회원 수여식 보도 자료에서 발췌

서 생긴 자신의 나쁜 이미지를 개선하려는 의도였을 것이다. 대부분의 사람들은 독수리 문장을 갖지 않지만, 만약 당신이 영화 속 가장 위대한 어둠의 왕자인 크리스토퍼 리처럼 희미하게나마 유럽인 혈통이라면, 당신 또한 카롤루스의 후손이라고 나는 자신 있게 말할 수 있다. 국왕 폐하 만세!

우리는 모두 특별하며, 그건 바꿔 말하면 누구도 특별하지 않다는 뜻이다. 이것은 단순한 숫자놀음일 뿐이다. 당신에게는 두 명의 부모님과 네 명의 조부모님이 있다. 그리고 한 세대 씩 거슬러 올라갈 때마다 숫자는 두 배가 되어 8명, 16명, 32명…으로 늘어난다. 그러나 조상의 확장은 과거로 끊임없이 이어지지는 않는다. 만약 그렇게 되면, 카롤루스 대제까지 이어지는 당신의 족보는 2의 28제곱인 1,374억 3,895만 3,472명의 조상으로 북적거릴 것이다. 이 숫자의 의미는 여러 세대를 거슬러 올라가다 보면 가계도가 서로 겹쳐지게 되어 깔끔한 나무 모양이 아니라 거미줄처럼 뒤얽힌 그물망이 된다는 것이다.

실제로 당신은 동일한 조상으로부터 여러 번 되풀이해서 이어져 내려왔을 수도 있다. 당신이 과거로 수없이 거슬러 올라가서 만나게 될 최초의 할머니는 후손 계보가 그녀로부터 펼쳐지면서 가계 내에서 그 위치를 두 번 또는 여러 번 차지할지도 모른다. 우리가 과거로 더 멀리 거슬러 올라갈수록 이 계보는 소수의 개인으로 점점 합쳐질 것이다. 족보(Pedigree)는 정강이뼈 아래에 있는 하나의 관절에서 엄지발가락과 나머지 발가락이 뻗어 나오는 'pied de grue(두루미의 발)'라는 중세 프랑스어에서 유래한 단어다. 이런 가지 뻗기는 가계도 상에서 한 세대 또는 여러 세대를 나타내지만, 과거로 거슬러 올라감에 따라 점점 부정확해진다. 따라서 자신의 후손을 남긴 각 개인은 유전적 과거가 흘러들어가고 미래가 흘러나오는 마디 역할을 한다고 보는 게 맞을 것이다.

나는 이런 방식이 이해하기 쉽다는 걸 발견했다. 그 단순한 논리는 과거의 어느 시점보다 현재 지구상에 살아가는 사람이 더 많다는 것이며, 소수의 몇 사람이 오늘을 살아가는 사람들의 다중적 조상으로서 역할을 한다는 의미다. 그러나 모든 유럽인이 크리스토퍼 리와 마찬가지로 위대한 유럽 중재자의 직계 후손이라고 어떻게 자신 있게 말할 수 있을까?

그 대답은 강력한 DNA 염기서열 분석이나 고대 유전자 분석이 아니라 수학에서 나왔다. 예일대 통계학자인 조지프 챙은 유전학 또는 가계도가 아니라 오직 숫자를 가지고 우리의 계보를 분석하기를 원했다. 그는 모든 유럽인들의 공통 조상이 나타난 시점을 찾기 위해 한 개인이 가졌을 것으로 추정되는 조상의 숫자(각 개인은 두 명의 부모를 갖는다)를 통합하는 수학적 모델을 세웠다. 그리고 현재 인구 규모를 고려하여, 가계도를 거슬러 올라가면서 모든 가능한 조상의 선이 교차하는 지점을 표시했다.

그 결과, 모든 유럽인들의 공통 조상이 나타난 시점은 겨우 600년 전이었다. 13세기 말 어떤 시점에 모든 유럽인의 조상이 될 한 개인이 존재했다는 계산 결과가 나온 것이다. 이것이 비현실적이고 이상한 말처럼 들리겠지만, 이 개인이 이 시점에 당신과 다른 모든 사람들이 가진 수천 명의 조상 중 한 명임을 기억하라. 알려지지 않은 이 사람이 누구였든, 그는 당신의 전체 족보의 극히 작은 부분을 대표한다. 그러나 우리가 관통 불가능한 뒤엉킴 속에서 600년을 거슬러 올라가 살아 있는 모든 사람의 전체 가계도를 문서화할 수 있다면, 살아 있는 모든 유럽인은 리처드 2세 통치기 무렵의 다른 모든 사람의 조상과 연결되는 조상을 갖게 될 것이다.

몇 세기를 더 거슬러 올라가면 조지프 챙의 계산은 더욱 이상한 결과를 보여준다. 과거에서 천 년이란 매우 분명히 그리고 약간 왜곡된 형태로 뭔가를 말해주는 숫자다. 천 년 전 유럽에서 살았던 사람의 20퍼센트는 현재 살아 있지 않은 사람들의 조상이다. 그들의 후손 계보는 점점 줄어들었고 어느 시점에 그들은 더 이상 후손을 남기지 않았다. 이와 반대로, 나머지 80퍼센트는 현재 살아 있는 모든 사람들의 조상이다. 모든 조상 계보는 10세기의 모든 개인에게 합쳐진다.

이를 이해하는 한 가지 방법은 당신이 10세기의 한 시점에 수십 억 명의 조상을 가졌다고 가정하는 것이지만, 당시 인구는 수십억 명이 될 수 없으므로, 실제로 살았던 사람의 숫자에 그들을 채워 넣어야 한다. 이렇게 명백하게 제한된 숫자는 수십억 명의 조상 계보 전부가 소수의 사람뿐만 아니라 사실상 그 시기에 살았던 모든 사람으로 합쳐졌다는 것을 의미한다. 따라서 우리가 알고 있듯이 카롤루스 대제는 9세기의 인물이고 현재 살아 있는 후손을 남겼으므로, 그가 현재 유럽에 살고 있는 모든 이의 조상이라는 결론을 내릴 수 있다.

이런 결론은 카롤루스 대제가 (당시의 왕으로서는 적절한 숫자인) 18명의 자녀를 가졌다는 것과 아무런 상관이 없다. 그가 단 한 명의 자녀를 가졌고 그 자녀의 후손이 몇 세대에 걸쳐 널리 퍼져 지금까지 살고 있다고 해도 결론은 동일하다. 그가 18명의 자녀를 가졌다는 사실은 21세기의 후손을 남기지 않은 20퍼센트보다 후손을 남긴 나머지 80퍼센트에 속할 가능성을 증가시킬 뿐이다. 당신과 직접 관련된 그 시대 사람의 대부분은 18명보다 적은 수의 자녀를 가졌지만, 그들 역시 분명히 당신의 가계도에 들어 있다.

이것이 조지프 챙의 수학적 이론이었다. 간편하고 저렴한 DNA 처리기술이 개발되면서 이 이론을 검증할 가능성이 나타났다. DNA는 생물학적 계보의 운반체이며, 우리의 모든 DNA는 아버지와 어머니로부터 절반씩 물려받은 것이다. 그분들도 동일한 방식으로 자신의 부모님으로부터 DNA를 물려받았으므로 우리 DNA의 4분의 1은 조부모님 한 분의 DNA의 4분의 1과 똑같다. 당신에게 사촌이 있다면 공통의 조부모님을 가졌으므로 DNA의 8분의 1을 그와 공유한다. 하지만 이런 공유 DNA는 동일한 영역은 아니며, 가계도를 더욱 거슬러 올라가다 보면 공유가 불완전해진다.

정자와 난자가 만들어질 때 DNA가 재조합된다는 점과 각각의 재조합은 매번 다르다는 점을 기억하라. 새롭게 조합된 결과물이 바로 당신의 게놈이며, 그것은 대부분 당신의 아버지 또는 어머니의 것과 똑같다. 두 사람이 더욱 밀접하게 관련될수록 더 많은 DNA를 공유하게 된다. 일란성 쌍둥이가 똑같이 닮은 것도 이 때문(모든 DNA가 동일함)이며, 부모와 자식이 비슷하게 닮은 것도 이 때문(DNA의 절반이 동일함)이다. 유전학에서 우리는 이런 DNA 영역을 계승 동일(identical by descent : IBD)이라고 부르며, 이는 두 개인의 연관성을 측정하는 데 매우 유용한 도구가 된다.

2013년 유전학자 피터 랠프(Peter Ralph)와 그레이엄 쿱(Graham Coop)은 우리의 가계도가 나무 모양이 아니라 뒤엉킨 그물망 구조라는 조지프 챙의 수학적 이론을 DNA를 통해 확인시켜주었다. 그들은 유럽 전역에서 선정된 피실험자 2,257명의 계승 동일 DNA의 길이를 조사했다(최근 이민의 영향을 배제하기 위해 모든 피실험자들은 동일 지역 또는 동일 국가 내에 4명의 조부모를 가진 사람으로 선정되었다). 공유된 DNA 길이를 측정함으로써 연구진은 피실험자들의 유전자가 얼마나 오래 전에 재조합되었는지 그리고 서로 얼마나 관련되어 있는지 평가할 수 있었다. 컴퓨터와 DNA가 이 분야를 강화시켰고, 이것은 그들의 데이터 세트와 이어지는 대량수치처리에 나타난 것이다.

챙의 수학적 계산은 우리가 무작위로 배우자를 선택하지 않는다는 매우 분명한 사실을 고려하지 않았다. 우리는 전형적으로 사회경제적 집단 내에서, 작은 지리적 지역 내에서, 공유된 언어 내에서 결혼한다. 그러나 피터 랠프와 그레이엄 쿱의 유전자 분석에서 그것은 그리 중요하지 않아 보였다. 계보는 세대에 걸쳐 유전자가 매우 빠르게 퍼질 수 있는 방식이다. 아마존처럼 멀리 떨어진 지역이 사는 부족은 수 세기 동안 다른 부족으로부터 고립된 것처럼 보인다. 그러나 아무도 무한정 고립되지는 않으며, DNA는 세대를 거쳐 빠르게 계승되기 때문에 그들의 직접적 유전자 풀을 넘어서는 후손을 낳기 위해서는 소수의 외부인만 있으면 된다.

2003년 챙은 그것을 유럽을 넘어서는 공통 계보에 대한 심화된 연구에 요소화 했으며, 오늘날 지구에 살고 있는 모든 사람의 가장 최근 공통 조상이 약 3,400년 전에 생존했다고 결론 내렸다.

그는 두 가지 계산을 사용했다. 하나는 계보의 수학을 단순히 처리하는 것이었고, 다른 하나는 단순화된 마을, 이주, 항구, 민족 모델을 통합하는 것이었다. 컴퓨터 모델에서 한 항구의 이주 비율과 성장률이 높았다. 언제 조상의 선이 교차했는지를 계산하기 위해 이 요소와 기타 몇 가지 요소를 컴퓨터에 입력하자 기원전 1400년경이라는 숫자가 나왔다. 그 숫자 역시 그 사람을 아시아의 어딘가에 위치시키지만, 그 위치는 이주가 계산되는 지리적 중심점과 더 관련이 있는 듯하다. 이것이 너무 가까운 과거처럼 느껴지거나 혹은 남미 혹은 남태평양 제도의 먼 개체군 때문에 혼란스럽다면, 어떤 개체군도 지속된 시기에 걸쳐 고립되어 왔다고 알려진 사실이 없음을 기억하라.

남미에 스페인 사람들이 발을 디딘 것은 그들의 유전자가 살육당한 원주민 부족, 즉 가장 먼 사람들 속으로 빠르게 퍼졌음을 의미했다. 태평양의 작은 섬 핀지랩(Pingelap)과 모킬(Mokil)의 원주민들은 19세기에 발견된 후 그들의 유전자 풀에 유럽인들을 통합했다. 인구가 800명 이하이고 이스라엘 내에 격리된 사마리아인처럼 종교적으로 고립된 집단조차 제한된 그들의 유전자 풀을 확장시키기 위해 이종교배를 한다.

챙이 베링 해협을 건너는 이주민 숫자를 10세대당 한 명으로 감소시키는 방식으로 새롭고 매우 보존적인 변수를 요소화했을 때, 살아 있는 사람의 가장 최근 공통 조상의 존재 시점은 3,600년 전까지 거슬러 올라갔다.

이런 숫자가 옳다고 느껴지지 않을 수도 있다. 내가 강의에서 그것에 대해 말하면 믿지 못하겠다는 찌푸린 표정들을 짓는다. 우리는 세대적 시간을 상상하는 것에 별로 익숙하지 않다. 우리는 우리 생애에서 가족을 별개의 단위로 보며, 그것이 틀린 관점은 아니다. 그러나 그들은 우리의 시야를 넘어 더 오랜 기간에 걸쳐 유동적이고 연속적이며, 우리의 가계도의 모든 방향으로 퍼져 나간다. 이것이 한편으로는 복잡하고 수학적이고 고도로 기교적인 조지프 챙의 연구의 결론적 문단은 아니다. 그것은 다음과 같은 아름다운 문장이며, 너무나 비범한 작문이며, 전적으로 공유될 가치가 있는 학술 논문이다.

우리의 발견은 주목할 만한 명제를 제안한다. 사용하는 언어 또는 피부색에 상관없이, 우리는 양쯔강 유역에서 논농사를 짓던 조상을 공유하고, 우크라이나 초원에서 최초로 말을 가축화했던 조상을 공유하고, 아프리카의 정글에서 나무늘보를 사냥했던 조상을 공유하고, 파라오 쿠푸의 거대한 피라미드를 건설했던 조상을 공유한다.

당신은 왕의 후손이다. 왜냐하면 모든 사람이 그렇기 때문이다. 당신은 바이킹의 후손이다. 왜냐하면 모든 사람이 그렇기 때문이다. 당신은 아라비아 유목민, 로마인, 고트족, 훈족, 유대인의 후손이다. 왜냐하면 이제 그 사실을 알기 때문이다. 모든 유럽인은 그리 멀지 않은 과거에 살았던 분명히 동일한 사람들의 후손이다. 카롤루스와 그의 자녀 드로고, 페팽, 위그를 포함하여, 10세기에 살았던 자손을 남긴 모든 사람이 현재의 모든 유럽인의 조상이다. 당신이 넓게 동아시아인이라면 당신 가계도의 꼭대기에 칭기즈칸이 당당하게 앉아 있을 것이다. 당신이 지구에서 살아가는 인류라면 네페르티티, 공자, 혹은 우리가 고대 역사에서 거명할 수 있는 자손을 남긴 누구라도 당신의 가계도에 들어 있을 것이다. 우리가 과거로 더 멀리 거슬러 올라갈수록, 조상에 대한 지식은 감소하지만 족보의 명확성은 증가한다. 이는 놀랍고 사소하고 무의미하고 흥미로운 현상이다.

여기에 유전적 족보학과 계보를 폄하하려는 의도는 없다. DNA는 올바르게 활용되면 역사에 걸친 가계도와 인류 이동의 수수께끼를 연구하는데 엄청나게 강력한 도구가 된다. DNA는 알려지지 않은 사촌이나 부모를 밝혀낼 수 있으며, 입양된 아이의 기록이 분실되거나 소멸되었을 때 아버지와 어머니를 식별해낼 수 있다. 유전학과 전통적 형태의 가계 탐지 작업(예를 들면 성씨를 활용하거나 출생, 사망, 결혼 서류나 누군가의 삶의 세부사항과 특이사항을 기록한 문서의 자취를 추적하는 작업)이 결합되면서, 족보학은 상상하기 힘들 만큼 풍요로워졌다. 하지만 우리가 거슬러 올라갈수록 과거가 점점 희미해진다는 문제점은 오래된 기술에서나 새로운 기술에서 동일하다.

조상에서 명성을 찾으려는 유혹은 강렬하다. 카롤루스의 후손이라는 크리스토퍼 리의 주장은 그의 카리스마에 도움을 준다. 하지만 그건 공허한 주장이기도 하다. 위대한 황제에 대해 똑같은 연결고리를 갖고 있음에도, 당신처럼 그도 카롤루스의 DNA를 전혀 물려받지 않았을지도 모른다. 이런 가계 역사의 뒤엉킨 포도덩굴에는 모든 불가피한 결론을 강조하는 가시 돋친 수학이 있으며, 그것은 전 세계에 흩어져 있는 소수의 컴퓨터를 활용하는 유전학자를 제외하면 누구도 이해할 수 없다. 이런 복잡한 이야기는 해당 분야의 전문가만이 읽을 수 있는 과학적 언어로 서술된 학술지에 독점적으로 발표되기 때문에, 우리로서는 보도하고 해석해주는 언론과 미디어에 의존할 수밖에 없다. 그것이 과학 연구가 보도되는 방식이다.

종종 기자들은 그 일을 잘 해낸다. 그들은 실제 데이터가 의미하는 본질에서 이탈하지 않은 채 대중이 즐길 수 있는 기삿거리를 만들어낸다. 하지만 가계도와 역사는 우리에게 많은 걸 의미하고 역사적 명성이라는 약속으로 자주 우리를 사로잡는다. 묘사가 짜릿하게 들린다는 단순한 이유 때문에 기자들도 증거가 빈약한 장광설에 똑같이 유혹될 수 있다. 우리가 현재의 자신의 행동을 이해하고 설명하기 위해 유전적으로 추정되는 조상과 과거에 기대는 건 점성술과 다를 바 없다. 조상의 유전자는 당신에게 거의 영향을 끼치지 않는다. 당신의 가계로만 특별히 유전되는 질병이 없다면, 유전자가 끝없이 재조합되고 세대를 통해 희석되면서 유전자가 당신의 실제 행동에 미치는 영향은 고도로 변형되고 엄청나게 복잡해지기 때문에, 당신의 조상은 당신을 거의 지배할 수 없다.

그렇다 해도, 저렴한 유전자 염기서열 분석기술의 등장으로 모든 사람이 자신의 깊은 내부 역사를 알 수 있게 되었다. 버크 족보명감(Burke's Peerage) 중고책 가격 정도만 지불하면, 우리 세포 속에 새겨져 있는 조상의 자취와 과거의 암호를 해독할 수 있게 된 것이다. 이런 서비스를 제공하는 사설 유전자 분석 회사가 많이 생기고 있으며, 나는 그중 두 곳, '브리튼스DNA(BritainsDNA)'와 '23앤미(23andMe)'에 내 게놈 분석을 의뢰했다. 두 회사의 검사 키트는 꽤 비슷했다. 페이퍼백 소설책 크기의 질 좋은 박스를 열면 밀봉 액체가 담긴 플라스틱 테스트 관과 뚜껑이 들어 있는 형태였다. 키트 설명서에는 입 안에 남아 있는 음식물 DNA를 없애기 위해 한 시간 전에 금식을 한 후, 상당량의 타액을 테스트 관에 투입하라고 적혀 있었다.

거품 낀 타액에는 뺨과 잇몸에서 떨어져 나온 세포가 있고 그 안에 게놈이 들어 있다. 나는 타액을 테스트 관 속에 흘려 넣고, 날카로운 바늘이 달려 있는 뚜껑을 닫아서 타액과 액상 시료를 섞었다. 이 혼합은 유전자 분석 회사로 반송될 시간 동안 DNA를 보존하기 위한 것이다. 회사에 도착한 DNA는 추출되고, 세척되고, 정제되어 정밀한 수천 가지 성분으로 분석된다. 사설 회사들은 2001년 시작된 '휴먼게놈프로젝트'처럼 전체 게놈을 분석하는 게 아니라 과학계와 유료 고객의 흥미를 끌 수 있도록 미리 선정된 몇몇 DNA의 염기서열만을 분석하는 일을 위주로 한다.

샘플링이 완료되고, 여러 가지 흥미로운 SNP 영역에서 당신의 유전자를 정밀하게 판독한 디지털 파일이 만들어지면, 회사는 그 파일을 다른 모든 유료 고객의 SNP 영역이 저장되어 있는 데이터베이스에 입력하고 비교한다. 유전학은 확률의 과학이며, 그래서 특정 위치에서 DNA 문자가 G가 아니라 T로 나타나면 당신이 남들보다 어떤 조건을 더 많이 가진다는 신호일 수 있다. 이런 SNP 중 일부는 조상의 정보를 확인하는데 유용하며, 일부는 머리색, 눈동자 색, 알코올 또는 카페인에 대한 예측반응, 고수에 대한 거부반응, 오줌에서 아스파라거스 냄새를 맡는 능력, 대머리 가능성, 유지방 흡수 능력, 그리고 매우 중요한 습성 귀지 등과 같은 신체적 특성을 확인하는데 유용하다. 몇몇 SNP는 알츠하이머병, 유방암, 특정 유형의 폐기종 등 질병 발생 위험과 관련되어 있다.

하지만 이것은 가능성의 계산일 뿐이며 운명은 아니다. 2014년 아르헨티나가 증명했듯이 리오넬 메시가 당신 축구팀에 있다고 해서 월드컵 우승이 보장되는 건 아니다. 물론 그가 2014년 올해의 선수상을 수상했지만 말이다. 유전적 예측은 전체 인구 내에서 이런 질병의 발생 빈도 및 그 질병을 가진 환자들에게 발생하는 매우 특정한 유전자 염기 서열에 근거한다.

예를 들면, 나의 유전자 테스트 결과가 파킨슨병과 관련된 SNP가 없는 것으로 나왔다고 해도 내가 파킨슨병에 걸리지 않을 거라고 보장하는 건 아니다. 그것은 내가 이런 특정 유전자 돌연변이를 가진 파킨슨병에 걸릴 가능성이 평균임을 의미할 뿐이다. 반대로 '23앤미'의 테스트 결과에 의하면 나는 알츠하이머병에 대해 일반인보다 고위험군 유전자형을 가지고 있다. 그건 내가 알츠하이머병에 걸린다는 뜻이 아니라 그럴 가능성이 보통 사람들보다 약간 더 높다는 뜻이다. 따라서 당신에게 그 유전자형이 없다 해도 당신이 알츠하이머병에 대해 면역된 것은 아니다. 내 자신의 개인적 위험을 아는 것은 나를 괴롭히지도, 내 행동의 변화를 재촉하지도 않는다.

유전자에 따른 신체적 특성은 즉시 잊어버릴 정도의 일종의 흥밋거리에 불과하다. '23앤미'의 내 유전자 테스트 결과 보고서는 $HERC_2$라는 유전자에 있는 A염기와 다른 유전자의 G염기 때문에 내 눈동자가 '갈색일 가능성이 높다'고 분명히 말하고 있다. 어떤 A염기와 어떤 A염기는 내가 갈색 눈동자를 가질 가능성이 높도록 만들고, 두 개의 G염기는 내가 파란색 또는 녹색 눈동자를 갖도록 만든다. 실제로 내 눈동자는 갈색이다. 그럼에도 불구하고 분자생물학적 수준에서 그것을 확인하는 것은 마음에 든다. 신체적 특징이 이런 가능성의 수치로 표현된다는 사실은 유전학의 비결정적 성질의 긍정적인 측면을 나타내며, 비꼬는 것이 아니라 이것은 유익한 과학이다.

이런 판독은 반드시 예측적일 필요는 없다. 그 보고서는 이런 특정 DNA 염기서열을 가진 대부분의 사람들이 갈색 눈을 가진다는 걸 효과적으로 말하고 있는 것이다. 내가 빨간 머리와 관련된 MC_1R 유전자형을 갖고 있지 않다는 '23앤미'의 보고서와 갖고 있다는 '브리튼스 DNA'의 보고서를 비교하는 건 흥미로웠다. 이것은 (나는 그렇지 않지만 당신이 두 가지 유전자 복사본을 갖고 있다면) 빨간 머리를 만드는 유전자가 복대립유전자(서로 대체할 수 있는 DNA 문자)로 존재한다는 걸 의미할 뿐이며, 두 회사는 다른 영역을 검사한 것이다.

가계도에 관한 '23앤미'의 결과 보고서는 좀 더 상세한 조사를 요구한다. 나는 일반적으로 사용되는 '족보'라는 개념을 완전히 확신하지 않는다. 그건 부정확한 단어다. 분명하고 합리적인 정의는 '혈연으로 이어지는 사람들의 모임'이지만, 우리는 이미 족보가 가계도를 거슬러 올라가는 데 별로 유용하지 않다는 걸 확인했다. 그건 전적으로 당신이 표본화하는 시간 간격에 달려 있다. 많은 사람들이 족보를 민족적 지리적 관점에서 생각한다.

내 아버지는 영국 스카버러에서 태어났고 어머니와 외조부모님은 가이아나의 수도인 조지타운 출신이다. 따라서 한 세대 전 나의 족보는 영국 북동부와 가이아나다. 하지만 외증조부모님은 인도에서 태어났다. 세대를 거슬러 올라갈수록, 조상의 숫자는 증가하며, 그분들의 출생지도 더욱 늘어난다. 나의 족보가 내부적으로 겹쳐지고 충돌하는 시점인 약 500년 전에 나의 조상은 유럽 전역에 산재했으며, 아마도 인도 대륙과 그 너머에도 있었을 것이다. 2000년 전으로 거슬러 올라가면 나의 조상은 전 세계에 존재했다.

우리가 먼 과거의 당신의 기원에 관해 말할 수 있는 결정적이고 분명한 진술은 사실상 다음 두 가지뿐이다.

첫째는, 10만 년 전 우리는 모두 아프리카인이었다는 것이다. 그 시기에는 우리가 아는 한, 아프리카를 제외한 지구 어느 곳에도 호모 사피엔스는 한 명도 없었다. 하지만 고향인 아프리카를 떠난 후에는 자신 있게 그런 방식으로 사람들을 호칭하는 것이 더 어려워진다. 둘째는, 네안데르탈인에 관한 것이다. '23앤미'는 내 게놈의 2.7퍼센트가 네안데르탈인에서 유래한 것으로 분석했으며, 그것은 대부분 유럽인의 평균과 딱 맞는다(하지만 출판된 과학 학술지의 평가보다는 높다). 나는 최근 3만 년 이내에는 그 DNA가 내 게놈에 들어오지 않았다고 자신 있게 말할 수 있다. 네안데르탈인은 그 무렵 멸종했고 따라서 우리 게놈 속으로 그들의 DNA가 유입되는 것도 끝났기 때문이다. 우리가 아는 한 네안데르탈인은 아프리카로 돌아온 적이 없다(하지만 그들의 유전자는 귀향길에 오른 유라시아인들을 히치하이킹하여 돌아왔다). 우리는 언제 특정 SNP 혹은 전체 SNP가 기원했는지 어느 정도 정확하게 예측할 수 있지만 이것은 수백만 가지가 존재하며, 역사상 여러 시점에 우리 게놈 속에 나타난다. 전 세계에 걸친 사람들의 끊임없는 유입과 이동 때문에 지리적으로 그 SNP가 나타난 곳을 찾기란 사실상 불가능하다. '족보'라는 단어는 오래전부터 일상적으로 사용되었지만 그것은 과학이 요구하는 엄밀성에 그리 부합하지 않는다.

사설 유전자 분석 회사의 DNA 검사가 당신 혈통의 지리적 기원을 반드시 보여주는 건 아니라는 것을 기억하는 게 중요하다. 그것은 당신이 현 시점에 누구와 공통조상을 갖는지를 알려줄 뿐이다. '23앤미'의 보고서에 따르면 나는 현재 스칸디나비아에서 가장 공통적인 DNA 유형을 꽤 많이 갖고 있다. 바이킹은 천 년 전 스칸디나비아에서 영국으로 건너왔다. 내가 바이킹의 후손인가? 그렇다! 하지만 이런 분석 때문이 아니다. 그건 유럽의 모든 사람이 바이킹의 후손이기 때문이다. 분명히 그 DNA의 비율은 사람마다 다르며, 이런 차이는 지리와 관련되어 있다. 이런 미묘함 속에서 유전학적 계보는 강력하고 유용한 과학적 도구가 된다. '브리튼제도의 사람들' 프로젝트(137쪽 참조)에서 나타난 것처럼, 우리는 사람들이 느리게 이주하는 것을 확인할 수 있으며, 침입의 흔적 및 그들의 존재도 확인할 수 있다. 하지만 일반적으로 천 년 혹은 1만 년에 걸친 유전자 혼합은 당신에 관해 거의 아무것도 드러내지 않을 것이다.

'브리튼스DNA'는 유전자 검사 키트의 판매량을 증가시키려는 여러 가지 주장으로 많은 기삿거리를 만들어내는 회사다. 지난 몇 년간, 영국 언론에는 DNA 분석에 의해 놀라운 사실이 드러났다고 주장하여 세간의 이목을 끈 여러 가지 기사가 등장했다. 기후 변화의 영향 때문에 빨간 머리를 가진 사람이 멸종위기에 처했다는 2014년의 허무맹랑한 주장도 그 회사에서 나온 것이었다(126~128쪽에서 그 오류를 밝혔다). 또한 '브리튼스DNA'는 '왕위 승계 일순위자인 윌리엄 왕자가 인도에서 유래된 DNA를 가졌으며, 이것은 영국 군주제의 최고 위치에서 발견된 인도계 DNA의 첫 번째 사례다'라는 자료를 제공하여 「타임스」 지의 일면을 장식하기도 했다.[34]

2012년 BBC 라디오4의 아침 뉴스 프로그램 〈투데이〉는 '브리튼스

---

34 이 주장은 그 자체가 불안정한 근거에서 세워진다. 최고의 유전 계보학자 데비 케네트는 이런 주장을 철저히 허물어뜨렸다. 그 주장은 윌리엄 왕자의 모계 혈통이 외사촌 중 한 명에게서 채취된 미토콘드리아 DNA의 형태에 근거한다. 이 DNA는 상당히 희귀한 형태이며, 인도와의 관련성이 있을 수도 있고 없을 수도 있다. 그러나 그 데이터는 과학 학술지에 공개되지 않은 채, 상세한 검증도 없이 쉽게 신문에 제공되었기 때문에, 우리가 그 관련 여부를 알기란 불가능하다. 엄격하고 지적인 학자이며 계보학 분야에서 매우 존경받는 인물인 데비 케네트는 「타임스」지가 '광고를 기사화함으로써 언론의 가치를 저버렸다'고 결론 내렸다.

DNA' 최고경영자 앨리스테어 모펏과의 인터뷰를 방송했는데, 거기서 그는 자기 회사의 테스트가 시바 여왕(Queen of Sheba)의 후손을 밝혀 냈다고 주장했다. 그러나 시바의 여왕은 『성경』 속 이야기에 나오는 사람일 뿐이며, 그녀가 실존 인물이라는 어떤 실체적 증거도 없다. 그녀는 수 세기 동안 중세의 다양한 전설에 등장한다. 구약성서 열왕기상 10장에는 그녀가 금, 향료, 보석을 가득 실은 낙타 떼와 함께 솔로몬 왕의 궁전에 도착했다는 이야기가 나오지만 우리는 그녀가 어디서 왔는지 분명히 알지 못한다. 시바는 지금의 예멘 땅에 존재했다고 추정되는 지역인 사바(Saba)인 듯하다. 그녀가 정말로 존재했었다고 우리는 말할 수 있을까? 그렇지 않다. 만약 그녀가 실존했다면, 누군가가 그녀의 후손이라고 우리는 말할 수 있을까? 내가 좀 더 학문적인 대답을 해줄 수 있으면 좋겠지만, 머리를 긁적이며 어깨를 으쓱하는 것이 내가 할 수 있는 최선이다.

유명인사들 역시 이런 족보의 거미줄에 자주 등장한다. 2013년 영국 코미디언 에디 이자드(Eddie Izzard)는 자기의 DNA 한 조각을 들고 조상의 자취를 추적하기 위해 전 세계를 돌아다니는 BBC의 다큐멘터리 시리즈에 출연했다. 몇 가지 그럴듯한 유전적 가설을 지도 삼아 인류의 모든 탈아프리카 여정을 탐색하는 이 프로그램을 통해 우리는 많은 흥미로운 사람들을 만날 수 있었다. 덴마크에서 촬영된 최종편의 결론은 모계에서 물려받는 미토콘드리아 게놈에 있는 특정 DNA 염기서열의 존재에 근거하여 그가 바이킹 조상을 가졌다는 것이었다. 나는 그 프로그램에서 유전학자이자 '브리튼스DNA'의 공동창업자인 짐 윌슨이 출연하여 이런 특정 형태의 DNA는 2,000년 전의 것이라고 말하는 걸 들었는데, 바이킹은 2,000년 전에 존재하지 않았으므로 그건 좀 이상한 말이었다. 그들이 바이킹 DNA에 대한 테스트를 했는지 여부는 알 수 없지만, 백인이라면 누구나 바이킹 조상을 가졌다고 나는 분명히 말할 수 있다.

2012년 4월, 배우 톰 콘티(Tom Conti)는 저명한 유전적 족보를 가진 인물로 뉴스에 등장했다. 「데일리 텔레그래프」는 이렇게 보도했다.

> 콘티의 조상은 10세기 무렵 이태리에 정착했다. 그들 중 한 명인 지오반니 보나파르트는 코르시카 섬에 정착했고 나폴레옹을 낳게 될 가문을 창설했다… 그(콘티)는 분명히 나폴레옹의 가까운 친척이다. 오직 DNA만이 그 이야기를 해줄 수 있었다.

문제의 DNA는 Y염색체에 있는 E-M$_{34}$라는 유형이므로, 부계로만 계승된다. 또한 그것은 에티오피아, 근동(the Near East : 아라비아, 북동아프리카, 발칸 등을 포함하는 지역), 유럽에서 일반적으로 발견되는 유전자다. 2011년 프랑스 연구진은 나폴레옹의 것으로 확인된 유품에서 세 가닥의 턱수염을 찾아냈고, 거기에 남겨진 세포에서 DNA를 추출했다. 정말로, Y염색체 유형은 E-M$_{34}$였다. 이런 Y염색체를 가진 다른 수백만 명의 사람들이 서로 관련되는 것과 같은 의미에서 톰 콘티와 나폴레옹은 서로 관련되어 있으며, 이 유전자는 수천 년에 기원한 것이다.

카롤루스 후손의 경우처럼, 이런 기사는 중세까지 거슬러 올라가는 문서화된 가계도 상에서 유명한 조상 찾기를 부추길 뿐이다. 그러나 당신이 톰 콘티든 에디 이자드든 상관없이, 오바마 대통령, 리처드 도킨스, 테일러 스위프트, 아돌프 히틀러, 프랜시스 교황, 엘리자베스 여왕, 마돈나, 마라도나, 랍비 조나단 삭스, 아바의 멤버, 우리 동네 정육점 주인, 찰스 다윈 혹은 다른 누구든 상관없이 당신의 조상 역시 10세기 무렵 이태리에 정착했다는 것을 우리는 수학과 유전학을 통해 알고 있다.

'브리튼스DNA(이 회사는 스코틀랜드스DNA와 웨일스DNA라는 자회사도 소유하고 있다)'는 역사적으로 그럴듯한 주장으로 순진한 미디어를 유혹한 오랜 기록을 갖고 있으며, 그중 많은 것은 허황된 추측이거나 지지받을 수 없는 가설이었다. 수천 년 전 당신의 유전적 기원이 어디인지 분명히 말할 수 있는 유일한 방법은 수천 년 전에 살았던 모든 이의 시신을 발굴하여 그들을 비교하는 것이다. 그리고 그 답은 '모든 이가 당신의 조상이다'일 것이다.

'브리튼스DNA'에서 보내준 내 유전자 테스트 결과 보고서에는 특정 Y염색체 염기서열에 의해 정의된 내 조상의 '계열'을 그려준 멋진 도표가 있었다. 나는 '독일계'였다! 턱수염과 치렁치렁한 포니테일과 멜빵바지를 좋아하고 과격하게 상의를 벗어던지며, 방패와 단검을 들고 앞으로 돌진하는 정말로 매우 진지한 계열이었다.

귀하의 S_{21} YDNA 유전자형은 '독일계'이며, 귀하는 라인란트와 저지대 사람들의 후손입니다. 그들은 고대인들만 이용할 수 있었던 거의 알려지지 않은 경로를 통해 최초로 영국에 도달했습니다. 그리고 더욱 가까운 과거에 귀하와 같은 유전자형을 가진 많은 사람들이 역사적 순간을 맞이했습니다.

5세기 서양에서 로마제국이 동요하고 붕괴되면서, 많은 독일계 사람들이 일부는 알프스를 넘어 이태리로, 일부는 북해를 건너 영국으로 이주했습니다. 405년과 406년의 겨울에 혹한으로 라인강이 얼어붙자 반달족, 스와비아족, 알란족이 미끄러지듯 빙판을 건너 로마의 허약한 국경선을 돌파했고 로마 영토인 갈리아 지방을 유린했습니다. 7만 명에 달하는 병사가 강을 건넜습니다. 귀하의 유전적 사촌은 이런 유럽 역사의 격동기의 일원이었고, 독일 역사가들은 이것을 게르만민족 대이동(Die Volkerwanderung)이라 부릅니다.

미끄러지듯 빙판을 건너는 알란족!

나쁘지 않다. 내 조상님이 멜빵바지를 입은 패션 테러리스트란 사실이 실망스럽지만 이건 매우 짜릿하다. '독일계'는 역사나 과학에서 사용되는 것이 아니라 '브리튼스DNA'의 자체적인 카테고리다. 당신이 면밀하게 조사하지 않으면 그것은 꽤 생생하고 매력적이다. 그러나 역시 무의미하다. Y염색체는 내 전체 DNA 중 2퍼센트 미만이다. 나의 S21YDNA 유전자형은 내가 지난 2천 년 동안 북유럽에서 살아온 사람들로부터 형질을 물려받았다는 의미일까? 아마도 그럴 것이다. '브리튼스DNA'에서 보내온 나의 유전자 테스트 결과 보고서는 이 특정 유형의 DNA에 대한 오늘날의 분포도가 그 회사가 1500년 전이라고 주장한 네덜란드 사람들에게 가장 밀집되어 있음을 보여준다(하지만 '브리튼스DNA'가 어떻게 이런 사실을 알 수 있었는지 나는 알지 못한다. '브리튼스DNA'는 데이터베이스를 공개하지 않는 사설 업체이기 때문이다). 그 유형의 Y염색체 역시 스발바르에서 지브롤터, 블라디보스토크에 이르기까지 오늘날에도 존재하고 있다.

Y염색체는 내가 가지고 있는 전체 DNA 중 아주 작은 부분이며 '브리튼스DNA'의 경쟁사인 '23앤미'에 따르면 실제로 나와 대부분의 유럽인들이 네안데르탈인에게서 물려받은 DNA의 양보다 적다. 패션 파괴적인 바지를 입고 얼어붙은 라인강을 활주하는 게르만 전사로 나의 '조상 유형'을 표시하는 건 말도 안 된다. 내 게놈의 구성 비율로 볼 때 나는 이 수염 난 캐릭터의 후손이 아니라 네안데르탈인의 후손이다.

또 다른 작은 유전자형은 내 어머니의 혈통인 미토콘드리아 게놈에서 물려받은 것이며 이런 사설 회사는 일반적으로 고객을 추가할 때 데이터를 추가하므로 그 유전자는 내 DNA를 테스트하기 전까지 '브리튼스DNA'의 데이터베이스에 없었다. '23앤미'는 그 유전자가 인도에서 가장 일반적이라고 분석했는데, 내 어머니가 인도인이라는 사실을 생각하면 엄청나게 놀라운 일을 아니다. 미토콘드리아 게놈에는 37개의 유전자가 들어 있으며, Y염색체에는 458개가 들어 있다. 인간의 몸속에는 약 2만 개의 유전자가 있으며, 부계와 모계에 독점적인 495개 외에 나머지 유전자는 두 부모로부터 물려받은 22쌍의 염색체인 상염색체에 들어 있다. 그 유전자의 근원은 당신의 수백만 조상 중 한 명에서 정자 또는 난자가 만들어질 때마다 여러번 조합되고 재편성되어 당신이 물려받은 모든 것이다.

몇몇 회사는 천 년 전 당신의 유전적 조상의 거주지로 추정되는 곳을 알려주는 서비스를 제공한다. 다시 말하지만, 당신의 천 년 전 조상의 수는 수백 만 명에 달하기 때문에 그것은 불필요한 서비스이며, 당신의 모든 조상이 같은 마을 출신이 아닐 거라는 확신을 갖기 위해 중세 초기 역사책을 들여다 볼 필요도 없다. 챙, 랠프, 쿱 그리고 다른 많은 학자들의 연구에서 확인된 것처럼, 당신으로부터 위로 뻗어 나오는 조상의 덩굴손은 천 년 전 모든 사람들에게 도달하게 되고 그 과정에서 상상할 수 없을 만큼 뒤엉키게 된다. 계보학은 추정이며, 이런 조상에서 나온 DNA의 많은 부분은 지금은 존재하지 않으므로, 단일한 지리적 위치는 무의미한 것과 다름없다.

조상의 이야기를 향한 우리의 욕망은 그것을 파는 회사에 의해 부추겨진다. 귀하의 조상은 독일계의 용병이었습니다! 귀하는 시바 여왕의 후손으로 밝혀졌습니다! 귀하의 DNA는 중세의 마을에서 유래되었습니다! 귀하는 나폴레옹과 친척입니다!

그런 회사들이 들려주는 솔깃한 이야기는 진실일 수도 있지만 거의 증명할 수 없는 주장이다. 그런 말은 수백만 고객 누구에게나 적용할 수 있는 것이며, 얄팍한 DNA 데이터에 의해 강조된다. 포러 효과(Forer Effect)는 널리 알려진 진술이나 성격에 대한 보편적인 묘사가 자신에게도 정확히 일치한다고 생각하는 심리적 현상이다. 1948년, 심리학자 버트럼 포러(Bertram Forer)는 학생들에게 성격 테스트를 실시한 후 각자의 개인화된 분석을 평가해달라고 요청했다. 학생들은 5점 만

점에 4.26점이라는 긍정적인 점수를 주었다. 하지만 그건 전혀 개인화되지 않은 것이었다. 모든 학생이 받은 개성 분석문은 똑같았으며, 공통적이거나 바람직한 개인 특성을 애매하게 표현한 13개의 진술로 구성되었다.

당신은 때로는 외향적이고, 상냥하고, 사교적이지만, 어떤 때는 내성적이고, 소심하고, 과묵합니다.

이것이 점성술의 작업 방식이다. 따분함에서 벗어나려고 점을 치는 것, 그것이 우리가 낚이는 이유다. 우리는 매력적인 것에 매달리며, 나머지는 행복하게 잊어버린다. 이것은 가장 기초적인 감상벽이다. 우리 조상이 멍청이, 신발 수선공, 순무 껍질 벗기는 사람으로 확인된 적이 없다는 게 너무나 이상하다. 그들은 언제나 용맹스런 전사이거나, 순록 사냥꾼이거나, 사라센 제국의 장군이다. 런던대학교 마크 토머스가 지적했듯이, 우리의 DNA를 이용하는 많은 족보 사업은 '유전적 점성술'이다. 우리 모두는 역사에서 나오는 좋은 이야기의 실타래를 사랑하며, 자기의 조상에 대한 전설에 굶주려 있다. 그래서 우리는 거기에 적혀 있는 좋고 긍정적인 말을 그대로 받아들인다.

이 모든 것은 무엇을 의미할까? 진실은 우리 모두가 모든 것의 일부이고, 모든 것에서 비롯되었다는 것이다. 당신이 가장 먼 헤브리디스 섬 혹은 그리스 바닷가의 끝에서 살고 있다 해도, 당신과 나는 불과 수백 년 전의 같은 조상의 후손이다. 우리 유럽인들은 천 년 전의 모든 조상을 공유한다. 그 시간을 세 배로 하면 우리는 지구 상 모든 사람과 모든 조상을 공유한다. 우리는 모두 사촌지간이다. 나는 모든 인류가 공유할 부드럽고 따뜻한 빛을 볼 수 있다. 우리의 DNA는 우리 모두를 관통하고 있다.

계보는 뒤엉켜 있고 어렵다. 유전학은 뒤엉켜 있고 수학적이지만, 옳은 길로 사용된다면 강력하다. 사람은 성적인 동물이다. 삶은 복잡하다. 역사의 비밀은 우리 게놈의 모자이크 속에 감춰져 있지만, 진실을 발견하는 건 우리의 몫이다. 당신이 물려받은 DNA가 과거에 정확히 어디에 위치했는지 알려주는 어떤 과학적 검사도 존재하지 않는다. 인류의 역사는 사람들의 유동성으로 가득하며 부족, 국가, 문화, 제국은 과거에도 미래에도 영원하지 않다.

충분히 긴 시간척도에서 보면 역사적 사람들에 대한 서술 중 단 하나도 지속적인 것은 없으며, 불과 천 년 전에 지금의 당신을 만든 DNA가 모든 문화, 부족, 국가의 수백 만 명으로부터 흐르기 시작했다. 당신을 방랑하는 독일 전사의 후손, 바이킹의 후손, 사라센족의 후손, 색슨족의 후손, 메츠의 주교, 드로고의 후손, 혹은 카롤루스 대제의 후손이라고까지 말해주는 하얀 가운을 입은 누군가에게 당신이 돈을 쓰기를 원한다면, 마음대로 해도 좋다. 나 또는 전 세계의 수백 명의 유전학자들은 어깨를 으쓱하며 그것을 공짜로 해줄 것이다. 걱정하지 마라. 그리고 당신은 검사 키트에 타액을 넣을 필요도 없으십니다, 폐하.

ii. 리처드 3세, 6막

3장. 보스워스 평야

리처드 3세 : 모두가 나를 악당이라고 비난하는구나….

3장→장면5. 평야의 다른 지역.

자명종 소리. 리처드 3세와 리치먼드가 등장한다.

그들의 결투. 리처드 3세가 쓰러진다. 퇴장과 팡파레.

왕관을 손에 쥔 리치먼드, 다른 왕들과 함께 재등장.

리치먼드 : 신과 그대의 무기를 찬양하라, 승리한 친구들이여.

영광은 우리의 것이다. 피 흘리는 개는 죽었다.

셰익스피어의 희곡은 여기서 끝나지 않는다. 리치먼드는 보스워스 평야에서 자신의 최종적이고 필연적인 승리를 찬양하고, 엘리자베스와 결혼하고, 장미전쟁이 종결된다. '영국은 오랫동안 미쳤었고, 스스로를 할퀴어왔다'라고 말한 리치먼드는 곧 헨리 7세로서 왕위에 오르고, '흰 장미와 붉은 장미'는 통일을 이룬다. 랭카스터 가문과 요크 가문의 분열은 결혼을 통한 유전적 재조합으로 치유된다. 그렇게 5막으로 이루어진 『리처드 3세』가 끝나고, 그의 살인적 공포통치도 끝난다.

전원퇴장

거의 대부분의 공포 영화에 나오는 살인마처럼, 그는 한 번 더 드라마틱한 등장을 했다. 엔딩 크레딧이 올라가기 직전에 무덤에서 팔을 뻗는 에필로그였다. 우리는 『리처드 3세』의 6막을 보기 위해 또 다른 500년을 기다려야 했다.

물론, 이것은 완전히 패륜아적인 왕인 셰익스피어의 리처드다. 그는 도덕적, 신체적으로 뒤틀린 셰익스피어적인 악당의 전형으로 문화적으로 어디에나 존재하며, 그의 죽음은 연극의 전체에 걸쳐 예언되었고, 후계자 리치먼드에 의해 변변한 장례식도 없이 흙속에 파묻혔으며, 특히 관객을 향한 유언을 남길 기회도 갖지 못했다. 우리는 종종 런던 골동품학회의 아치형 초상화에서 보이는 상징적 묘사로써 그를 생각한다. 초상화 속의 리처드는 단발머리에 창백한 얼굴과 심각한 표정으로 반지를 만지작거리고 있다. 그것이 그를 진짜 모습이었을까? 그 그림은 16세기의 것이며, 그의 사후 적어도 25년이 지난 후 가장 먼저 알려진 초상화이기 때문에 진실을 알기는 힘들다. 우리는 그를 로렌스 올리비에가 연기한 방식대로 얇은 입술, 곱사등, 불구인 팔을 가진 허풍스럽고 냉소적인 인물로 생각한다.

이제 우리의 불만인 겨울이 되었구나…

우리는 요크의 진정한 아들에 대해 무엇을 알고 있는가? 리처드는

1452년 10월 요크 공작인 리처드 플랜타게넷과 그의 아내 세실리 네빌의 열두 번째 아들로 태어났다. 당시의 분위기는 그의 일생동안 지속될 정치적 격동기의 하나였으며, 그의 사망 후 튜더 왕조의 통치를 가져오게 된다. 에드워드 4세는 두 번 왕좌에 올랐는데, 첫 번째는 1461~1470년이었고, 두 번째는 허약한 헨리 6세가 잠시 복귀한 이후인 1471~1483년이었다. 에드워드 4세는 1483년 4월 9일 급사했고,[35] 왕위는 당시 열두 살이었던 아들 에드워드 5세에게 계승되었지만, 그는 왕관을 써보지도 못했다. 에드워드 4세의 동생이자 에드워드 5세의 삼촌인 리처드는 어린 조카의 후견인으로 지명되었다.

그러나 리처드는 다른 계획을 품고 있었다. 그는 조카를 런던탑에 유폐시켰고, 얼마 후 형을 왕위에 앉히겠다는 약속 하에 다른 조카인 슈루즈버리의 리처드도 함께 그곳에 가두었다. 조카들이 탑에 갇혀 있는 동안, 리처드는 그들 부모의 결혼이 계약상 무효라고 선언했다(당시에 왕실 간 갈등이 격화되면 이런 일이 종종 발생했다). 1483년 6월 22일, 두 명의 왕자는 사생아로 전락했으며, 따라서 에드워드 5세는 어떤 통치도 불가능해졌다. 14일 후 리처드는 잉글랜드의 왕으로서 왕관을 썼다. 탑의 왕자로 영원히 로맨틱하게 기억될 두 명의 소년은 그해 여름 이후 다시는 모습을 보이지 않았고, 그들의 유품도 영원히 땅 속에 파묻혔다. 리처드 3세가 그들을 처형했는지는 알려진 바 없으며, 오늘날까지 역사가들의 논쟁거리가 되고 있다.

---

35 가계도 상에 사망은 오른쪽 위에서 왼쪽 아래로 내려 긋는 대각선으로 표시된다.

리처드 3세의 통치 기간은 길지도 안정적이지도 않았다. 1483년 요크에서 반란이 일어났으며, 당시 망명 중이던 헨리 튜더가 정당한 왕으로 추대되었다. 2년간 크고 작은 전쟁이 끊이지 않았고, 마침내 그들은 보스워스 평야에서 최후의 일전을 치렀으며, 거기서 헨리의 군대가 적은 병력이었음에도 불구하고 리처드를 포위하여 살해했다.

그러므로 나는 내 벌거벗은 악행을 덮는다.
성서에서 훔친 낡은 몇 마디 문구로 악행을 감추니
악마 짓을 하면서도 성자처럼 보이는구나.

1485년 8월 2일의 일이었고, 당시 리처드는 32세였다. 그의 시신은 많은 이들이 보고 조롱하도록 벌거벗겨진 채 말의 엉덩이에 매여 끌려 다녔다. 왕에 대한 모욕적인 처벌이었다. 그가 살해된 방식은 잔인하다고 알려져 있다. 프랑스 연대기 작가 장 몰리네에 따르면, 리처드의 말이 진창에 빠졌을 때 미늘창(도끼 모양 날이 달린 두 손으로 쥐는 창)이 그의 뒤통수를 강타했다. 이것은 그가 투구를 쓰지 않은 채 전방에서 군대를 이끌고 있었을 가능성을 보여준다. 아마도 셰익스피어는 움직이지 못하는 말을 떠올리며 희곡의 전설적 대사인 '왕국을 줄 테니 말을 다오'를 썼을 것이다. 리처드는 전투의 한가운데에서 탈출하기 위해 울부짖으며 이런 거래를 제안했다. 미늘창의 타격 혹은 다른 머리의 부상이 죽음에 이르는 치명상을 가했으며, 리처드 3세는 300년의 역사를 가진 플랜태저넷 왕가의 마지막 통치자가 되었고, 전쟁터에서 죽은 마지막 영국 왕이 되었다. 그 후 잉글랜드는 달라졌다. 헨리 7세가 1509년까지 통치했으며 헨리 8세가 이어받았고 에드워드, 메리, 그리고 엘리자베스 1세로 이어졌다.

치욕의 퍼레이드 후에 리처드의 시신은 레스터 그레이프라이어스(Greyfriars) 수도원 공동묘지로 옮겨져 매장되었다. 자세한 내용은 알려지지 않았지만, 변변한 장례식도 없이 급하게 파묻은 것으로 추정된다. 10년 후 헨리 7세는 50파운드짜리 설화석과 대리석으로 만든 묘비를 죽은 왕에게 하사했다. 하지만 다음 왕인 헨리 8세는 로마 교황에 반기를 들고 가톨릭교회와 결별했다. 1536년부터 그는 수도원을 해산시켰고, 2년 후에는 그 여파가 레스터에 도달했다. 그리고 그것이 그레이프라이어스 수도원의 마지막이었다. 리처드의 첫 번째 안식처는 기억에서 혹은 기록에서 지워졌다. 수도원은 매각되어 허물어졌고, 건물 석재도 팔려나갔다.

그 후 우리는 몇몇 형태의 리처드와 마주쳤다. 토머스 모어(Thomas More)와 다른 사람들, 특히 홀린셰드(Holinshed)가 쓴 『연대기』의 튜더 왕조 찬양은 오래 전부터 그를 신화로 만들었지만, 토머스 레그(Thomas Legge)의 1580년 작품 『리처드 3세(Richardus, Tertius)』가 아마도 최초의 영국 역사 희곡일 것이다. 벤 존슨(Ben Jonson)은 1602년 『곱사등이 리처드』를 썼지만 출판되지는 않았다. 물론 셰익스피어의 1594년 희곡이 가장 유명하다. 알렉 기네스, 케네스 브래그, 심지어 셰익스피어 희곡의 광팬이자 나중에 에이브러햄 링컨을 암살한 배우 존 윌크스 부스(John Wilkes Booth)까지 유명한 연극배우들이 모든 뒤틀린 위협의 당사자인 리처드를 연기하려 했다. 영화에서는 1955년 로렌스 올리비에(Laurence Olivier)를 시작으로 이언 맥켈런(Ian McKellen), 알 파치노(Al Pacino), 베네딕트 컴버배치(Benedict Cumberbatch)등이 리처드 역을 맡았다.

그러나 리처드의 가장 큰 등장은 2012년 9월이었다.[36] 해산된 수도원의 위치는 현지 역사가들에게 잘 알려져 있었으며, 그 지역은 여전히 그레이프라이어스(Greyfriars)로 불리고 있다. 레스터는 리처드 연구가들로 가득 차 있다. 1924년부터 '리처드 3세 협회'는 셰익스피어가 악당으로 묘사한 그의 통치 시대를 재평가하려고 노력했다. 2012년 8월, 리처드 연구가들과 유전학자들과 함께 레스터대학교의 연구팀이 그의 무덤을 탐사중이라고 발표했다. 리처드의 복귀 수 년 전의 문서 흔적은 결정적이지 않았고, 지하 구조물에서 대한 레이더 탐지 결과도 배관 파이프와 공공 배수설비 만을 드러냈을 뿐이었다. 그러나 중세 무덤을 찾기 위한 다양한 방법 중 가장 좋은 추측은 사회복지 시설 주차장 밑에 묻혀 있는 중세 후기의 수도원 구조물이 리처드 3세를 발굴할 수 있는 최적의 장소라는 것이었다. 8월 25일 그들은 발굴을 시작했다.

---

36 많은 사람들이 이 흥미진진한 작업을 위해 노력했지만, 본문에서 나는 이 인상적인 프로젝트에서 누가 무슨 일을 했는지 구체적으로 밝히지 않았다. '리처드 3세 협회'의 필리파 랭글리(Philippa Langley)가 조사를 이끌었으며, 리처드 버클리(Richard Buckley)가 발굴을 지휘하고 전체 프로젝트를 조정했다. 투리 킹(Turi King)은 유전자 분석을, 조 애플비(Jo Appleby)는 '뼈고고학' 분석을 담당했고, 존 애쉬다운-힐(John Ashdown-Hill)은 리처드의 후손들을 확인했다. 『리처드 3세 유골 확인』(2014년)이라는 제목의 과학 출판물의 전체 저자 목록은 다음과 같다. 투리 킹, 글로리아 곤잘레스 포르테스, 패트리샤 발라레스크, 마크 토머스, 데이비드 발딩, 피에르파올로 마이 사노 델서, 리타 노이만, 발터 파슨, 마이클 냅, 수잔 월시, 로어 토나소, 존 홀트, 만프레드 카이저, 조 애플비, 피터 포스터, 데이비드 에커지딘 , 마이클 호프라이터, 케빈 슈어러.

당혹스럽게도 성공은 즉각적이었다. 그것이 며칠 혹은 몇 주에 걸쳐 진흙과 먼지를 샅샅이 뒤지는 작업이라는 걸 고고학 유물 발굴을 해본 사람이라면 누구나 알고 있을 것이다. 오래전 죽은 자 또는 과거의 인물에 대한 썩어가는 단서를 숨기고 있는 흙 부스러기는 쉽게 무시당하거나 단단한 삽에 의해 영원히 지워질 수 있다. 발굴 첫째 날, 그들은 발이 없는 한 쌍의 다리 골격을 발견했다.

며칠 동안 발굴용 도랑을 파내자 다리가 완전히 모습을 드러냈고 수도원의 구조가 밝혀졌다. 영국 법무부는 요청하는 대로 유해 발굴허가를 내주었으며, 유골은 완전히 지상으로 나왔고 9월 6일 수습되었다. 관의 흔적이나 사망자의 수의는 없었으며, 머리가 불편하게 위쪽으로 휘어져 있었다. 이것은 공식적 장례 의식에 적합하지 않을 정도로 매장 구멍이 너무 작았음을 의미한다. 그가 누구였든, 이 사람은 땅 속의 구멍에 내던져진 것이다. 손은 오른쪽 엉덩이에 모여 있었는데, 이는 묶여 있었다는 것을 암시했지만 포박된 흔적은 발견되지 않았다. 척추는 눈에 띄게 굽어 있었는데, 억지로 쑤셔 넣어 매장한 결과가 아니라 병리학적인 꼽추임이 분명했다.

죄와 사망과 지옥이 그에게 자국을 남겼으니,
모든 그의 목사들이 그를 따르리라.

목사가 아닌 과학자들이 두 번째로 그의 죽음에 참석했다. 그리고 신원확인의 다음 단계가 시작되었다. 대퇴골의 길이와 뼈 형태로 볼 때

키가 약 176센티미터인 남자로 추정되었다. 성별은 DNA에 의해 의심의 여지없이 확인되는 것이다.

성염색체에서 오래된 DNA는 눈에 보이는 방식으로 보존되지 않기 때문에, 정밀하게 분석해야만 두 가지 성염색체에서 특이하게 발견되는 DNA 조각을 찾아낼 수 있다. Y염색체에서만 나타나는 DNA의 존재로 인해 뼈는 남성의 것으로 확인되었다.

굽은 척추는 전형적인 척추 측만증 형태였다. 정상적인 등뼈는 옆에서 보면 부드러운 곡선형이지만, 앞면 또는 뒷면에서 볼 때는 똑바른 직선이어야 한다. 척추 측만증은 유전되거나 살아가면서 생기는 증상으로서 척추가 왼쪽 또는 오른쪽으로 휘어져서 C자형 또는 극단적인 경우에는 S자형이 된다. 그것이 굽은 척추의 소유자의 한쪽 어깨를 더 높게 만드는 불균형을 가져 온다. 정확히 말하자면 꼽추가 아니라 갈고리 모양이다.

두개골은 처참하게 부서진 상태였다. 무덤에서 그것은 불편하게 배치되어 있었지만, 앞에서 보면 한 눈에 알 수 있었다. 불편하게 매장된 것과는 상관없이 뒤에서 보면 잔인하고 치명적인 머리 부상이 명확했다. 오른손으로 당신의 목과 두개골을 만나는 부분의 바로 위를 만져보라. 두개골의 이 부분을 후두라고 부르며, 마치 손으로 뼈의 노출부를 움켜쥐고 있는 것처럼 머리 뒤쪽의 돌출부를 덮고 있다. 그레이프라이어스의 두개골에는 후두의 오른쪽 아래에 귤 하나가 들어간 만큼 넓게 잘려나간 구멍이 있었다. 이런 부상은 칼날이나 도끼날로 인해 생길 수 있으며, 뇌의 상당량을 노출시키고 잘라내어 그 자체로 즉사로 이어질 만큼 치명적이다. 이런 치명상을 가하는 타격의 힘을 상상해보라.

반대편에는 칼이나 도끼 등 날카로운 무기의 뾰족한 끝으로 생긴 톱니 모양의 구멍이 있었다. 그것이 그의 전체 뇌를 관통하는 힘으로 위쪽으로 가해졌고 두개골 안쪽에 자국을 남겼다. 그것 역시 즉각적인 죽음을 가져 왔을 것이고, 실제로 이런 구멍 중 어느 것에서도 상처 치료의 흔적이 나타나지 않았다. 이 상처가 사망 직전인지 직후인지 여부는 알 수 없다. 우리가 사용하는 단어는 '사망 시점'이다. 그러나 양쪽 모두 치명적이었고, 어느 쪽도 투구를 착용한 상태와 부합하지 않았다. 이 남자는 투구를 벗은 채 사망한 것이다.

레스터는 유전학의 뿌리 깊은 역사를 가지고 있다. 1984년 알렉 제프리스 경(Sir Alec Jeffreys)은 범죄자들을 식별하는 데 사용되는 DNA 지문인식 기술을 개발했다. 리처드 3세에 대한 유전적 검사는 왕의 검사에 어울리는 이름을 가진 투리 킹(Turi King)이라는 과학자가 맡았다. 유명한 인물의 신원을 확인하려는 경우, '이 사람이 정말로 우리가 생각하는 사람일까?'라는 질문을 던지게 된다. 고귀한 혈통의 가계도는 가장 잘 기록되어 있기 때문에, 가계도의 두 가지 유전적 기둥인 Y염색체와 미토콘드리아에 의존하는 것은 옳고 적절하다. 가계도와 Y염색체를 비교하는 것은 대체로 어려움이 덜한 조사 작업이다. 가족명은 남성을 따르고 Y염색체는 남성을 통해서만 전달되기 때문이다.

요크 가문과 랭커스터 가문의 가계도는 잘 기록되어 있으며, '리처드 프로젝트(Richard Project)'는 리처드의 가계도를 따라 내려가는 남자들을 찾아냈다. 그 가계도는 리처드 3세의 4대 증조부이자 흑사병이 만연했던 시기를 포함하는 14세기의 50년간 영국을 통치했던 에드워드 3세부터 시작한다. 그의 Y염색체는 후손이 없는 리처드에게도 전달되었지만, 3대 서머셋 공작인 헨리를 거쳐 18세기 5대 보퍼트 공작인 헨리 서머셋에게도 전파되었다. 연구진은 헨리 서머셋의 살아 있는 후손 5명을 발견했다. 그들은 신분 노출을 꺼렸지만, Y염색체를 검사하기 위한 튜브에 기꺼이 타액을 제공했다.

문제는 그레이프라이어스 유골의 주인이 리처드 3세인 경우 유전학과 가계도가 일치하지 않는다는 점이었다. 5명의 자손은 유골과 동일한 Y염색체를 가지고 있지 않았다. 남성은 성의 식별 문제에 관해서 신뢰할 수 없는 것으로 알려져 있다. 임신에 대한 남성의 기여도는 번쩍이는 섬광처럼 순식간에 끝나기 때문에 부계를 통한 신원 확인은 틀릴 가능성이 상당히 높다. 그 평가는 얼마나 많은 추정된 아버지가 그 섬광 속에 존재하는가에 따라 다르지만, 리처드의 신원 확인의 경우 투리킹이 사용한 100명의 염색체 중 약 2퍼센트는 부계의 오류로 나타났다. 에드워드 3세부터 헨리 서머셋에 이르기까지 19세대가 있으므로, 잘못

된 부계의 가능성은 약 6분의 1에 달한다.[37]

이 사건은 미해결 상태로 종결된 것일까? 그렇지 않았다. 여성이 구원자가 된다. 모계를 통한 신원 확인은 상당히 분명한 이유 때문에 훨씬 오류가 적은 것이 일반적이다. 여성들은 결혼하면 전통적으로 그들의 성씨를 버리기 때문에 역사에서 더 쉽게 사라지지만, 지워지지 않는 방법으로 자신의 mtDNA를 전달한다. 그래서 리처드의 누나인 앤 공주는 그들의 어머니인 세실리 네빌로부터 물려받은 리처드와 동일한 mtDNA를 가지고 있었다. 그녀로부터 약 20세대에 걸쳐 바로 그 동일한 미토콘드리아가 현재까지 이어졌고 두 명의 모계 후손이 가계도를 통해 발견되었다. 마이클 입센(Michael Ibsen)이라는 캐나다인과 웬디 덜디그(Wendy Duldig)라는 영국인이었다.

미토콘드리아는 불과 1만 6,500개의 염기로 이루어진 작은 DNA 고리다. 하지만 그것은 서로 다른 모계의 차이점을 구분할 수 있는 변이를 찾기에 충분한 양이다.

투리 킹의 연구팀은 입센과 덜디그의 mtDNA와 주차장의 뼈의

---

37 날카로운 분석가들은 이런 Y염색체 불일치가 의미하는 잘못된 부계로 인해 튜더 왕조의 정당성이 위태로워질지도 모른다고 지적할 것이다. 혈통의 단절이 일어난 곳은 알려지지 않았으며, '건트의 존(Gaunt of John, 1340~99, 리처드 3세와 헨리 7세의 마지막 공통 조상)'에서부터 현재에 이르기까지 많은 시신을 발굴해야만 알 수 있을 것이다. 그럼에도 엄밀히 말하자면 원저 왕조가 튜더 왕조로부터 직접적으로 내려온 후손이기 때문에, 영국의 현재 왕권은 매우 오래되었지만 거짓에 근거한 것으로 밝혀질 수도 있다. 케빈 슈러(Kevin Schürer)는 그 당시에 「가디언」에 기고한 글을 통해 '튜더 가문은 1485년 보스워스 전투에서 리처드를 살해했기 때문에 왕관을 차지했다. 그들의 혈관에 왕의 피가 흐른다는 걸 증명했기 때문이 아니다'고 지적했다. 버킹검 궁은 이에 대해 아직까지 논평하지 않았다.

mtDNA를 비교했다. 그들은 첫 단계로 초가변성[38]이 있는 것으로 알려진 DNA의 영역을 조사했고, 확실성을 기하기 위해 주차장 뼈에서 DNA를 두 번 추출하여 두 개의 독립적인 실험실에서 비교했다. 그 결과, DNA의 영역은 동일했다. 또한 연구팀은 mtDNA 게놈 전체의 염기서열을 분석하여, 입센의 DNA는 주차장 뼈의 DNA와 완전히 동일하고 덜디그의 DNA는 단 한 개의 문자만 다르다는 것을 밝혀냈다. 이는 그들이 같은 혈통을 가진 사람임을 거의 완벽하게 보여주는 것이었다. 하지만 다시 한 번 확실성을 기하기 위해, 투리 킹은 이들 세 사람의 mtDNA의 다른 영역을 2만 6,000명의 다른 미토콘드리아 데이터베이스와 비교함으로써 이것이 우연의 일치일 확률을 계산했다. 그 결과는 제로였다. 그리고 마지막 확인 절차로써, 자료를 오염시켰을 경우를 대비하여 팀의 모든 구성원의 mtDNA를 검사했고 모든 남성 연구원의 Y염색체를 검사했다. 그 결과 오염은 전혀 없었다.

이로써 그 뼈의 주인이 리처드라는 것이 밝혀졌다. 그의 가계도에 있는 남성들은 유전적 증거를 내놓을 만큼 활용되지 않았지만 여성들이 매우 견고한 증거가 되었다. mtDNA와 Y염색체를 제외한 그의 게놈의 나머지 부분은 약간의 세부 사항만을 더 제공했을 뿐이다. 리처드는 파란 눈동자와 금발 머리를 가진 사람에게서 가장 흔하게 볼 수 있는 두 가지 유전자 변이를 갖고 있었다. 그러나 그것은 나이에 따라 변하는 유전자형이며, 금발의 아기는 성인이 되면서 종종 검은 머리색으로

---

38 이것은 초가변성 영역으로 알려져 있다.

변한다. '아치형 프레임 초상화'는 리처드와 같은 유형의 DNA에서 예측되는 머리카락 색깔과 눈동자 색깔의 변화 방식과 가장 일치하는 묘사다.

DNA는 신원 확인에서 핵심적인 부분이지만 증거의 일부일 뿐임을 강조하는 것은 중요하다. 그의 뼈는 최고의 동시대의 묘사와 일치한다. 척추 측만증, 머리 부상은 역사가들이 주장하는 것과 유사해 보인다. 셰익스피어가 묘사한 굽은 어깨에 붙은 채 너덜거리는 허약한 팔은 없었다. 그러나 어깨는 비뚤어져 있었다. 엉덩이와 허리에 미묘하게 파인 자국 등 다른 상처는 소문으로 알려진 것처럼 벌거벗긴 채 기마대에 매달려 끌려 다닌 시신의 모습과 일치하지 않는다. 그리고 그의 두개골은 전쟁의 현실을 강력히 상기시켜준다. 한두 차례의 엄청난 타격은 단숨에 두뇌 기능을 파괴했을 것이다. 그 모든 것이 리처드에 대한 이야기다. 그러나 이것이 바로 리처드라고 결정적으로 말해준 것은 왕족만이 누릴 수 있는 문서화된 계보의 자취와 일치하는 DNA였다. 이제 리처드 3세는 죽은 후 신원이 명확히 밝혀진 가장 오래된 사람이다.

'토막 살인자' 잭의 신원 확인 오류

그것이 연구를 진행하는 방식이다. 이런 유형의 연구는 실종자 탐색과 비슷하며, 리처드 3세 조사팀이 검증 기준을 높게 설정한 것은 매우 적절했다. 이 엄청난 왕의 신원 확인 성공담을 2014년 세계 뉴스와 신문을 장식했던 또 다른 악명 높은 인물 추적 이야기와 비교해보자. 그 해 9월 7일 아침 뉴스에서 우리는 잭 더 리퍼(Jack the Ripper : 토막 살인 자 잭)의 수수께끼가 마침내 해결되었다는 보도를 접했다. 1888년 8월 31일에서 11월 9일 사이에 런던의 화이트채플(Whitechapel) 지구에서 여성의 시신 다섯 구가 발견되었다. 그중 네 명은 끔찍한 종교의식으로 해부당한 흔적이 명확했다. 이것은 당시에 무능하고 당황한 공권력을 혼란에 빠뜨렸다. 또한 경찰은 살인자 혹은 사기꾼이 적어놓은 것으로 보이는 범죄 현장의 낙서로 조롱당했고, 사람 콩팥 반쪽(나머지 절반은 먹었다고 적혀 있었다)과 함께 나온 발신지가 '지옥에서'라고 적힌 편지도 놓여 있었다.

이 흉악한 범죄자가 5명의 취약한 여성에게 가한 참혹한 폭력의 실상을 이상한 방식으로 왜곡시키는 병적인 산업이 생겨나기 시작했다. 리퍼학(Ripperology)은 아마추어 연구가들이 리퍼의 정체에 대한 이론을 제안하는 것으로 시작했지만, 지금은 대규모의 영리 사업이 되었다. 아마존에서 '잭 더 리퍼'라는 단어를 검색하면 4,000권 이상의 책이 나열된다. 리퍼에 대한 국제회의도 열렸고, 2015년 화이트채플에서 잭 더 리퍼 박물관(Jack the Ripper Museum)이 문을 열자 비판과 시위와 시설파괴 행위가 이어졌다. 박물관 설계자조차도 '노골적이고 여성혐오적인 쓰레기'라고 비난했지만 기념품 매장에서는 45파운드짜리 리퍼 모자를 비롯해서 모든 종류의 천박하고 조잡한 물품을 여전히 판매하고 있다.

그는 최초의 연쇄 살인범이 아니었지만 19세기말 대중 매체의 탄생과 동시에 등장하면서 살인자에 대한 근현대적인 집착이라는 유령 같은 분위기를 조성했다. 그의 정체는 여전히 파악되지 않은 상태였다. 다양한 남성을 용의자로 지목하는 수십 가지의 기발한 이론들이 제안되었다. 용의자는 루이스 캐럴(Lewis Carroll)과 왕실 가족과 같은 터무니없는 것에서부터 6명의 미친 남성에 대한 그럴듯한 목록까지 다양했다. 아마추어 탐정들은 법의학 보고서와 단서를 밝힐 수 있는 모든 사소한 데이터를 조사한다. 어떤 사람들은 무모한 투기꾼처럼 뛰어들고, 희망에 따라 퍼즐을 끼워 맞추고, 희생자와 범인의 삶을 상상한다. 그들의 캐릭터를 상상함으로써 그들의 행동이 수수께끼를 풀 수 있는 열쇠를 제공할 거라고 착각하는 것이다.

그의 살인 행위를 안개가 자욱한 동부 런던의 풍경 속에서 외투를 입은 악당의 희생양이 된 타락한 여성들이 등장하는 빅토리아풍의 공포 이야기로 둔갑시키고 낭만적으로 묘사할 정도다. 우리가 이 연쇄 살인범에 집착하는 건 이상하고 문제가 있는 현상이다. 그가 누구든 그는 여성들을 살해했으며, 그것은 나에게 전혀 기념할 가치가 있는 것으로 보이지 않는다. 이 강박 관념 중 어떤 이론도 역사가, 경찰관, 법의학자, 배심원을 만족시킬 수 있는 유용한 단서를 제공하지 못했다. DNA가 이 사악한 퍼즐에서 누락된 조각일까?

2014년 9월, 바로 그런 주장이 등장했다. 영국 신문 「메일 온 선데이(Mail on Sunday)」는 러셀 에드워즈(Russell Edwards)라는 자칭 '안락의자 형사'의 신간 서적에서 발췌한 내용으로 전 세계적인 관심을 불러 일으켰다. 이 책의 제목은 『리퍼의 정체를 밝힌다 : 범죄 현장의 새로운 증거, 놀라운 법의학적 돌파구, 공개된 살인마』였다.

조니 뎁의 영화 〈지옥에서〉[39]를 보고 영감을 얻은 러셀 에드워즈는 2007년 한 경매에서 네 번째 여성 희생자인 캐서린 에도웨즈(Catherine Eddowes)의 스카프를 구입했다(살인 현장에서 발견된 것이라고 그는 주장했다).

러셀 에드워즈는 리버풀 존 무어스대학교 법의학자인 제리 루헬라이넨(Jari Louhelainen)과 접촉하여 스카프의 성분 분석을 의뢰했다. 루헬라이넨이 분석한 DNA자료를 토대로 러셀 에드워즈는 그 사건이 '합리적인 의심을 넘어서' 과학적으로 해결되었다고 주장했다. 잭 더 리퍼로 의심되는 용의자 중 한 명은 애런 코스민스키(Aaron Kosminski)라는 남자였다. 그는 폴란드계 유태인으로, 1881년 영국으로 건너와 화이트채플에서 이발사로 일하고 있었다. 살인 사건이 있은 후인 1891년, 씻지도 않고 거리에서 음식물 쓰레기를 주워 먹는 등 여러 가지 이상한 행동을 하던 그는 정신 병원에 감금당했다. 의학적 보고서는 강박적인 자위행위를 정신병의 원인으로 추정했다. 그는 여생을 정신 병원에서 보냈으며 괴저성 감염으로 쇠약해져 1919년 53세의 나이로 사망했다.

캐서린 에도웨즈가 어떻게 해부되었는지에 대한 법의학 보고서는 역겨울 정도이며, 쾌락을 위해 여성에 대한 폭력 묘사에 빠져서 얻을 수 있는 것은 없다. 캐서린 에도웨즈는 대개는 매춘부 일을 했지만, 그녀가 죽기 전 여름에는 홉 따기와 같은 다른 일을 하기도 했다. 그녀는 살

---

39 이 영화는 동명의 책과 거의 유사성이 없다. 내 생각에는 앨런 무어(Alan Moore)와 에디 캠벨(Eddie Campbell)이 쓴 『지옥에서』가 잭 더 리퍼와 관련하여 읽을 가치가 있는 유일한 작품이며, 걸작이다. 그것은 허구지만 살인자와 언론에 대해 세심하게 연구한 충격적인 소설이다.

해되던 날 밤까지 상당히 가난했으며, 그녀의 포주와 마지막으로 돈을 나누었고 그의 장화를 전당포에 맡겼다. 9월 29일, 그녀는 완전히 술에 취한 채 거리에서 경찰에 체포되었지만 30일 아침 1시에 풀려났다. 한 시간 후, 그녀의 절단된 시신이 런던 미터 광장(Mitre Square)에서 발견되었다. 경시청 외과의사 프레드릭 브라운(Frederick Brown) 박사가 오전 2시 경에 현장에 도착했으며, 시신의 손상 정도를 포함하여 현장에 대한 상세한 보고서를 작성했다. 보고서에는 그녀의 신체가 해부된 후 어떻게 배열되어 있었는지를 언급하는 것 이외에는 그녀의 옷차림에 대한 명시적인 설명은 없었다.

나는 잭 리퍼가 누구였는지는 전혀 관심이 없다. 내 관심은 오직 어떻게 그것을 확신할 수 있는가이다. 신문에 대서특필된 러셀 에드워즈의 주장은 처음부터 끝까지 법의학적인 환상이라고 말할 수밖에 없다.

애런 코스민스키는 1894년 경찰의 메모에 잭 더 리퍼 사건의 용의자로 기록되어 있지만 그의 신원과 그 사건과 정신 병원에 관련된 다른 명칭들에 대해서는 혼란이 많다. '데이비드 코헨'이라는 이름도 일부 기록에 언급되어 있는데, 발음하기 힘든 폴란드계 유대인의 외국어 이름에 익숙하지 않은 관리들이 되는대로 적은 잘못된 이름일지도 모른다. '나단 카민스키'라는 이름도 마찬가지이며, 다른 저자들은 이것을 또 다른 자아 혹은 또는 용의자 자신이라고 추정했다. 그것은 우리의 이야기에 있어서 별로 중요하지 않다. 러셀 에드워즈의 주장에 따르면 스카프의 DNA가 실제로 애런 코스민스키라는 것을 증명했기 때문이다.

이 주장의 근거는 다음과 같다. 러셀 에드워즈는 스카프를 루헬라이넨에게 가져갔고, 그는 거기서 DNA를 추출하여 미토콘드리아 게놈 일부의 염기 서열을 분석했다. 계보학을 사용하여 그들은 코스민스키의 자녀를 확인할 수 있었으며, 그들의 DNA는 일치했다. 코스민스키의 DNA가 캐서린 에도웨즈가 살해될 당시 착용했던 스카프에 남겨져 있었던 것이다. 러셀 에드워즈가 「메일 온 선데이」에서 말한 것처럼, 'DNA 증거는 의심의 여지없이 코스민스키가 리퍼라는 것'을 보여주었고 사건은 종결된 것처럼 보였다.

하지만 전혀 그렇지 않았다. 첫 번째 문제는 범죄 현장에 스카프가 존재했다는 보고가 없다는 것이다. 2007년 경매에서 에드워즈가 그것을 취득했으며 그 출처에 대한 유일한 검증은 그것을 판매한 사람의 편지인데, 그는 현지 경찰서의 경위로부터 그 스카프를 인수했다고 주장했다. 그 경위는 범죄 현장에 있지도 않았고, 그곳이 자기의 관할 지역도 아닌 것으로 알려졌다. 경위는 자기의 상관에게 스카프를 옷 제단사인 아내에게 줘도 되는지 물어봤고, 그 이후로 스카프는 경위의 집에 보관되어 있었다. '놀랍게도 스카프는 세탁되지도 않은 채 방치되어 있었다'라는 러셀 에드워즈의 말은 자신의 주장이 사실일 가능성이 희박하다는 점을 자인하는 셈이었다. 그는 출처에 대한 어떠한 증거도 없는 '세계적인 특종 기사'를 노골적으로 계속 언급했다.

두 번째 문제는 '왜 코스민스키의 DNA가 그녀의 스카프에 묻어 있었는가'라는 의문이다. 에드워즈는 정액의 흔적을 발견했다고 주장하면서 현장에서 사정했을 수도 있다고 말했다. 하지만 그것이 리퍼가 사정했다는 증거는 아니다. 성적인 동기에서 범죄를 저지르지만 현장에서 그런 행위를 하지 않는 연쇄 살인범의 사례는 너무나 많다. 그것이 사실이라면 캐서린 에도웨즈가 매춘부로 일할 때 코스민스키가 고객이었던 건 아닐까?

하지만 그중 아무 것도 중요하지 않다. 분석된 DNA 자체를 믿을 수 없기 때문이다. 그들은 스카프에서 어떤 정액도 추출하지 못했으며 단지 상피세포의 증거를 발견했을 뿐이다. 상피세포는 인체의 수분을 함유한 모든 피부 표면에 존재하는 세포이며, 따라서 사람의 체액과 함께 이동할 수 있다. 그러나 상염색체 DNA는 발견되지 않았고 미토콘드리아 DNA만 발견되었다.

DNA와 관련된 모든 사건에 있어서 그것이 살아 있는 사람의 신선한 DNA이든 선사 시대의 DNA이든 오염은 끊임없는 위협이 된다. 분석하려는 DNA와 무관한 DNA가 섞이는 것을 방지하기 위해 반드시 지켜야 할 규정이 있다. 「메일 온 선데이」에는 러셀 에드워즈가 구석에서 찾아낸 스카프를 맨손으로 들고 있는 사진이 있다. 이것은 좋은 징조가 아니다. 루헬라이넨은 자신과 에드워즈의 DNA를 스카프의 DNA와 대조하는 과정을 거쳤다고 내게 말했다. 하지만, 에도웨즈의 자녀는 한때 스카프와 같은 방에 있었다고 보고되었으며, 이것은 스카프에 남겨진 DNA의 출처일 수도 있다.

우리는 항상 DNA를 퍼뜨린다. 당신의 DNA는 지금 읽고 있는 이 책의 페이지에 묻어 있으며, 나의 DNA는 내가 쓰고 있는 키보드와 휴대폰의 마이크에 묻어 있다. 사람의 호흡을 통해서도 작지만 검출할 수 있는 양의 DNA가 전파되는 것이다.

하지만 그것조차도 핵심적인 문제는 아니다. 루헬라이넨과 에드워즈의 경우는 리처드 3세의 경우처럼 식별할 수 있는 mtDNA에 의존했다. 리처드 연구팀은 전체 미토콘드리아 게놈의 염기서열을 분석했지만, 리퍼 연구자는 하나의 특정 변이(스카프에서 추출한 DNA에서 발견된 314.1C 돌연변이)만을 조사해서 표준 DNA 데이터베이스와 비교했다. 루헬라이넨은 일간지 「인디펜던트」와의 인터뷰에서 '314.1C는 전 세계 인구에서 흔하지는 않지만 0.000003506, 즉 약 29만분의 1의 빈도 추정치를 갖고 있다'라고 말했다.

이것이 그 DNA가 코스민스키 이외의 다른 출처에서 나올 수 없었을 거라는 주장의 근거가 되었다. 그럼에도 불구하고 314.1C의 희소성만으로는 충분하지 않을 수도 있다. 나는 그 당시 루헬라이넨과 인터뷰를 하면서, 지난 달 범죄가 저질러졌다면 법원에 그것을 증거로 제출할 수 있는지 물었다. 그는 이렇게 대답했다. '아마도 당신은 그 대답을 알고 있을 겁니다. 이것은 미토콘드리아의 증거에 기초한 건데, 미토콘드리아의 증거는 현대 법정에서 결정적이지 않을 겁니다.'

확률도 잘못되었다. DNA 지문검사의 개척자 알렉 제프리스 경은 그들이 사용한 mtDNA 데이터베이스의 비교 대상이 3만 4,617건에 불과하므로 '29만분의 1만큼 낮은 추정치에 도달하는 것은 불가능하다'고 시적했나. 아마노 그는 분모에 0 하나를 더 넣은 듯하며, 실제로는 2만 9,000을 의미했을 것이다.

그러나 그것 역시 중요한 문제가 아니다. 실제로 그들이 사용한 mtDNA 돌연변이는 잘못 표기되었다. 그건 314.1C가 아니라 315.1C

였으며, 이는 유럽인의 90퍼센트 이상이 가지고 있는 유전자다. 이 스카프와 관련될 가능성이 있는 모든 사람이 315.1C를 남길 수 있다.

따라서 '과장된 말을 믿지 마라'가 명확하고 간단한 교훈이다. DNA는 실마리일 뿐이며 마법 같은 해결책이 아니다. 그 실마리를 가치 있는 것으로 만들기 위해서는 기술과 보존이 필요하다.

리처드 3세와 잭 더 리퍼의 경우는 기술과 보존의 관점에서 과학 스펙트럼의 양 극단에 위치해 있다. 왕의 혈통 프로젝트는 세심하고 철저하고 신중했으며, 방사성 탄소 연대 측정, 법의학, 인류학 등 여러 증거를 활용하고 이를 결합시켜 정확한 DNA 계보를 밝혀냈다.

의심하는 것은 과학의 초석이다. 의심은 당신에게 데이터를 기반으로 한 논증을 만들 수 있는 발판을 제공한다. 이것이 투리 킹(Turi King)의 통계 기술과 결합되었으며, 그들은 리처드 3세의 유골이 수천 분의 1의 확률로 식별될 때까지 의심의 수준을 높였다.

그들의 연구는 대중의 눈이 지켜보는 가운데 수행되었고, 펼쳐지는 이야기의 모든 과정을 기록하기 위해 BBC 채널4의 TV제작진이 항상 함께했다. 이런 방송국의 개입은 과학적 과정을 왜곡할 수 있으며 분명히 일부 과학자들을 불편하게 만들 수 있다.

그러나 이런 과도한 미디어의 야단법석에도 연구진은 확실성을 담보하기 위해 모든 주의를 기울였다. 발굴 첫날에도 왕의 시신임이 분명했지만, 그들은 이 사실을 3개월 동안 확정하지 않았다. 발굴 초기에 축하 팡파르를 자제하고 권위 있는 과학학술지 「네이처 커뮤니케이션스」에 조사 결과를 확정 발표할 때까지 수개월 동안 가장 엄격한 검증 과정을 거친 것이다.

하지만 잭 더 리퍼를 조사할 때는 이런 과정을 건너뛰었다. 러셀 에드워즈는 「메일 온 선데이」에서 이렇게 말했다.

나는 이 사건의 모든 역사에서 유일한 법의학 증거의 조각을 가지고 있습니다. 나는 14년 동안 이 사건에 매달렸고, 이제 우리는 잭 더 리퍼가 누구인지에 대한 수수께끼를 마침내 해결했습니다. 신화를 영속시키고자 하는 불신자들만이 의심할 것입니다. 지금이 바로 우리가 그의 가면을 벗기는 순간입니다.

그렇다면 나를 불신자라고 불러도 좋다. 스카프의 출처는 너무나 애매모호하다. 스카프의 취급 과정은 오염을 배제하고 신뢰할 수 있는 유전자 데이터를 제공하기에는 너무나 부주의했다. 데이터 분석은 적절했을까? 글쎄, 분석 결과가 출판된 적이 없기 때문에 나는 대답할 수 없다. 하지만 우리는 그것이 잘못되었다는 것을 알고 있다. 코스민스키가 잭 더 리퍼였을까? 누가 알 수 있겠는가! 이것은 미해결 사건이다. 과학의 빛이 아무리 밝아도 나머지 증거가 얇은 판자라면 도움이 되지 않는다. 다른 사람들이 검증할 수 있는 방식으로 발표하지 않으면 어떤 정당성도 가질 수 없다. 그건 우리가 과학을 수행하는 방식이 아니다.

리처드 3세의 두 번째 이야기

16세기 학자인 폴리도르 버질(Polydore Virgil)에 따르면 리처드의 첫 번째 매장은 '장례식의 엄숙함 없이' 이루어졌다. 두 번째의 매장은 장관이었다. 장례 절차는 2015년 3월 22일에서 27일 거의 1주일간 진행되었으며, 호기심 많은 군중들이 몇 시간 동안 줄지어서 그의 입관식을 지켜보았다. 관은 그의 자손 마이클 입센에 의해 만들어졌으며, 깊은 십자가 무늬가 새겨져 있었고, 대리석 무덤에 안장되었다. 캔터베리 대주교도 참석했다. 베네딕트 컴버배치는 아마도 2016년 셰익스피어 연극의 주인공을 기대하면서 궁정시인 캐럴 앤 더피(Carol Ann Duffy)의 시를 낭독했을 것이다. 왕실의 최고위층은 참석하지 않았지만, 여왕의 며느리인 웨섹스(Wessex) 백작 부인 소피가 참석했다. 아마도 그녀는 리처드 3세가 세 번째 복귀를 하지 않을 것이며 튜더 왕조가 빼앗아 간 왕관을 돌려달라고 요구하지 않을 것임을 확인하고 싶었을지도 모른다. 그것은 위대하고 특별한 이야기다.

수세기 전의 역사적 인물을 식별하려면 최고 수준의 전문 기술이 필요하다. 그의 신원확인은 살아 있는 자손을 확인하는 것이 핵심적이었다. 그 이유는 가계도가 가장 잘 알려진 사람들이기 때문이다. 그렇게 되면 이후의 모든 영국 군주제의 통치권이 불법성 논란에 휩싸일 위험이 있었다. 그러나 나는 이 도전이 버킹검 궁전의 기초를 흔들지는 않을 거라고 생각한다.

리처드의 삶을 다룬 21세기 연극과 영화배우 중 일부는 여전히 그의 성격과 증거, 그리고 근대 영국 형성 과정에서 그의 역할에 대해 논쟁을 벌이고 있다. 이러한 논쟁은 아마도 승자 없는 싸움일 것이다. 하지만 DNA 덕분에, 우리는 적어도 그 유골의 주인이 리처드였다는 사실은 알게 되었다. 이제 비뚤어진 망나니 왕, 피 묻은 개는 마지막 은퇴식을 치르고 레스터 대성당 안에 있는 자신의 무덤에서 영원히 잠들었다.

iii. 왕이 서거하셨지만…

스페인 마드리드, 1700년 11월 1일

…그러나 그를 계승할 사람이 아무도 없었다. 스페인을 통치하던 합스부르크 황실의 마지막 후계자인 카롤루스 2세는 그의 39번째 생일을 5일 남기고 사망했다. 두 번이나 결혼을 했음에도 불구하고 그는 자녀도 후계자도 남기지 않았다.

합스부르크 가문의 통치권을 물려받을 아들을 만들 수 없는 무능함은 카롤루스가 불쌍한 삶을 살아가는 동안 겪었던 의학적 어려움들 중 하나에 불과했다. 그는 간질과 정신질환 등 심각한 장애를 가지고 있었다. 네 살이 될 때까지 걷지 못했고, 여덟 살이 될 때까지 말을 하지도 못했으며, 그것이 겨우 가능해졌을 때, 영원히 부풀어 오른 입술이 혀를 가로막아 그의 발음을 왜곡시키고 말투를 흐트러뜨렸다.

그의 피곤한 삶이 마지막을 향해 가면서 상태는 더욱 나빠졌다. 다리를 절게 되었고 발작적인 경련이 그의 정신을 어지럽혔다. 그리고 그는 점점 더 이상한 행동을 했고, 환각에 시달렸으며, 조상의 시신을 파헤쳐 썩어가는 모습을 보여 달라는 엽기적인 요구를 하기도 했다. 심지어 죽은 후에도 저주받은 그의 육체적 존재의 특이성은 계속되었고, 부검 의사는 여러 가지 내부 기형을 다음과 같이 묘사했다.

그분의 심장은 말린 후추만한 크기였다. 그분의 폐는 부식되어 있었다. 그분의 창자는 썩고 부풀어 엉망이 되었다. 하나밖에 없는 그분의 고환은 석탄처럼 검었으며, 그분의 머리는 수액으로 가득 차 있었다.

나는 병리학자가 아니지만 이것은 틀림없이 과장되었다고 생각한다. 그럼에도 불구하고, 카롤루스는 육체적으로나 정신적으로나 지상에서의 그의 신성한 임기의 어떤 단계에서도 분명히 정상적인 사람이 아니었다. 어린 군주로서 그는 학교에 가지도 않고 자주 씻지도 않는 특별대우를 받았다. 그가 세 살 때 아버지가 죽었고, 그의 어머니인 마리아나가 섭정자로 나섰다. 그녀는 아들이 열네 살이 된 이후에도 섭정을 계속했다. 열네 살은 스페인에서 단독 통치가 허용되는 나이였지만, 육체적으로 왕이 존재하나 정신적으로 왕이 유고중이라는 이유에서였다.

그의 비효율적인 통치 기간 동안 스페인은 곤경에 빠졌고, 미친 왕은 악취를 풍겼다. 문자 그대로 모욕을 더하기 위해, 명목상으로 신성한 최고 권력의 신하들은 그에게 엽기왕 카롤루스(Charles the Hexed) 혹은 주술왕 카롤루스(Charles the Bewitched)라는 별명을 지어 주었다. 17세기에 39세의 나이로 죽는 것은 그리 짧은 삶이 아니었지만, 그렇게 심각한 장애를 가지고도 오래 살아남는 것은 매우 이례적인 일이었다. 그는 애지중지하는 보살핌을 받으면서 고통스러운 인생을 견뎌왔고, 대머리였지만 가발을 썼으며, 불구자이자 간질 환자였지만 최고 권력자만이 부여받을 수 있는 시중과 보호를 받았다. 그러나 그것은 모두 무의미한 것이었다.

그의 저주받은 육체는 아이를 남기지 못했다. 그는 18세에 오를레앙의 마리 루이즈(Marie Louise)와 결혼했으며, 십 년 후 그녀가 사망하자, 다시 29세에 노이 부르크의 마리아 안나와 결혼했다. 그의 첫 번째 왕비는 조루 증상에 대해 사적으로 말했고 두 번째 왕비는 발기불능에 대해 이야기했다. 이것은 심각하고 수많은 장애와 함께 한 증상이었기 때문에 어떤 단일 질병도 사후에 확인되지 않았고 확인될 수도 없었다.

카롤루스 2세는 스페인 합스부르크 왕조의 마지막 통치자였다. 합스부르크 가문은 1700년 그가 죽을 때까지 200년 동안 모든 신성 로마 황제에게 부여된 엄청난 부와 권력을 누렸고, 그 기간 동안 유럽 본토의 가장 큰 영토를 다스렸다. 그들은 독특한 합스부르크 입술(Hapsburg Lip)을 가지고 있었다. 이는 현대 의학 용어로는 상악전돌증, 일반 용어로는 주걱턱에 의해 입술이 튀어나온 것이며, 여러 세대 동안 왕조의 많은 공주와 왕비를 통해 왕으로부터 왕자로 계승되는 신성한 권력의 상징이 되었다.

그것이 바로 문제였다. 합스부르크 가문은 권력을 움켜쥔 손을 절대로 놓지 않으려 했으며, 순수한 혈통을 유지하기 위해 카롤루스 출생

이전에 100년 넘게 외부인과 결혼하지 않았다. 그의 아버지는 스페인의 펠리페 4세였고(런던 남동부 덜위치 미술관에 전시된 펠리페 4세의 초상화에는 자랑스러운 합스부르크 턱이 두드러지게 묘사되어 있다), 어머니는 오스트리아 왕실의 마리아나였다. 그녀의 어머니는 펠리페의 여동생인 스페인 공주 마리아 안나(Maria Anna)였다(다음 페이지 도표 참조). 그러므로 카롤루스는 삼촌과 조카가 결혼하여 낳은 아들이었다. 펠리페와 마리아 안나의 어머니는 오스트리아의 마가리타였으며, 그녀는 카롤루스의 부계 할머니인 동시에 모계 증조할머니였다. 가계도 자체에서 그들이 열린 가지가 되어야 할 때에도 닫힌 고리임이 명확하게 보였다. 또 다른 닫힌 고리에서 오스트리아의 카롤루스 2세는 고조할아버지이자 증조할아버지였다.

이 결혼은 종종 세대 간이었고, 종종 조카와 삼촌의 결혼이었기 때문에, 합스부르크의 안나(Anna of Hapsburg, 1528~1590)는 카롤루스 2세의 이모인 동시에 숙모, 할머니, 증조할머니이기도 했다. 내 가족과 오늘날 영국의 여왕이 그렇듯이, 여섯 세대는 62명의 다른 사람들을 포함해야 하지만, 카롤루스 2세는 32명뿐이었다. 여덟 세대에는 254명의 사람들이 있어야 하지만, 카롤루스 2세는 82명뿐이었다.

한 번 더 살펴보자. 이 왕조는 1496년에 미남 왕 펠리페 1세(Philip the Handsome)와 카스티야의 조안나의 결혼에 의해 세워졌다. 카롤루스에서 조안나까지의 최단 경로는 5세대이며 두 번 발생하지만, 그녀는 또한 다섯 가지 경로에서 6세대이기도 하며, 두 가지 경로에서 7세대이기도 하다. 세 가지 경로로 5세대, 6세대, 7세대를 거치려면 원칙적으로

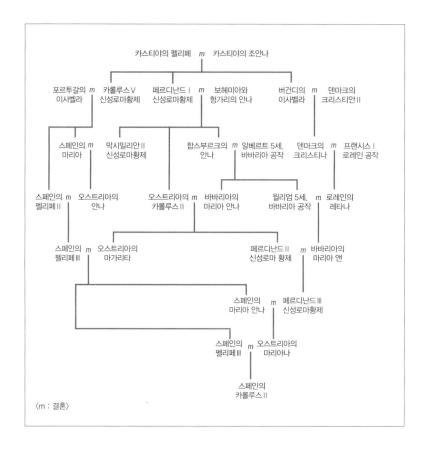

〈m : 결혼〉

스페인의 카롤루스 2세의 가계도

합스부르크 가문은 1661년 카롤루스 2세가 태어날 때까지 약 100년 이상 동안 외부인과 결혼하지 않았다. 6세대 후손은 일반적으로 62명의 서로 다른 조상을 가져야하지만, 카롤루스 2세의 여섯 세대 조상은 32명뿐이다. 8세대는 254명의 조상이 있어야 하지만 카롤루스 2세는 82명뿐이다. 이것은 우리가 '수준 이하'이라고 부를 만한 상황이다.

112명의 여성이 있어야 한다. 카스티야의 조안나는 3대에 걸쳐 그 자리 중 9개를 혼자서 차지했다. 이것은 바람직하지 않다.

조안나도 별명을 가졌다. 말년에 그녀는 몇몇 형태의 정신적 질환으로 고생했으며 현대 의학적으로 추측된 진단에 따르면 울화증, 우울증, 정신병 및 정신분열증을 앓았던 걸로 보인다. 일부 역사가들은 이런 질병들이 유전되었을 수도 있다고 주장했다. 그녀의 할머니인 포르투갈의 이자벨도 비슷한 병으로 고통 받았다. 이런 유형의 사후 진단은 유골이나 DNA없이는 확정하기 어려우며, 여러 가지 추측이 난무한다. 그러나 그 당시 그녀의 신하들은 임상적으로 정확한 진단에 열중하지 않았다. 그들은 그녀를 단지 광녀 조안나(Joanna the Mad)라고 불렀다.

앞부분에서 살펴본 바와 같이, 가계도 나무에서 뻗어 나오는 나뭇가지는 우리가 생각하는 것보다 훨씬 적으며, 충분히 긴 시간에서 보면 우리는 모두 근친교배된 셈이다. 하지만 적어도 직계 가족은 닫힌 고리가 아니라 바깥쪽으로 뻗는 나뭇가지여야 한다. 카롤루스 2세에서 끝난 합스부르크 가문의 가계도는 비극적으로 뒤엉킨 덤불이며 이른바 '혈통의 충돌(pedigree collapse)'에 처해질 운명이었다.

실제로 모든 혈통은 시간이 지나면서 충돌하게 된다. 제3장의 앞부분에 있는 카롤루스의 이야기는 중세 유럽의 모든 사람들의 혈통이 오랜 시간에 걸쳐 뒤엉키고 충돌하는 것에 대한 설명이다. 그러나 카롤루스 2세의 혈통은 짧은 시간 내에 고통스럽게 서로 뒤엉켰다. 가장 간단하게 말하자면 근친교배는 밀접하게 관련된 사람들의 유전자가 섞이기 때문에 아이에게 새로운 유전적 변이를 추가하지 못하는 것이다. 당신은 부모님 중 한 명과 유전자의 절반을 공유하므로 조부모님과 유전자의 4분의 1을 공유한다. 끔찍하고 불법적이고 부도덕한 일이지만, 만약 아버지와 딸이 (또는 어머니와 아들이) 성적인 관계를 맺어서 아이를 낳는다면, 그 아이의 조부모는 여전히 네 명이지만 그중 한 명은 조부모인 동시에 부모이기도 하므로 어떤 새로운 유전자의 혼합에도 기여하지 못할 것이다. 사촌 간의 결혼으로 낳은 아이의 조부모는 4명이지만 증조부모는 6명뿐이다.

가장 가까운 근친결혼은 형제와 자매 사이이며, 이것은 한 세대 동안의 혈통 충돌의 최대치다. 그들은 정확히 같은 부모와 조부모를 가지고 있기 때문에 자녀의 유전자가 동일한 풀에서 추출되고 새로운 유전자가 2세대 이상 추가되지 않는다. 우리는 모든 유전자에 대해 부모 양쪽으로부터 물려받은 각 염색체에 하나의 대립유전자로서 두 개의 복사본을 가지고 있다. 이 시스템은 보험 정책처럼 좋은 유전자가 악성 대립유전자를 대체할 수 있도록 하기 위해 존재한다.

형제와 자매의 근친결혼으로 낳은 자녀는 1~23번 염색체 쌍 모두에서 유전자의 4분의 1이 평균적으로 동일하게 된다. 이것들 중 일부는 퇴행적으로 위험한 열성 대립유전자가 될 확률이 높다. 하지만 정상적인 결혼에 의해 낳은 자녀에서는 다른 유전자 버전의 유입에 의해 그 확률이 낮아진다. 이런 확률의 측정값을 근친교배 계수(inbreeding coefficient)라고 부르는데, 간단히 문자 F[40]를 사용하여 표시하며, 형제와 자매의 자녀는 F값은 0.25가 된다.

2009년 스페인 유전학자 곤잘로 알바레즈(Gonzalo Alvarez)의 연구팀은 카롤루스 2세의 F값을 계산하기 위해 16세대를 거슬러 올라가는 3,000명 이상의 개인을 조사했다. 그의 F값은 0.254로 나왔다. 이는 삼촌과 조카딸이 결혼한 후 여러 세대를 거치면서 태어난 후손인 카롤루스 2세가 형제와 자매의 결혼으로 낳은 아이보다 더 누적적으로 근친교배되었음을 의미했다. 그의 가계도는 명백한 재앙이었지만, 합스부르크 왕실의 혈통 충돌이 유전적 관점에서 연구된 것은 이번이 처음이었다. 펠리페 1세는 상대적으로 정상적인 (비록 여전히 높지만) 0.02로 계산되었으므로, 표준척도와 비교할 때 그와 카롤루스 2세 사이의 200년 동안 그들의 가문은 10배 이상 근친교배된 것이다.

펠리페 3세 역시 카롤루스 2세처럼 삼촌-조카 간 결혼으로 태어난 자식이었으므로 F=0.218이라는 높은 수치가 나타났다. 알바레즈의 연구팀은 합스부르크 왕실의 근친교배 관습이 펠리페와 광녀 조안나에서 시작하는 5~6세대를 훨씬 뛰어 넘을 만큼 뿌리가 깊음을 보여주었다. 각 세대의 근친교배 수준을 높이면 카롤루스 2세와 펠리페 3세가 10세대에 걸쳐서 수평을 이루기 시작한다. 이것은 희미한 근친교배의 그림

---

40 섹스와 관련된 문자가 아니라 fitness(적합성)에서 따온 문자다. fitness는 진화의 핵심 척도이며 번식 성공을 계량화한다. 즉, 개체군 내에서 생명체가 평균적으로 얼마나 많은 자손을 가지는지를 수치화한 것이다. 더 정확하게는 개인이 후속 세대 유전자 풀에 기여하는 정도를 수치화한 것이다.

자가 수백 년 전부터 이들의 운명의 계보로 천천히 유입되기 시작했음을 의미한다.

또한 우리는 이 가문의 자녀들 사이에서 비극적인 사망률을 살펴볼 필요가 있다. 합스부르크 왕실의 가계도는 그 뒤엉킴이 희극적이지만 유아 사망률을 직접적으로 보여주지는 않는다. 펠리페 2세가 태어난 1527년과 카롤루스가 태어난 1661년 사이에 합스부르크 왕실에서 34명의 아기가 출생했다. 그중 17명은 열 살이 되기 전에 죽었고, 10명은 한 살이 되기 전에 죽었다. 귀족처럼 특별한 치료나 보살핌을 받지 못한 당시 스페인 피지배계층의 유아 사망률은 5명 중 1명 정도였다.

이것은 합스부르크 왕조에 누적적인 영향을 끼쳤다. 다른 잠재적 승계자들 중 많은 수가 유아기에 사망했기 때문에, 승계에 대한 모든 희망은 초라한 성기를 가진 카롤루스에게 집중되었다. 그들의 사망 원인이 무엇이었는지 추측할 수 없으며, 특히 카롤루스 2세처럼 유전자가 심각하게 열성인 경우는 더욱 추측하기 어렵다. 카롤루스 2세의 두 유전자 사본에서 모든 DNA 중 4분의 1 이상이 동일했다. 열성 질병 유전자의 사본 하나만을 가지면 정상적인 복사본에 의해 발현을 막을 수 있다. 그러나 2개 모두 열성이라면 질병의 발현을 피할 수 없게 된다. 그의 경우에는 수십 가지의 열성 질병에 노출된 것이다.

곤잘로 알바레즈의 연구팀은 카롤루스 2세의 DNA에서 나타날 수 있는 두 가지 대표적인 질환을 제시했다. 첫 번째는 뇌하수체 호르몬 결핍이었다. $PROP_1$은 두뇌의 하부에 존재하는 완두콩 모양의 기관인 뇌하수체에서 활동하는 유전자다. 뇌하수체는 성장에 필수적인 일련의 호르몬을 생성하고 다른 정상적인 신체 기능을 조정하는 기관이다. 돌연변이 PROP$_1$이 2개 있는 경우, 뇌하수체 호르몬 결핍이 중첩적으로 발생한다. 이는 미약한 근육, 불임, 발기 부전 및 주위 환경에 대한 이상한 무관심 등의 증상으로 이어진다. 알바레즈의 연구팀이 제시한 두 번째 열성 질환은 말초신장 관상동맥증(distal renal tubular acidosis)이었다. 이는 두 개의 유전자의 돌연변이에 의해 유발되며, 근육을 약화시키고, 구루병을 유발하며, 신체에 비해 지나치게 커다란 머리를 갖게 한다.

그것은 카롤루스 2세의 저주받은 신체의 묘사에 모두 잘 맞는다. 곤잘로 알바레즈는 이런 묘사는 추측이라고 강조한다. 하지만 상당히 높은 정도의 근친교배는 이와 같은 특정 열성 조건의 발현 가능성을 높이며, 그것은 수십 가지로 늘어날 수 있고, 자녀의 유전적 견고성과 건강을 심각하게 위협할 수 있다. 17세기의 유전학은 아이러니하게도 권력에 대한 합스부르크 가문의 병적인 탐욕을 풀어 놓았다. 권력을 움켜쥔 손에 더욱 힘을 가할수록 그들은 더 빨리 무너지게 되어 있었다. 그는 부모와 조부모, 삼촌들과 숙모들에게 저주를 받았고, 그의 삶은 탐욕에 사로 잡혔다. 스페인의 카롤루스 2세, 광인 카롤루스는 가문 내에 근친교배가 이루어질 때 벌어지는 비극의 극단적인 예다.

다윈의 불행, 근친교배 결함

근친교배는 과학의 필수 구성 요소다. 유전학은 그것 없이는 어떤 성과도 이루어내지 못했을 것이다. 멘델의 완두콩 실험은 교묘하게 설계된 역교배였으며, 동일한 형질이 세대로 되돌아가도록 함으로써 각 형질의 비율을 계산할 수 있었다. 쥐는 유전학자들이 첫 번째로 선택하는 실험적 생명체 모델이다(초파리, 쥐, 선충, 제브라피쉬가 그다음이다). 최초의 생쥐 유전학 실험자들은 19세기 말 미국에서 경쟁하는 교배자로부터 그들의 실험용 생쥐를 얻었다. 이 생쥐 애호가들은 크러프츠 도그쇼(Crufts Dog Show) 및 다른 개 전시회처럼 인기를 끌었던 쥐 품평회에서 우승하기 위해 더욱 다채로운 털을 가진 생쥐를 만들려고 노력했다. 해가 갈수록 치열해지는 경쟁에서 승리하려면 최고의 특성을 가진 최고의 생쥐를 근친교배해야 한다는 게 그들의 생각이었다.

개를 키워본 사람은 알겠지만, 근친교배의 결과로 모든 종류의 문제점이 발생한다. 우리 가족은 검은색 개량종 리트리버 몇 마리를 키웠는데, 한 마리는 선천성 심장 결함 외에는 특별한 증상 없이 13년 동안 살았지만, 그 개의 형제들은 그리 운이 좋지 못했고 건강에 상당한 문제가 있었다. 오늘날 우리는 모든 실험에서 사용하는 생쥐를 충분히 근친교배시켜서 유전적 결과를 왜곡시킬 수 있는 자연적 돌연변이를 줄이려고 막대한 노력을 기울이고 있다. 그러나 근친교배가 누적되면 질병에 걸린 위험이 높아지게 된다.

다윈은 사랑하는 아내 엠마가 자기의 사촌이라는 사실을 걱정했다.[41]

---

41 사촌 또는 육촌 간 결혼은 친족 간 결혼으로 통칭되며, 이 책 표지에 예시된 것처럼 가계도에 이중 가로줄로 표시된다.

자신의 근친결혼이 불필요한 건강 문제를 유발할 수 있다는 생각에 마음을 졸인 것이다. 다윈 부부는 모두 10명의 자녀를 낳았지만 그중 3명은 열한 살이 되기 전에 사망했다. 그는 가족 전체의 건강에 대해 우려하며 다음과 같이 적었다.

내 행복에서 큰 결함은 아이들의 건강이 매우 좋지 않다는 점이다. 아이들 중 일부는 나의 혐오스러운 체질을 물려받은 것으로 보인다.

자신과 아이들의 건강에 대한 우려는 다윈의 세심한 성격 때문이기도 했지만 합리적인 판단이기도 했다. 그는 '지금 나는 너무나 초라하고 너무나 어리석고 모든 사람과 모든 것을 증오한다'와 같은 절망적인 감정을 표출하는 메모를 남기기도 했다.

그리고 자신의 사촌동생인 프랜시스 골턴이 창안할 우생학의 정신을 떠올리게 하는 다음과 같은 말도 적어 놓았다.

우리같은 비참한 가문은 절멸되어야 한다.

그들의 건강은 비극으로 가득 차 있었다. 그가 가장 사랑했던 애니(둘째 자녀)는 열병을 앓은 후 결핵에 걸려 열 살 때 사망했다. 셋째 아이인 매리 엘레너는 출생 후 23일 만에 죽었다. 애니의 사망 직후 태어난 호레이스(아홉 번째 자녀)는 떨고 헐떡이고 히스테릭한 울음소리를 내면서 하루에도 몇 번씩 경련성 발작을 일으켰다.

다윈은 레오나드(여덟 번째 자녀)가 '다소 굼뜨고 퇴행적'[42]이라고 생각했다. 하지만 레오나드 다윈은 93세까지 살았고 국회의원이었고 인상적인 과학적 유산을 남겼다. 그는 1874년과 1882년에 지구와 태양 사이를 지나가는 금성의 이동 경로를 연구했으며, 이것은 지금도 행성에 관한 중요한 자료로 활용되고 있다. 그리고 20세기에 레오나드 다윈은 로널드 피셔 경(Sir Ronald Fisher)을 후원했다. 로널드 피셔는 1930년대에 새로운 유전학과 자연선택 이론을 융합시키는 데 기여했고, 유전학의 미래를 위한 기본 틀을 설정한 훌륭한 진화생물학자 중 한 명이었다. 레오나드는 프랜시스 골턴의 뒤를 이어 영국 우생학 협회의 두 번째 회장이 되었다.

다윈의 걱정은 단순한 강박관념에서 나온 것이 아니라 고환을 닮은 식물에서 비롯되었다. 난초(Orchid)는 남성의 생식샘을 닮은 뿌리 모양[43]을 가리키는 그리스어 orchis에서 유래되었다. 그는 10여 가지의 난초를 교배시켜서 총 57가지에 달하는 새로운 종을 만들어 냈으며, 교차수정이 자가수분보다 더 튼튼한 식물을 생성한다고 결론 내렸다. 자가수분된 식물은 작고, 가늘고, 늦게 꽃이 피고, 씨앗을 적게 생산하는 경향을 나타낸다. 이런 현상을 '근친교배 저하(inbreeding depression)'라고

---

42 이는 명백하게 다윈 가문의 특성이다. 찰스 다윈의 아버지 로버트 다윈은 열여섯 살 된 아들에게 보낸 편지에서 '사냥, 개, 쥐 잡기 외에는 아무런 관심도 없는 너는 모든 가족에게 불명예가 될 것'이라고 썼다. 훗날 로버트 다윈은 이렇게 말하지 않았을까? '아들아. 그때는 미안했다. 네가 가장 위대한 영국인이 될 줄은 정말 몰랐구나.'

43 중세 영어에서는 난초를 'bollockwort(불알꽃)'이라고 불렀다. 이것은 점잖은 현대 영어에 재도입될 가치가 있다.

부른다.

합스부르크 왕실의 진흙탕 수준까지는 아니었지만, 다윈-웨지우드 가문에서도 근친결혼(혹은 자가수분)이 빈번했다. 2009년에 합스부르크 가계도를 연구했던 유전학자 곤잘로 알바레즈는 2015년에 다윈에게 관심을 돌렸다. 찰스 다윈과 엠마는 사촌지간이었고, 그녀의 오빠 3명도 근친결혼을 했다. 이는 그들의 자손에게 0.0625의 F값을 부여했다. 엠마의 오빠인 헨리 웨지우드와 그의 부인 제시 웨지우드는 중복적인 사촌이었다. 그들의 아버지는 형제였고 그들의 어머니는 자매였기 때문이다. 이에 따라 그들의 자녀의 F값은 0.1255로 높아졌다.

엠마의 형제 중 3명은 다시 한 번 외부인과 결혼했으며, 스페인 합스부르크가문과 마찬가지로 유아 사망률을 유전적 견고성의 척도로 사용한다면 다윈 가문은 괜찮았다. 4대에 걸쳐 다윈-웨지우드 가문에서 176명의 자녀가 태어났고, 그중 155명이 살아남았다. 이는 약 12퍼센트의 아동 사망률로, 영국 빅토리아 시대 중기의 평균 아동 사망률 15퍼센트보다 낮다. 그들은 부유하고 특권이 있는 가문이었으므로 상류층의 빅토리아 인들이 누릴 수 있는 모든 건강과 의료 혜택을 누렸다.

'근친교배 저하'는 종의 멸종으로 이어질 수 있는 식물을 보존하려는 노력에서 깊이 연구되었다. 사람에서 나타나는 '근친교배 저하'는 20세기와 21세기에 걸쳐 연구되어 왔다. 결과는 다양하게 나타났다. 1960년대 일본의 섬 주민들에 관한 연구에서는 근친교배와 전반적인 건강 상태의 측정 가능한 연관성이 뚜렷하게 발견되지 않았다. 1970년대에는 혈연관계를 가진 사람간의 결혼에서 태어난 아이가 정신지체(mental retardation) 가능성이 더 높은 걸로 나타났다.

그리고 2014년에는 인도 북부의 회교도 공동체에서 근친교배와 낮은 IQ 테스트 수치 간에 강력한 상관관계가 나타났다. 지능의 유전은 복잡한 영역이며 그 세계를 탐구하기 위해서는 더 심층적인 조사가 필요하다. IQ는 다양한 인지 능력 중 한 가지를 측정한 것이다. 어떤 학자들은 IQ는 단지 IQ테스트에서 얼마나 뛰어난지를 나타낼 뿐이라고 단언한다. 이는 100미터 달리기는 100미터를 얼마나 잘 달리는지를 테스트할 뿐이라는 말과 똑같은 것이다. 이런 논란에도 불구하고 IQ는 지금까지 가장 많은 연구가 이루어진 인지 능력의 한 측면이며, 적어도 과학자들에게는 어느 정도의 가치를 제공한다.

그러나 새로운 유전학이 근친교배의 영향에 대한 방대한 연구를 가능하게 해준 것은 분명한 사실이다. 2012년에는 훨씬 더 직관적인 특징에 대한 연구가 이루어졌다. 그 특징은 바로 키였다. 부모의 키가 크면 자녀의 키도 크다는 걸 우리는 경험적으로 알고 있다. 하지만 키는 유전적 요인과 환경적 요인 모두에 의해 영향을 받는다(유전가능성의 개념은 제4장에서 살펴볼 것이다). 스코틀랜드 에든버러대학교 유전학자 루스 맥퀼란(Ruth McQuillan)의 국제적 연구팀은 유럽 21개 국가에서 3만 5,000명에 달하는 사람들의 DNA를 스캔하여 전체 게놈의 염색체에서 동일한 유전적 돌연변이를 찾아냈고, 이를 통해 혈통을 확인했다. 근친결혼 후손과 외부결혼 후손 간 신장 차이는 평균 3센티미터였다. 키에 커다란 영향을 미치는 사회 경제적 요소도 최종 분석에서 고려되었다.

사람의 신체적 측정 기준 중 하나인 키에 의해서도 '근친교배 저하'가 확인된 것이다.

검은 방울을 흔드는 사람이 너를 데려갈지도 몰라

근친교배의 영향은 과장되기 쉽다. 2010년 무렵 영국에서는 사촌 간 결혼에 대한 뜨거운 정치적 논쟁이 벌어졌다. 총리가 파키스탄 공동체, 무슬림 공동체 그리고 브래드포드 시의 사촌 간 결혼 비율에 대해 공개적으로 언급하기 시작했을 때였다. 이들은 서로 겹치는 세 개의 집단이다. 파키스탄계 영국인은 약 백만 명이고 그중 70퍼센트가 파키스탄의 미르푸르 지역 출신이다. 몇몇 연구에 따르면 영국 내 미르푸르 출신 파키스탄인 결혼의 60퍼센트가 사촌들 사이에서 이루어진다고 한다. 이는 약 20만 쌍에 달하므로 사촌 간 결혼 비율로는 꽤 높은 것이다.

모든 이슬람 사람이 사촌 간 결혼에 동의하는 건 아니지만, 다른 문화나 종교에 비해 이슬람교에서 더 널리 허용된다고 말할 수 있다. 불교와 조로아스터교도 그것에 대해 상당히 너그러운 편이다. 위험은 어느 정도일까?

혈연이 아닌 남녀 간 결혼에 비해, 사촌 간 결혼은 열성 질병의 위험이 거의 두 배로 증가된다. 하지만 이는 상대적인 비율이고 절대적 비율은 낮다고 볼 수 있다. 자녀가 열성 질환을 가질 확률은 외부결혼에서는 2~3퍼센트 정도이고 사촌 간 결혼에서는 5퍼센트 정도다. 이것은 여성이 40세가 넘어 출산하는 경우와 거의 같다. 따라서 위험은 존재하지만 심각한 수준은 아니다. 이런 유전적 위험성에 대한 의학적 보고가 나오자, 사촌 간 결혼이 인정되거나 심지어 권장되는 지역 공동체에서 여러 가지 논의가 이루어지고 있다. 그들을 유전적으로 낙인찍는 건 분명히 바람직한 행동이 아니다. 영국의 정치가들은 사촌 간 결혼의 의학적 위험에 대해 발표하는 걸 너무 좋아하는 것처럼 보인다. 노동당 하원의원이었고 이민성 장관을 역임했던 필 울라스(Phil Woolas)[44]는 2008년 이렇게 말했다.

사촌 간에 아이를 낳는 건 유전적인 문제를 낳는 것입니다.

이것은 내용면에서는 사실이지만, 실제 위험에 대한 통찰력이 빠져 있다. 몇몇 연구에 따르면, 2005년 영국에서 태어난 아기의 3.4퍼센트에 불과한 파키스탄계 부모의 자녀가 선천적 열성 질환의 30퍼센트를 차지하는 것으로 나타났다. 이것이 진정한 문제다. 하지만 유전 상담은 전문가들이 자녀를 낳을 부모에게 자녀에게 나타날 수 있는 유전병 위험에 대해 조언하는 전문적인 영역이지 정치가가 나설 영역은 아니다. 자녀의 선천적 열성 질환의 위험에 대한 교육은 유전적 낙인찍기 없이 부모에게 제공되어야 한다.

----

44 울라스는 선거운동에서 상대 후보를 비방했다는 법원 판결로 2010년 의원직을 박탈당했고 노동당에서 제명되었다.

2006년에 또 다른 하원의원 앤 크라이어(Ann Cryer) 역시 필 울라스와 비슷한 서투른 주장을 했다. 많은 이슬람계 영국인들은 스티브 존스(Steve Jone : 나의 유전학 지도 교수이자 이 책을 쓰는 데 많은 도움을 준 분이다)의 매우 정제되고 과학적으로 정확한 발언조차도 이슬람에 대한 공격으로 받아들였다. 스티브 존스의 발언은 북아일랜드의 유사한 근친교배 수준과 영국 왕실을 함께 언급한 균형 잡힌 내용이었지만, 예상대로 이런 내용은 대부분의 언론보도에서 빠져 있었다. 사실 많은 이슬람 문화권에서 성직자들은 친족 간 결혼에서 나타나는 열성 질병의 위험에 대해 유전 상담을 하도록 훈련받는다. 하지만 이슬람교는 여러 관습이 존재하는 거대한 종교이기 때문에 그런 상담이 어디서나 가능한 건 아니다.

최근에 집시에 대한 편견 때문에 유전적 낙인찍기의 추한 모습이 다시 한 번 드러난 사건이 있었다. 2013년 10월 아일랜드 경찰은 한 집시의 가정에서 두 명의 자녀를 구출했다. 며칠 전에는 그리스에서도 경찰이 또 다른 집시의 집을 급습하여 부모로부터 안전한 장소로 다섯 살짜리 소녀를 옮겼다. 그 아이들은 모두 금발머리였고 눈동자는 파란색 혹은 녹색이었다. 2007년 발생한 매들린 맥캔(Madeleine McCann) 납치사건은 수개월 동안 언론에 대대적으로 보도되었지만, 여전히 오리무중인 상태였다. 검은 피부를 가진 부모와 금발머리를 가진 자녀는 뭔가 부적절하다는 의심의 베일 아래서 아일랜드와 그리스의 아이들이 구출되었기 때문에, 언론에서는 이를 맥캔 사건과 관련짓고 있었다. 이런 편견은 수세기 동안 계속된 것이다. 미국 영화의 개척자 D.W.그리피스의

1908년 데뷔작 〈돌리의 모험(The Adventures of Dollie)〉은 백인 소녀를 납치하는 집시를 다룬 단편 영화다. 20세기에 집시나 떠돌이가 어린이를 유괴했다는 모함으로 기소된 수십 건의 사례가 있었으며, 근대 유럽 역사를 거슬러 올라가면 19세기 자장가에 이런 구절이 나올 정도였다.

아가야 울지 마라, 아가야 울지 마라, 칭얼거리지 마라.
검은 방울을 흔드는 사람이 너를 데려갈지도 몰라.

그리니치대학교의 집시 연구 전문가인 토머스 액턴(Thomas Acton) 교수에 따르면 역사상 집시 아닌 아이들을 집시가 유괴한 실제 사례는 한 번도 없었다.

현대 사회에서는 유전학과 편견이 충돌하여 신화에 활력을 불어 넣는다. 어떻게 언론에 의해 '마리아'라는 익명으로 불린 그리스 소녀 같은 '금발의 천사'가 요정에 의해 바꿔치기된 것이 아니라 그녀를 키우고 있던 거무스름한 집시들에 의해 유괴된 것일까? 사실, 2명의 아일랜드 아이들은 함께 살던 사람들이 생물학적 부모가 확실하다는 걸 증명하는 DNA 검사 결과에 따라 다시 가정으로 돌려보내졌다. DNA는 그리스에서 마리아를 키웠던 어두운 피부색의 사람들이 생물학적 부모가 아니라는 것도 밝혀냈다. 그리고 추가적인 조사를 통해 그녀의 진짜 부모는 불가리아에서 살고 있는 집시라는 사실이 확인되었다. 마리아의 친부모는 가난 때문에 마리아를 그리스의 양부모에게 비공식적으로 입양시킨 것이었다.

이런 금발머리는 어떤 유전학자에게도 뉴스거리가 아니었다. 유전학 교수 레오니드 크루글락(Leonid Kruglyak)는 이 아이들이 금발이 될 수 없다고 생각하는 사람들에게 놀랐다고 말했다. 그럼에도 그것이 유전적으로 불가능하다는 잘못된 생각은 집시가 집시 아닌 아기를 훔치는 고대의 편견이 담긴 이야기에 그럴듯하게 연결되어 의심의 확산을 부추겼다.

집시는 유전적으로 특이한 유목민 공동체다. 추정되는 인구수는 다양하지만, 대략 전 세계에 800만~1,100만 명의 집시가 있으며 대부분 유럽에 거주하고 있다. 2012년 발표된 유전자 분석에 따르면 그들은 서기 500년경 인도에서 출현하여 발칸 제국으로 이주했고 11세기 무렵에 불가리아 등지로 퍼져 나갔다. 많은 유럽 국가에 집시의 거주지가 있으며, 이들은 상대적으로 족내혼(사회적 또는 문화적 동일집단 내에서의 결혼) 비율이 높지만, 지역 토착민들과도 결혼한다. 그런데도 전체 집시 인구는 최소한 두 번 병목 현상을 겪었던 것으로 보인다. 첫 번째는 인도를 떠난 후이며, 두 번째는 집시가 다른 개체군 속으로 퍼지기 시작한 후다.

집시 공동체는 워낙 다양하기 때문에 전체적인 근친결혼 비율을 추산하기는 어렵지만, 학자들은 이들의 유전적 특성을 분석하려고 노력해왔다. 집시 공동체에서만 나타나는 것으로 보이는 9가지 이상의 돌연변이가 발견되었으며, 높은 수준의 보인자 상태가 몇 가지 더 발견되었다. 이런 돌연변이 중 하나가 눈피부백색증(oculocutaneous albinism)으로, 두 개의 열성 유전자를 가진 사람들의 색소 침착이 부족하거나 매우 낮아진 상태를 말한다. 눈피부 백색증 유전자에는 여러 가지 유형이 있지만 OCA_1B 유전자를 가진 사람들은 전형적인 색소결핍증처럼 창백한 피부는 아니다. 대신 그들이 출생 때 갖고 있는 매우 옅은 금발 머리는 시간이 지남에 따라 약간 어두워지며, 피부는 옅은 황갈색을 띠고, 눈동자 색깔은 청색, 녹색 혹은 녹갈색을 띤다. 스페인에서 살고 있는 집시 개체군에서 OCA_1 유전자의 비율은 약 3.4퍼센트이며, 이는 집시가 아닌 개체군보다 7배 높은 수치다. 소규모 족내혼 공동체인 스페인계 집시에서 OCA_1 유전자의 비율이 높다는 것은 집시 가족 내의 금발머리 아이들의 존재가 사실상 유전적 필연임을 말해준다. 불가리아에서 마리아의 친부모가 발견된 후, 그들의 자녀 9명 중 5명이 금발머리와 파란색 눈동자를 가졌고, 부계의 삼촌 2명도 그렇다는 보도가 나왔다.

다윈 가문의 사람들은 '근친교배 저하'에 빠졌던 것일까? 지금으로써는 뭐라고 분명히 말하기는 어렵다. 합스부르크 왕실은 전례 없는 깊이로 혈통의 순수성에 집착했으며 그 수렁에서 빠져나오지 못했다. 그러나 빅토리아 시대의 가문 역시 가까운 혈연끼리 결혼하는 경우가 흔했으며, 특히 다윈-웨지우드-케인즈 가문은 비록 유아 사망률은 높았지만 많은 자녀를 낳았고 돋보이는 인물들을 배출했다. 영국에서는 16세기 헨리8세가 사촌 간 결혼을 합법화했다. 미국의 31개 주를 제외한 대부분의 서양 문화권 국가에서도 사촌 간 결혼이 허용된다.

오늘날, 사촌 간의 결혼이 허용되고 심지어 권장되는 문화에서 대체로 질병 발생률이 높고 구성원의 건강상태가 좋지 않음이 확인되고 있다. 그러나 그 위험성이 엄청나게 높은 건 아니다. 집시 공동체는 외부의 개체군보다 더 높은 비율의 열성 유전자를 가지고 있지만, 그럼에도 상당한 규모의 씨족을 형성했다. 이름을 알리려는 정치인들이 근친결혼과 관련된 선정적인 발언으로 신문의 헤드라인을 장식하고 사람들을 분노하게 만드는 것은 바람직하지 않다.

그리고 친족과의 결혼에 집착하는 사람들이 본의 아니게 수행한 실험을 통해 우리는 많은 질병의 유전적 성질에 대해 알게 되었다. 테이삭스병(Tay‑Sachs disease)의 발견은 19세기 후반에 근친혼 가족들에 의해 가능했다. 그레이트 오몬드 스트리트 병원에 찾아온 파키스탄 근친혼 가족이 다양한 언어 문제를 호소했을 때, 그 원인이 7번 염색체 FOXP₂ 유전자의 결함으로 밝혀지면서 언어의 유전학에 대한 우리의 이해가 깊어졌다. 내가 연구했던 소안구증(microphthalmia : 일종의 시력상실증)의 원인 유전자는 중동의 근친혼 가족을 통해서만 확인할 수 있었다. 근친혼 덕분에 발견된 유전자의 목록은 전부 나열하기에는 너무나 길다.

2015년 12월, 영국의 '1000게놈 프로젝트'는 명목상 숫자가 아니라 서로 다른 26개 민족의 2,500명 이상의 완벽한 인간 유전자 염기서열을 분석하는 상세한 조사다. 근친혼의 흔적을 찾으려고 이 데이터를 조사한 건 아니었지만, 연구진은 26개 개체군 모두에서 분명한 근친 관계를 발견했다. 분석된 피실험자의 4분의 1이 근친혼의 후손으로 확인됐다. 25명 중 한 명이 사촌 간 결혼의 후손과 동일했고, 일부 개체군에서는 그 비율이 50퍼센트에 달했다. 그중 227명은 알려지지 않은 사촌(또는 최소한 보고되지 않은 유전적 근친관계)인 것으로 판명되었다. 15명은 사촌보다도 가까웠다. 유전적으로 부모–자식 관계가 8명, 형제–자매 관계가 3명, 조카–삼촌 관계가 3명이었다.

'1000게놈 프로젝트'는 혈연관계를 드러내거나 수치심을 안겨주기 위한 것이 아니다. 전 과정에서 개인의 익명성이 보장되었다. 대신 이러한 근친관계 계산은 상동 염색체의 동일 블록과 부모와 동일한 게놈(후손에 의한 동형접합성) 내의 블록을 조사함으로써 이루어졌다. 지리적 또는 문화적으로 확산되지도 않았다.

인도 대륙 출신의 남아시아인이 평균적으로 가장 높은 근친 관계를 나타냈으며, 아프리카인과 유럽인이 근친 관계가 가장 낮았다. 유럽인 중에는 핀란드인이 근친혼 비율의 최상단에 위치했는데, 핀란드가 인구가 적고 이민이 많지 않은 나라임을 고려하면 이는 그리 놀랍지 않은 결과다. 이런 자료는 유전자 발현 유형 및 전 세계적인 인간 게놈의 변이 패턴에 대한 추가적 연구에 매우 중요하게 활용될 것이다.

'1000게놈 프로젝트'는 이제 연구자들이 활용 가능한 데이터베이스가 되었으며, 이 프로젝트에 참여한 사람들의 근친 관계 수준을 이해하는 것은 혈통에 대한 유전적 영향을 인식하는 데 필수적이다. 연구 참여자들의 관련성에 대한 설명이 매우 가치 있는 것이다.

우리는 아이슬란드인, 유대인, 핀란드인, 페르시아인, 인도인, 파키스탄인 등 사실상 모든 민족의 근친결혼에 빚을 지고 있다. 비둘기, 생쥐, 초파리, 벌레의 동종교배도 매우 소중하다. 이들의 혈통이 유전자의 비밀을 밝혀냈다. 새로운 유전자가 태아의 게놈으로 진입하지 못할 때 열성 유전병의 출현 위험이 증가한다. 그러나 이를 과장하여 편견을 키우고 조장하는 행위를 허용해서는 안 된다. 유전 상담과 교육은 영국 전역에서 모든 사람에게 열려 있으며, 근친결혼 문화에 익숙한 사람들에게 이런 사회적 서비스를 활용하도록 격려함으로써 가정 내의 건강 관리와 유전병의 부담을 덜어줄 수 있을 것이다.

그러나 사람들이 근친혼을 계속하는 한, 유전학자들도 그 가족의 게놈을 관찰하고 외부혼과 다른 어떤 비밀이 있는지 계속 연구할 것이다. 하지만 근친혼이 유전학자들에게 얼마나 흥미로운 분야인지에 상관없이, 당신이 세대를 거치면서 계속해서 근친결혼을 고집한다면, 당신이 왕족이든 고귀한 가문이든 그건 바람직한 일이 아니다.

제2부

지금 우리는 누구인가

제4장
인종의 종말

●

'그토록 편견으로 둘러싸인 주제는 전부 피하려고 생각 중이네'
−찰스 다윈이 알프레드 러셀 월리스에게 보낸 편지, 1887년 12월 22일

1981년 10월, 서퍽주, 카펠 세인트 메리

내가 처음 인종차별을 접했을 때, 나는 르로이였고 누나는 코코였다. 우리는 영국 동부 서퍽주 카펠 세인트 메리라는 작은 마을의 슈퍼마켓에 있었다. 그 때 자전거를 탄 남자 아이 몇 명이 여덟 살 먹은 내 누나와 18개월 어린 내게 그 이름을 외쳐댔다. 〈페임(Fame)〉은 당시 엄청난 인기를 누린 TV 드라마였고, 코코와 르로이는 그 주인공이었다. 나는 그다음 벌어진 두 가지를 기억한다. 첫째, 우리는 그것을 영광이라고 생각했다. 그들이 놀라운 춤꾼이고, 둘 다 흑인이며, 둘 다 완전히 매력적이었기 때문이다. 콘로 스타일 머리를 한 르로이는 무뚝뚝한 카리스마가 있었고, 코코는 터프하고 아름다웠다.

둘째, 우리 아버지의 얼굴이 퍼래졌고 분노가 폭발했다. 아마 아버지의 머릿속에는 일 년 전쯤 나치 반대 운동에서 경찰의 과잉진압으로 사망한 친구인 블레어 피치 아저씨가 떠올랐던 것 같다. 너무 침착했던 코코와 르로이 남매는 아버지의 불같은 반응에 무척 당황했다. 우리의 약간 검은 피부색이 1980년대 시골 마을 서퍽에서 우리를 눈에 띄게 만들었을 거라는 생각이 든다. 누나와 나는 집으로 돌아오는 내내 심하게 다퉜다.

얼마 후 새로운 학교의 첫 학기에 어떤 일곱 살짜리 아이가 나를 '파키'라고 불렀다. 어린 나이였지만 나는 이것이 모욕을 의미한다는 걸 직감했고 그 놈의 명치에 주먹을 한 방 먹였다.[45] 맞대결할 때 왕따 가해자들이 대부분 그렇듯이 녀석은 울면서 선생님에게 달려갔고, 나는 교장실로 불려갔다. 이해할 수 없는 폭력에 대한 무관용 정책을 가진 교장선생 옐랜드 씨는 침을 튀기며 분노했고, 나는 겁에 질렸다. 나는 그에게 벌어졌던 일을 말했고, 그는 꺼지라고 내게 소리쳤으며, 나는 여전히 덜덜 떨며 나왔다. 그는 인종차별에는 관용 정책을 가진 것처럼 보였다. 그 아이는 일주일간 방과 후 근신 처분을 받았다.

이런 꽤 저급한 인종차별의 사소한 예는 별로 심각하지 않으며, 나는 살면서 더 큰 인종차별을 참아왔다고 자부할 수는 없다. 내 어머니는 인도 혈통이지만, 나는 그리 검지 않으며, 가끔씩 이태리계나 스페인계로 오해 받기도 한다. 나는 매우 영국적인 이름과 BBC 라디오4 아나

---

[45] 인종차별주의자를 때리는 걸 내가 반드시 격려하거나 지지하는 건 아니다.

운서를 해도 손색없는 영국식 발음을 갖고 있다. 나는 몇 번 인도를 방문한 적이 있지만, 여행 목적이었지 일 때문에 간 건 아니었다. 나는 한 여행에서 아마도 내 모계 DNA가 약 2,000년 전 뭄바이 지역 근처에서 유래되었음을 보여주는 뿌리를 찾아냈지만, 그건 순수한 과학적 관심이었을 뿐이다. 어떤 영혼적인 깨달음을 찾으려는 의도는 분명히 없었다. 나는 인도에 대해 크리켓을 사랑하는 나라라는 정도밖에 모른다. 내 어머니는 인도 대륙에 한 번도 발을 디딘 적이 없으며, 어머니의 부모님도 그랬다. 그분들이 태어나기 전, 어머니의 조부모님은 남미의 가이아나로 이주했고, 어머니는 거기서 인생의 첫 20년을 보낸 후, 많은 가이아나 여성들이 그랬듯이 영국으로 이주했다. 영국 보건성이 간호사를 채용하려고 식민지에서 지원자를 모집하던 시절이었다. 어머니는 지금은 캐나다에 살고 계신다.

내 아버지는 영국 요크셔주 스카버러에서 태어났고, 그분의 가계도의 뿌리는 잉글랜드 북동부이며, 우리가 추적할 수 있는 한 17세기 국경선 북쪽까지 이어져 있다. 러더퍼드란 이름은 그 지역과 밀접하게 관련되어 있으며, 가문의 문장과 'nec sorte, nec fato(우연에도 운명에도 흔들리지 말라)'라는 가훈을 갖고 있다. 내 생각에 그건 진화와 유전학에 꽤 적절한 문구다.

아버지의 가족은 그분이 다섯 살일 때 뉴질랜드로 이주했고, 당시 그곳에는 러더퍼드란 성을 가진 많은 정착민들이 있었다. 위대한 물리학자 어니스트 러더퍼드(Ernest Rutherford)[46]뿐만 아니라 내 아버지도 스무 살에 고향으로 돌아왔다. 내 고모(아버지의 여동생)는 오스트리아계 유태인인 고모부와 함께 여전히 지구의 반대편 뉴질랜드에 살고 계신다. 내 사촌(고모의 아들)과 그의 두 딸은 완전한 뉴질랜드인이다. 내 부모님은 내가 여덟 살 무렵 이혼하셨고, 우리는 얼마 후 아버지와 새로운 배우자이자 현재의 아내인 분과 함께 이사를 갔다. 그녀는 우리를 친 자식처럼 키워주셨다. 새 어머니는 이스트 앵글리아 출신이며, 우리는 17세기까지 거슬러 올라가는 에섹스 교회에서 그녀의 모계 묘비를 볼 수 있다. 그녀의 아버지와 고모는 리버풀에 있는 자비의 수녀회(Sisters of Mercy)에서 키워진 고아였지만, 우리가 그 가계도를 조사했을 때 그들의 아버지, 즉 그녀의 할아버지는 조셉 아브라함즈라는 유태계 러시아인이었다.

그러나 그는 조지프 애덤스라는 영국식 이름으로 개명했다(혹은 개명당했다). 전통은 인정사정없이 버려졌다.[47] 그녀는 이미 2명의 아들이 있었고, 그녀와 아버지가 나보다 열여섯 살 어린 새로운 남동생을 낳았을 때 우리의 계보에 넣었다.

---

46 나와는 혈연관계가 없다.

47 이런 일은 유태인 사이에서 드물지 않다. 나는 코헨이라는 이름을 가진 친구가 있지만, 전형적으로 그렇듯이 오랜 사제적 전통 때문이 아니었다. 19세기에 동유럽에서 영국에 도착했을 때, 이민국 관리에게 영어로 말할 수 없었기 때문에 그들의 유태인성이 수립되었고, 코헨은 전형적 유태계 이름으로 지정되었다. 유사하게, 나는 지(Gee) 그리고 케이(Kay)라는 성을 가진 친구가 있다. 1930년대에는 긴스버그처럼 분명한 유태계인 이름을 가지는 것은 잠재적으로 위험했고 크루프니크 같은 이름은 어려운 것으로 인식되었기 때문이다. 둘 다 이니셜로 간단히 줄였다.

우리는 이제 모두 성인이다. 내 누나는 네덜란드 및 독일/유태인 조상을 가진 남아프리카계 영국인과 결혼했고, 두 딸을 낳았다. 내 둘째 남동생은 스웨덴 여성과 결혼했고, 생물 분류학의 탄생지인 웁살라[48](스웨덴 남동부의 교육 도시)에 살고 있으며, 거기서 그들은 이중국적에 2개 국어 사용자인 아이 2명을 낳아 키우고 있다. 내 막내 남동생은 망명자 가족 출신의 이란 여성과 살고 있다. 내 새 어머니의 언니는, 그리스에서 버려진 아기로 발견된 후 영국인 가족에게 입양된 남성과 결혼했다. 그들은 세 명의 아들이 있고, 큰 아들은 독일-몰타계의 어머니를 가진 영국 여성과 결혼했다. 나는 부모님이 각각 아일랜드와 웨일스 계보를 가진 영국 여성과 결혼했다. 우리 세 아이들은 모두 런던[49]에서 내가 직접 받았고, 내 아들의 출생지는 해크니 작업장 2킬로미터 이내였으며, 19세기 기록에 의하면 그곳은 라이커거스 핸더라는 격조 높은 이름을 가진 나의 32대 할아버지가 가난에 찌들어 근근이 살아가다가 사망하신 곳이다.

어쨌든 삶은 이어진다. 어떤 세대에서, 유태계 러시아인 가족은 영국계 비유태인이 되었고, 내 사촌이 뉴질랜드인으로 태어나고, 내 조카들은 스웨덴인이 된다. 사람들이 물어보거나 공문서의 빈칸을 채울 때 나는 자신을 혼합 인종인 영국계 인도인이라고 적는다. 그러나 그게 사실일까? 50대가 된 지금은 런던에서 보내는 시간이 더 많지만, 나는 입스

---

48 스웨덴의 생물학자 린네(Carl Linnaeus)가 살았던 곳이다. 린네는 생물학, 특히 생물의 분류 체계를 혁신시켰다.
49 이런 출생지 때문에 나는 내 아들이 런던토박이의 자격을 갖췄다고 믿는다.

위치 출신이다. 나는 내 족보를 나무보다는 흥미롭게 뒤엉킨 덤불이라고 생각한다.

우리가 특이한 걸까? 역사에 걸쳐 사람들은 전형적으로 고향 근처의 사람들과 결혼했지만, 족외혼을 향한 진보는 거침이 없었다. 적어도, 이것은 왕실이 아닌 집안에서는 사실이다. 그리고 우리는 족내혼이 합스부르크 왕가에 어떻게 작용했는지 살펴보았다(제3장 참조). 그건 좋지 않은 결과를 낳는다. 인종적 학대가 멍청한 짓이라는 걸 지적하는 건 대단한 폭로가 아니지만, 내 배경을 고려하면 '파키'라고 불리는 건 별로 합당하지 않다. 코코와 르로이가 아무리 멋지다 해도, 마음속으로는 그들처럼 춤꾼이 되고 싶었을지언정.[50] 누나와 나를 흑인에 비유하는 건 더욱 불합리하다. 코코와 르로이를 연기했던 배우인 아이린 카라(Irene Cara)와 진 안토니 레이(Gene Anthony Ray)의 조상이 누군지 모르지만, 나의 유전적 기원이 이 배우들보다는 서퍽의 꼬마 인종차별주의자들과 가까울 가능성이 훨씬 더 높다. 이것은 영국계 유전자를 가진 나의 부계와 인도계 유전자를 나의 모계에 모두 적용된다.

제1장에서 살펴보았듯이, 본질적으로 이것은 10만 년 전쯤 느릿느릿 산책하듯 아프리카를 벗어난 소규모의 개체군이 확산과 이주를 거듭하여 세상의 나머지를 채웠기 때문이다. 인류의 원천에 남았던 사람들보다 훨씬 적은 소수의 사람들이 우리가 물려받을 유전자 풀을 형성했다.

---

50 춤꾼이 아니라 각자 과학자와 박물관 큐레이터가 된 것이 이 엄중한 질문에 대한 분명한 대답이다.

통계학에서는 이것을 표본오차(sampling error)라고 부른다. 큰 인구에서 소수의 사람만을 추출함으로써 모집단을 제대로 대표하지 못하는 표본 집단을 선정하는 것이다. 아프리카에 남은 사람들을 제외한 채, 이런 잘못 선정된 소수의 표본집단이 모든 DNA가 추출될 사람들의 집합이 되었다. 이것이 의미하는 바는 내가 러시아인, 스웨덴인, 마오리족이라 해도 아프리카의 후손들이 서로 유사한 것보다 서퍽의 아이들과 내가 사실상 유전적으로 더 유사한 관계라는 점이다.

나는 그 아이들이 인류의 유전적 변이와 이주에 대한 실용적 지식을 갖지 못했다고 생각하며, 따라서 그 아이들이 인류의 진화적 계보에 대한 의견을 피력할 의도가 없었다고 결론을 내릴 수밖에 없다. 인종차별은 증오에 따른 괴롭힘이며, 타인을 희생시켜 자기 정체성을 강화하는 수단이며, '네가 누구이든, 너는 우리가 아니다'라는 선언이다. 내 자신의 구불구불한 가계도가 보여주는 한 가지 사실은 다양한 가족 구성이 인종적 구분을 무색하게 만든다는 점이다. 일반 용어에서 사용되는 인종적 정의는 심각한 문제를 가지고 있다. 현대 유전학 역시 그런 사실을 분명히 보여주고 있다. 우리는 다음 몇 페이지에 걸쳐 이에 관한 데이터를 살펴볼 것이다. 그리고 특정한 사람의 집단을 하나의 '인종'으로 묶을 수 있는 본질적 유전적 요소는 없으며, 유전학의 관점에서 보면 인종은 존재하지 않는다는 걸 확인하게 될 것이다.

과학적으로 입증할 수 있는 방식으로 그들만의 DNA에 의해 정의될 수 있는 지구상의 어떤 사람의 집단도 나는 알지 못한다. 사람마다 유전자에 의해 발현되는 여러 가지 신체적 차이가 존재하지만, 그중 어떤 것도 우리가 '인종'을 이야기하는 방식과 일치하지 않는다. 과학적 견지에서 '인종이 무엇을 의미하는가'라는 질문은 복잡하고, 논란이 많고, 여전히 엄청난 분노와 논쟁을 유발하는 원인이다.

평범한 유전학자의 입장에서 나는 인종은 결코 존재하지 않는다고 자주 진술한다. 이번 장은 그것이 얼마나 진실인지 알아볼 것이다. 우리가 인종에 대해 이야기할 때, 그것이 옳고 그름의 문제 또는 불의나 도덕적 분노의 문제라고 느끼지 않는 것은 사실상 불가능하지만, 정치적 이유를 위한 탐색은 아니다. 과학의 주된 역할은 객관적 현실로부터 그런 인위적 특성을 제거하는 것이며, 우리가 보는 겉모습이 아닌 사물의 본질에 대한 밑그림을 그리는 것이다.

아이러니한 사실은 유전학이라는 과학이 인종차별주의자에 의해 인종적 불평등의 연구에서 세분화되어 성립되었다는 점이다. 유전학의 역사는 현재 우리가 해악이라고 규정하는 사상인 인종주의, 제국주의, 편견, 우생학 등과 불가분적으로 엮여 있다. 모든 진실과 역사가 그랬듯이, 모든 가계도의 실상이 그렇듯이, 앞으로 이어질 내용 역시 구불구불 꼬인 길로 이어진다. 현대 세계의 많은 분야를 창설할 만큼 천재였기 때문에, 모든 유전학자, 모든 통계학자,[51] 그리고 사실상 모든 과학자들은

---

51 현대 유전학은 통계학과 불가분적으로 엉켜 있다. 몇몇 뛰어난 과학자에 의해 다윈의 자연 선택 이론에 수학과 통계학이 응용되었던 20세기의 첫 50년 동안, 진화 생물학은 그 거대한 추진력을 즐겼다. 그 과학자들 중 많은 수는 매우 위험한 견해를 유지했다. 피어슨과 스피어맨이란 이름은 통계학을 연구했던 사람들에게 익숙할 것이다. 게놈학의 시대에, 통계학은 인류 개체군 상호간의 관계를 밝혀내는 데 더욱 중추적인 역할을 하고 있지만, 요즘의 통계학자 대부분은 무시무시한 인종주의자가 아니다.

이 빅토리아 시대의 인종주의자에게 막대한 지적 부채를 지고 있다. 그의 이름은 프랜시스 골턴(Francis Galton)이었고, 생물학에서 모든 위대한 이야기가 그렇듯, 그의 이야기도 찰스 다윈과 함께 시작한다.

1859년 11월, 다윈은 『종의 기원』[52]을 발표했고, 엄청난 성공을 거뒀다. 초판은 날개 돋친 듯 팔려나갔고(전량 매진되었는지 여부는 알려진 바 없지만, 다윈은 일기에 그렇다고 적었다), 1860년 1월에는 제2판 3,000부가 출간됐다. 그는 그리 건강한 편은 아니었는데, 아마 영국해군 측량선 비글호를 타고 여행하던 중 질병(지금도 정확한 병명은 알려지지 않았다)에 걸린 듯하다. 그 여행에서 다윈은 진화의 증거 및 지구 대륙 연삭 운동의 증거를 확인했고, 지구에서의 생명체 확산 및 각 대륙의 구성 민족 간 유사성과 차이점에 관해 생각하기 시작했다. 그는 방대한 양의 글을 썼지만 대중에게 모습을 드러내는 걸 꺼렸다. 대신에 그의 옹호자, 특히 토머스 헉슬리(Thomas Huxley)와 조지프 후커(Joseph Hooker)가 그의 자연선택 및 변이동반 유전에 따른 진화이론을 지지하며 목소리를

---

52 『종의 기원』의 완전한 제목은 '자연 선택에 의한 종의 기원 또는 생명을 위한 투쟁에서 선호된 종의 보전(The Origin of Species by Means of Natural Selection or the Preservation of Favoured Races in the Struggle for Life)'이다(다양한 판본이 존재하며 내 책꽂이에는 여섯 종류가 놓여 있다). '종(race)'이라는 단어에 주목하자. 현대적 맥락에서 이 단어는 우리가 더 이상 받아들일 수 없는 방식, 즉 교배가 가능한 유사한 것 또는 하위 종 또는 생명체의 단순한 유형을 의미한다. 내가 이 점을 지적하는 이유는 극우파와 인종차별 반대론자 양쪽 모두에 대한 피상적인 비평가들이 공적 또는 사적 문서에서 이 사실을 그들의 목적을 위한 일종의 비판이나 선전으로 사용하기 때문이다. 비평가들이 『종의 기원』을 제목만이 아니라 마지막 장까지 읽었다면, 이 책의 맨 처음에 경구로 인용된 것처럼 다윈이 그 위대한 책에서 인간을 한 번만 언급한다는 것을 알았을 것이며, 그의 이론이 털 없는 원숭이인 우리 인간에게 무엇을 의미하는지 숙고하였을 것이다.

높였다.

1850년대에 이미 다윈은 전 지구적 여행으로 꽤 유명했지만, 『종의 기원』을 발표하면서 대중의 폭발적 관심을 끄는 인물이 되었다. 요즘은 '천재'란 단어가 일상적으로 사람들의 입에 오르내리지만, 다윈이야말로 이론의 여지가 없는 천재였다(내 관점에서는, 모든 분야의 모든 과학자 중 가장 위대하다). 전 세계 어느 누구도 다윈보다 더 확고하게 생명체와 인류의 개념을 재정립시키지 못했다. 그는 지구상의 생명체가 지금의 모습을 갖게 된 이유를 설명했고, 인류를 다른 동물들과 관련된 계보 속에 매우 명확하게 위치시켰다. 나는 순위를 매기는 걸 유치하게 여기고 우상숭배를 싫어하지만 다윈을 지성의 최고 위치에 올려놓으면서 기쁨 이상을 느낀다. 그는 매우 겸손했고 그의 계획에 가장 사소한 영향을 끼친 동료에게조차 깊은 신뢰를 받았다.

프랜시스 골턴 역시 천재였지만, 까다로운 인물이었으며, 면밀히 조사하기는 더욱 어려운 인물이었다. 그는 다윈의 반-사촌(half-cousin : 이복 형제자매의 자식들 간의 혈연관계)이었으며, 다윈의 연구와 사상의 엄청난 성공을 보면서 큰 자극을 받았다. 반-사촌이란 관계에서 알 수 있듯이, 그들의 할아버지인 이래즈머스 다윈(Erasmus Darwin)은 두 번 결혼했다. 이래즈머스는 위대한 사상가이자 과학자였으며, 사무엘 골턴(Samuel Galton)과 함께 격조 높은 루나 소사이어티(Lunar Society)의 창립 멤버였다. 버밍엄에서 창립된 루나 소사이어티는 조사이어 웨지우드(Josiah Wedgwood), 제임스 와트(James Watt)같은 산업혁명기의 기업가, 과학자들의 지성적 사교 모임이었으며, 밤늦게 집으로 돌아갈 때 술에

취해 비틀거리는 발걸음을 돕기 위해 달 밝은 밤에 만나 빅토리아 시대의 창의성에 불을 지필 아이디어를 논의하던 것에서 유래한 명칭이다.

이래즈머스 다윈의 가계도에서 두 갈래의 가지가 부유하고 성공적으로 뻗어나갔다. 다윈 가문은 과학자와 의사가 많았고, 골턴 가문은 퀘이커 교도와 총기류 제작업자가 많았는데, 퀘이커교의 종교적 교리인 비폭력을 고려하면 어울리지 않는 조합처럼 보인다. 프랜시스 골턴은 1882년 버밍엄 근처의 저택에서 사무엘 골턴과 프랑세즈 다윈의 아들로 태어났다. 그 저택의 전 소유주는 과학계의 또 다른 거인이자 철학자, 신학자, 화학자였던 조지프 프리스틀리(Joseph Priestley)였다.

골턴은 사촌형인 다윈을 영웅처럼 숭배했으며, 다윈의 1895년도 걸작에 큰 감명을 받았다. 다윈의 책은 골턴의 연구에 심대한 영향을 끼쳤을 것이다. 『종의 기원』이 출판되고 3주 후에 골턴은 다윈에게 전형적인 빅토리아풍 문체로 쓰여진 찬사의 편지를 보냈다.

귀하께서 모든 방면에서 받으셨을 거라 확신하는 놀라운 업적에 대한 축하의 말에 제가 한 마디 더함을 허락해주시길 바랍니다. 자신을 수천 가지 길에서 다른 것과 연결 짓는 완전히 새로운 지식의 영역에 이끌리면서, 저는 누구라도 어린 시절 이후 경험하기 힘든 완전한 기쁨으로 그 책을 끝까지 읽었습니다. 제가 듣자하니 귀하께서는 두 번째 판을 준비 중이라고 하였습니다.

68페이지에 사소한 오류가 있는 바, 코뿔소에 대하여…

코뿔소에 대한 오류가 정말 있었는지는 알 수 없지만, 『종의 기원』 제1장에는 비둘기와 식물의 교배, 모든 종류의 야생동물, 날짐승이 등장한다. 그는 시간 속에 고정되지 않는 생명체의 변이 가능성과, 인간의 의지에 따라 선택 교배를 통해 그들의 몸체와 습성을 바꿀 수 있다고 명시하고 있다. 이것은 그가 자연선택의 프로세스를 기술하기 위한 기초 작업을 형성했다.

사촌형의 걸작을 읽은 후, 골턴은 인간도 선택적 교배에 의해 향상될 수 있지 않을까라는 생각을 하기 시작했다. 다윈은 골턴에 비해 주목받는 과학자였지만, 1834년까지 그런 명성은 존재하지 않았다. 오늘날 우리가 학교에서 구분하여 가르치는 여러 가지 과학 영역은 당시에는 그리 명확하지 않았고 여러 분야에 걸쳐 있었다. 다윈은 비둘기뿐만 아니라 다른 생명체, 특히 곤충, 식충식물, 따개비[53]에 몰두했다.

이에 비해 골턴은 좀 더 박학다식했고, 모든 분야에 걸쳐 사소하지 않은 기여를 했다. 그가 세계에 준 무수한 선물에는 최초의 신문용 날씨지도[54], 법의학을 위한 지문 분석의 과학적 기초, 매우 큰 수를 사용하는 통계적 기법, 오늘날 사용되는 모든 통계학의 기초이론, 공감각적

---

53 해저 갑각류에 대한 다윈의 관심은 대단했다. 일설에 의하면 다윈의 아들 한 명은 모든 아버지가 그렇게 많은 따개비 수집을 하지 않는다는 걸 알고는 어리둥절해 하면서 친구에게 '그럼 네 아버지의 따개비는 어디에 있는 거니?'라고 물을 정도였다. 이것은 다윈의 아들인 레오나드, 조지, 프랜시스 중 한 명에 관한 이야기인 듯하지만, 나는 그중 누구인지는 알 수 없다. 다윈의 수많은 글을 관리한 '다윈 서신 프로젝트'에서도 특정한 아들을 확인할 수 없었으므로, 그 일화는 매우 잘 보존된 다윈 경외전의 카테고리에 속한다고 볼 수 있다.

54 사실 그건 1875년 4월 1일 「타임스」지에 실린 전날의 날씨였다. 농담이 아니다.

심리학에 대한 창설적 연구, 복잡한 생각을 할때 머리를 식혀주는 환풍기 모자[55], 그리고 그의 길고 돋보이는 경력에 걸쳐 있는 그 밖의 많은 것들이 포함되어 있다.

그는 또한 우리가 잠시 후 살펴볼 '우생학(eugenics)'이라는 용어와 유전학자들을 괴롭힌 '본성 대 양육(nature versus nurture)'이라는 문구를 만들었으며, 나는 이 책 전체를 통해 그것이 좀 더 명확하게 밝혀지기를 희망한다. 골턴은 케이크를 자르는 새로운 방법을 고안하여 「네이처」에 발표하기도 했다. 「네이처」는 DNA의 구조와 최초의 인간 게놈이 학자들의 전유물에서 벗어나 대중의 인식 속으로 들어가는 데 기여한 학술지다.[56]

학문적으로 말하자면, 골턴의 많은 지적 유산이 런던대학교에 뿌리를 두고 있기 때문에 내 자신의 이야기도 골턴과 약간 관련되어 있다. (이건 분명히 말도 안 되는 비교지만) 다윈과 골턴처럼 나도 의학을 공부하기 위해 대학에 갔다. 그러나 나는 의사가 되는 것에 별로 끌리지 않았고, 내 에너지를 분출할 다른 뭔가를 찾으려 돌아다니며 많은 시간을 보냈다. 다윈도 유사하게 박제술 때문에 에든버러대학교의 의학 공부에서 멀어졌으며, 해방된 흑인 노예였던 가정교사 존 에드먼스턴(John Edmonstone)으로부터 많은 영향을 받았다. 이런 관계는 다윈이 노예제

---

55 물론 머리가 뜨거우면 모자를 벗을 수도 있다. 그러나 당시는 빅토리아 시대였으므로, 모자를 안 쓴 남자는 용납할 수 없을 만큼 무례하다고 인식되었고 범죄자로 오인 받을 수도 있었다.

56 「네이처」는 순전히 우연으로 내가 10년 이상 근무한 곳이다.

폐지론자로 성장하는 계기가 되었다.[57] 나는 강의를 빼먹고 영화관에 자주 갔지만, 골턴은 버밍엄과 런던에서 몇 년 동안 의학 수련을 받으면서도 수학 공부를 계속했다. 숫자의 세계는 그의 지적 유산의 중요한 기반이 되었다.

길고 다양한 경력 동안, 골턴은 한 가지 일관적인 특성을 가지고 있었다. 그건 바로 그가 데이터를 갈망했다는 점이다. 그는 모든 것을 측정하고 계량화했다. 그의 발전은 통계학에서 비롯되었고, 그가 인간의 차이를 공식화하고 통제하려고 시도한 이유는 인간의 특징을 측정하고자 하는 그의 달랠 수 없는 갈증 때문이었다. 제3장과 이 책의 다른 부분에서, 우리는 유전적 계보라는 새로운 사업 분야를 살펴보았다. 많은 회사 중 하나를 골라서 100파운드(약 15만 원) 정도의 비용을 지불하고 타액을 흘려 넣은 검사 키트를 보내면, 그들은 당신 DNA의 개략적인 특징을 알려준다. 고객의 입장에서 보면 자신의 검사 결과 이외의 다른 고객의 검사 결과에는 별 관심이 없겠지만, 그 뒤에 있는 '23앤미' 같은 회사는 이런 모든 표본을 모음으로써 학술적 과학적 연구에 이용 가능한 수준을 훨씬 뛰어넘는 엄청난 양의 DNA 데이터를 축적하고 있다.

골턴은 예전에 이미 그런 일을 했다. 그는 측정 자료가 쌓일 때 생기는 거대한 힘(요즘 우리는 이것을 '빅 데이터'라고 부른다)을 인식했고, 사람

---

57 다윈 상식 : 엠마가 찰스 다윈을 부르는 별명은 '검둥이'였다. '내 친애하는 검둥이', 그녀는 편지에 이렇게 적곤 했다. 한 지붕 아래에서 살 때에도, 그들은 서로에게 자주 편지를 썼다. 이 별명은 아마도 노예와 연결된 다정한 주인의식을 나타내는 빅토리아풍의 애정 표현일 것이다. 하지만, 우리 귀에는 좀 이상하게 들린다.

들이 자아를 만족시키고 자신의 매력을 확인하기 위해 기꺼이 지갑을 열 용의가 있다는 걸 재빠르게 파악했다.

지금의 사우스 켄싱턴 과학박물관 자리에서 개최된 1884년 런던 국제보건박람회는 거대한 장관이었다. 위생적 거리의 모형, 대중의 건강을 증진시키기 위한 최신형 배수 시스템, 전기조명 분수 등이 등장했고, 400만 명의 관람객이 새로운 과학의 향연을 보기 위해 몰려들었다.

골턴도 그곳에 있었다. 그가 세운 '잠재된 인체능력 체험관'에 지금 돈으로 약 80펜스를 내고 입장한 관객들은 (골턴이 기록을 보관하기 위해 먹지를 붙인) 카드에 자기의 개인적 정보를 가득 채웠다. 박람회가 끝난 후 골턴은 「인류학회 저널」에 기고한 글에서 '체험관의 목적은 인간의 주요 신체적 특징을 측정하고 기록하는 장치의 단순성을 대중에게 보여주는 것이었다'고 밝혔다.

관객들은 갖가지 방식으로 기록되고, 측정되고, 테스트되었다. 몇몇 항목은 키, 머리색, 팔 길이, 몸무게 등 간단했지만, 다른 항목은 시력의 날카로움, 주먹의 강도, 색깔 지각력, 고성 청취 능력 등 복잡한 내용이었다. 관객들은 호각 소리에 맞춰 메서즈 티즐리, 브롬프턴 로드, 옥스퍼드가의 헉슬리(뒷페이지 그림 참조) 등 당시 유명했던 기계 업자가 만든 장치로 테스트되었다. '극히 일부의 술 취한 게 분명해 보이는 거친 사람들이 체험관에 들어오기도 했지만, 대부분의 관객들에게는 아무런 문제도 발생하지 않았다'고 골턴은 적었다.

얼마나 영리한 계획인가! 지금도 여전히 많은 사람들은 자신의 DNA에 관한 몇몇 정보를 얻기 위해 골턴이 세운 '잠재된 인체능력 체험관'

그림 1

그림 2

골턴의 생체 측정 장치

〈그림1〉은 시력 측정을 위한 곡선형 장치의 개요를 보여준다. 양쪽 눈을 번갈아 측정하는 방식이다. 장비에 부착된 문서들은 실링 다이아몬드 판 기도서에서 발췌한 것이다(하지만 골턴은 익숙한 텍스트가 시력검사에 부적절하며, 수학자답게 로그표의 페이지가 더 좋을 것이라고 지적했다). 〈그림2〉는 색상감각 검사 장치다. 피검사자는 길이가 다른 5개의 카트리지에서 녹색을 구별하는 능력을 테스트 받는다.

과 비슷한 회사에 기꺼이 현금을 지불한다. 자기의 DNA에 대한 우리의 맹목적 사랑은 돈을 지불하여 권위를 구매하고 자신의 신체적 비밀을 자발적으로 내어주는 것으로 이어진다. 총 9,337명의 관객이 골턴에게 측정 받으면서 자신의 돈 80펜스를 냈고, 그는 이런 모든 특징에 대한 사람들의 유사점과 차이점을 저장했고, 사람들에 관한 데이터를 확장시켜 나갔다.

1869년 마크 트웨인은 '여행은 편견, 독단, 옹졸함을 치유한다'고 말했다. 19세기에 특권을 가진 젊은이가 종종 그랬듯이, 1840년대에 골턴은 터키, 중동, 이집트 등을 광범위하게 탐험했다. 왕립 지리학회와 함께 한 2년간의 여행에서 그는 지금의 나미비아까지 방문했고, 검은 대륙의 심장을 향한 자신의 여정을 기록한 책을 출간하여 베스트셀러로 만들었다.

그러나 골턴은 마크 트웨인의 격언에 충실하지 않았다. 그는 깊이 뿌리박힌 세계 인종 간 계급구조의 개념을 고수하고 확산시켰으며, 훗날 몇몇 사람들의 지원 하에 이를 공식화시켰다. 몇 년 후인 1873년 그는 「타임스」지에 기고한 글에서 '검둥이 인종'은 특성상 영국의 도움 없이는 자발적으로 국가의 발전을 이루기에 충분하지 못하므로, 아프리카를 중국의 식민지로 만드는 게 가장 적절하다고 주장했다. 몇몇 '검둥이'가 '앵글로 색슨'족에 공봉적인 예절로 품위 있고 지적인 젓가락질을 보여줬고 부를 축적했음을 인정하면서 그는 이렇게 단언한다.

평균적인 검둥이들은 지적 능력, 주체성, 자제력이 너무나 부족하므로 대규모의 외부적 계도와 지원이 없다면 어떠한 형태로든 존중받거나 문명화된 짐을 감당하는 것이 불가능하다.

그래서 아프리카가 번성하려면 중국의 식민지가 되어야 한다며 그이유를 다음과 같이 설명한다.

중국인종은 다른 종류의 존재다. 그들은 수준 높은 물질문명에 대해서 상당한 적합성을 부여받았다. 나라가 일시적으로 암흑기에 빠져 있어서 별장점이 없어 보이지만, 그 인종의 천재성은 고갈되지 않았다. 하지만 사기꾼 기질, 창의성 부족, 소심함 등 '중국인종'의 많은 부정적 특징을 지적하는 것도 잊지 않았다. '아랍인종'에 대해서는 '다른 이의 생산물을 가로채는 이에 불과하다. 그들은 창조자가 아니라 파괴자이며, 생산력이 없다'라는 결론을 내린다.

지금은 깜짝 놀랄 만하지만, 이런 종류의 견해가 당시에 반드시 일반적이거나 반드시 비-논쟁적인 것은 아니었으며, 우리는 이것이 보편적인 빅토리아 시대의 가치였다고 단정해서는 안 된다. 인종주의는 로마시대 이전으로 거슬러 올라간다. 골턴이 활동하던 시기의 대영제국은여전히 강하고 오만했지만, 빅토리아 시대 이전에 만연했던 노예제도는 종말을 고하고 있었다. 1807년 윌리엄 윌버포스는 의회에서 노예무역법의 폐지를 이끌었다. 이로써 노예제가 대부분 금지됐지만, 제국 전체로 확대된 것은 1833년 노예제 폐지법의 제정에 의해서였다.

다윈-골턴-웨지우드 가계도는 인상적이다. 찰스 다윈 위로는 도자기 왕조의 창업자인 조사이어 웨지우드와 이래즈머스 다윈이 있다. 찰스 다윈 옆으로는 골턴이 있고, 다윈의 후손으로 뛰어난 과학자들, 작가들, 배우들과 1880년대 케인즈 가문과 결혼으로 연결되는 경제학자들이 등장한다. 골턴은 자신의 가계도에 자부심을 가졌고, 『종의 기원』이 출판된 후에는 인류의 우월성을 연구하는 데 관심을 가졌다. 다윈은 다른 깃털, 식도, 발 모양을 나타내는 애완용 비둘기의 뼈를 연구했고, 이를 통해 그들이 같은 종이라는 사실과 수천 년간 비둘기 애호가들이 경쟁적으로 이런 특질을 새들에게 교배시켰음을 확인했다. 이는 생물의 종이 돌처럼 딱딱하게 고정된 것이 아니라 변형가능하다는 것을 보여주었기 때문에 다윈의 학설을 위해 결정적이었다. 골턴은 깃털에 대해 생각하지 않았지만, 능력과 천재성에 대해 생각했다. 그건 특히 그 자신의 혈족에 분명히 풍부한 것이었다.

사촌형이 세계를 뒤흔든 지 10년 후, 골턴은 『재능의 유전,(Hereditary Genius)』을 발표했고, 가계에서 비롯되는 우월한 인간(대부분 남자)이라는 개념을 창시했다.

내 주장의 일반적 계획은 상당히 우월한 사람(예를 들면, 1660~1868년까지의 영국 재판관들, 조지3세 시대의 정치인들, 그리고 지난 100년간의 위인들)과 커다란 체격과의 관계를 논증한 다음, 높은 명성이 높은 능력을 상당히 정확하게 반영한다는 사실을 보여주는 것이며, 이들 각 천재로부터 일반적으로 관찰되는 유전 법칙을 얻어내는 것이다. 그다음으로 나는 역사에 언급된 가장 뛰어난 지휘관, 문학과 과학의 대가, 시인, 화가, 음악가의 일가친척을 차례대로 조사할 것이다. 또한 나는 성직자와 현대 학자의 특정 일가친척을 논의할 것이다.

명성의 측정은 야드와 피트, 볼트와 암페어를 포함하는 척도의 일부가 아니다. 따라서 시작점이 의문이다. 뛰어난 과학자로서의 직감으로 골턴은 자신의 방법론의 한계를 인식했고, 생물과 환경, 본성과 양육 간의 관계를 연구하는 수단으로 쌍둥이에 의존했다. 『재능의 유전』을 읽은 다윈은(정확히 말하자면 아내인 엠마가 큰 소리로 그에게 읽어주었다) 사촌 동생의 명쾌함을 칭송하는 가장 정중하고 과장된 편지를 보냈다.

역사적 위인들에 대한 분석에서 기술되었듯이 골턴은 재능 유전의 역할에 대한 이해로부터 사회의 개선이 이루어지며, 나약한 자는 수도원이나 수녀원의 독방에 고립시킬 수 있다고 주장했다. 1883년, 그는 이런 연구와 많은 여행에서 얻은 그의 경험을 토대로 우생학이라는 단어를 만들어냈다. 골턴은 여행을 통해 왜 어떤 인종은 다른 인종보다 우월한지, 왜 몇몇만 성공하고 나머지는 실패하는지에 대한 생각과 「타임스」에 보낸 기고문에 너무나 분명하게 표현된 사상을 구체화시켰다. 19세기 말에 정치인과 사상가들은 영국의 '인적자원'이 1880년부터 아프리카에서 격화된 보어 전쟁을 치르기에 충분하지 않다며 우려를 표했다. 그들은 골턴의 사상에 의존했다.

골턴의 영향력은 수십 년간 지속됐다. 1912년 윈스턴 처칠은 골턴의 강연회에 참석했고, 몇 년 후 영국의 인적자원이라는 안건을 의회에 상정했다. 처칠과 테오도어 루즈벨트는 '정신박약아'의 중성화(생식능력제거)를 원했다. 그것은 모든 형태의 심리적, 인식적, 정신적 건강 문제에 대한 에드워드 7세 시대(1901~1910년)의 용어였다. 아직 대통령이 아니었던 루즈벨트는 미국의 인적자원을 정화하는 것이 '문명의 혜택과 인류의 이익에 부합된다'는 견해를 표명했다.

마리 스톱스(Marie Stopes)는 오늘날 여성 출산권의 옹호자로 알려져 있으며, 그녀의 이름은 임신에 관한 여성의 선택권을 핵심적으로 지원하는 전 세계 수백 개의 병원을 장식하고 있다. 그러나 그녀는 몇 가지 소름끼치는 견해를 견지했고, 특히 런던의 아일랜드인에게 '부모로서 부적합한 이들의 의무적 불임수술'을 강력하게 주장했다. 1930년대에 그녀는 유럽에서 새롭게 떠오르는 한 정치인의 정책을 찬양하는 시를 썼다. 그 정책에는 인종 계획의 일환으로서 우생학을 이용하여 조국의 인적 구성을 개조하는 것이 포함되어 있었다. 그 정치인의 이름은 바로 아돌프 히틀러였다.

우생학에 대한 지지는 정치적 스펙트럼의 전역에 걸쳐 있었다. 국가 보건제도의 기초를 형성한 복지국가 개념의 주요 설계자인 윌리엄 베버리지(William Beveridge)는 이렇게 말했다.

…일반적 상애로 산업 전반을 채울 수 없는 사람들은 고용부적격자로 인식되어야 한다. 그들은 국가에 대한 의존자로 인정되어야 한다… 참정권, 자유권, 친권을 포함한 모든 시민권의 완전하고 영구적인 박탈을 통해….

역시 정치적 좌파였던 조지 버나드 쇼(George Bernard Shaw)는 '유일하게 근본적이고 실현가능한 사회주의는 인간의 선택적 교배의 사회화다.'고 주장했다.

영국이 우생학의 정신적 출생지이지만 영국 의회는 우생학 정책을 채택한 적이 없다. 다윈과 골턴 이전에, 토머스 맬서스(Thomas Malthus)는 인구 증가를 통제하여 '인적자원'의 기초를 세울 것을 공식적으로 촉구했다.

그러나 미국과 몇몇 국가(특히 스웨덴)에서는 '바람직하지 못한 이들'에 대해 수시로 은밀하게 행해지는 강제적, 비자발적 불임수술이 열정적으로 수용되었다. 1907년 인디애나주가 최초로 강제적 불임수술 법안을 통과시킨 후 1963년까지 31개 주에서 합법화되었으며, 자유주의적 성향으로 유명한 캘리포니아주가 가장 적극적으로 찬성했다. 캘리포니아주에서 이루어진 가장 최근의 강제적 불임수술은 2010년이었다. 20세기에 6만 명 이상의 남녀(그중 대부분은 여성이었다)가 여러 가지 바람직하지 못한 형질 때문에 불임수술을 당했다. 남성에 대한 강제적 정관 수술의 주된 명분은 범죄 습관의 전파를 차단한다는 것이었다. 인디언 원주민 여성 수천 명이 강제적으로 불임수술을 당했고, 1970년대에도 두 명 이상의 자녀를 낳은 흑인 여성이 복지 혜택 박탈의 위협 때문에 어쩔 수 없이 불임수술을 택하는 사례가 빈번했으며, 몇몇 경우에는 본인도 모르는 사이에 시술되기도 했다.

이런 끔찍한 일이 모두 20세기에 벌어졌다. 그것은 홀로코스트 동안 자행된 살인과 종족 말살의 전적인 재현이었다. 나치는 수백만 유태인

뿐만 아니라 동성연애자, 집시, 폴란드인, 정신병자(조현병)들을 살해했다.

그러나 우생학은 정화라는 관점에서 거의 효과가 없었다. 나치는 정신분열증을 가진 25만 명 이상의 국민을 독일 민족에서 숙청하기 위해 살해하거나 생식능력을 제거했다. 결과적으로 제3제국의 붕괴 이후 몇년 동안 정신분열증 환자의 수는 표면상 감소됐지만, 그들의 예상과는 달리 1970년대에 다시 증가했다. 정신분열증은 수십 가지 유전적 변종이 관련된 증상이며, 정신 건강상의 문제점이 나타나지 않은 많은 사람들도 그 유전자를 가지고 있다. 더욱이, 정신분열증 환자는 불임수술과 상관없이 자녀를 갖지 않는 비율이 높기 때문에 우생학적 프로그램이 장기적 효과를 갖지 못한 것으로 보인다.

지금과 달리 과거에는 우생학이라는 용어가 부정적 의미를 갖지 않았다. 20세기가 시작될 무렵인 1904년, 골턴은 '우생학 기록 보관소'를 설립했고 소장으로 취임하여 자신의 영향력을 공식화시켰다. '우생학 기록 보관소'는 세계 최초의 비종교적 대학, 세계 최초로 여성의 입학을 허용한 곳, 세계 최초로 유태인 교수[58]를 채용한 곳, 종교적 교리의

---

58 우연히도 그는 로살린드 프랭클린(Rosalind Franklin)이 외할아버지인 제이콥 코헨(Jacob Cohen)이었다. 그의 연구는 프랜시스 크릭과 제임스 왓슨이 DNA 이중나선구조를 발견하는 데 중요한 토대가 되었다. 흥미로운 우연의 일치가 또 있다. 1882년 4월 「네이처」에 발표된 찰스 다윈의 마지막 논문은 노팅엄에 사는 아마추어 과학자의 따개비와 민물 달팽이에 대한 연구와 관련이 있었다. 그의 이름은 월터 드로브리지 크릭(Walter Drawbridge Crick)이었고, 프랜시스 크릭의 할아버지였다. 생물학적 가계도가 거미줄처럼 뒤엉키면, 학문적 가계도가 종종 절묘하게 연결된다.

억압으로부터 진보적 사상의 자유를 지켜낸 보루였던 곳인 런던대학교의 부속기관이었다. 1911년 골턴이 사망하자 '우생학 기록 보관소'는 '프랜시스 골턴 국가우생학 연구소'로 개명되었다.

내가 런던대학교에서 공부했던 1990년대에는 그 악명 높은 단어 '우생학'을 버리고 '골턴 인간유전학 및 생체분야 연구소'로 바뀌어 있었다. 연구소는 런던대학교 본교의 북쪽, 스티븐슨 가의 1960년대에 지어진 빛바랜 건물에 30년 동안 입주한 상태였고, 리놀륨 복도, 불투명 유리창, 오렌지색 호마이카 패널 등 영국 어디서나 볼 수 있는 대학의 전형적 모습이었다. 내가 들었던 수업의 대부분은 '골턴 계단식 강의실'에서 진행되었으며, 그곳은 내가 학부생으로서 처음으로 과학적 연구를 수행한 장소이기도 하다. 나는 매일 골턴의 생체학 도구를 전시한 낡은 유리 진열대를 지나다녔다(당시에는 이것을 거의 인식하지 못했다). 그 안에는 머리 크기 측정용 죔쇠, 콧날 각도 측정 장치, 대영제국 미녀 분포도 사본(그의 기준에 따르면 가장 매력적인 여성들은 사우스 켄싱턴에, 가장 못생긴 여성들은 에버딘에 분포되어 있었다)[59] 등이 놓여 있었다.

지금 유전학과는 남쪽으로 800미터를 옮겨가서 유스턴 로드를 지나 고워가의 파란 명판으로 '다윈관'이라고 표시된 건물에 입주해 있다. 찰스 다윈은 비글호 여행 후 그의 걸작을 저술한 다윈 하우스에서 장기간 거주하기 전까지 이곳에서 살았다. 골턴 연구소가 입주했던 건물은 편

---

59 그는 바늘이 박힌 골무처럼 생긴 프리커(pricker)라고 부르는 도구를 주머니에 가지고 다녔다. 이 도구와 종이를 바지주머니에 넣고 여성의 미모를 몰래 표시함으로써 커다란 프리커를 휘두르는 변태적인 모습을 피할 수 있었다.

지, 메모, 과학 도구 등 골턴 기념품[60]을 관리하는 몇몇 사무실을 제외하면, 현재는 거의 방치되어 있다.

두 명의 19세기 과학계 거물을 이렇게 비교하는 건 꽤 흥미롭다. 다윈은 우리에게 인류가 진화한 방식을 알려줬다. 골턴은 유전 연구의 기초를 세웠고, 환경과 생물의 관계, 본성과 양육의 관계를 파악하는 수단으로 쌍둥이 연구를 도입했다.

두 인물은 여러 면에서 완전히 반대였다. 다윈은 지나치게 겸손했고, 골턴은 거만했다. 다윈은 의심에 시달렸고, 골턴은 단호하게 자신의 아이디어를 증명하려 했다. 다윈은 진화생물학을 창안했고, 골턴은 인간 생물학 연구의 여러 분야를 창설하고 공식화했다. 그들은 모두 생명 연구가 위대한 도약을 이루던 시기에 활동했으며, 그 도약은 생물학 이론의 통합으로 이어졌다. 체코 출신 위대한 과학자[61] 그레고어 멘델은 그들과 정확히 같은 19세기 중반에 활동하면서 두 명의 부모로부터 한 명의 아이에게 형질이 전해지는 과정에 대한 유전 법칙을 발견했지만 20세기 초까지 무시되었다.

20세기 초반의 수십 년 동안, 통계학과 다윈 이론을 결합시키고 자연선택에 따른 진화가 일어나는 과정을 공식화하는 새로운 생물학이 런던대학교를 중심으로 출현했다. 오래 지나지 않아 1953년에는 DNA가 유전 물질의 전달체로 입증되었고, 프랜시스 크릭과 제임스 왓슨이

---

60 우연히도 내 누나가 이 기념품 관리를 돕고 있다.

61 멘델이 수도승이었다는 건 익히 알려진 사실이다. 하지만 나는 그가 유능한 수도승보다는 세계를 변화시킨 과학자라고 불리기를 희망한다.

DNA가 꼬인 사다리 모양의 이중나선 구조를 갖고 있음을 밝혀냈다. 이를 통해, DNA가 세대에서 세대로 복제되도록 만들어졌으며 세포가 만들어질 때마다 복제될 수 있는 유전자 정보를 보관하고 있다는 사실이 확인되었다. 1960년대에 많은 과학자들이 DNA 코드를 해독했고, DNA가 단백질을 만드는 암호를 기록하고 저장하는 수단이라는 것을 보였으며, 우리에게 질병이 발생하는 이유와 사람들의 외모가 다른 이유를 이해하도록 해주었다. 이제 우리는 유전적 코드에서의 변형이 미묘하게 다른 단백질을 만들어내고, 그것이 눈동자색, 피부색, 머릿결 모양 등의 가시적인 표현형으로 나타난다는 사실을 알게 된 것이다.

그토록 경이롭게 세계를 변화시킨 영광스러운 과학의 세기에 우리는 생물학적 차이를 갖고 있었다. 골턴은 많은 사람들의 외모의 차이를 측정하고 분석하면서 생체학(인체의 측정)이라는 새로운 인간 생물학 분야의 기반을 세웠다. 유전학을 통해 우리는 골턴이 가졌던 피부색의 한계를 벗겨내고 차이의 근본 원인을 드러낼 수 있었으며, 그것을 시간 속에, 지리 속에, 진화 속에 위치시켰다.

우리는 개인 간, 집단 간의 차이를 분자 수준의 정확도로 분석하는 DNA라는 무기를 갖게 되었다. 표면적 특징(가시적 표현형)은 사람들 간의 진정한 차이를 더욱 근본적으로 측정하는 게놈형과 그런 특질이 기록된 데이터로 대체될 것이다. 국적이나 종교 같은 변화 가능하고 비영구적인 차이는 유치한 시대착오로써 사라질 것이다. DNA와 유전학이 유사성과 차이점을 묻는 우리의 질문에 분명한 대답을 해줄 것이기 때문이다.

인종의 유전학

그러나 그렇기도 하고 아니기도 하다.

DNA가 화려하게 등장하기 훨씬 전에, 사실상 DNA가 유전자 전달 물질로 제안되기도 전에, 생물학은 뼈의 모양과 형태학적 특징을 다루는 학문에서 분자를 다루는 학문으로 이동했다. 우리가 오늘날 여전히 사용하는 ABO혈액형 시스템은 1차 세계대전 동안에 그 기초가 세워졌다. 1919년, 폴란드 과학자 루드비크 허슈펠드(Ludwik Hirschfeld)와 한카 허슈펠드(Hanka Hirschfeld)는 16개의 서로 다른 개체군 그룹(대부분 국적을 기준으로 분류되었지만 유태인도 단일 그룹으로 포함되었다)에서 병사들의 혈액형 분포를 조사했다. 연구진이 측정하고 분석한 것은 단백질(단백질은 자신을 암호화하는 DNA를 대신하여 동일 유전자의 대립형질로 표현된다)이었으며, 이를 통해 표본을[62] 관통하는 서로 다른 혈액형 집단의 빈도에서 변종이 발견되었다.

1970년대에 유전학자 리처드 르윈틴(Richard Lewontin)은 이와 동일한 시스템을 채택했다. 그는 분자생물학 분야의 출현으로 가능해진 훨씬 높은 정확도로 혈액형 집단을 조사했다. 그는 혈액형 집단을 구성하는

---

62 루드비크 허슈펠드(Ludwik Hirschfeld)는 군인들의 혈액 샘플을 채취하는 데 사용한 방법에서 자신의 편견과 고정관념을 드러냈다. 그는 자서전에 이렇게 썼다. '영국 군인에게는 혈액 채취의 목적이 과학적이라고 말하는 것으로 충분했다. 프랑스 친구들에게는 혈액 검사를 하면 유혹할 수 있는 여자 유형을 알 수 있다고 속여야 했다. 검둥이들에게는 혈액 검사를 하면 휴가를 갈 자격이 있는지 확인할 수 있다고 말했다. 그러자 그들은 즉시 새까만 손을 우리에게 기꺼이 뻗었다.'

유전자를 통틀어 수백 가지의 대립형질, 즉 동일 유전자를 가진 사람들 간의 미묘한 차이를 분석했다. 그의 기념비적 1972년 논문에서 르원틴은 사람들의 혈액형 분자 간 정밀한 차이를 계량화했고, 유전적 차이의 최고 비율이 인종 간이 아니라 인종 집단 내에서 나타남을 증명했다. 혈액형 집단 내의 유전적 차이에 따르면, 인간 변종의 85퍼센트는 동일 인종 집단 내에서 나타났다. 나머지 15퍼센트 중 단 8퍼센트만이 한 인종 집단과 다른 집단 간의 차이를 설명했다.

이후 이런 숫자는 다른 유전자 연구에서 활용되었다. 이것이 의미하는 바는 생물학이 근본적으로 우리의 눈을 속인다는 것이다. 유전학적으로 볼 때 흑인과 백인이 다를 확률보다는 2명의 흑인이 서로 다를 확률이 더 높다. 다시 말하면, 눈에 보이는 신체적 차이는 백인과 흑인 간에 더 뚜렷하지만, 유전적 차이의 총합은 2명의 흑인 간의 차이보다 작다. 예를 들어 동아시아인과 같은 전통적 인종 집단 중 1명을 제외하고 지구상의 모든 이가 사라진다 해도, 우리는 인간이 지니고 있는 유전적 변종의 85퍼센트를 여전히 보유하게 된다. 그들은 더욱 균질하게 보이겠지만, 이런 사실은 우리가 인종을 정의하기 위해 널리 사용하는 특징을 유발하는 잠재적인 코드가 불균형적으로 가시적인 효과를 가지고 있음을 분명히 보여준다. 이런 형태학적 차이는 우리 모두가 알고 있는 사실이지만, 그것이 게놈 전체를 대표하지는 않는다.

물론 차이는 존재한다. 그것은 볼 수 있고 측정할 수 있고 은밀해질 수 있다. 이를 인정하지 않는다면 지적으로 정직하지 못한 것이다. 동아시아인은 유럽인보다 짙은 피부색. 굵고 검은 머리카락, (세계의 나머지 사람에게는 대체로 나타나지 않기 때문에 타 인종과 다른 눈 형태를 보여주는) 몽고주름 등을 갖고 있다.[63]

유전학에서 우리는 이런 변종을 유발하는 감춰진 원인을 찾는다. 몇몇은 단순한 유전적 표류(genetic drift)일 뿐이다. 유전적 표류란 오랫동안 변해서 어떤 개체군에 고착되도록 코딩된 DNA를 가리키는 용어로, 그것이 유용하기 때문이 아니라 현재의 개체군이 강하게 이끌린 집단으로부터 각 개인에게 단순히 주어졌기 때문이다. 다른 특징들은 선택적 장점을 가질 수도 있지만, 그런 장점은 증명하기가 매우 어렵다. 단지 몇 가지 유전자에 의해 발현되는 하얀 피부색은 거의 확실하게 적은 양의 태양빛에 대한 적응이며, 이에 따라 상대적으로 날씨가 궂은 유럽에서 살아가는 사람들의 비타민D 생성 능력이 감소된 것이다(모두 제2장에서 이미 다뤘다).

동상(frostbite)에 대한 더 높은 저항성 및 짝짓기에 대한 단순한 선호도와 같은 다수의 다른 제안된 요소 혹은 이론적인 요소 역시 마찬가지다. 우리가 끌리는 자연적 변종이 존재하며, 이것은 (식량 채취 기술, 또는 날카로운 이빨을 가진 맹수와 싸우기 위한 근육과 같은) 삶에서 성공 가능성을

---

63 몽고주름은 대체로 희소한 특성이지만, 북아프리카 산악의 베르베르족, 이누잇족, 스칸디나비아인, 폴란드인, 아메리카 인디언을 포함한 동아시아인이 후손이 아닌 여러 개체군에서 발현된다. 더욱이 동아시아인 간에도 몽고주름의 형태가 눈에 띄게 다르기 때문에 많은 사람들이 한국인, 중국인, 일본인을 구별할 수 있을 정도다. 19세기에는 다운증후군 환자들에게 나타나는 주름이 몽골 사람들의 주름과 비슷하다고 여겨졌다. 그래서 다운증후군 환자들은 100년 이상 몽고인종이나 몽골 사람으로 오해받았다. '몽(Mong)'이라는 단어는 내가 자랄 때 아이들이 쓰던 욕설이었지만, 이제는 인종차별적인 것으로 간주되며, 현명하지 못한 사람들이나 사용하는 말이 되었다.

향상시킬 몇몇 형태의 무의식적으로 선택된 형질에 의해 유일하게 결정되지는 않는 듯하다. 당신이 단순하게 특정 형질, 예를 들면 빨간 머리를 가진 사람들에게 약간의 선호도를 나타낼 수도 있으며, 그 결과 빨간 머리를 코딩하는 유전학이 지속될 것이다.

미디어는 (그리고 이보다 적은 수의 과학자들은) 지치지 않은 채, 특정 형질 또는 특정한 인간 행동의 진화에 대해 추정하며, 그것이 제공하는 장점에 대한 근사한 설명을 덧붙인다. 하지만 그런 설명은 대부분 엉터리이고, 터무니없이 비과학적이다. 수렵-채집 문화의 절반인 채집인으로서 산딸기 열매를 발견하기에 유리하므로 여성이 핑크색을 좋아하게 되었다거나, 아기들이 밤에 우는 이유가 부모의 사랑을 방해하여 경쟁자인 동생이 생기지 않도록 하려는 것이다, 라는 식이다.[64]

우리는 이런 유사-과학적 환상을 적응주의(adaptationism) 또는 때로는 볼테르(Voltaire)의 소설 『캉디드(Candide)』에 나오는 팡글로스 박사의 이름을 따서 일종의 팡글로시아니즘(panglossianism : 낙관주의)이라고 부른다. 팡글로스 박사는 영원한 낙관주의자였으며, '이유는 모든 것을 위해 있고 모든 것에는 이유가 있다'라고 주장했다. 그 말이 맞다면 우

---

64 이런 주장은 실제로 여러 학술 논문에서 나타난다. 핑크색에 대한 이야기는 두 가지 이유 때문에 완전히 말도 안 되는 소리다. 첫째, 핑크색에 대한 여성의 선호도는 20세기에 나타난 현상이다. 빅토리아 시대의 아이들 침실 색상은 분홍색이 남자 아이용이었고, 파란색이 여자 아이용이었다. 둘째, 여성이 사냥꾼이 아니라 채집인으로 활동했다는 증거는 없다. 부모의 성관계를 막기 위해 아기가 운다는 주장의 경우에는, 모든 부모가 알 수 있듯이 실제로 효과가 있다. 하지만 나는 그것이 결정적이 이유라고 확신하지 못한다.

리의 코는 안경을 걸치기 위해 그런 모양이 됐고, 멋진 맞춤 바지에 완벽하게 어울리기 때문에 우리의 다리가 두 개가 되었다는 주장도 맞는 말일 것이다.

우아하지 않은 진실은 우리가 명확히 나타내는 독특한 인간의 형질은 한 줌 밖에 안 된다는 점이다. 그것은 특정 지역에서 번창하도록 진화된 적응이다. 피부색이 그중 하나다. 우유를 소화시키는 능력이 또 다른 하나이며, 그것은 낙농의 도입 시기와 완벽하게 일치한다(역시 제2장에서 살펴보았다).

지역적 적응의 가장 잘 알려진 예는 인류역사상 최대의 사망 원인과 관련된 것이다. 유전적 돌연변이는 열대열원충(*Plasmodium falciparum*)과 삼일열원충(*Plasmodium vivax*)이라는 단세포 기생충에 의해 유발된 질병의 두 가지 변종에 몇몇 보호를 제공하는 말라리아 지역의 개체군에서 나타났다. 유전자 헤모글로빈-B 내의 변화는 혈액세포 모양의 구조적 변화를 유발한다. 정상적인 혈액세포는 반쯤 빨아먹은 캔디 모양이지만 돌연변이 된 혈액세포는 단단하게 휘어진 낫 모양으로 변한다. 한 개의 돌연변이 유전자를 가진 사람들은 겸상적혈구 형질을 나타낸다. 이들의 혈액에는 휘어진 혈액세포가 포함되어 있지만 말라리아에 거의 감염되지 않는다. 두 개의 돌연변이 유전자를 가진 사람은 겸상적혈구 빈혈증을 나타낸다. 겸상적혈구 빈혈증은 매년 30만 명의 아기가 갖고 태어나는 심각한 질병으로, 모든 기형 혈액세포가 혈관과 장기에 흘러들어가서 통증, 감염, 졸도 등 다양한 증상을 유발한 후 사망에 이르게 한다.

그러나 겸상적혈구 형질은 말라리아 감염에 대한 보호를 제공한다. 그리고 돌연변이 유전자의 분포는 전 세계의 말라리아의 분포 범위와 완벽하게 일치한다. 더욱이, 몇몇 연구자들은 역사적으로 참마를 재배한 개체군 내 보호 유전자와의 강한 연관성을 주장했다. 참마를 재배하려면 숲을 없애야 한다. 벌목된 숲에는 고인 물이 생긴다. 고인 물이 많아지면 모기가 많아지고 모기가 많아지면 말라리아의 발생가능성이 높아진다. 참마 재배에 의해 그 질병의 출현했고 결과적으로 저항 유전자의 발현이 가능해졌을 것이다. 겸상적혈구 빈혈증이 지속된 것은 인류 역사상 가장 파괴적인 질병에 대한 저항을 위해 능동적으로 선택한 비용인 셈이다.

흥미롭게도 겸상적혈구는 힙합 가사의 욕설에 자주 등장할 정도로 문화적으로 '흑인의 질병'이라고 인식되었다.[65]

하지만 겸상적혈구 형질과 겸상적혈구 질병이 흑인에게만 나타나는 건 아니다. 검다는 말이 아프리카가 기원인 사람들을 표현하는 말이라는 주장은 전적으로 잘못된 것이기 때문이다. 인간의 적은 표본이 아프리카 대륙을 벗어나 나머지 전 세계를 채운 원천이었고, 따라서 유전적 다양성의 대부분이 아프리카 대륙 내에서 발생했음을 우리는 이미 확인했다. 겸상적혈구 유전자가 아프리카 사하라 사막 이남에 가장 집중된 것은 사실이지만, 중동, 필리핀, 남미, 남부 유럽 특히 그리스 등 말

---

65 예를 들면, 1992년 투팍(2Pac)의 앨범 '힛엠업(Hit 'Em Up)' 뒷면은 인상적인 분노로 가득하다.

라리아에 심각하게 감염된 다른 모든 지역의 사람들에게도 많이 나타난다. 질병과 진화는 대륙 혹은 인종적 욕설과는 거의 무관한 것처럼 보인다. 대부분의 경우, 우리가 특정 지역에서 보는 특징이 얼마나 적응적인 것인지는 알려지지 않았다. 이 말은 그런 특징이 선택되지 않았다는 걸 의미하지는 않는다.

히치하이킹, 서핑, 스위핑

귀지는 나 같은 사람들에게 커다란 관심거리다. 귓속에 새끼손가락을 깊숙이 넣으면 이물질이 느껴진다. 죽은 세포, 솜털, 먼지 등이 뭉쳐진 이런 덩어리를 의학용어로는 이구(cerumen), 일반적인 용어로는 귀지라고 부른다. 귀지는 DNA와 그 결과물(즉 게놈형과 표현형) 간에 상대적으로 단순명쾌한 관련성을 가진 매우 소수의 형질 중 하나이기 때문에 학자들은 귀지를 좋아한다.

귀지의 유형은 습윤형(축축한 귀지)과 건조형(마른 귀지) 두 가지가 존재한다. 이런 유형을 결정하는 유전자를 $ABCC_{11}$이라 부르며, $ABCC_{11}$ 유전자는 더 과학적이고 덜 혐오스런 설명을 주는 두 가지 대립형질에서 나온다. 4,576개의 염기쌍으로 이루어진 $ABCC_{11}$ 유전자는 538번 위치에 G염기 또는 A염기를 갖고 있다. G염기를 가진 코드는 글리신이라는 아미노산을 만들고, A염기를 가진 코드는 아르기닌이라는 아미노산을 만든다. 이것은 단순한 변화처럼 보이지만, 단백질을 다른 모양으로 유도하여 귀지의 성질을 바꾼다. 이런 매우 중요한 표현형의 유전은 인간의 귀에 간단한 멘델식 유전 법칙으로 나타난다. 습윤형이 우성(dominant)이므로 G염기 두 개가 있으면(GG) 당연히 축축한 귀지를 갖게 된다. 각 대립형질이 하나씩 존재해도(GA 또는 AG) 축축한 귀지를 갖게 된다. A염기가 두 개면(AA) 푸석푸석하고 잘 부서지는 건조형 귀지를 갖게 된다. 어떻게 귀지가 전 세계에 퍼졌는지 살펴보면 이 매력적인 덩어리가 더욱 흥미로워질 것이다.

대부분의 학자들은 표현형이 아니라 유전자형에 대해 생각하며, 서로 다른 대립형질이 개체군에 나타나는 빈도를 측정한다. 귀지의 경우 두 가지 대립형질이 매우 직접적으로 관련되어 있기 때문에, 예를 들어 100명의 개체군에서 대립형질이 각각 50퍼센트의 비율로 발생한다면, 25명이 건조형 귀지를, 75명이 습윤형 귀지를 가질 거라고 예상할 수 있다(GA와 AG는 축축한 형으로 나타나기 때문에 표현형은 50:50이 아니다). 아프리카에서는 건조한 형 유전자의 비율이 사실상 0퍼센트다. 한국에서는 그 반대다. 일반적으로 동아시아인들은 지구상 다른 어느 곳보다 훨씬 높은 건조형 귀지 빈도를 가지며, 사람들의 귀지를 조사하기 위해 더 멀리 극동까지 가면, 건조형 귀지를 발견할 가능성은 더욱 커진다.

도대체 왜 이런 일이 생긴 걸까? '유전자 표류 이론'이 한 가지 설명 방식이 될 수 있다. 동쪽에 기반할 개체군이 이주할 당시부터 서쪽에 남겨진 개체군보다 더 많은 건조형 유전자를 가졌으며, 별다른 이유 없이 그 개체군이 확산되고 고착화됐다는 것이 그 이론의 핵심이다. 유전학의 관점에서 내용을 좀 더 상세하게 살펴보자. 많은 유전자가 염색체 상의 여러 위치를 점유하지만, 유전학자들은 유전자 전체를 보려 하지 않는다. 그들은 SNP, 즉 개인 별로 다양한 유전자 내의 개별 문자를 들여다본다. SNP는 질병을 유발하지 않으므로 오탈자가 아니며, skeptic과 sceptic, grey와 gray처럼 단지 스펠링이 다양할 뿐이다. DNA는 덩어리로 세대에서 세대로 전달되기 때문에, 인류의 진화를 추적할 때 학자들은 하나의 SNP만을 찾지 않으며, 관심의 대상인 타인의 DNA를 샅샅이 살핀다. 개인에게 유익한 하나의 유전자는 좌우의 DNA와 함께 연결되어 선택될 수 있기 때문이다.

극작가이자 우생학의 열렬한 옹호자였던 조지 버나드 쇼는 언어애호가(linguaphile)이기도 했으며, 미국과 영국을 같은 언어에서 분리된 두 개의 국가로 표현했다.[66] 미국과 영국에서 글자 수는 같지만 스펠링이 다른 다섯 개의 단어(grey, disk, barbeque, theatre, adviser)를 이용해서 억지로 문장 하나를 만들어보자.

Your grey disc is a theatre barbecue adviser.
당신의 회색 디스크는 극장 바비큐 조언자다.

다른 스펠링으로 똑같이 말이 안 되는 문장을 만들어보자.

---

66 아마도 이런 생각의 최초의 화신은 오스카 와일드가 1887년에 쓴 유쾌한 공포 이야기 『캔터빌의 유령(*Canterville Ghost*)』일 것이다. '사실 많은 면에서 그녀는 영국적이었으며, 우리가 오늘날 미국과 모든 면에서 공통점을 가진다는 사실의 훌륭한 사례가 되었다. 물론, 언어를 제외하고 말이다.'

Your gray disk is a theater barbeque advisor.

당신의 회색 디스크는 극장 바비큐 조언자다.

각 단어의 변형이 독립적이고 세계의 스펠링에 있는 모든 것을 표본화했다면, 당신은 문장에서 이런 다섯 가지 변형의 모든 가능한 조합 25가지가 같은 빈도로 나타날 거라고 생각할 것이다. 문장에서 단어의 일부(예를 들면 형용사 grey와 명사 disc)가 서로 연결되어 있다면, 당신은 이 두 개를 더 자주 보게 될 것이다. 유전학에서 이것은 핵심적 아이디어 중 하나이며, '연관불균형(linkage diseguilibrium)'이라는 전형적으로 비참하고 애매한 기술적 명칭으로 불린다.

grey와 disc는 각각 형용사와 명사로서 위치와 의미에서 서로 연결되기 때문에 연관된다. DNA에서 이런 연결은 아무런 유전적 의미도 없지만, 두 SNP간의 근접성은 매우 중요하다. 학자들은 DNA에서 서로 무리지어 연결된 돌연변이를 찾는다. 오늘날 전체 인간 게놈에 대한 접근이 쉬워졌기 때문에 학자들은 다섯 가지 차이를 넘어 열 가지, 백 가지, 천 가지, 만 가지의 차이를 찾을 수 있다. 양쪽의 돌연변이가 모두 유용한 경우에는 선택의 결과로써, 혹은 한 변형은 유용하고 다른 것은 그에 편승해서 함께 미래의 세대로 전달되는 경우에는 소위 '유전적 히치하이킹(genetic hitchhiking)'에 의해서, 특정 SNP는 '연관불균형'을 겪을 수 있다. 나의 영국적인 눈은 grey disc를 선호하기 때문에 theatre도 역시 편승하여 따라온다. 그 유전자들은 연관되어 있었고 현재 동등한 확률로 유전되지 않는다. 그 유전자들은 함께 유전될 가능성이 더 높아

보인다. 이런 통계적 확률은 인류가 어떻게 진화했는지를 우리에게 말해준다.

발생할 수 있는 또 하나의 관련 효과는 '선택적 일소(selective sweep)'라 불리는 것으로, 이는 어떤 특정 변종이 그 생명체를 위한 장점을 전달할 때, 그리고 여러 세대에 걸친 히치하이킹의 결과로서, 모든 변종이 배제될 때까지 모든 다른 변종이 제거되며 전체 세트 중 하나의 유형만 존재한다는 걸 뜻한다. *Your grey disc is a theatre barbecue adviser* – 이제 그 유전자들은 모두 연관되었다.

이런 개념은 유전학자의 핵심 도구다. 세계로 확산된 사람들로부터 DNA 표본을 채취함으로써, 우리는 인류 이주의 유형을 제안하기 위한 '연관불균형' 및 선택적 일소에서 나타나는 차이를 이용할 수 있다. 그 유형은 미묘하며, 이런 자취를 나타나게 하려면 정교한 수학을 필요로 한다. 그 자취는 살아 있는 사람들 속에 감춰져 있고, 그래서 (완전히 합리적인) 추정은 지리적 확산이 최근의 영속성 정도를 보여준다는 것이다. 우리는 지금까지 조사된 대부분의 유전적 변종에 대해 그것이 거대한 대륙에서는 서서히, 그리고 해저에서는 좀 더 돌발적으로 변화하는 걸 보고 있기 때문에 그런 추정은 불합리하지 않다. 인류의 현대적 이주는 이런 유전적 명암을 빠르게 어지럽히지만, 우리는 이전 세대에 대한 기원을 여전히 추출해낼 수 있다.

귀지로 돌아가보자. 2011년 한 연구는 이런 기술을 통해 귀지 유전자가 동쪽으로 이동하면서 긍정적 선택을 거쳤다고 주장했다. 그 유전자가 자신을 보유한 사람들에게 명백한 장점을 주었다고 말할 필요는 없다. 푸석푸석한 귀지가 어떤 혜택을 주었는지는 낙관적인 방식으로 추정하기도 쉽지 않다. 그 유전자는, 이주하는 개체군이 새로운 지역으로 확산되고, 더 많은 자녀를 얻고, 새로운 유전자 빈도가 그들이 왔던 지역과 달라지면서 이루어진 단순한 긍정적 선택인지도 모른다. 이것은 이주의 흐름에 편승하는 예로써 몇몇 유전학자는 '서핑(surfing)'이라 부른다. 그 유전자는 더 큰 혜택을 주는 미지의 어떤 유전자를 따라서 동쪽으로 가는 경로를 히치하이킹 했을 수도 있다.

2009년 일본 연구자들은 귀지의 국제적 분포가 우리가 보는 방식으로 전개되어 있는 이유를 제시했다. 그들의 주장은 우리가 냄새를 맡기 때문이라는 것이었다. 겨드랑이는 팔과 가슴이 연결되고 털이 나는 부위이며, 우리는 이 부위가 자연적으로 만들어내는 냄새를 없애기 위해 탈취제에 매년 많은 돈을 지출한다. 액취증은 습윤형 귀지와 관련된 질병이며, 건조형 귀지를 가진 사람에게는 잘 나타나지 않는다. 액취증을 가진 사람들은 자신의 겨드랑이에서 악취가 난다고 믿으며, 때로는 냄새를 유발하는 땀샘을 제거하기 위해 수술을 받기도 한다.

$ABCC_{11}$ 유전자가 액취증을 유발하는 아포크린 샘(apocrine gland)에 일정한 역할을 하는 것으로 추정되지만, 아직 정확히는 밝혀지지 않았다. 실제로 선택된 것은 냄새였을까? 그리고 건조성 귀지는 진화 여행에 편승한 단순한 무임 승객이었을까? 이것은 위에서 비난했던 적응주의자의 추정일지도 모른다. 건조성 귀지의 히치하이킹이 사실일 수도 있지만, 우리는 아직 알 수 없다. 현재까지 이것은 단지 흥미로운 가정

일 뿐이다. 한국인을 지구에서 가장 겨드랑이 냄새가 안 나는 사람들로 만들 수 있는 이처럼 명백히 중요한 연구가 아직 제대로 이루어지지 않은 상태다.

극동과 관련된 소위 인종적 특성의 또 다른 예가 있다. 그것은 귀지보다 더 눈에 띄는 특성이고, 역시 땀과 관련되어 있다. 또한 그 유전자는 서쪽에서 멀리 여행하여 동쪽에 정착하는 인종화를 향한 경로에 편승한 것으로 추정된다.

그건 바로 EDAR이라 불리는 유전자다. 이 유전자는 한 가지 역할만 하는 게 아니기 때문에 극동에서는 우리와 유사하면서도 다르게 사용된다. EDAR 유전자는 두 번째 인간 염색체에 위치하며, 엑토디스플라신A(ectodysplasin A)라는 단백질을 암호화한다. 이 단백질은 성장하는 태아의 일부 세포 표면에 놓여 있는 수용체다. 세포 표면의 엑토디스플라신A단백질은 성장하는 태아 신체 조직 내 두 가지 주요 세포층인 외배엽과 중배엽 간 정보를 전달하는 역할을 한다. 이런 상호작용을 통해 머리카락, 치아, 손톱, 땀샘 등 여러 가지 세포 조직의 유형이 정의된다. 많은 인간 유전자에서처럼 EDAR 유전자가 손상될 때 나타나는 현상을 분석함으로써 우리는 그것이 어떻게 동작하는지 알 수 있다. EDAR 유전자의 돌연변이형은 저한성 외배엽이형성증(hypohidrotic ectodermal dysplasia)이라는 장애를 유발한다. 그 환자는 땀샘이 부족하

거나 아예 없고, 머리카락, 손톱, 일부 치아도 나지 않는다.[67]

우리가 인류에서 발견할 수 있는 EDAR의 정상적 유형(대립형질) 중, 370A라는 유형이 거의 모든 동아시아인과 아메리카 원주민에게 존재하며, 유럽인과 아프리카인에게는 거의 존재하지 않는다. 이런 특정 대립형질은 굵은 머리카락, 땀샘의 밀집도 증가, '샤블링(shovelling)'이라 불리는 특정 앞니 형태와 관련된다(웃을 때는 안보이지만 앞니 뒤쪽이 특정 형태의 물결무늬를 이룬다). '관련된다'는 의미는 '유발한다'는 의미와 같지 않은데, 왜냐하면 자궁에서 태아가 성장하는 동안 이런 변화를 생성하는 과정에서 바뀌는 단백질이 유전적 돌연변이에 의해 암호화되는 것을 정확히 포착하기가 매우 까다롭기 때문이다. 그럼에도 불구하고 쥐의 실험은 이런 특성이 370A 돌연변이의 결과라는 것을 암시한다.

2013년, 한 국제적 연구가 어떻게 인류 진화의 유전학을 테스트할 것인지에 대한 기준을 세우는 일정 범위의 일을 훌륭하게 수행했다. MIT, 하버드, 중국의 푸단대학교, 그리고 당연히 골턴의 모교 런던대학교에서 온 유전학자들이 전 세계 52개 개체군에서 추출한 1,064명의 게놈을 분석했고, 370A를 둘러싼 SNP를 조사했다. 그 SNP는 280개의 다른 흥미로운 SNP와 함께 13만 9,000개의 염기로 구성된 한 블록

---

67 공포영화 팬들은 마이클 베리먼(Michael Berryman)의 얼굴을 잘 알고 있을 것이다. 눈에 띄는 특징 덕분에 그는 〈까마귀〉와 〈이상한 과학〉과 같은 영화에서 주연급 괴물 역할과 1975년 〈뻐꾸기의 둥지 위로 날아간 새〉의 정신병 환자 역할을 맡았다. 1980년대 공포영화 〈공포의 휴가길(The Hills Have Eyes)〉(그리고 그 속편)의 소름끼치는 표정은 전형적인 저한성 외배엽이형성증(hypohidrotic ectodermal dysplasia) 환자의 얼굴이며, 나처럼 청소년기에 비디오 대여점을 수시로 들락거린 사람에게는 대단히 친숙한 얼굴일 것이다.

의 DNA로 귀결되었다. 그것은 게놈에 살짝 손을 담그는 수준의 간단한 문제였다. 그것은 인류역사에서 그 DNA의 기원에 대한 문제로 만들기에 충분한 유전적 데이터와 결정적인 유전적 변종을 가지고 있으며, 그것이 가능하게 하는 것은 370A의 기원 시기와 장소를 계산하는 능력이다. 370A는 아프리카와 유럽에서 공통적 대립형질이 아니며, 따라서 인류가 동쪽으로 이동하면서 임의 지점에서 완전히 임의적인 프로세스에 의해 획득한 것임을 기억하자.

컴퓨터 시뮬레이션은 농경 관습, 이주, 구분되는 개체군 간 완곡한 유전자 흐름 및 기타 요소를 포함하는 입력 변수의 전체 범주를 포함하며, 반대편에 출력되는 것은 하나의 숫자다. 혹은 일정 범위의 숫자다. 통계적 분석에 관해서는 과학은 매우 신중하기 때문이다. 출력은 이런 돌연변이가 1만 3,000~4만 년 전 어느 시점에서 개인에게 발생했다는 것을 나타내지만, 가장 가능성 있는 데이터는 지금으로부터 3만 1,000년 전 현재의 중국 중부다. 이 시기는 북미와 남미에서 거주할 고대 인류가 베링 해협(당시에는 육지였다)을 건너 이주하기 전이다.

두 번째 부분은 그 돌연변이가 실제로 수행하는 것을 테스트했다. 연구진은 수십 년 동안 관찰된 유전학의 기준이자 유전학자의 오랜 친구인 쥐를 사용했다. 인체 내에서 유전자의 오류가 식별되면, 쥐에게 동일한 돌연변이를 유발시켜서 테스트되며, 결과가 유사한지 혹은 동일한지 관찰된다. 유전자가 기능상실로 나타나면, 당신은 관심을 가졌던 그 유전자를 제거하기 때문에 이를 녹아웃(knockout)이라고 부른다. 반대의 테스트인 녹인(knock-in) 역시 유용하다. 쥐의 EDAR 유전자의 한 변형이 370A 돌연변이와 함께 그 위치에 녹인됐고, 그 쥐는 굵은 털, 더 밀집되고 작은 땀샘, 더 많이 분기된 젖샘을 가졌다. 설치류의 앞니는 먹이, 전기선, 목재를 갉아먹기 위해 일생동안 끊임없이 자라기 때문에 사람의 이빨 모양과 유용한 비교가 되지 않는다. 그러나 다른 표현형은 우리가 동아시아인에게서 보는 것과 매우 유사하다.

이런 돌연변이가 그토록 성공적으로 확산된 이유에 대한 추정은 다양했다. 고온다습한 기후에서 특히 먼 거리를 달리고 걷기 위해서는 이런 분비샘이 효과적인 체열 배출 시스템으로 작동하기 때문에, 땀샘 밀도는 기후와 관련된 것으로 보인다. 이 시스템은 당시의 수렵-채집인들에게 바람직했을 것이다. 지리적 기록은 이런 돌연변이가 일어났던 시기에 중국이 실제로 고온다습했음을 보여주며, 기온이 대체로 낮아지던 시기였지만 중국은 계절풍 때문에 열이 보존되었을 것이다. 이것을 확인하는 한 가지 방법은 더 많은 유골을 발굴하는 것이다. 그 시기의 뼈를 발견하고 당시 인류의 DNA를 추출하고 당시의 상세한 기상학적 자료를 얻기 위해서는 중국에서 더 많은 발굴 작업이 이루어져야 한다. 과학은 항상 더 많은 발굴을 필요로 한다.

귀지 유전자와 마찬가지로 370A는 냄새와 관련됐을 수도 있다. 언제나 언론의 추정은 가장 짜릿한 가능성을 주목하며, 몇몇 기사는 작아진 가슴 크기가 새로운 돌연변이를 고정시키도록 도와주는 가시적이고 성적인 선택의 동기였을 거라고 주장한다. 이것은 근거가 약한 주장이다. 현대 서양 문화의 일부 요소가 그 주장을 뒷받침하기는 하지만, 그럼에도 불구하고 가슴 크기는 성적 매력의 결정 요소로써 보편적이지 않으며, 젖샘의 크기와 젖 분비선의 내부 구조도 가슴 크기와 직접적인 상관관계가 없다. 그러나 그럴듯한 이야기, 특히 선정적인 헤드라인은 진실을 압도하기 쉬운 법이다.

선택적 장점이 무엇이었는지는 여전히 알려지지 않았다. 모든 특징이 동시에 유리했던 것으로 보이지는 않으며, 물론 우리는 이런 진화를 명확히 직선적인 방식으로 생각하지 않으려고 노력해야 한다. 그것은 서핑, 히치하이킹 또는 스위핑일 수도 있고, 그것이 보편화되는 데 걸리는 시간의 길이는 수천 년 그리고 수천 세대일 것이다. 연구에 참여했던 하버드대 진화생물학 교수 댄 리버먼(Dan Lieberman)은 언론에 이렇게 말했다. '사람들은 돌연변이에 대해 누가, 언제, 어디서, 어떻게, 무엇을 했는지 궁금해 합니다. 우리는 여전히 왜를 알고 싶습니다.'

370A가 이전보다 더욱 명확히 보여준 것은 우리가 '인종 특성'이라고 규정하는 핵심적인 신체적 속성이 피상적이고 최근에 규정된 것이라는 점이다. 상대적으로 간단한 EDAR 유전자조차도, 우리는 왜 그것이 그토록 많은 인류에게 확산되었고 그 방식으로 고착되었는지 여전히 이해하지 못하고 있다. 중국 남성이 유럽 여성과 결혼하고 그들의 자녀가 다시 유럽인과 결혼하고 가족 내의 유일한 대립형질이 원래의 유형으로 될 때까지 이런 결혼이 지속되는 단순한 방식을 통해, 당신은 한 가속에서 몇 세대 내에 370A를 제거시킬 수 있다.

두 개의 유전자 복사본이 연속적 세대 내에서 소멸되면 두 세대 내에 370A가 사라질 수도 있다. 그 가족의 아이들은 두껍고 검은 머리를 갖지 않을 것이고 유럽인 또는 아프리카인과 같은 땀샘을 가질 것이다.

그렇게 되면 그 아이들은 어떤 인종일까? 마찬가지로, 당신은 베트남 사람과 결혼함으로써 두 세대 내에 370A를 부활시킬 수도 있다. 그러면 그 아이들은 동아시아인으로 되돌아가는 것일까? 유전학은 인종의 정의를 내리거나 인종의 본질을 규정하는 것이 아니며, 우리가 인종을 말하는 방식과 나란히 서는 것을 거부한다. 그리고 이것은 단지 하나의 유전자일 뿐이다. 인간의 행동은 정밀조사하기에는 숨 막힐 만큼 복잡하다.

「뉴욕타임스」의 전직 과학 편집자 니콜라스 웨이드는 2013년 발표한 책에서 인종 유전학과 관련된 몇 가지 의문스런 주장을 했다. 『문제 많은 유전(A Troublesome Inheritance)』이라는 제목이 붙은 그의 책은 인종이 유전적으로 매우 명확히 정의될 뿐만 아니라, DNA에서의 차이가 신체적 특성은 물론 몇몇 사회문화적 행동까지 설명해준다고 말한다.

또한 니콜라스 웨이드의 책은 소위 인종 내에서 이루어진 최근의 진화가 특정한 사람들이 특정한 분야에서 우수하거나 열등하게 보이는 이유를 밝혀준다고 주장한다. 하지만, 그 주장을 뒷받침하는 근거를 제대로 제시하지 못한다.

웨이드에 따르면, 영국인은 '만족감을 보존하고 늦추려는 자발성'을 나타내며, 이는 다른 인종의 문화에서는 결여된 것이다. 유태인의 유전자는 '자본주의에서의 성공'에 적응되어 있다. 중국인은 권위에 복종하려는 경향이 있다(이런 정서는 19세기 「타임스」 기고문에 표출된 골턴의 생각과 너무나 유사하다). 이런 발언은 인류의 역사, 유전학, 인지능력의 지식에 기초한 어떤 근거로도 지지받을 수 없다. 또한 그 주장은 서툴고 완고하고 노골적인 인종주의다. 그러나 『문제 많은 유전』은 나름대로의 과학적 증거에 기초해서 논쟁적이고 도전적인 생각을 제시했기 때문에 여러 언론의 주목을 받았다. 그 책의 파괴를 통한 재구성은 유전학자들 사이에서는 보편적이었다. 그러나 허약한 과학에 근거한 웨이드의 주장에서 나타나는 오류와 모순은 왜 유전학이 그토록 까다로운 분야인지를 이해하는 데 유용하다.

인류가 최근의 과거에 진화했고 오늘날에도 여전히 진화 중이라는 사실은 의심의 여지가 없다. 수십 년, 수백 년, 수천 년에 걸친 유전 물질의 변화의 중요성은 과학적 논쟁의 주제다. 웨이드는 가장 최근의 인류의 진화를 향한 그의 질주 속에서 유전자의 변화에 대해 명백히 지지할 수 없는 주장을 되풀이하면서도, 그것의 근거를 찾으려는 시도는 하지 않는다. 진화는 시간에 걸친 변화임을 잊지 말자. 그러므로 우리가 던져야 할 질문은 '우리가 지금도 진화 중인가?'가 아니라 '우리가 자연 선택의 압력 하에서 진화 중인가?'다. 우리는 우리의 유전 물질에 따라서 지리적 조건에 적응 중인가? 만약 그렇다면, 우리가 일반적으로 인종을 기술하는 방식은 이런 적응에 적합한가?

인종이란 무엇인가?

우리에게 인종이란 무슨 의미일까? 이것은 쉽지 않은 질문이다. 모든 이는 자신이 인종의 의미를 알고 있으며, 민족 간 차이를 날알만큼 상세하게 말할 수 있다고 생각한다. 동아시아인에게 특유한 몽고주름은 그 지역 내에서도 다양하며, 경험상 평균적으로 당신은 캄보디아인과 한국인을 올바르게 구분할 수 있을 것이다. 그러나 아무도 이들을 서로 다른 인종으로 분류하지 않을 것이다. 그들은 모두 동아시아인이다. 이뉴잇족(에스키모인) 역시 몽고주름을 가지고 있지만, 그들은 동아시아인이 아니다. 물론 우리는 이뉴잇족이 동아시아에서 온 개체군이라는 걸 알고 있다.

앞에서 살펴보았듯이, 흑인이라는 분류 기준은 과학적 관점에서는 사실상 무의미하며, 검은 피부를 가진 사람들은 백인과의 차이보다 서로 간의 차이가 유전적으로 더 크기 때문에 인종적 집단으로써 아프리카 역시 매우 제한적으로만 사용된다. 그럼에도 당신은 경험상 에티오피아 사람과 세네갈 사람을 구분할 수 있을 것이다. 안면의 형태, 피부색, 코의 넓이 등에서 나타나는 그들 간의 차이는 왜 '흑인' 또는 '인종'이 과학적으로 가치 없는 용어인지를 정확하게 보여준다. 우리는 흑인이란 말을 '최근의 기원이 아프리카였던 검은 피부를 가진 사람'이라는 의미로써('인도에서 온 유사한 피부색을 가진 사람'에 반대로써) 일상적으로 사용한다. 이런 말 속에는 정확성이 거의 없다.

골턴은 힌두인종, 검둥이인종, 아랍인종, 중국인종 등 넓은 정의와 세련되지 못한 주장에 상당히 편안해 했다. 이미 우리는 그가 사용된 용어가 얼마나 부정확한지 살펴본 바 있다. 중국은 하나의 국가이며, 따라서 어떤 의미에서는 '중국에서 태어난 사람들'이라고 정의하기가 가장 쉽다. 힌두인 역시 일반적으로 인도 대륙의 가장 큰 구성 집단이라고 여겨지지만, 종교적, 문화적으로 광범위하며, 이슬람교를 믿는 1억 8,000만 파키스탄인과 인도의 이슬람교도를 포함하지 않는다. 이들은 힌두계 인도인과 유전적으로는 구분되지 않는다. 아랍인은 어떨까? 측정과 분류에서 상당히 체계적인 골턴은 이런 정의에 대해서는 매우 느슨한 그의 인종적 면모를 보여준다.

초기의 인종주의는 인류를 다섯 가지로 집단화했고, 이것은 상당히 끈질기게 지속됐다. 18세기 독일 인류학자 요한 블루멘바흐(Johann Blumenbach)는 백인, 몽골인, 에티오피아인(넓은 의미에서 사하라 사막 남부 아프리카 사람들), 말레이인(개략적으로 동남아 사람과 태평양 섬 주민들), 아메리카 원주민으로 분류했다. 19세기 말에는 백인종, 흑인종, 몽고인종으로 단순화된 분류가 이루어졌다. 미국 인류학자 칼턴 쿤(Carleton Coon)은 백인종, 몽고인종(아메리카와 동아시아의 모든 원주민을 포함시켰다), 호주인종(호주 대륙 원주민을 의미한다), 케이프인종, 콩고인종(사하라 사막 남부 흑인을 케이프와 콩고를 기준으로 중서부와 동남부로 구분했다)이라는 약간 다른 다섯 가지 집단으로 분류했다.

인류가 분류될 수 있는 집단의 최소 인원수는 통계적으로 남아 있지 않다. 웨이드는 그의 책에서 세 가지 또는 일곱 가지 인종이 존재한다고 오락가락했으며, 대륙의 구성 개체군과 인종을 매우 광범위하게 동일시해서 아프리카인, 동아시아인, 백인으로 분류했지만, 인도인과 중동인을 포함시키기도 했다. 이런 분류는 많은 이들이 인종을 언급할 때 매우 널리 사용하는 방식이지만, 분명히 문제점을 가지고 있다. 우리는 하얀 피부색이 유럽, 특히 북유럽과 관련되며, 우유를 소화시키는 유전자와 마찬가지로 겨우 수천 년 전에 나타났음을 알고 있다.

또한 우리는 단일 EDAR 유전자가 어떻게 동아시아인에게 특유한 두껍고 검은 머리카락을 발현시켰는지 알고 있다. 유전학의 관점에서 우리는 수천 개의 유전자 중 극히 일부만을 보고 있으며, 전체 게놈의 수백만 변종 중 한 줌의 요소만을 보고 있다. 어떤 복잡한 인간 특성에 대한 단일 유전자가 거의 없는 것처럼, 인종 개념을 규정하는 단일 유전자는 없으며, 각 개체군을 시각적으로 매우 다르게 만드는 광범위한 신체적 차이를 발현시키는 소수의 유전자만 존재할 뿐이다. EDAR 유전자처럼 존재한다고 해도, 신체적 차이는 사람들 간 유전적 차이의 총량 중 피상적이고 사소한 부분만을 나타낸다.

하나 또는 소수의 유전자만을 분석하는 한계를 벗어나고, 혈액 집단 단백질을 사용한 최초의 평가와 같은 DNA 스펠링 상에서 하나의 변종만을 조사하는 한계를 뛰어넘으면서, 휴먼게놈프로젝트는 인종이라는 개념에 지각 변동을 일으켰다. 이제 우리는 수천 명의 사람들의 수백, 수천 가지 유전자를 분석할 수 있다.

캘리포니아주 스탠포드대학교의 노아 로젠버그(Noah Rosenberg)는 2002년에 진행된 바로 그 휴먼게놈프로젝트에서 최초의 주요 연구를 이끌었고, 게놈학이라는 새로운 힘과 강력한 컴퓨터를 사용하여 표면 아래에 있는 것뿐만 아니라 우리 진화의 깊숙한 곳까지 파헤쳤다.

그의 연구팀은 52개 지역에서 1,056명의 SNP를 추출하여, 게놈 각각의 전체 30억 문자에 걸쳐 펼쳐져 있는 377개 위치의 변형을 살펴보았다. 이것은 당시로서는 엄청난 연구였다. 30억 문자의 거대한 바다에서 377개의 점은 한 방울처럼 보일 수도 있지만, 그것은 국경을 넘는 유전자의 확산을 조사하기에 충분한 숫자다. 연구팀은 유전자 클러스터에 의한 유사성을 정렬하는 STRUCTURE라는 컴퓨터 프로그램에 이 데이터를 입력했다. 프로그램은 그 숫자를 분석하여 지정된 여러 가지 범주로 정렬시킨 후 2개에서 6개의 영역으로 분류된 집합을 출력했다.

즉, 표본집단은 유사성에 기초한 두 그룹의 사람들로 나누어졌고, 그 다음에는 세 가지, 네 가지로 나뉘었다. 분류값이 2였을 때, 아프리카, 유럽, 서아시아 출신 사람들과 동아시아, 미주, 호주 출신의 사람들이 그룹화되었다. 이는 지리적으로 인류가 처음으로 거주했던 장소이므로 의미가 있다. 컴퓨터 알고리즘이 입력 데이터를 세 그룹으로 나누었을 때, 아프리카가 별도의 그룹으로 분리되었다. 아프리카를 벗어난 초기 인류는 이용 가능한 전체 대립유전자의 작은 표본일 뿐이므로 이 또한 의미가 있다. 다섯 그룹으로 나누면 호주와 동아시아가 별도의 그룹이 되었다. 갑자기, 유전학은 아프리카, 유럽, 중동, 동아시아, 호주 및 아메리카라는 가장 전통적인 인종 분류를 확인하는 것처럼 보였다.

그러나 분류값이 6이었을 때 이상한 일이 벌어졌다. 약 4,000명의 인구를 가진 파키스탄 북부 부족 칼라샤(Kalasha)가 다음 그룹으로 등장한 것이다. 그들은 황무지와 눈과 얼음이 가득하고 산길과 밧줄 다리로만 접근할 수 있는 힌두 쿠시의 산악지대에서 살아가는 작고 고립된 특이한 개체군이다. 그들의 공동체에는 족내혼의 전통이 강하게 남아 있으며, 고유한 언어와 종교를 가지고 있다. 하지만 아프가니스탄 국경 너머 이웃 부족인 누리스타니(Nuristani)가 19세기 말에 그랬듯이, 현재는 많은 사람들이 이슬람교로 개종하고 있다.

칼라샤는 매우 흥미로운 사람들이며, 여러 면에서 특이하다. 그러나 그들은 컴퓨터 알고리즘에서 새로운 그룹으로 분류될 정도로 특이한 것은 아니다. 가장 열렬한 인종주의자조차도 그들을 별개의 인종 집단으로 나누지 않을 것이다. 분류값을 계속 늘리면 지리적, 문화적으로 묶여 있는 사람들의 그룹이 점점 더 많아진다. 사실, 우리 각자가 갖고 있는 30억 문자의 유전자 암호 내에서 이 미세한 규모의 차이점을 찾는 것이 어려워질수록 경계는 점점 더 애매해진다. 이런 분류를 통해 분석된 가장 유사한 형질은 그룹 내에서 공유되지만, 다른 그룹과도 많이 겹친다. 이런 유형의 데이터를 컴퓨터 그래픽으로 표시하면 가장자리에서 혼합이 나타나는 것이다. 가장 선명한 묘사는 해양과 강물의 경계(유럽, 사하라 사막 이남의 아프리카 및 동아시아)와 일치한다. 그러나 더 많은 그룹이 추가되고 물의 경계가 적어짐에 따라, 인류의 변이는 상당히 연속적이 된다. 순수한 인종이라는 개념은 안개 속에서 사라진다.

로젠버그의 연구는 훌륭한 업적이다. 그는 전 세계 사람들이 어떻게 분포되어 있는지에 대한 근본적인 질문을 유전학적으로 올바르게 제기했으며, 천명이 넘는 사람들의 전체 게놈에 걸쳐 퍼져 있는 수천 개의 단일 위치를 분석함으로써, '이른바 인종이라는 관점에서 볼 때 사람들 간의 유전적 차이는 서로 다른 인종보다는 동일한 인종 내에서 더 크게 나타났다'는 르원틴의 초기 연구결과를 확인시켜 주었다(사실상 강화시켜 주었다). 이와 동시에 그는 우리가 최신 기술로 게놈을 분석하여 확인한 차이점이 기존에(과학 시대 이전에, 골턴 시대 동안에, 서툴고 피상적인 특성의 시대 동안에, 20세기 전반에 걸쳐) 제안된 기본적 인종 구조와 동일하다는 것을 보여주었다. 이것은 사람들 사이의 가시적 차이를 유발하는 유전적 차이를 찾는 것이 아니라, 피부색과는 상관없이 그들 사이에 존재할지도 모르는 차이점을 단순히 추적하는 것이다.

유전자 클러스터를 찾아라. 그것은 당신이 발견해주기를 기다리고 있다. 클러스터가 존재하는 곳의 미세한 변화는 매혹적이며 '왜?'라는 질문을 던지게 한다. 왜 이런 그룹화(특히 게놈의 나머지 부분, 실제로 게놈의 대부분)가 지역적 다양성을 나타내지 않는지 우리는 알고 있는가?

우리는 종종 유전학을 설명하기 위한 비유로써 언어를 활용하며, 나는 여기에서도 그것을 활용하려고 한다. 현재 세계에서 발행되는 모든 책을 상상해보자. 편의상 그것이 모두 영어로 써졌고 논픽션이라고 생각하자.

홍보를 돕고, 판매를 촉진시키고, 구매하려는 책에 대한 정보를 독자에게 제공하기 위해 발행인과 서점은 카테고리를 분류하기를 원한다. 당신이 지금 들고 있는 과학책은 많은 역사적 내용도 담겨 있지만 주로 생물학에 관한 것이다. 나의 지난번 책[68]은 생명의 기원에 관한 것이었고 역시 많은 역사를 담은 과학책이었다. 거기에는 생물학이 풍부했지만, 그것은 또한 물리학, 천체 물리학, 지질학, 화학도 들어 있어서 유

---

68 그 책의 제목은 『창조 : 생명의 기원과 미래(Creation : The Origin of Life & The Future of Life)』다.

기화합물에서 지구의 초기 생명체로 이어지는 전환 연구에 적합하다.

과학 작문의 고전을 살펴보자. 다윈은 지질학에 관해 썼고, 칼 세이건(Carl Sagan)은 그의 걸작인 『코스모스(Cosmos)』에서 생물학과 물리학에 대해 웅변적으로 저술한 우주학자였으며, 현대물리학자 브라이언 콕스(Brian Cox)도 마찬가지였고, 해부학자 앨리스 로버츠(Alice Roberts)는 고고학과 역사에 대한 책을 여러 권 썼다. 우리는 이런 서적이 영어로 된 논픽션에 속한다는 것에 동의할 수는 있지만, 더 이상의 분류는 애매하다. 그다음으로 유행하는 다이어트 책에서 자동차설명서, 유명인사의 전기를 거쳐 고속도로 법규에 이르기까지 논픽션의 모든 장르를 포함시키면, 문제가 발생하기 시작한다. 그러나 우리는 표지나 제목으로 책을 판단하지 않고 그 속의 내용으로 책을 판단하려고 한다. 이것이 분류체계에 도움이 될까? 우리가 이 모든 책의 내용을 살펴보고 '과학'이라는 단어를 찾아보면, 과학에 관한 책에서 가장 자주 등장하지만 다른 책에서도 많이 나타난다. '과학'은 또한 다이어트 책과 영성가이드 서적에서도 수시로 등장하는 단어이기 때문에 맥락파악이 필수적이다.

그래서 우리는 검색 기준을 확장하고 '과학'과 '생물학'을 사용하여 카테고리를 수정해야 한다. 그러나 '생물학'이라는 단어는 포함하지만 '과학'이라는 단어는 포함하지 않는 책도 있다. 우리는 이런 책을 과학과 생물학 그룹에 포함시켜야 할까? 우리가 생물학적 진화에 관한 책을 찾고 싶어서 과학, 생물학 및 진화라는 단어를 포함시켰다고 해보자. 아쉽게도 다윈은 『종의 기원』에서 이 단어를 사용하지 않았기 때문에 그 검색어는 『종의 기원』을 찾아내지 못할 것이다. 하지만 다윈은 따개비와 세계를 여행한 탐사선인 비글호에 대해서 많은 이야기를 했다. 실제로 개와 조개라는 단어는 등장하지만 다윈, 탐사선, 진화라는 단어는 나오지 않는 책이 여러 권 있다. 예를 들면 리사 손더스(Lisa Saunders)가 쓴 『신비주의 선원의 길』[69] 그리고 『식물, 동물, 알파벳 색칠하기』 등이 그런 책이다. 그렇다고 이 책들이 다윈의 책과 같은 카테고리에 속하는 건 아니다.

서점에서 할 수 있는 최선이란, 과학서라는 광범위한 범주를 제공하는 것이다. 하지만 엄밀히 볼 때 그것은 애매한 정의일 뿐이다. 분명히 당신이 들고 있는 책과 나란히 서점의 책꽂이에 있는 책에는 요리책 코너에 있는 책보다 과학, 생물학, 진화 등의 단어가 포함될 가능성이 더 높으며, 따라서 폭넓게 적절한 카테고리로 묶을 수 있다. 그러나 그 책들 중 일부는 물리학이나 수학에 관한 책일 것이다. 그리고 비과학적 헛소리로 가득 찬 '과학책'을 만나기 위해 당신은 책꽂이에서 왼쪽이나 오른쪽으로 멀리 가지 않아도 된다. 그런 책도 같은 카테고리에 있기 때문이다.

우리는 모든 일을 항상 이런 식으로 한다. 예술 카테고리에는 큐비즘, 다다이즘, 초현실주의, 공공예술, 비디오설치 예술, 초상화 그리기, 사진 촬영기술이 포함되어 있다. 정치적으로 우리는 좌파, 우파, 보

---

69 이 책은 트위터와 구글의 도서 검색 알고리즘을 통해 발견했고, 나는 아직 읽지 않았다. 제임스 조이스의 『율리시즈』에는 노라 바너클(Nora Barnacle)이라는 인물이 등장하며, 비글호에 대해서도 언급되고 있다. 물론 그것은 소설이며 게놈보다 훨씬 이해하기 어렵다.

수파, 보수당, 자유주의자, 자유의지론자 등 여러 가지 카테고리를 갖고 있다. 영화는 서부영화, 공상과학영화, 공포영화, 로맨틱 코미디 등으로 나뉜다. 그리고 내 예전 여자 친구가 좋아하지 않는다고 말한 흑백 영화도 있다. 이는 우리가 사물에 붙인 이런 모든 카테고리에 측정 가능하고 계량가능한 차이가 없다는 뜻이 아니라, 대부분 엄격하게 구분하기가 애매하다는 뜻이다. 리처드 도킨스가 강조했듯이, 우리는 원래부터 불연속적인 마음의 폭압에 시달리고 있는 것이다.

비유는 어떤 지점까지는 작용한다. 그것은 특정한 유전적 그룹이 지리적 위치와 대체적으로 일치한다는 사실을 나타내지는 못한다. 그러나 그것은 배타적이지도 않고 본질적이지도 않다. 비유는 얼마나 많은 인종이 있는지에 대한 질문을 만족시키지만, 그건 대답이 불가능하다. 그건 의미 없는 질문이다.

그러나 편견은 결코 사라지지 않았다. 유럽의 아메리카 대륙 점령 초기부터 그랬듯이, 아메리카 원주민은 알코올 중독에 유전적으로 취약하다는 생각은 오늘날에도 계속되고 있다. 토머스 제퍼슨(Thomas Jefferson)은 1802년 이로쿼이족 추장에게 '영혼의 액체'를 금지시키는 결정을 찬양하는 다음과 같은 편지를 보냈다. '부족민이 영혼의 액체의 남용을 자제할 수 없다는 걸 깨닫고 그것을 전혀 사용하지 않기로 한 귀하의 결정을 크게 칭송합니다.' 중독은 가난, 교육, 가족의 내력, 어린 시절 경험한 트라우마 등 고려해야 할 생물학적, 사회적, 문화적 요소가 너무 많기 때문에, 이해하기 힘든 매우 복잡한 문제다. 유전이 알코올 중독에 걸릴 위험에서 절반 정도의 역할을 하는 것으로 보인다.

그러나 아메리카 인디언이 백인들과 다르게 알코올에 반응하는 유전자 변이를 가지고 있다는 증거는 없으며, 그들을 알코올 중독자로 만들 수 있는 간단한 단일 유전적 요인도 존재하지 않는다. 아메리카 인디언들에게 가해진 잔인한 사회적, 문화적 차별과 여러 세대에 걸친 억압의 증거는 많으며, 그런 차별과 억압은 불완전 고용, 빈곤, 낮은 사회 경제적 지위를 초래하고 이 모든 것이 알코올 중독의 위험 요소가 된다. 그러나 유럽계 백인 이민자의 거의 두 배에 달하는 아메리카 원주민의 높은 알코올 중독률이 그들의 유전자 때문이라는 잘못된 생각은 여전히 널리 퍼져 있다.

1880년대에 서로 다른 곳에서 일하던 두 명의 의사가 우연히 동시에 새로운 끔찍한 질병을 발견했다. 그 질병은 모두 유태인 가정에서 나타났다. 영국 의사 워렌 테이(Waren Tay)는 런던의 한 유태인 가정에서 어린 자녀들의 망막에 생긴 붉은 반점을 발견했고, 점차적인 신경 손상과 사망으로 이어지는 질병의 진행 과정을 추적했다. 미국 의사 버나드 삭스(Bernard Sachs)도 뉴욕에서 비슷한 증상을 발견했고, 흑내장성 가족성백치(amaurotic familial idiocy)라는 명칭을 붙였다.

그들이 발견한 질병은 HEXA 유전자의 돌연변이에 따른 퇴행성 질환으로 밝혀졌으며, 지금은 테이삭스병(Tay-Sachs disease)이라고 불린다. 이것은 매우 어린 아이의 뇌가 짧은 시간에 악화되어 곧 사망에 이르는 끔찍한 증후군이다. 워렌 테이와 버나드 삭스가 이 질병의 특징을 조사하던 몇 년 동안 동일한 증상을 가진 아이들이 비-유태인 가정에서도 발견되었지만, 이미 테이삭스병이 '유태인 질병'으로 인식되었기 때문에 그들은 다른 뭔가에 감염되었다는 판정을 받았다.

테이삭스병은 유태인만의 질병이 아니다. 그것은 루이지애나의 프랑스계 미국인과 퀘벡의 프랑스계 캐나다인에서 거의 동일한 빈도로 나타난다. 유태인 질병 같은 것은 없다. 유태인은 유전적으로 구별되는 집단이 아니기 때문이다. 물론 가족 및 관련 집단에서 높은 수준의 유전적 유사성이 있을 것이며, 실제로 테이삭스병은 다른 집단보다 동유럽계 유태인들에게 오랜 기간 동안 발생 빈도가 높았다. 그러나 그것은 일반 유태인, 동유럽계 유태인, 스페인계 유태인, 프랑스계 미국인 등 어떤 단일한 식별 가능한 집단만의 질병이 아니다. 그러나 신화는 계속된다. 인종과 유전학에 관해 대중들과 이야기할 때 나는 이런 질문을 자주 받는다. '테이삭스병 같은 유태인 질병에 대해서 어떻게 생각하세요?'

여기에 아이러니가 있다. 유태인은 유전학에 있어서 다른 사회 집단보다 훨씬 많은 연구가 이루어진 민족이다. 이는 아마도 유태인 출신 유전학자와 과학자의 높은 비율, 그리고 유대 민족의 매우 이례적인 역사와 관련이 있을 것이다. 그들이 받은 박해와 유랑 생활은 유전자와 문화가 상호 작용하는 방식에 대한 중요한 흥미로운 사례 연구가 되었고, 이런 관심 때문에 테이삭스병의 확산이 차단되었다. 전체 유태인의 3분의 1을 차지하는 동유럽계 유태인 인구에서 신중한 유전 상담을 통해 효과적으로 테이삭스병이 근절되었다. 가장 순수하고 가치판단을 배제한 관점에서 나는 이것을 부드러운 우생학(soft eugenics)의 한 형태라고 생각한다. 테이삭스병은 우연히 유태인 질병으로 불렸고, 편견과 무지에 의해 전파되면서 그렇게 굳어졌다. 하지만 이제 우리는 유전학과 유전에 대한 이해 덕분에 그것이 유태인 질병이 아니라고 확실히 말할 수 있게 된 것이다.

＊ ＊ ＊

과학의 발전에도 불구하고, 스포츠에서도 비슷한 편견이 끈질기게 지속된다. 앨런 웰스(Allan Wells)가 1980년 모스크바 올림픽에서 우승한 것을 마지막으로 백인 선수는 올림픽 100미터 결승전에 이름을 올리지 못하고 있다. 역사상 아프리카계 미국인 선수들은 100미터 최고 기록 20개 중 13개를 가지고 있다(다른 7명 역시 흑인 남성으로, 캐나다인 또는 자메이카인이었다). 그 해에 미국은 올림픽 경기를 보이콧했으며, 그에 따라 냉전은 더욱 싸늘해졌다. 이런 숫자는 스포츠에서 흑인의 탁월함과 성공이 생물학적인 것이며 따라서 백인 운동선수보다 유전적 이점을 갖고 있다는 생각을 불러 일으켰다. 1936년 나치 독일 올림픽의 연단에 서있는 제시 오언스(Jesse Owens)를 떠올려보자. 그는 10.3초의 기록으로 100미터를 우승했고, 다른 3개의 금메달도 획득했다. 나중에 오언스 팀의 보조 코치인 딘 크롬웰(Dean Cromwell)은 이 아름다운 스포츠 업적을 생물학적 운명의 뚜렷한 징후라고 여기며 이렇게 말했다.

검둥이는 백인보다 원시인에 더 가깝기 때문에 스포츠에서 뛰어납니다. 멀지 않은 과거에는 스프린트와 점프 능력이 정글에서 살아가는 검둥이에게 삶과 죽음의 문제였지요.

인종차별적인 살인 정권 앞에서 그 승리의 힘은 성취 자체를 얕보는 인종 차별에 의해 슬프게도 훼손된다. 이런 태도는 스포츠계 및 일반 대중에서 매우 일반적이다. 코네티컷대학교의 두 사회학자 매튜 휴이(Matthew Huey)와 데번 고스(Devon Goss)는 흑인들의 스포츠 성공에 대한 100년 동안의 태도를 연구했으며, 유전적 이점이 지속적인 주제라는 것을 발견했다.[70] 20세기 내내, 명백하게 불균형적으로 성공한 흑인 운동선수가 많은 이유를 설명하려고 시도한 이론이 생겨났다. 가장 끈질긴 것은 폭발적 움직임과 관련된 세포 내 단백질의 일종인 '빠른 트위치(fast twitch)' 근육섬유의 비율이 흑인에서 더 높다는 생각이다.

물론 검다는 것은 이 논증의 목적상 사실상 의미가 없다. 피부색소 침착을 일으키는 유전자는 거의 없으며, 검은 피부색은 아프리카 외부보다 내부에서 더 깊은 유전적 차이점을 가려버린다. 나미비아인과 나이지리아인의 유전적 유사성보다 스웨덴인과 나미비아인 혹은 스웨덴

---

70 더욱이 흑인 선수의 성공은 생물학적 능력 때문이라고 치부되었지만 백인 선수의 성공은 근면성과 인지 능력 덕분이라고 평가받았다. 하지만 흥미롭게도 이러한 견해는 시간이 지남에 따라 일관성을 잃었다. 20세기 초에 5000미터는 핀란드 선수들이 완전히 지배했다. 잭 슈마허(Jack Schumacher)라는 독일 작가는 아리안족의 우월성에 대해 통렬히 비판하며 이렇게 썼다. '달리기는 모든 핀란드인의 피 속에 분명히 존재한다… [그 사람들]은 숲의 동물과 같다.'

인과 나이지리아인의 유전적 유사성이 훨씬 더 높지만 나미비아인과 나이지리아인의 검은색 피부가 이런 사실을 가려버리는 것이다. 따라서 주요 분류기준이 피부색이라면, 어두운 피부색 간의 근본적인 차이가 너무 크기 때문에 일반적인 운동 능력의 우위를 뒷받침할 수 없다. 예를 들어 우리는 아프리카 일부, 특히 에티오피아 고지에서 오랫동안 살아온 많은 인구가 높은 고도에서의 생활에 유전적 적응을 하고 있음을 알고 있다. 이런 측면에서 보면 에티오피아인은 우리가 집합적으로 전형적인 흑인이라고 묘사하는 다른 아프리카인들보다 티베트인들과 유전적으로 유사하다. 그러나 고지 적응 특성은 일반적으로 사하라 이남의 아프리카인들에게는 찾아보기 어렵다.

다른 모든 것들이 동등하다면(물론 결코 그렇지 않다), ACE라는 유전자를 통해 희박한 산소를 처리하는 나의 유전적 능력은 대부분의 아프리카인들과 비슷하지만, 동부 아프리카인들은 그렇지 않다. 마찬가지로, 빠른 트위치 근육섬유와 관련이 있는 알파-액티닌-3 유전자(alpha-actinin-3 gene)의 특정 버전이 성공적인 흑인 단거리 선수에게 존재하지만, 아프리카인 또는 실제로 아프리카 내의 특정 지역, 특정 문화 집단에만 국한된 것은 아니다. 2014년 브라질의 스포츠과학자 로드리고 반시니(Rodrigo Vancini)는 아프리카 운동선수의 유전학에 관한 과학 문헌을 절저히 검토한 후, 흑인의 운동 능력과 관련되어 가장 많이 언급되는 이 두 유전자의 변이에 대한 연구가 흑인 운동선수의 성공을 완전히 설명하지 못한다는 결론을 내리면서 이렇게 말했다. '아프리카가 세계의 다른 지역에서는 발견할 수 없는 독특한 유전형을 만들어내는 것 같

지는 않습니다.'

문화적 논쟁의 일부는 노예제도가 이러한 육체적인 능력을 확장시켰을 가능성을 기반으로 한다. 이 주장의 기반은 힘과 육체적 능력이 우수한 노예가 바람직하고, 그런 노예가 성공적인 일꾼이 되어 자손을 낳고, 그들의 유전자가 전달될 거라는 생각이다. 이것은 일종의 '상식'적인 주장이다. 그러나 과학은 상식의 반대다. 과학은 우리가 인식하는 방식에서 객관적인 현실을 추출하려고 시도하는 일련의 방법론적 도구다. 과학은 우리 주변을 둘러싼 편견을 떨쳐내고, 무엇이 옳은지를 구분한다.

노예제도가 슈퍼맨을 만들었다는 생각에는 몇 가지 문제가 있다. 첫번째는 노예제도가 만연했던 400년이라는 시간은 특정 대립유전자의 효과를 발현시키기에 충분하지 않다는 점이다. 10세대 또는 12세대는 생물학적으로 대단히 중요한 대립형질의 확산(또는 소멸)을 위한 시간을 제공할 수 있다. 그러나 많은 인간 행동과 마찬가지로, 우리는 큰 영향을 주는 단일 유전자에 대해서 말하고 있는 게 아니다. 스포츠 능력의 생물학에 관여하는 유전자는 수십 가지이며, 이들은 서로 다른 스포츠의 경쟁자들 간에 균일하게 분배되지 않는다. 훌륭한 단거리 선수가 장거리에서도 반드시 뛰어난 능력을 발휘하는 건 아니다. 두 번째 문제는 노예 조상을 가진 흑인들에게 이 대립형질의 긍정적 선택이 나타났다고 분석한 어떤 자료도 없다는 점이다. 이것이 없다면, 노예 제도가 효율적인 선택적 교배 프로그램이라는 주장은 단지 인종차별주의자의 막연한 희망사항에 불과하며, 편견의 확인 혹은 다른 형태의 적응주의일 뿐이다.

신체적인 특성은 분명히 스포츠 분야의 성공에 필수적인 역할을 한다. NBA 농구선수의 평균 신장은 204센티미터이며, 농구에서 키가 큰 것은 분명히 매우 유리하다. 반대로, 백인이 지배하는 스포츠인 경마에서 기수는 속도와 질량에 대한 뉴턴의 법칙에 따라 작고 가벼운 게 매우 유리하다. 키는 유전자에 크게 영향을 받지만, 피부색과 마찬가지로 인종과는 아무런 관련이 없다. 네덜란드인은 지구상에서 가장 키가 큰 사람들이다. 만약 네덜란드의 인구가 미국과 비슷하고, 네덜란드에서 농구가 미국만큼 문화적으로 중요하고 널리 퍼졌다면, 그들이 LA레이커스처럼 좋은 팀을 만들어낼 것이라는 주장에 나는 전적으로 공감한다.

스포츠는 재능과 순수한 용기만이 승리할 수 있는 평등의 광장으로 자주 묘사된다. 유전자 때문에, 그리고 잔혹한 노예제도 속에서 살아남았기 때문에 흑인들이 스포츠에서 더 뛰어나다는 주장은 너무나 허약한 근거에서 비롯된 것이며 우리의 생각과 과학적 진실 사이에 벌어져 있는 간극의 또 다른 예다.

어떤 이들은 인종의 존재에 대한 생물학적 기초를 제안하고 강화하는 수단으로서 인류의 이주와 역사를 바라본다. 한동안 현대의 인간이 어디서 유래했는지에 관한 논쟁이 있었다. 논쟁의 핵심은 우리가 아프리카에서 하나의 종으로 출발해서 오늘날 우리가 볼 수 있는 형태의 호모 사피엔스로 진화했는지, 아니면 원시 인류가 오랜 이주를 통해 전 세계에 자리를 잡은 후 이들 창설적 조상으로부터 현재 형태로 진화했는지 여부였다. 후자의 주장을 '다중지역 가설(multiregional hypothesis)'이라고 부르며, 이는 오랫동안 거의 모든 학자들에게 받아들여지지 않은 이론이었다.

뼈는 그렇게 말하지 않는다. 뼈는 살아 있는 사람과 오래 전에 죽은 고대인 사이에서 나타나는 신체적인 차이가 지구상에 살고 있는 누군가를 현재에 이르는 경로가 달랐다고 분류하기에 충분할 만큼 크지 않다는 걸 보여준다. 지구상에서 건강하게 살아가는 사람이 자손을 낳는 것을 방해하는 신체적, 생물학적 장벽은 존재하지 않는다. 호주 원주민은 남미 원주민 또는 아프리카의 어느 누구와도 행복하게 많은 자녀를 낳을 수 있다. 그들 사이의 유전적 거리가 아무리 멀다 해도 그건 장벽이 되지 못한다.

지난 몇 년 동안, 우리는 제1장에서 논의한 새로운 고대 유전학을 통해 지배적 다수설인 아프리카 기원설에 뉘앙스가 추가되는 걸 볼 수 있었다. 현생 인류는 분명히 네안데르탈인과 데니소바인과 성공적으로 성적인 관계를 가졌으며, 우리는 오늘날까지 그들의 DNA를 갖고 있다. 이것은 다른 종의 인간이 출현한 것이 아니라 다른 종을 우리 자신에게 통합한 것이다. 그들의 유전적 기여는 결코 사소한 것이 아니며, 어떤 경우에는 우리 현생 인류에게 그들이 없었다면 갖지 못했을 특정한 형질을 부여했다. 그러나 이런 공헌은 인종이라는 광범위한 구어체 정의로 인류의 진화를 분리시키려는 주장이 타당한 근거로 제시하기에는 충분하지 않다. 인류의 이동성과 종족번식의 탁월성은 단지 3,400년 전 또는 그 무렵에 살아 있는 모든 인간의 공통적 기원을 위치시켰다.

나는 유전학과 진화가 보여준 것을 우리가 인종에 관해 이야기하는 방식에 일치시킬 수 있는 언어가 없다고 생각한다. 유전학은 전 세계 인류의 다양성과 분포가 인종, 흑인, 백인처럼 조잡하게 정의된 용어에 우리를 끼워 맞추려는 시도보다 훨씬 더 복잡하고 정교한 안목을 요구한다는 것을 보여주었다. 이런 이유 때문에 나는 유전학자의 관점에서 인종은 존재하지 않는다고 편안하게 말할 수 있다. 그것은 유용한 과학적 가치가 없는 용어다.

과학과 측정과 언어에서 우리는 엄밀함을 간절히 원한다. 분류하려는 충동은 매우 인간적인 것이며 과학이 분명히 추구하는 것이다. 우리에게는 생명의 정의가 없다. 우리는 종을 부적절하게 정의한다. 생명은 살아가는 것과 살아 있는 것을 분류하려는 우리의 고귀한 시도를 훼손하기 위해 최선을 다한다. 이것이 흥미진진한 이유다. 게놈의 조사에 의해 측정될 때 우리가 볼 수 있는 변이는 넓은 대륙과 광범위하게 일치하지만, 심지어 대양이라는 장벽에도 불구하고 이런 경계선은 예리하지 않으며 여전히 개인 간 차이의 일부만을 확인시켜준다. 사람, 민족 간 이러한 차이를 확립하는 것은 침투력이 모든 인간에게 불균등하게 분포되어 있고 특정 집단에 초점을 두고 있는 질병을 이해하려는 측면에서 아직 가치가 있을 수 있다.

그러나 다시 강조하지만, 이것은 일반적인 인종 개념과는 일치하지 않는다. 물론 그것이 인종주의가 존재하지 않는다는 의미는 아니다. 경험하는 것은 특별한 일이다. 수백만 명의 사람들과 달리, 내 삶은 사람을 다르게 보이게 하는 극소수의 DNA 조각에서 비롯된 박해로 인해 훼손되지 않았다. 그러나 경험하지 못했다면 이해하기가 어렵다. 내 경우에는 사소한 것이었지만, 그 경험은 화상처럼 깊이 새겨져 있다. 유전학은 갈등이 사람과 관련이 있으며 생물학에 내포되어 있지 않다는 것을 보여주었다.

다윈은 『종의 기원』에서 인간을 논하지 않았지만, 그의 두 번째 위대한 작품 『인간의 유래』에서는 인간의 특성을 탐구하는 데 전념했다. 그는 비글호 여행 중 세계의 원주민 집단을 보았고 육체적인 특성을 신중하게 연구했다. 그는 그 시대의 언어를 사용하여 인종과 하위 종을 말하고, 우리가 더 이상 지지할 수없는 부드러운 정의를 사용한다.

그러나 그는 성년에 이르렀으므로 별개의 인종으로 분화되거나 보다 적절하게 하위 종이라고 불릴 수 있다. 검둥이와 유럽인처럼 이들 중 일부의 표본이 더 이상의 정보 없이 동식물연구가에게 전달되었다면, 의심할 여지없이 훌륭하고 진정한 종으로 간주되었을 것이다.

다윈은 생물의 종류를 묘사하기 위해 『종의 기원』에서 감정적인 단어인 '인종'을 사용했다. 그러나 그의 거대한 생각의 핵심은 시간을 통한 생물의 끊임없는 흐름에 대한 인식이었고, 1871년 『인간의 유래』에서 위대하고 전형적인 선견지명으로 그는 인류의 인종차별적인 특성이 영구적인 것도 아니고 본질적인 것도 아니라고 인정했다.

독특하고 일정한 인종의 특성이 명명될 수 있는지 여부는 의심스러울 수 있다.

처음은 아니지만, 유전학은 다윈이 의심했던 것을 확인해주었다. 이것은 관측에 근거한 의심이었고, 그를 따라다니는 유전 메커니즘 (mechanisms of inheritance)에 대한 개념은 없었으며, 그중 많은 부분은 사촌동생의 작업에서 나왔다. 아이러니하게도 골턴은 사소한 방식으로 우생학을 몸소 실천했다. 그는 루이지애나 버틀러와 죽을 때까지 결혼관계를 유지했지만, 자녀가 없었으므로 그의 유전적 구성이 다음 세대로 전달되지 않은 것이다. 인종에 대한 골턴의 정의는 더 이상 유효하지 않으며, 오늘날 우리가 인종에 관해 이야기하는 방식 중 우생학이 가능케 한 조사를 지지하는 건 없다. 가계도는 너무나 복잡해졌고, 인류역사는 너무나 뒤엉켜버렸고, 사람들은 너무나 이동적이 되었다. 카드의 데크는 섞여서 재편되었다. 유전학은 사람이 서로 다르다는 것을 보여주었고, 이러한 차이는 지리와 문화에 따라 분류되지만 인종의 전통적 개념과 일치하지 않는다. 때로는 이런 주장에서 사람들은 '피부색은 사회 구조일 뿐이지만, 그것이 존재하는 걸 부정할 수는 없다'라고 말할지도 모른다.

우리가 '파란색'이라고 부르는 것은 전자기 스펙트럼에서 나온 450~495나노미터(nm)의 가시광선이 망막과 뇌에서 처음으로 처리될 때 우리가 경험하는 것에 대한 단순한 관습일 뿐이라는 말은 사실이다. 그러나 전자기 스펙트럼은 연속적이며, 이러한 임의의 색깔명은 우리가 경험하는 것에 대한 유용한 설명이다. 인간의 다양성은 우리가 볼 때마다 연속적이지만, 빛과는 달리 한 줄로 나타나지 않는다. 우리가 하나 혹은 여러 개의 같은 특성을 나타낼 때 사람들은 함께 연결된다. 그러나 우리는 동일한 집단 내에서 다른 특성을 똑같이 볼 수 있고 다른 관련 유형을 찾을 수 있다. 개체군은 고정되어 있지 않기 때문에 이런 특성은 개체군 내에 고정되어 있지 않다.

유태인들은 한 때 높은 비율로(그러나 독점적으로 높지는 않다) 테이삭스병을 앓았다. 이제 그들은 그렇지 않다. 일부 유태인들은 스코틀랜드인처럼 빨간색 머리카락과 하얀 피부를 가지고 있다. 다른 사람들은 그렇지 않다. 안다만 제도(Andaman Islands) 사람들의 피부색은 아프리카 중부 사람들의 피부색과 매우 비슷하지만, 서로 다른 역사적, 생물학적 경로를 통해 그 피부색을 갖게 되었다. 일부 검은 피부의 아프리카인은 높은 고도에서 원활히 호흡하기 위해 진화했으며, 일부 티베트인도 그렇다. 하지만 대부분은 그렇지 않다. '흑인'은 '장거리 선수'만큼이나 인종과 무관하다.

우리가 누구의 말이 옳았다거나 틀렸다고 인정하기 위해 그를 좋아하거나 싫어할 필요는 없다. 그러나 골턴은 까다로운 물고기(뜨거운 감자)로 남아 있다. 그의 과학의 대부분은 매우 뛰어났다. 그의 통찰력의 상당 부분은 눈부실 정도였다. 그의 견해 중 많은 부분은 끔찍했다. 과학자가 되려고 했던 그의 동기 중 많은 부분이 이러한 추한 견해에서 비롯된 것으로 보인다.

과학은 우주에 대한 우리의 제한된 관점과 객관적 현실을 잘못 이해하는 우리의 내재적인 편견을 제거하기 위해 노력하는 과정이다. 진실은 종종 우리 눈에 보이는 것과 다르지만, 우리는 주관적인 오류를 바로 잡기위한 과학적 프로세스를 발명하고 개발했다. 데이터는 위대하다. 데이터 중독자가 되고자 한 프랜시스 골턴의 성향은 그가 희망하던 편견을 확인해줄 과학을 선동하도록 그를 이끌었다. 아름다운 아이러니는 정확하게 그것과 반대로 되었다는 점이다.

제5장
인류가 만든 가장 놀라운 지도

•

'모든 복잡한 문제에는 간단하고, 직관적이고,
이해할 수 있을 것처럼 보이는 잘못된 해결책이 존재한다.'

-H.L. 멘켄(Mencken)

2000년 5월, 뉴욕주, 콜드 스프링 하버

모든 과학자들은 가장 생산적인 대화가 술집에서 일어난다는 것을 알고 있다. 과학은 협력적 도전이며, 고독한 과학자들의 생각은 유레카의 순간이 단지 평범한 옛 신화가 될 때까지 일생의 작업에 집중된다. 연구에서 당신은 그 데이터가 사실이길 희망하지만, 그것의 해석에는 토론, 논쟁 및 논증이 필요하며, 그래서 과학자들은 많은 회의에 참석하고 그들의 연구를 발표하고 그에 관해 논증하며, 이런 그들만의 게임이 효과가 있을 때 더 나은 결과가 만들어진다.

과학 회의에서 프레젠테이션과 공식 강연은 엄청나게 중요하다. 그러나 그건 엄청나게 지루할 수도 있다. 때로는 놀랄 만한 결과가 슬라이드에 쌓여 너무 조밀하고 이해할 수 없는 경우가 있고, 당신으로 하여금 펜으로 자기 눈을 찌르고 싶도록 만들거나, 신분증을 매단 줄로 자신을 질식시켜버리고 싶게 만든다. 또 때로는 매끄럽고 카리스마 넘치는 프레젠테이션으로 빈약하고 과장되고 모호한 결과를 감추기도 한다. 때로는 졸음을 이기는 게 가장 큰 도전일 수도 있다.

그러나 술집에서는 진정한 과학이 심도 깊게 논의되고 최고의 아이디어가 만들어진다. 평생토록 긴밀해질 협력과 우정이 쌓이고, 쓴 소리와 영구적인 원한도 쌓인다.[71] 2000년 5월, 세계 최고의 유전학자들이 롱아일랜드 북쪽 해안의 콜드 스프링 하버에 모였다. 그들은 생물학의 역사에서 가장 크고, 가장 웅장하고, 가장 값비싼 프로젝트의 최종 완성을 준비하고 있었다. 전체 과학의 역사에서도 이 프로젝트를 능가하는 건 이후에 발표된 힉스 입자를 세계에 공개할 CERN(Conseil Europeen pour la Recherche Nucleaire : 유럽원자핵공동연구소)의 44킬로미터 원형 입자가속기뿐이었다. 물리학자들이 우주의 기본 구조를 이해하려고 애쓰는 동안 유전학자들은 지금까지 시도한 가장 어려운 조각 맞추기를 함께하고 있었다. '휴먼게놈프로젝트(Human Genome Project ; HGP)'는 8년 동안 진행되어 왔으며 끝(an end)이 보였다(하지만 '진정한 끝(the end)'은 아니었다). 30억 개 문자의 유전자 암호로 구성된 23개의 염색체는 인간을 만드는 지시문이 숨겨진 광맥이었다.

---

71 나는 원로 학자들이 주먹을 주고받으며 싸우는 걸 예전에 직접 목격했다. 누구였는지는 말하지 않겠다. 그 다툼은 오래 가지 않았다.

HGP는 실제 지도제작법의 반대 과정이었지만 항상 지도 만들기로 설명되었으며, 이는 훌륭한 비유였다. 탐험가들은 수천 년 동안 강과 해안과 산을 지도에 새겨 넣었다. 시간이 지남에 따라 지도는 점점 더 커졌고 더 정교해졌다. 1968년 아폴로 8호 우주비행사인 빌 앤더스(Bill Anders)가 달 표면 위에서 최초로 지구의 사진을 찍었을 때 우리는 지구가 실제로 어떤 모습인지 알게 되었다. 그 사진은 우리에게 있는 그대로의 세상을 보여주었다. 우주정거장, 인공위성, 그리고 지금은 구글 어스(Google Earth) 같은 소프트웨어로 간편하게 찍을 수 있는 지구의 사진을 통해 우리는 모든 강, 언덕, 산, 숲, 도시, 마을, 집, 가로등, 도로를 볼 수 있다. 밤에 우주 정거장에서 찍은 사진은 도시의 불빛과 간선 도로의 조명과 정맥, 동맥처럼 모든 인류역사에 문명을 공급한 주요 강 유역의 빛의 광채를 보여준다. 이것이 세계가 서로 어우러지는 방식이며, 인간의 문명, 무역, 농업, 전쟁이 우리 행성의 지형에 새겨진 방식이다.

게놈 지도는 이와 반대다. 짝을 맞춘 양말처럼 모두가 X와 Y로 깔끔하게 줄지어 있는 염색체의 고전적인 이미지는 먼 거리에서 찍은 지구의 장거리 위성 이미지처럼 세부적인 해상도가 떨어지고, 사람은 물론 움직이는 세포의 정확도에 대해서도 거의 알려주지 않는다. 현미경으로 들여다보면 유전자의 대륙과 대양이 보이지만 세부 사항은 보이지 않는다. 유전학은 모두 미시적 세계에 관한 것이다.

우리는 HGP가 시작되기 전에 DNA의 거시적 문제점을 알고 있었다. 몇몇 암은 두 개의 염색체가 쪼개져 나뉘진 후 잘못된 위치에서 재

결합하여 발생한다. 이런 손상은 유전자를 반으로 잘라서 쓸모없게 만들고, 그것이 정상적으로 암호화하는 단백질은 세포 분열의 속도를 조절하는데 관련된 많은 물질 중 하나다. 이 단백질이 파괴되면 세포는 통제할 수 없을 만큼 분열되고 종양이 된다. 이런 유형의 암에 걸린 특정한 유전적 결함은 저해상도 이미지에서 볼 수 있지만, 우리가 해결하기 위해 열심히 노력하는 수백 가지의 다른 암은 고해상도 현미경으로도 보이지 않는 게놈의 세부 사항에 코드화되어 있다.

다운증후군은 21번 염색체의 정상적인 한 쌍 대신 3개의 복사본을 가지고 있기 때문에 발생한다. 터너증후군은 두 번째 X염색체가 없는 여성에게 나타나는 신체 및 생식능력 장애다. 클라인펠터증후군은 남성이 여분의 X염색체를 가지고 있을 때 발생한다. XYY증후군을 발견한 사람은 특별한 이름을 붙이지 않았고 그래서 그냥 XYY증후군이라고 불리게 되었다. 이 모든 질병은 폭발하는 화산처럼 우주에서 볼 수 있는 거대한 대륙의 재앙과 유사하다. 하지만 다행스럽게도 상대적으로 발생빈도가 낮은 편이다. 지도에 비유하자면, 거의 모든 유전병은 (그리고 정상적인 형질 역시) 산, 평야, 주택, 거리, 강 속에 숨어 있는 셈이다.

모든 주택, 거리, 강의 위치를 지도상에 표시하는 것이 HGP의 주요 목표였다. 게놈은 생물체 내의 모든 유전 물질의 총합이다. 거의 모든 게놈이 염색체 내에 포함되어 있지만, 세포의 발전소인 미토콘드리아가 걸려 있는 DNA의 작은 고리는 예외다. 이는 미토콘드리아의 진화론적 기원이 약 20억 년 전 또 다른 세포에 합쳐진 박테리아라는 걸 부정하는 것이다. 인간 게놈에는 약 30억 개의 개별적인 DNA 문자가 있다. 이런 문자의 개수를 설명할 때 가장 자주 등장하는 비유는 전화번호부 20권과 맞먹는다는 것이다. 하지만 요즘 학생들은 대부분 전화번호부를 본 적이 없으므로 강의에서 이런 비유를 사용하기가 난감하다.

어쨌든 요점은 DNA가 많다는 것이다. 콜드 스프링 하버에서 회의가 열릴 무렵, 학자들은 이미 수천 개의 유전자를 확인한 상태였다. 이는 주로 1980년대 후반과 1990년대 초반에 낭포성 섬유증, 헌팅턴병, 듀켄씨 근이영양증 등 최초의 질병 유전자를 발견한 학자들에 의해 개척된 느리고 힘든 과정을 통해 이루어졌다. 그러나 1990년대에 계속된 유전자 확인의 골드러시(gold rush)에도 불구하고 우리 자신의 DNA에 대한 근본적인 질문이 여전히 남아 있었다. 그건 바로 '인간은 얼마나 많은 유전자를 가지고 있는가?'라는 질문이었다.

2000년 콜드 스프링 하버의 술집으로 돌아가보자. 그곳에서 이완 버니(Ewan Birney)라는 영국의 젊은 유전학자가 장난삼아 어떤 일을 벌이고 있었다. 하지만 그건 매우 중요한 일이기도 했다. 요즘에는 사람의 열정이나 본질적인 특성이 '자신의 DNA에 있다'고 말하는 것은 상투적인 표현이 되었다. 풍자적인 잡지인 「사립 탐정(Private Eye)」에는 저널리스트와 유명 인사들의 입에서 나오는 이 말과 관련된 칼럼이 가득하다. 이완 버니는 DNA에 '자신의 DNA'를 가진 사람이다. 현재 그는 거대한 국제적 게놈 발전소 중 하나인 케임브리지 외곽의 힉스턴에 위치한 유럽 생물정보학연구소(European Bioinformatics Institute)를 이끌고 있다. 우리의 동시대 사람들이 대학에 가기 전 자신을 발견하기 위해 코사무이(Koh Samui) 또는 고아(Goa)로 떠나 1년을 보내는 동안, 이완 버

GENE SWEEPSTAKE 2000 - 2003

http://www.genembl.org/genesweep.html

① costs $1 2000, $5 2001, $3 2002 and $4 2003 to bet.

② Bets are for one number, winner takes all

③ A gene is a set of connected exons by transcription / mRNA splicing + protein coding

④ Assessment of Gene number, will occur via agreement on 2002 CSHL meeting

⑤ Actual assessment of Gene number will occur on the 2003 CSHL Genome meeting (or equivalent)

⑥ Write your email, number, + payment in the book

⑦ One bet per person, per year

⑧ No pencil bets

⑨ Stay at CSHL. Contact David Stewart

⊕ email Stewart@cshl.org

α cos in repinne regions are not counted even if expressed
γ Autosomal + X + Y chromosomes for the reference sequence
★ At least one transcript must encode a protein.
β If not T cell gms are only one gene per loci
+ If trampliting exons, each Kons splice is a separate gene

유전자수 예측 내기 장부

이완 버니는 2000년 '휴먼게놈프로젝트' 모임에서 내기 장부를 펼쳤다. 그는 세계 최고의 유전학자들에게 한 번에 1달러씩 걸고 인간이 갖고 있는 유전자의 수를 예측하자고 제안했다. 가장 가까운 숫자를 맞춘 사람이 받게 될 상은 판돈 전부와 위스키 한 병이었다. 우승자인 리 로웬 (Lee Rowen)이 베팅한 숫자는 2만 5,947개였다. 실제 유전자 숫자는 약 2만 개다.

니는 다른 모든 것을 지배하게 될 생물학적 과학인 유전체학이 탄생하던 시기에 콜드 스프링 하버의 제임스 왓슨 연구소에서 자리를 얻었다.

그를 꽤 멍청하고 아주 사소한 일을 하게 만든 원인은 그 술집에 대한 친숙함이었을지도 모른다(아니면 그냥 맥주였을 수도 있다). 그러나 실제로 그것은 과학의 본성에 대한 위대한 논평 중 하나다. 이완 버니는 어느날 밤 술집에서 내기 장부를 펼쳤다. 회의에 모인 세계의 주요 유전학자들에게 1달러씩 걸고 인간이 가진 유전자 수를 예측하는 내기를 하자고 제안한 것이다. 가장 가까운 숫자를 맞춘 사람에게 돌아가는 상은 판돈 전부와 위스키 한 병이었다.

게놈 자체와 마찬가지로 내기 장부에는 저녁 동안 그리고 다음 2년 동안 돌연변이가 일어났다. 그것은 가위표, 9개의 추가 조건, 5개의 각주가 달린 휘갈겨 쓴 혼란이었다. 이 도박꾼들은 과학자로서 모두 정확한 정의에 관심이 있었기 때문에 그런 사항을 추가했고, 실제로 유전자가 무엇인지에 대해 논란과 의견 불일치가 있었다. 그래서 몇 가지 규칙(연락처 정보, 한번 결정하면 끝, '연필 베팅 불가', '1인당 1년에 한 번만 베팅 가능')과 함께, 당시에 그들이 동의할 수 있는 최선의 방식으로 유전자가 무엇인지를 각주에 특정해놓았다.

모두가 그 내기에 뛰어들었다. 이후 3년 동안 460명의 유전학자들이 판돈을 걸었다(1인당 베팅 금액은 2001년에는 5달러, 2003년에는 20달러로 커졌다). 지금 그 장부를 읽어보면 20세기말 유전학자의 인명사전을 읽는 느낌이 든다. 내가 학부생이었을 때 배운 과학계 거인들의 이름과 모두가 활용하는 기술을 발명한 인물들의 이름이 그 내기 장부에 들어 있다. 노벨상 수상자들의 이름도 등장한다.[72] 이들은 과학을 위해 그리고 한 병의 술을 위해 이 간단한 질문에 답할 자격이 있는 역사적인 사람들이었다.

그들 모두가 틀렸다. 그것도 약간 틀린 정도가 아니었다. 이 내기는 경미한 차이의 치열한 경쟁이 아니었고, 대부분의 참가자들은 정답에서 수천 개, 어떤 참가자는 수만 개의 차이를 보였다. 가장 높은 베팅 숫자는 영국 과학자 폴 데니(Paul Denny)의 예측이었는데, 무려 29만 1,059개였다. 상당수가 15만 개 이상이었고, 많은 사람들이 7만 개 내외였다. 이완 버니의 예상치는 4만8,251개였다. 합의한 규칙에 따라 내기 장부의 각주에 명시된 유전자 산정 방법을 사용하여 2003년에 우승자가 결정되었다. 콜드 스프링 하버에서의 잭팟은 리 로웬에게 돌아갔다. 당시 49세의 연구원이던 그녀는 리로이 후드(Leroy Hood)의 지도로 최초의 대규모 게놈 센터 중 하나를 이끌고 있었고, 그 때도 지금과 마찬가지로 세계 최고의 유전학자 중 한 명이었다. 2000년 유전자의 정의가 맥주 안주가 되었던 그날 밤에 그녀도 술집에 있었다. 그녀의 베팅 숫자는 2만 5,947개였다.

실제로 인간이 가진 유전자의 개수는 약 2만 개다. 이것은 가장 큰

---

72 리처드 로버츠 경은 인트론이라고 불리는 유전자의 이상 공간 필러를 발견한 공로로 1993년에 노벨상을 받았다. 그 내용이 이 장의 뒷부분에서 다루어진다. HGP에 참여한 영국 연구진을 이끌었던 존 설스턴(John Sulston)은 선충류 벌레의 세포 사멸에 대한 연구로 2003년 노벨상 수상자로 선정됐다.

레고 세트 4가지의 모든 블록 수를 더한 것과 같은 숫자다.[73] 세계 최고의 전문가들이 모두 틀린 것이다.

심지어 유전자의 정의조차도 부정확했다. 내기 장부의 각주에는 단백질을 코딩하는 DNA 영역이 유전자에 포함된다고 명시되어 있었다. 이제 우리는 추정된 중간 분자 RNA만을 암호화하는 많은 DNA 조각을 알고 있으며, 그것은 RNA를 단백질 상태로 만들지는 않지만, 그럼에도 불구하고 필수적인 생물학적 기능을 가지고 있다. 그 DNA는 유전자에 속할까? 아마도 그럴 것이다. 언제나처럼 생물학은 우리가 상상했던 것보다 훨씬 더 복잡하고 흥미로웠다.

리 로웬은 현금 봉투는 받았지만 위스키는 사양했다. 그녀는 상금을 쓰지 않았다면서 '숫자가 틀렸다는 걸 아는데 어떻게 쓸 수 있겠어요?'라고 내게 반문했다. 오류는 과학의 중추다. 나는 분명히 잘못된 예측을 비웃지 않는다. 무지는 옳은 것을 찾아내는 우리의 출발점이다. 이완 버니의 내기 장부는 과학이 어떻게 작동하는지, 그리고 무지가 어떻게 미덕이 되는지를 보여주는 멋진 증거다. 내기 장부는 그 당시 우리가 인간의 몸속에서 유전학이 어떻게 작동하는지 실제로 알지 못했다는 걸 보여주었다. 이 시대에 대해 이야기할 때, 이완 버니는 뜻밖의 우연한 철학자인 도널드 럼스펠드가 표출한 매우 악의적인 감정을 불러일으킨다. 2002년 2월, 당시 미 국무장관이던 그는 2차 이라크 전쟁에

---

73 델리의 타지마할, 스타워즈의 밀레니엄 팔콘, 런던의 타워 브리지, 스타워즈의 데스 스타
(Death Star).

서 대량살상무기의 존재에 대해 이렇게 말했다.

…우리가 알다시피, 안다고 인식되는 것들, 즉 안다고 우리가 인식하는 것들이 존재합니다. 모른다고 인식되는 것들이 존재한다는 걸 우리는 또한 알고 있습니다. 즉, 우리가 모르는 어떤 것들이 존재한다는 걸 우리는 알고 있습니다. 그러나 모른다고 인식되지 않는 것들, 즉 모른다고 우리가 인식하지 않는 것들도 존재합니다.

어이없는 실수의 깊은 곳에 자리 잡은 것은 위대한 깨달음이다. 내기 장부에 나타난 오류는 21세기까지 알려지지 않은 미지의 영역에서 인간 유전학이 얼마나 불명확하게 설정되었는지를 보여주었다. 우리는 우리 안의 유전자 숫자조차 알지 못했고, 모든 특성, 모든 질병에 상응하는 유전자가 있을 거라는 우리의 추정은 막연한 상상에 불과했다. 우리는 정교한 생명체지만, 우리의 기본적인 생물학적 구성은 침팬지나 고양이와 크게 다르지 않다. 그러나 우리에게는 다른 생명체를 왜소하게 만드는 거대한 지적 능력이 있다. 돌고래, 원숭이, 까마귀, 문어도 문제 해결 능력, 도구 사용 능력, 복잡한 의사소통 능력 등 지적 생명체의 일면을 보여준다. 우리는 이 동물들의 놀라운 능력을 칭찬할 수는 있지만, 그들은 그 범주 하나하나에서 여전히 우리와 빛의 시간(광년)만큼 멀리 떨어져 있다. 그래서 적어도 숫자의 관점에서 우리 자신의 능력이 그 힘을 반영한 게놈에 암호화될 것이라고 가정하는 것은 불합리하지 않다.

그러나 우리는 침팬지보다 더 많은 단백질 코딩 유전자를 가지고 있지 않다. 사실, 우리가 가지고 있는 유전자 개수는 회충, 바나나, 참물벼룩(Daphnia 쌀알 크기의 투명한 벼룩의 일종)보다도 적다. 또는 정말로 쌀한 톨보다 적을 수도 있다.[74] 우리는 가장 유용한 유전자 실험 도구인 쥐와 거의 같은 개수의 유전자를 가지고 있으며, 우리가 두 번째로 좋아하는 실험용 도구인 초파리보다는 약간 더 많다. 지금 이 순간 일어나고 있는 일을 생각해보자. 나는 살아 있는 인간 특유한 손기술로 이 책의 원고를 타이핑하고 있다. 나는 기억력, 이해력, 창조성, 그리고 미래를 상상하는 능력에 관한 이야기를 생각하고 있다. 이 책을 읽고 있는 당신도 똑같은 능력을 사용하고 있다. 당신은 바로 지금 타이핑하고 있는 나를 상상하고 있다. 우리는 우리의 두뇌 속에 들어 있는 뉴런 사이의 연결 개수와 밀도에 근거해서 당신과 내가 지금 사용하고 있는 두뇌가 알려진 우주에서 가장 복잡한 물질이라고 평가한다. 그러나 역동적인 우리의 회색 고깃덩어리(두뇌)를 만드는 유전자 코드는 기본적으로 이 모든 일을 할 수 없는 동물과 똑같다.

HGP의 가장 큰 업적은 우리가 아는 바가 거의 없었다는 걸 깨닫게 해준 것이다. 일단 당신이 알아야 할 것을 알게 되면, 미래가 당신 앞에서 펼쳐진다. 그래서 지도가 그려졌고, 탐험할 곳과 우리가 사냥할 수

---

74 식물의 유전체학은 동물에 비해 훨씬 더 특이하고 예측불가능하다. 많은 식물이 엄청난 수량의 게놈과 다수의 염색체 복사본을 가지고 있다. 하지만, 아직 정확한 이유는 밝혀지지 않았다. 식물은 여전히 명확하고 공통적인 조상을 보여주는 생물학의 기본적이고 보편적인 원리를 벗어나지만, 게놈의 신비에 관해서 식물은 우리를 레고처럼 보이게 한다.

있는 곳의 풍경이 펼쳐졌다.

유전자의 빈곤이 HGP의 첫 번째 위대한 계시였다면, 두 번째 계시는 거의 모든 게놈이 유전자가 아니라는 것이다. 엑솜(exome : 생명활동을 수행하는 실제 단백질을 암호화하는 게놈 내의 DNA)은 당신이 가지고 있는 DNA 총량의 2퍼센트 미만이다. 그건 마치 도스토예프스키의 『죄와 벌』에 의미 있는 문장은 단지 300개뿐이고, 나머지 21만 1,591개 단어는 거의 이해할 수 없는 헛소리라는 말과 같다. 또는 당신이 지금 읽고 있는 책에서 재미있는 문장은 단지 150개뿐이라는 소리다. 판단은 당신의 몫이다.

수십 년의 연구를 통해 우리는 게놈의 대부분이 단백질을 구체적으로 코딩하지 않는다는 것을 알게 되었다. 게놈의 대부분은 게놈 자신의 구조 만들기에 전념한다. DNA는 이중나선 구조, 즉 1953년에 프랜시스 크릭(Francis Crick)과 제임스 왓슨(James Watson)이 함께 착안한 상징적으로 비틀린 사다리가 오른쪽으로 휘어 올라가는 구조다.

그러나 실제로는 그렇지 않다. 살아 있는 세포 내의 DNA는 계속해서 바쁘게 움직인다. DNA는 풀리고 되감기며, 계속해서 편집되고 수정된다. 세포주기가 진행되는 동안, 한 세포가 커지면서 두 개로 분리될 때 지난 40억 년 동안 모든 단일 세포가 그랬듯이 그 안에 담긴 모든 DNA가 복제되어 모세포와 딸세포가 동일한 게놈을 갖게 된다(성세포의 경우는 예외적으로 4개의 딸세포가 각각 유전 물질의 절반을 차지한다). 이 과정에서 조심스럽게 춤추는 듯한 움직임이 이어지며, 느슨한 가닥이 스스로를 풀어서 우리가 잘 알고 있는 염색체로 휘감긴다. DNA는 세포의 정상적인 생명주기에서 잠시 동안만 이런 형태로 존재하며, 단백질 인코딩이 아니라 이중나선 사다리의 발판을 오르기 위해 DNA의 거대한 부분을 필요로 하는 것처럼 함께 묶인다.

그러고 나면, 언제 어디서 어떤 유전자가 작용하는지에 대한 모든 지침이 전달된다. 모든 세포는 모든 유전자를 포함하고 있지만, 한 번에 소수의 유전자만 활성화되어야 한다. 세포 분열을 촉진시키는 유전자는 성장이 끝난 조직에서는 유용하지 않으며, 이 조직이 계속 성장하면 종양이 된다. 정자 생산을 위해 활성화되는 유전자는 남성의 고환 이외의 위치에서는 필요하지 않다. 모든 유전자는 활성화되는 시점과 위치가 정해져 있으며, 특히 배아의 발달 동안 정확히 지정된다.

나는 주로 포유류에서 눈의 발달 과정에 관여하는 CHX_{10}(chox ten이라고 발음한다) 유전자에 대해 연구했다. CHX_{10} 유전자는 눈의 기본 모양이 형성된 직후(쥐의 경우 수태 후 10일쯤, 사람의 경우 약 10주)에 활성화된다. 그 시점과 위치에서 CHX_{10} 유전자는 증식할 망막을 형성할 세포를 알려주는 프로그램을 설정한다. 이 세포는 뉴런, 뇌 세포이며, 눈의 바깥과 수정체 사이에 위치한다. CHX_{10} 유전자가 파괴되면 태아의 눈이 제대로 형성되지 못하며, 소안구증(microphthalmia)에 걸려 눈이 가늘어지면서 시력을 잃은 상태로 태어나게 된다.

CHX_{10} 유전자가 코딩하는 단백질은 배아 발달의 중요한 단계에서 다른 유전자를 활성화시키는 것 이외에는 신체에서 다른 역할을 하지 않는다. CHX_{10} 유전자는 음식의 소화 속도를 높이는 효소가 아니며, 피부, 뼈 또는 머리카락을 만드는 단백질도 아니다. 또한 그것은 혈액

속으로 산소를 공급하거나, 우리가 볼 수 있도록 광자를 전기적 신호로 바꾸는 유전자도 아니다. CHX_{10} 단백질은 한쪽 면에 홈이 있는 리본 형태로 접힌다. 이런 개방과 확장의 유일한 목적은 DNA의 스트레치에 자신을 고정시키는 것이다. CHX_{10} 단백질은 TAATTAGC라는 여덟 문자로 이루어진 특정 DNA 염기서열에만 결합된다. 이것은 유전자가 아니지만 일반적으로 결합을 시작하기 전에 근처에 위치하며, CHX_{10} 단백질이 접근하면 작동하는 스위치 역할을 한다.

이 염기 서열은 '전사인자(transcription factor)'라고 불리는 유전자 계열에 속하며, 전사인자가 하는 모든 일은 이런 스위치를 열고 닫으면서 다른 유전자를 제어하는 것이다. 전사인자는 주로 배아 발달 과정에서 유전자의 계통을 제어하고, '이 세포 영역은 눈이 되어야 한다' '눈의 이 부분은 망막이 되어야 한다' '망막의 이 부분은 간상체와 원추체가 되어야 한다' '이 부분은 광수용체가 되어서는 안 된다'와 같은 포괄적인 지시를 내린다. 이 지시에 따른 연쇄작용은 주 제어부의 다른 유전자로 전달되어 활성화된다. 각 단계에서 세포는 끝없는 가능성을 가진 원래의 상태에서 고도로 전문화된 위치로 이동한다. 예를 들면 '단순한 뇌세포' 상태에서 우리가 파란색이라고 부르는 파장의 빛을 인식하는 '광수용체'의 위치로 이동하는 식이다. 전사인자는 유전자 지도를 살펴보고, 활성 영역을 지정하고, '그곳에 이러이러한 것을 만들라'고 지시하는 거대한 빌딩 프로젝트의 총책임자와 같은 역할을 한다. 전사인자 자체는 유전자에 코딩되어 있지만, 그것이 활성화시키는 수천 개의 스위치는 코딩되지 않은 상태로 게놈 전체에 흩어져 있다.

그리고 유전자 자체는 단백질을 암호화하지 않는 인트론(intron)이라고 불리는 다른 DNA 조각에 의해 분해된다. 모든 인간 유전자는 인트론에 따라 구분되며, 때로는 인트론이 실제 유전자 자체보다 긴 경우도 있다. 너무 많은 무의미한 zzzzz 문자의 yyyyyy 무작위 비트로 유의미하게 작동하는 xxxxxxxxxx 텍스트를 해독하는 것은 이상한 일이며, DNA의 기본적인 코드에서부터 유전자 코드의 기본 메신저 버전인 RNA를 거쳐 완전한 기능을 하는 단백질에 이르기까지 그것을 편집하는 것을 세포가 알고 있다는 사실도 역시 인상적이다.

그리고 의사유전자(pseudogene)라고 불리는 유전자도 존재한다. 이것은 과거에는 활동적이었지만 그 기능이 진화 과정에서 중요하지 않게 되어 어느 시점에 자연선택에서 배제된 유전자다. 모든 DNA와 마찬가지로 의사유전자가 무작위로 돌연변이를 일으켰을 때 그 결과는 무시되거나 존재하지 않았으며, 의사유전자만 우리의 게놈에서 분해되어 남겨졌다. 학자들은 의사유전자가 한 때는 우리에게 중요한 역할을 했을 거라고 추정하고 있다. 다른 동물의 몸속에서는 의사유전자가 여전히 큰 역할을 하고 있기 때문이다. 해수면 위로 나올 때만 냄새를 맡을 수 있는 고래는 개와 쥐가 여전히 냄새를 맡기 위해 사용하는 수백 가지 유전자의 잔해를 가지고 있다. 예민하지 못한 코를 가진 인류의 경우, 별로 필요가 없는 많은 후각 수용체 유전자가 우리 게놈에서 서서히 녹슬고 있다.

그리고 구간을 단순히 반복하는 엄청난 양의 DNA가 있다. 그리고 또 구간을 단순히 반복하는 엄청난 양의 DNA가 있다. 그리고 또 다시 구간을 단순히 반복하는 엄청난 양의 DNA가 있다. 많은 것들이 수백 번 반복된다. 때로는 반복 횟수가 사람마다 다양하기 때문에 이러한 반복이 중요하다. 이것은 게놈의 가장 매력적인 영역은 아니지만, 이 반복 속에 존재하는 알려지지 않은 DNA가 우리에게 발견되기를 기다리고 있는 것이다.

그리고 아무런 기능도 수행하지 않는 거대한 DNA 덩어리가 있다. 우리는 아직 그 이유를 밝혀내지 못했다. 이 덩어리는 1960년대에 '쓰레기(junk) DNA'라는 기억하기 쉬운 이름을 얻었고, 그 후로 이 이름은 저주처럼 붙어 있다. 정크 DNA는 그냥 충전재 같은 것(필러)일 수도 있고, 염색체가 획득한 효과 없는 비트일 수도 있다. 모든 코딩되지 않는 DNA가 쓰레기는 아니지만, 모든 쓰레기 DNA는 코딩되지 않는다. 정크 DNA의 정체가 뭔지(언젠가는 유용할 수도 있는 다락방에 쌓인 진화론적인 폐품인지, 아니면 정말로 휴지통에 들어가야 할 진화론적인 쓰레기인지)에 대해 다양한 주장이 있었다.

문제의 일부는 바로 이런 언어다. 우리가 생물학의 기술적인 영역에 친숙한 이름을 붙이면, 그 이름은 과학적 유용성을 벗어나 왜곡되는 경우가 종종 있다. '원시 수프(Primeval soup)'는 1920년대 학자들이 생명의 기원을 가상적으로 설명하기 위해 만든 용어다. 생명체를 구성하기에 적합한 화학 물질 성분이 합쳐져서 살아 있는 용액으로 변한다는 의미를 지닌 이 용어는 근본적으로 잘못된 것이며, 이후로 해당 연구 분야를 혼란에 빠뜨리고 종종 잘못된 방향으로 이끌었다.

1956년 프랜시스 크릭은 분자 생물학의 핵심 커널을 '중앙 도그마

(central dogma)'로 명명했다. DNA가 단백질을 번역하는 RNA를 암호화한다는 개념이었다. 권위에 의해 증거 없이 제시되고 논쟁의 여지를 차단하는 신념을 의미하는 도그마(교리)는 과학계에서 17세기부터 기피하는 단어다. 오직 증거에만 의존하고 권위에 굴복하지 말아야 할 과학 분야에서 프랜시스 크릭이 이런 단어를 사용한 것은 잘 이해가 가지 않는 일이다. 20세기의 위대한 생물학자이자 역사학자인 호레이스 저드슨(Horace Judson)이 이런 점을 지적하는 편지를 보내자 크릭은 다음과 같이 답했다.

저는 도그마에 그런 의미가 있는 줄 몰랐습니다. 알았다면 '중앙 가설(Central Hypothesis)'이라고 불렀을 겁니다… 도그마는 그저 강조하려고 붙인 단어였습니다.

이것은 가장 뛰어난 천재도 바보가 될 수 있다는 것을 보여주는 사례다.[75] 쓰레기 DNA 역시 그런 예라고 할 수 있다. 오노 스스무(Susumu Ohno)[76]라는 일본 유전학자가 붙인 이 명칭은 유전학에 관심이 없는 많은 사람들에게도 커다란 화제가 되었다.

---

75 그건 아주 괜찮은 농담이었고 사실이기도 했다. 그러나 실제로 크릭은 1957년에 이 명백한 오류를 분명히 밝히면서, 중앙 도그마의 메커니즘이 아무리 그럴듯해 보여도 그것을 지지할 만한 실험적인 증거가 거의 없다고 말했다. 또한 그는 이를 염두에 두고 '도그마'라는 단어를 적용했다면서, '모든 종교적 신념은 진지한 기반이 없었다'라고 덧붙였다.
76 또한 오노는 정상적인 8음계의 4음표를 인코딩하는 실제 DNA 시퀀스에서 음악을 만들려고 시도했다. 그건 별로 좋지 않다.

몇 년 후, 이완 버니는 현재의 그의 역할에서 인간 게놈의 비암호화 DNA(쓰레기 DNA도 포함되었다)의 역할을 평가하려는 시도에서 거대한 국제 컨소시엄을 이끌었다. 그것은 놀라운 프로젝트였으며, 2012년에 수십 편의 논문으로 완성되었고, 우리 DNA 내의 네트워크를 찾기 위한 자원으로 모든 사람들이 이용할 수 있는 거대한 데이터베이스가 되었다. 또한 그것은 주요 논문이 게재되는 학술지 「네이처」와[77] 일반 언론에서 다루어지는 열광적인 홍보의 재료가 되었다. 신문의 헤드라인은 이 프로젝트의 논문과 보도 자료를 인용하면서 게놈 전체에서 약 80퍼센트가 생화학적 기능을 가지고 있다고 보도했다. 그들은 실험에서 생물학적 연구 대신 낚시를 한 셈이었다. 두 가지는 같지 않다. 인간의 삶에 필수적인 비암호화 게놈의 양은 정확히 알려지지 않았다.

보도에 대한 반응은 때로는 신랄하고 잔인하고 신속했다. 몇몇 학자들은 화학작용을 하는 DNA는 신체에서 기능하는 DNA와 같지 않다는 점에서 연구가 잘못되었다는 것을 지적했다. 다른 과학자들은 거대한 국제 협력만이 돈과 대중의 관심을 끌 수 있고, 선정적이지 않은 프로젝트에 힘을 쏟는 작은 연구실은 무시되고 제대로 자금지원을 받지 못하는 HGP 이후 시대의 또 다른 사례라며 프로젝트의 엄청난 규모에 대해 분노했다. 아마도 거기에 진실이 있을 것이다. 과학의 정치는 종

---

[77] 그 당시 나는 이완 버니과 함께 「네이처」에서 일하고 있었으므로, 그건 과장 광고 엔진의 일부였다고 생각한다. 나는 배우 겸 음악가 겸 코미디언인 팀 민친(Tim Minchin)이 목소리로 출연한 애니메이션의 대본을 쓰고 제작했다. 그 애니메이션은 이 데이터 세트의 출시를 둘러싼 언론의 모든 부분이었고, 좋은 만화영화였다. 그리고 일부 내용이 조금 답답하고 과도했음을 인정하지만 나는 여전히 그것을 지지한다. 세상사란 다 그런 것이다.

종 데이터 자체만큼이나 복잡하고 혼란스럽다.

언어도 문제의 일부다. 코딩 단백질은 인간 게놈 총량의 2퍼센트도 되지 않는다. 나머지 98퍼센트의 게놈은 다른 일을 한다. 코딩 단백질은 태아가 자궁 안에서 성장할 때 유전자의 활동을 온/오프시키는 스위치 역할을 하고, 우리의 생명활동을 활성화시키는 역할을 하고, 다른 우주와 상호작용을 한다. 또한 게놈의 일부는 우리가 아직 발견하지 못한 기능을 수행하고 있을 것이다. 그것은 쓰레기일까? 아니다. 유익한 것일까? 지금은 알 수 없다. 게놈의 대부분(85퍼센트 이상)은 전혀 자연선택의 압력을 받지 않는 것으로 보인다.

많은 과학 저술가들이 우리 DNA의 비암호화 영역을 '게놈의 암흑물질'이라고 표현했다. 이는 우주에 존재하는 어떤 물질을 암시하며, 우주 질량의 대부분을 차지하지만 아직 우리가 설명할 수 없는 어떤 것이다. 우리는 그것이 무엇인지 모르지만, 우주가 어떻게 만들어졌는지에 대한 우리의 모델 때문에 그런 물질이 존재한다고 추정한다. 나는 이 용어를 극도로 싫어한다. 과학에서 은유는 심오하게 들리기 때문에 뚜렷해야 하고 분명해야 하고 난해하면 안 된다.

내가 볼 때, 그 용어는 다른 것을 설명하기 위해 우리가 이해하지 못하는 것을 사용하고 있으며, 따라서 설득력이 없다. 그 용어는 게놈을 미지의 인식이라는 분명한 과학적 관점에서 바라보는 게 아니라 신비로운 어떤 것처럼 표현하여 혼란만 가중시킨다. 과학에 있어서 신비로움을 위한 여지는 없어야 한다.

유전자의 스위치, DNA 사다리의 발판, 쓰레기, 수수께끼의 모든 비트와 덩어리가 거의 모든 게놈을 구성한다. HGP는 10년 가까이 진행된 쉽지 않은 연구였고, 새로운 기술과 전례 없는 컴퓨터 성능과 30억 달러라는 엄청난 비용이 투입된 연구였다. 그 이유는 다음과 같다.

Imagine, if you will, that this very sentence is a gene.

괜찮다면, 이 문장이 유전자라고 상상해보십시오.

위 문장에는 구조가 있으며 각각의 단어가 중요하지만, 일부는 다른 단어보다 덜 중요하며 전체적인 의미에서 완전히 필요하지는 않다 (예를 들면 '괜찮다면'이라는 부사구). 명령형 동사는 의도된 의미에 필수적이며 명사도 마찬가지다. '문장', '유전자', '상상'이 없으면 문장의 의미가 변경되거나 완전히 상실된다. 언어와 DNA는 둘 다 알파벳으로 구성되어 있기 때문에 종종 언어를 DNA와 유전자의 비유로 사용하며, 문자의 순서는 의도된 의미에 필수적이다.

DNA는 살아 있는 세포의 메커니즘에 의해 단백질로 번역되는 코드화된 알파벳이다. 모든 생명체는 단백질에 의해 만들어지거나 단백질로 구성된다. 그래서 언어와 유전자의 비유는 어느 정도까지는 깔끔하게 연결되며, 위 문장의 의미도 (다행스럽게) 이 페이지와 잘 연결되어 있다. DNA를 통해 의미가 코드화 되지만, 우리의 게놈에 아주 직접적으로 새겨지지는 않는다. 장님처럼 느린 진화는 자신의 수십억 후손들 중 한 명 또는 누구에게나 해독 가능해야 한다는 어떤 의도도 갖지 않은 채 수십억 년을 지나온 셈이다.

영어에서는 단어 사이에 공백을 넣어 쉽게 읽을 수 있지만 DNA에서는 간격을 찾아볼 수 없다. 그래서 이렇게 된다.

Imagineifyouwillthatthisverysentenceisagene
괜찮다면이문장이유전자라는것을상상해보십시오

게놈에서 유전자 문자는 이산적 문장의 자기 자리에 위치하지 않는다. 유전자는 염색체 상에 존재하며, 앞에서 언급한 명백하게 무작위적인 인트론에 의해 강조되어 있으며, 삽입 지점은 문장 구조 또는 의미와 아무런 관련이 없다.

Imag ineify ouwillthat thisverysentenceisag ene
괜찮 다면이 문장이유 전자라는것을상상해보 십시오

이 문장의 의미를 전달하는 비트는 DNA에서 의미 있는 단백질로 번역될 코드인 엑손이다. 인트론과 엑손은 DNA에서 같은 글자로 구성되거나, 위 문장의 예처럼 영어 알파벳 26자로 구성된다. 인트론은 어떤 길이(length)라도 될 수 있으며, 일반적으로 수천 개의 문자다. 하지만 이 페이지에서 나는 길이를 30개의 문자로 간단하게 유지할 것이다. 인트론은 대부분 무작위적이지만, 중단 위치를 지정하는 주석이 포함되어 있다. 나는 정지(STOP)과 시작(START)를 추가하여 코딩 DNA

가 어디에서 끝나고 인트론이 어디서 시작되고 끝나는지 확인할 수 있게 하겠다. 이제 DNA 문장은 다음과 같이 늘어난다.

Imag_STOP_**ANSJTUWIRNASHTPQLESNI**_START_**ineifyouwillt hat**_STOP_**NJGUTHRBERTGOPLAMNSD**_START_**thisverysentence isag**_STOP_**RITUEYRHTFPLMNASCHJWS**_START_**ene**

(괜찮정지ANSJTUWIRNASHTPQLESNI시작다면이문장이유정지NJGUT HRBERTGOPLAMNSD시작전자라는것을상상해보정지RITUEYRHTFPL MNASCHJWS시작십시오)

처음과 끝 부분에는 무의미한 완충문자가 있다. 유전자의 시작 부분 앞에는 CHX_{10}이 스위치를 켜기 위해 결합할 접합 지점 등 그것이 나타날 거라는 지시문이 종종 등장한다. 우리가 집합적 개념을 잃기 전에 다시 감소시키면서 나는 단지 30개의 문자와 실제로 유전자가 시작되는 곳을 가리키는 문장접근(SENTENCE COMING)과 출발(GO)로 이어지는 내 지시문을 포함시켰다.

JVNFKJVFJVNLKN_SENTENCECOMING_laksmingshqwuing_G O_**Imag**_STOP_**ANSJTUWIRNASHTPQLESNI**_START_**ineifyouwillth at**_STOP_**NJGUTHRBERTGOPLAMNSD**_START_**thisverysentencei sag**_STOP_**RITUEYRHTFPLMNASCHJWS**_START_**ene**OSHFNDBU BVLSJFBJNBFKLSBKKFJBKJBNV

(JVNFKJVFJVNLKN문장접근laksmingshqwuing출발괜찮정지ANSJTUW
IRNASHTPQLESNI시작다면이문장이유정지NJGUTHRBERTGOPLAMN
SD시작전자라는것을상상해보정지RITUEYRHTFPLMNASCHJWS시작십시오
OSHFNDBUBVLSJFBJNBFKLSBKKFJBKJBNV)

원본 문장을 굵게 표시하고 소문자로 표시했으므로, 우리는 이 문장
과 이탤릭체 대문자로 된 구체적인 지시사항을 계속 볼 수 있다. 그러
나 유전자는 이처럼 주석을 달지 않는다. 게놈에서 모든 문자는 다른
모든 문자와 똑같이 가중치가 적용된다. 따라서 이렇게 된다.

JVNFKJVFJVNLKNSENTENCECOMINGLAKSMINGSHQW
UINGGOIMAGSTOPANSJTUWIRNASHTPQLESNISTARTINE
IFYOUWILLTHATSTOPNJGUTHRBERTGOPLAMNSDSTART
THISVERYSENTENCEISAGSTOPRITUEYRHTFPLMNASCHJ
WSSTARTENEOSHFNDBUBVLSJFBJNBFKLSBKKFJBKJBNV

이것은 매우 알아보기 힘들다. 그리고 게놈을 읽는 것이 왜 그토록
어려운 일이었는지 보여준다. 이 문장은 215자이며, 페이지에 맞추기
위해 크게 간소화되고 단축된 것이며 우리가 사용하는 알파벳 26자를
포함하고 있다. 다음은 실제 유전자의 일부다.

ATGACGGGGAAAGCAGGGGAAGCGCTGAGCAAGCCCA

AATCCGAGACAGTGGCCAAGAGTACCTCGGGGGGCGCCC

CGGCCAGGTGCACTGGGTTCGGCATCCAGGAGATCCTGG

GCTTGAACAAGGAGCCCCCGAGCTCCCACCCGCGGGCAG

CGCTCGACGGCCTGGCCCCCGGGCACTTGCTGGCGGCGC

GCTCAGTGCTCAGCCCCGCGGGGGTGGGCGGCATGGGG

CTTCTGGGGCCCGGGGGGCTCCCTGGCTTCTACACGCAG

CCCACCTTCCTGGAAGTGCTGTCCGACCCGCAGAGCGTCC

ACTTGCAGCCATTGGGCAGAGCATCGGGGCCGCTGGACA

CCAGCCAGACGGCCAGCTCGGATTCTGAAGATGTTTCCTC

CAGCGATCGAAAAATGTCCAAATCTGCTTTAAACCAGACC

AAGAAACGGAAGAAGCGGCGACACAGGACAATCTTTACCT

CCTACCAGCTAGAGGAGCTGGAGAAGGCATTCAACGAAG

CCCACTACCCAGACGTCTATGCCCGGGAGATGCTGGCCAT

GAAAACGGAGCTGCCGGAAGACAGGATACAGGTCTGGTT

CCAGAACCGTCGAGCCAAGTGGAGGAAGCGGGAGAAGT

GCTGGGGCCGGAGCAGTGTCATGGCGGAGTATGGGCTC

TACGGGGCCATGGTGCGGCACTCCATCCCCCTGCCCGAGT

CCATCCTCAAGTCAGCCAAGGATGGCATCATGGACTCCTG

TGCCCCGTGGCTACTGGGGATGCACAAAAAGTCGCTGGA

GGCAGCAGCCGAGTCGGGGAGGAAGCCCGAGGGGGAAC

GCCAGGCCCTGCCCAAGCTCGACAAGATGGAGCAGGACG

AGCGGGGCCCCGACGCTCAGGCGGCCATCTCCCAGGAGG

AACTGAGGGAGAACAGCATTGCGGTGCTCCGGGCCAAAG

CTCAGGAGCACAGCACCAAAGTGCTGGGGACTGTGTCTG

GGCCGGACAGCCTGGCCCGGAGTACCGAGAAGCCAGAGG

AGGAGGAGGCCATGGATGAAGACAGGCCGGCGGAGAGG

CTCAGTCCACCGCAGCTGGAGGCATGGCTTAG

총 1,086개의 문자다. 거기에 300만을 곱하면 우리의 게놈을 얻게 된다. 이 염기서열은 14번 염색체의 CHX_{10}의 작은 조각이며, 사실상 앞에서 언급한 DNA 클램프를 암호화하는 비트다. DNA의 문자는 4개뿐이며, 이것은 무작위 인트론이 없는 코딩 염기서열로서 유전자를 파괴하는 것 외에는 아무것도 하지 않는다. 당신은 이것을 주목할 것이고 좋아하기까지 할 것이다. 이 문장은 그 형태 자체가 믿을 수 없을 만큼 이해하기 어렵고 흥미를 주지 않는다. 그리고 이 문장은 가장 확실하게 코드를 포함하고 있지만, 미리 알고 있지 않으면 코드가 무엇인지 알아내는 건 불가능하다. 해독할 수 있는 고유한 패턴이 없기 때문이다.

다행히 유전 코드는 20세기 초에 코드 처리(code crunching)에 의해서가 아니라 실험적으로 밝혀졌다(코드의 구조는 프랜시스 크릭과 제임스 왓슨이 이중나선 구조를 발견하자마자 추측되었지만, 러시아의 핵

물리학자인 조지 가모프(George Gamow)[78]는 1953년에 프랜시스 크릭에게 형식에 얽매이고(typoridden) 혼란스러운 문자로 된 코드를 제안했다. 그 코드는 잘못된 것이었지만, 크릭에게 어떤 영감을 주었고 결국 코드가 실제로 어떻게 작동하는지 정확히 생각할 수 있게 해주었다).

인간 DNA의 30억 문자에 숨어 있는 다양한 길이의 인트론과 함께, 여러 종류의 길이로 위의 염기서열과 같은 유전자가 약 2만 개 존재한다. 그 유전자는 염색체 속 게놈의 어딘가에 있다. 우리는 23쌍의 염색체를 가지고 있으며, 각각의 쌍 중 하나씩을 부모님으로부터 물려받았다. 각 염색체는 수천 개의 유전자를 포함하지만 훨씬 더 많은 필러를 포함한다. 1994년, 리 로웬이 공공 데이터베이스에 50만 개가 넘는 문자로 이루어진 인간 DNA의 첫 번째 염기서열 부분을 기탁했을 때, 엄청난 양의 데이터로 사용자의 컴퓨터를 망가뜨렸다.

앞선 작업의 전체 규모는 거대한 것이었다. 컴퓨터의 처리 능력이 게놈에서 의미 있는 DNA 비트를 찾기에 충분해질 때까지, 이것은 건초더미에서 바늘 찾기를 우습게 만드는 일이었다. 각 줄의 길이가 100미터에 이르는 건초 50줄이 늘어선 들판을 상상해보자. 이제 그런 들판이

---

78 가모프는 명석하고 영향력 있는 물리학자였고, 그의 연구는 빅뱅 우주론의 중요한 토대를 마련했다. 또한 그는 자신이 제자인 랄프 앨퍼(Ralph Alpher)와 함께 논문을 작성하면서 친구인 한스 베테(Hans Bethe)를 저자 목록에 추가했는데, 그래야만 알퍼 베테 가모프(Alpher Bethe Gamow)가 된다는 이유 때문이었다. 이 논문은 결국 'αβγ 논문'으로 불리게 되었다. 1932년 그는 두 번이나 카누를 타고 구소련을 탈출하려 했지만 실패했다. 나는 매튜 콥(Matthew Cobb)이 쓴 『생명의 가장 위대한 비밀(Life's Greatest Secret)』을 읽어볼 것을 독자들에게 적극 권장한다. 이 책은 우리가 유전 암호를 이해하는 방법에 대한 이야기의 결정판이다.

60만 개가 있다고 상상해보자. 그 들판에서 2만 개의 바늘을 찾아야 한다. 건초더미 속에 파묻힌 바늘은 금속이라는 점을 제외하면 건초와 구분이 되지 않는다.

그러나 그들은 이 일을 해냈다. 현재도 여전히 그렇듯이, 1990년대 중반에 유전학 기술은 엄청난 속도로 발전하고 있었고, 게놈 시퀀싱을 개선하고 속도를 향상시키는 새로운 기술도 도입되었다. 지배적인 기술은 샷건 시퀀싱(shotgun sequencing)이라 불리며, DNA의 긴 복사본을 여러 개의 작은 비트로 날려 보내고 순서를 정하는 것이다. 더 짧은 시퀀스를 읽는 것이 더 쉽다. 따라서 무작위 조각의 복사본을 생성하면 원래의 DNA 분포를 완전히 읽을 수 있도록 이들 사이에 충분한 중첩을 생성할 수 있다.

2000년 6월 26일, 거대한 과학과 정치의 연합군이 그들의 깃발을 꽂기 위한 첫걸음을 내딛었다. 인간 게놈의 첫 번째 지도가 완성된 것이다. 빌 클린턴 대통령은 세계 언론 앞에서 백악관 이스트 룸의 연단에 서 있었다. 그 옆에는 공공 기금으로 조성된 '휴먼게놈프로젝트(HGP)'의 지도자들과 프랜시스 콜린스(Francis Collins)와 개인적으로 동일한 연구를 진행한 크레이그 벤터 등이 나란히 위치했고, 그들 뒤의 위성 생중계 화면에는 뿌듯한 표정을 한 토니 블레어 총리의 얼굴이 보였다. 그 표정은 HGP에 대한 영국의 중요한 참여를 상징하는 것이었다. 클린턴은 최초의 인간 게놈을 다음과 같이 묘사했다.

이것은 인류가 만든 가장 놀라운 지도입니다…

오늘 우리는 하느님께서 생명을 창조하신 언어를 배우고 있습니다.

당신의 종교적 성향이 무엇이든 그건 대담한 연설이었다. 물론, 당신의 종교적 성향에 관계없이 그 연설의 내용은 옳지 않다. 그들이 실제로 발견한 것처럼 대다수의 게놈은 전혀 번역할 수 없는 언어다. 오직 유전자만이 암호화된 의미를 지니고 있고 나머지는 다른 용도로 쓰이거나 전혀 사용되지 않는다. 우리는 이미 수십 년 전에 유전자의 언어를 해독했다. 이것은 하느님의 거대하고 뒤죽박죽인 서류 캐비닛을 분류하는 것과 유사하다. 그러나 유전자에는 서류함 손잡이 같은 건 달려 있지 않다.

나는 그 날을 생생히 기억한다. 나는 하느님의 언어를 배우려는 노력을 하지 않고 있었다. 그 발표 시점은 내가 소위 완전한 인간 게놈의 데이터베이스에서 CHX_{10} 유전자를 찾으려 했던 박사 과정의 어느 한 순간과 일치했다. 나는 14번 염색체의 어떤 부분에서 게놈의 대부분이 있는 영역을 볼 수 있었다. 그러나 그건 완전함과는 거리가 멀었고, 어느 방향으로 향하고 있는지 알 수 없었다.

첫 단어에서 마지막 단어까지 왼쪽에서 오른쪽으로 진행되는 책의 문장과는 달리 유전자는 어느 방향으로도 진행될 수 있기 때문이다. 다이문때 기있 수 될행진 도로으향방 느어 는자전유 리달 는과장문 의책는되행진 로으쪽른오 서에쪽왼 지까어단 막지마 서에어단 첫(바로 앞 문장을 거꾸로 진행되게 만든것 : 옮긴이).

전 세계 수천 명의 연구원들이 같은 상황에 놓여 있었으며, 유전자를 추적하거나 유전자가 상호작용하는 DNA를 찾고 있었다. 이 데이터베이스는 아직 발견되지 않은 유전자의 존재에 대한 단서를 제공했지만, 2000년 당시에는 불완전하고 혼란스러웠다. 나는 다른 염색체에서 CHX_{10}과 매우 유사한 것을 발견했으며, 그 유전자의 시작과 끝을 찾아서 그 역할이 무엇인지 알아내려고 고생하면서 심각한 시간을 보냈다. 그러던 어느 날, CHX_{10}을 자세히 설명한 다른 실험실의 연구 논문이 내 책상에 도착했다. 세상일은 다 그런 것이다.

게놈이 하느님의 언어라면, 그 분의 편집인도 무척 고생했을 것이다. 어쨌든 HGP는 엄청나고 획기적인 사건이었으며, 나는 대통령의 찬조출연이 적절했다고 생각한다. 어쩌면 과학은 대중(이 프로젝트에 자금을 지원한 사람들)을 열광시키고 감동시키는 걸 너무 자주 필요로 하는지도 모르겠다. 그러나 그들의 게놈은 완전하지 못했다. 사실, 그건 헛웃음이 나올 만큼 불완전했고 기껏해야 개략적인 초안에 불과했다. 「네이처」가 HGP의 공식 논문을 발표한 2001년 2월에도 그것은 완성되지 않았다. 발표된 다수 유전자를 포함해서 DNA 데이터베이스의 99퍼센트가 완성되었다고 공식적으로 선언한 2003년 4월에도 그것은 완성되지 않았다. 검증단이 정확도를 확인해줄 5월에는 전체 영역의 92퍼센트를 넘기겠지만 여전히 그것은 완성되지 않은 상태일 것이다. 오늘날 HGP는 가끔씩 업데이트되는 참조 시퀀스이자 데이터베이스로서 존재한다.

HGP에서 나온 도구와 기술은 이런 기반 위에 구축되었고 DNA 탐구의 후속 단계에서 활용되었다. 그다음 거대한 게놈 프로젝트인 햅맵(HapMap)은 큰 집단 간 개인차 및 특정 질병이나 특성에 대한 개인의 위험을 증가시킬 수 있는 유전적 변이를 확인하기 위해 전 세계 사람들의 DNA를 스캔하기 시작했다. 언어, 서적, 단어는 DNA에 대한 비유로서 종종 사용되며, 이는 꽤 합리적이다.

글자는 단어를 만들고, 단어는 문장을 만들고, 문장은 단락을 만든다. 오타와 편집은 의미를 미묘하게(예를 들면 inequity(불평등)와 iniquity(불의), 또는 심각하게(점점 약해지다가 모든 의미가 상실된다) 변경시킬 수 있다. 혹은 의미가 반대로 뒤바뀔 수도 있다. '나는 준비가 안 됐어'라는 문장에서 '안'이 '잘'로 바뀌면 완전히 반대 의미가 되어버린다. 혹은 단일 변경 사항은 전혀 영향을 미치지 않을 수도 있다. 'cosy'와 'cozy'는 말은 똑같이 '안락하다'는 말이다. 대부분의 책은 인쇄 도중에 그렇게 많이 바뀌지 않으며, 대체로 짧은 인생을 보낸 후 도서관 선반에 쌓여 변함없이 보존될 운명이다. 하느님의 언어의 초기 버전인 성경은 유용한 반대 사례다. 성경은 수천 년에 걸쳐 번역되고, 변경되고, 다시 번역되고, 끝없이 재해석되기 때문이다. 때로는 아름답게 써진 중요한 문화적 메시지와 정보를 전달하기 때문에, 성경은 존중받고 연구된다. 그런 해석의 정밀도는 유전학에서와 마찬가지로 대단히 중요하다.

예를 들면, 히브리어로 쓰인 이사야서 초기 판본에는 '하느님이 우리와 함께 계시다'라는 뜻의 '임마누엘'이라는 소년의 어머니를 묘사하는 '알마(almah)'라는 단어를 사용하는 예언이 있다. 알마는 영어나 고대 그리스어로 정확히 번역할 수는 없지만 대략적으로 '젊은 여성' 또는 '아직 자녀를 낳지 않은 여성'을 의미한다. 예수 시대에 유태인들은 그리스어와 아람어(Aramaic)를 사용했으며 더 이상 히브리어를 사용하지 않았다.

알마는 '처녀'라는 더 구체적인 의미를 지닌 그리스어 '파르테노스(parthenos)'가 되었다. '파르테노스'는 수컷이 없는 몇몇 곤충과 파충류가 자식 세대를 만드는 방식을 뜻하는 생물학 용어 '처녀생식(parthenogenesis)'의 어원이다. 그러나 단 한 개의 단어가 바뀐 번역으로 소년의 어머니는 처녀가 되었고, 소년은 메시아가 되었으며, 예수의 이야기는 순식간에 변형되었다. 매튜(Matthew)와 루크(Luke)는 신약성경에서 이것을 사실로 만들었고(마태복음과 누가복음), 10억 천주교인은 이것을 복음으로 받아들였으며, 이제 우리 모두가 크리스마스 캐럴로 노래 부르고 있다.

편집은 덜 미묘하며 생물학과 더 비슷하다. 끝없는 불완전 복제(돌연변이)는 DNA에서 필수적이다. 그렇지 않으면 생물의 후손 세대는 변화하는 환경에 적응하기 어렵기 때문이다. 책에서는 불완전 복제가 바람직하지 않을 수도 있다. 특히 그 단어가 십계명 중 하나인 경우 더욱 그렇다. 1631년 런던 왕실의 인쇄공이 개정된 킹 제임스 성경을 찍어내면서 출애굽기 20장 14절에서 한 단어를 생략했는데, 그것이 실수였는지 사탄의 강요였는지는 알려지지 않았다. 그 단어는 'not'이었다. 십계명 중 일곱 번째인 'Thou shalt not commit adultery(간음하지 말지어다)'에서 'not'를 생략하고 'Thou shalt commit adultery(간음할지어다)'라고 신도들에게 명함으로써 그 판본은 '부도덕 성경'으로 알려지게 되었다. 그 돌연변이는 별로 오래 살아남지 못했는데, 당황한 왕실이 서둘러 책을 불태워버렸기 때문이었다.

DNA에서는 이런 돌연변이를 다형성(polymorphisms)이라고 부르며, 수년 동안 HGP와 햅맵(HapMap)은 인간 게놈에서 가능한 한 많은 DNA 오타와 철자 변형을 찾도록 설계되었다. 현재 이용할 수 있는 수십 개 버전의 성경은 모두 여전히 성경이며, 모두 하느님과 예수님의 이야기와 교훈으로 남아 있다. 그리고 그것은 유전학에도 동일하게 적용된다. 지구상의 어떤 사람도 호모 사피엔스가 아니라는 주장은 없다. 때로는 DNA 수준에서 모든 인간은 99.9퍼센트가 동일하다고 언급된다. 이런 말은 차이의 본질에 대해 아무런 언급도 하지 않기 때문에 무의미한 흥밋거리 정보에 불과하지만, 넓게 보면 그 말은 우리의 DNA가 평균적으로 1천분 1의 비율로 변화한다는 걸 의미한다. 순수한 숫자의 관점에서 이는 상당히 많은 것이다. 우리는 30억 개의 문자로 이루어진 유전자 암호를 가지고 있다. 그중 1천분의 1인 3백만 개는 여전히 개별적인 변이점이다. 그리고 그것이 바로 SNP다.

사람들 사이의 많은 차이점은 DNA 덩어리에서 나타나며, 덩어리의 크기와 그것이 반복되는 횟수는 천차만별이다. DNA의 어떤 부분의 복사본 숫자는 사람마다 매우 다양하다. 학자들은 아주 작은 반복 단위를 극소부수체(microsatellites)라고 부른다. 극소부수체는 일반적으로 5~10개의 염기로 이루어져 있으며, 5~50회 사이에서 반복할 수 있다. 미소부수체(Minisatellites)는 전형적으로 10~60개의 염기로 구성되며, 유전자의 조절과 발현에 관여할 수 있다(제7장, 무서운 오명 '전사 유전자' MAOA 참조). 또한 그것은 범죄 현장의 법의학에서 필수적인 것으로 입증된 DNA 지문 유형 검사에 유용하다. 이런 이상한 반복 단위의 정체가 무엇이고 왜 그런 방식으로 진화했는지에 대한 연구가 진행 중이다. 2000년에 발표된 이른바 '인간 게놈의 완전한 초안'에는 이런 자연적이고 중요한 변화에 대해 사실상 아무 것도 설명되지 않았다.

이 모든 것이 비판적으로 들릴지도 모르지만, HGP는 지금까지 수행된 가장 위대한 과학적 노력 중 하나였다고 나는 생각한다. 그것은 예산과 시간에 걸맞게 이루어진 훌륭한 연구였으며, 모든 인류를 위한 환상적인 아이디어로써 당신도 힘을 보탠 공적 프로젝트였다. 이제 HGP가 밝혀낸 게놈의 염기서열을 인터넷으로 연결된 모든 사람들이 영구히 사용할 수 있다. 제임스 왓슨, 존 설스턴, 프랜시스 콜린스 등 여러 유명한 유전학자들도 유전학이 앞으로 나아갈 유일한 합리적인 방법으로 게놈을 예견했다. 생리의학 자선 단체 '웰컴 트러스트(Wellcome Trust)'도 그런 사실을 알고 있었으며, 21세기의 생물학이 건설될 기반을 궁극적으로 제공할 응집력 있는 계획에 자금을 지원하기 위해 열심히 활동했다.

HGP는 생물학이 수행되는 방식을 근본적으로 바꾸어놓았다. 거대한 국제 협력은 현재 과학에서 정상적이고 예상되는 일이다. 많은 분야와 많은 생명체를 포함하는 프로젝트는 질병, 기초 생물학, 진화, 치료법을 탐구하는 연구의 기반이며, 창조된 거대한 DNA 데이터베이스가 모든 연구의 기반이 된다. 돌이켜보면, HGP 이외에는 생물학이 성공적으로 지속될 수 있었던 다른 방법을 생각하기가 어렵다.[79]

그것은 15년 전 일이었다. 그때부터 유전자 염기서열 분석 비용이 극적으로 감소함에 따라 유전자 염기서열의 양이 기하급수적으로 증가했다. 이제 우리는 거의 모든 유전자의 존재와 위치를 파악한 상태다. 우리는 서로 다른 사람들 간의 수백만 개의 미묘한 차이점을 알고 있다. 우리는 얼마나 많은 단일 유전자가 선택적 스플라이싱(alternative splicing : 다양한 단백질을 생산하기 위해 게놈 DNA의 RNA에 있는 긴 전사체에 여러 가지 기능을 선별적으로 채워 넣는 것)을 통해 다중 출력을 갖게 되는지 알고 있다. 그러나 우리는 여전히 게놈의 많은 부분이 무슨 역할을 하는지 알지 못한다. 2000년 6월, 클린턴 대통령은 질병의 종말이 임박했다며 다음과 같이 선언했다.

우리는 하느님이 주신 가장 거룩하고 성스러운 선물의 복잡성, 아름다움, 경이로움에 대해 경외감을 느끼고 있습니다. 이 깊고 새로운 지식으로 인

---

79 크레이그 벤터의 개인적인 자금 지원 프로젝트는 '세레라(Celera)'라는 회사의 이름으로 HGP의 공적 컨소시엄과 병행하여 진행되었다. 세레라와 HGP는 서로를 이끌고 서로를 자극하는 기술을 개발하면서 효과적으로 경쟁했다. 이 경쟁은 기술적으로 무승부였다. 학술지 「사이언스」는 벤터의 연구 결과(여기에는 크레이그 벤터 자신의 게놈의 염기 서열이 포함되었음이 밝혀졌다)를 발표했으며, 「네이처」는 HGP의 연구 결과를 발표했다. 그들은 의기투합하여 연구 결과를 같은 날에 출판했고 함께 발표했다. HGP는 게놈 데이터의 효과적인 기준이 되었으며, 모든 사람이 영원히 자유롭게 사용할 수 있도록 공개되었다. HGP의 논문은 유전학 역사상 가장 많이 인용되는 학술 논문 중 하나이다. 나는 호기심이 아닌 이유로 세레라 게놈에 접근한 사람을 만난 적이 없다. 그것은 이 문단처럼 문자 그대로 각주이고, 내 견해로는 과학사의 각주이기도 하다.

류는 질병 치유에 엄청난 새로운 힘을 얻고 있습니다. 게놈 과학은 우리의 삶은 물론, 우리 아이들의 삶에 진정한 영향을 끼칠 것입니다. 그것은 거의 모든 인류의 질병을 진단하고, 예방하고, 치료하는 데 혁명을 일으킬 것입니다.

HGP 이후 수년간 치료약이 혁명적으로 개선된 것은 사실이다. 우리는 역사의 어느 때보다 질병의 원인에 대해 더 많이 이해하고 있으며, 질병이 개체군 내에서 어떻게 변하는지를 알고 있다. 암의 유전적 진단은 그것이 정확히 어떤 유형의 암인지, 그리고 다른 치료법에 어떻게 반응할 것인지를 보여줄 수 있다. 우리는 암의 게놈이 종양의 성장에 따라 변하고 진화된다는 것을 알고 있으며, 그것은 기존의 방식으로는 다루기가 어렵지만, 궁극적으로는 새롭고 개인화된 치료법을 제공할 수 있을 것이다. 그러나 우리가 게놈을 알게 된 결과로 박멸된 질병의 수는 얼마일까? 제로다. 유전자 요법의 결과로 치유된 질병의 수는 얼마일까? 역시 제로다.

그것이 요점은 아니었다. 게놈은 데이터이고 과학은 데이터를 기반으로 한다. 오늘날 DNA는 다양한 암의 진단과 심장 부정맥의 진단과 역사적으로 중요한 연구 프로젝트에 포함시키기에는 너무 희귀한 수천 가지 질병의 원인 확인에 일상적으로 사용되고 있다. 그런 숭고한 노력에 대한 기대는 거대했고 아마도 과도했다. 우리가 HGP의 결과로 밝혀내기 시작한 것은 복잡한 특징과 복잡한 질병이 많은 유전자에 의해 영향을 받으며, 그 유전자 내에서 무해한 것으로 보이는 변형이 있지만 그것이 누적되면 증후군이나 양상에 해당할 수 있다는 사실이다.

낭포성섬유증(cystic fibrosis, CF)처럼 최초의 거의 확실한 유전적 장애마저도 1980년대에 상상했던 것만큼 단순하지 못하다는 것이 밝혀졌다. 그것은 전 세계적으로 7만 명에 이르는 환자에게 고통을 주는 끔찍한 질병으로, 폐와 기도를 점액질로 막히게 하고 결과적으로 호흡 곤란을 초래한다. 치료로 인해 CF환자의 건강과 생존율이 크게 향상되었지만, 수명은 심각하게 단축되고 50대까지 생존하는 사례도 드물다. 우리는 CF가 매우 예측 가능한 방식으로 가족에게 전파되는 유전적 질병이라는 사실을 수십 년 전부터 알고 있었으며, 1980년대에는 원인 유전자가 CFTR로 확인되었다.

대부분의 CF 환자는 CFTR 유전자가 짧거나 손상된 경우로서 폐 기능이 심각하게 저하되어 있다. 또한 CF는 상염색체 열성 질병이기도 하다. 이는 잘못된 CFTR 유전자가 성에 무관한 염색체 중 하나에 존재함을 의미하며, 그 유전자가 두 번 복제되어야 낭포성 섬유증이 발현된다는 걸 의미한다. 유전자 염기서열과 HGP 이전의 시대에도 우리는 대부분 가계도의 패턴을 보면서 이런 사실을 확인할 수 있었다. 열성 CFTR 유전자가 하나뿐이면 증상이 나타나지 않지만, 부모 모두가 보인자일 경우 자녀가 두 개의 질병 유전자를 물려받아서 낭포성 섬유증을 갖고 태어날 확률이 4분의 1이다.[80] 그 패턴은 멘델의 유전법칙과

---

80 하지만 4명의 자녀가 있다고 해서 그중 1명이 반드시 영향을 받는다는 뜻은 아니다. 임신은 매번 독립적인 사건이기 때문에 태아는 모두 같은 확률을 갖는다. 똑같은 방식으로, 매 주마다 복권을 사더라도 당첨될 확률은 동일하다.

완벽하게 일치하며, 이는 명확한 유전 패턴을 가진 질병으로 1980년대 유전학자들이 초점을 맞추기에 적합한 대상이라는 걸 의미했다.

서양인 환자의 약 4분의 3은 이와 동일한 돌연변이를 가지고 있지만, 질병이 얼마나 심각하게 나타나는지에 대한 범위가 있다. 같은 돌연변이를 가진 모든 환자가 동일한 증상을 보이지는 않으므로, 우리가 한때 무작위적인 변이를 거쳤을 수도 있고 혹은 사람 사이의 단지 설명할 수 없는 차이를 보였을 수도 있다. 유전병을 이해하기 위해 가장 오랫동안 진행 중인 미스터리를 풀려는 노력과 연구가 계속 진행되면서, 2015년 가을에 CFTR 유전자의 일부는 아니지만 증상의 심각성을 변화시킨 다섯 가지 유전적 변이가 발견되었다. 이 유전적 변이가 환자에게 어떻게 영향을 미치는지는 밝혀지지 않았고, CFTR와 같은 염색체에 위치하지도 않는다. 이는 우리 게놈에서 특이한 건 아니다. 염색체는 무작위로 유전자 저장 단위를 지정하지 않는다.

생물종이 가지고 있는 염색체의 수는 고정되어 있다. 혹은 적어도 인간의 경우, 수백만 년 동안 고정되어 있다. 그리고 우리는 부모님으로부터 염색체를 각각 하나씩 물려받게 되며, 거기에는 일치하는 유전자가 포함되어 있다. 그래서 우리는 DNA의 큰 덩어리를 함께 물려받는다. 이는 오히려 카드 데크를 서투르게 섞는 것과 같다. 그러나 분명히 염색체 구조 뒤에는 논리적인 설계가 없으며, 전체 게놈을 통한 유전자의 유용성은 23쌍 염색체의 배열에 결코 반영되지 않는다. 이 특정 유전자에 대해 힘을 발휘하는 많은 유전적 압력 그룹(그리고 더 많은 것이 있을 것이다)을 우리가 이제 알게 되었다는 사실이 놀랍지만 한편으로 생각하면 그리 놀랄 일이 아니다.

놀라운 이유는 CF가 우리가 익히 알고 있는 질병이기 때문이다. 학자들은 HGP가 태동되기 수 년 전에 현대 유전학의 시작과 함께 CF를 연구했다. 하지만 그리 놀랄 일이 아닌 이유는 게놈 시대의 모든 유전학이 그런 측면을 가지고 있기 때문이다. 단 하나의 분명한 기능을 가지고 있는 소수의 유전자, 즉 멘델의 유전 법칙을 따르는 완두콩처럼 가계를 통해 추적할 수 있는 유전자조차도 단독으로 작동하지 않으며 인간 생물학의 환경으로부터 고립되지 않는다. 대신에, 다른 유전자의 영향은 적어도 우리 게놈 내의 어느 곳에서나 (때로는 깊고 먼 곳에서) 느낄 수 있다.

이것은 수천 가지 연구 중 작은 하나일 뿐이다. 포스트 게놈 시대의 처음 몇 년 동안 발명된 기술을 통해 우리는 낭포성 섬유증에 대한 여러 가지 사실을 알게 되었다. 유전자(그리고 그 효과)를 확인하는 표준적인 기술은 질병을 앓고 있는 사람들을 조사하여 근본 원인을 찾아내는 것이었다. 그 첫 번째 질병 유전자는, 환자 가족의 유전자를 채취한 후 미로 속에서 군사 작전을 펼치는 듯한 힘든 과정을 통해 환자의 것과 유사한 DNA 영역을 찾아내 유전자 염기서열을 분석하는 방법을 통해 발견되었다. 게놈에 대한 HGP 골드러시 덕분에 지금은 훨씬 쉬워졌지만, 1980년대와 90년대의 질병 유전자 찾기는 이처럼 너무나 힘들고 느린 과정이었다.

DNA 염기서열분석이 저렴하고 쉬워진 후 우리는 새로운 작업을 하기 시작했다. 새로운 작업이란, 같은 질병을 가진 사람을 가능한 한 많이 찾아내고 그들의 모든 DNA를 조사하여 질병이 없는 사람들과는 다른 그들만의 동일 영역이 나타나는지 확인하는 것이었다.

낭포성 섬유증의 경우, 연구원이 환자 6,000명의 게놈을 채취하여 수천 개의 개별 변이 위치를 검사하고 뭔가가 눈에 띄지 않는지 확인했다. 유용한 통계 과정을 거친 후 나온 결과는 다섯 가지 중요한 변종이었다. 이것은 질병에 걸린 사람들과는 다른 단순한 DNA 비트다.

이 기법을 '전게놈연관 연구(genome-wide association study)'라고 부르며 일반적으로 GWAS라고 약칭한다. 변이 지점이 질병의 원인에 대해 알려줄 필요는 없으며, 단지 게놈의 해당 지점에서 비정상적인 일이 벌어지고 있다는 정도만 알려주면 충분하다.

수천 명의 사람들의 수천 개의 자연적인 유전적 변이가 23개의 염색체에 퍼져 있다. 그중 2명을 선정해 변이 지점의 게놈을 비교하면 많은 차이가 있음을 알 수 있다. 1,000명을 선정하면 더 많은 차이를 발견할 수 있지만, 이런 차이는 개체군의 유전적 변이가 전반적으로 뒤엉킨 상태로 평균화된다. 그러나 만약 1,000명이 공통적인 특징을 가지고 있다면, 그 차이점 중 일부는 뒤엉킨 상태에서 벗어난다(혹은 약간 구분된다).[81]

GWAS는 도시의 스카이라인과 비슷하기 때문에 '맨해튼 도표'로 알

---

[81] 그 변이가 질병과 관련이 있을 확률을 테스트한 후에만 그 차이점이 드러난다. 임의의 변이는 그렇지 않다. 이는 한 확률적 사건 발생과 다른 확률적 사건 발생의 관련 여부 및 관련 정도를 나타내는 통계학적 도구인 '승산비(odds ratios)'를 비교하여 이루어진다. GWAS의 경우, 승산비는 특정 유전자형의 존재가 문제의 질병과 실질적으로 연관되어 있는지를 측정하는 데 사용된다.

려진 것에 그래픽으로 표시된다. 당신의 표본이 특정한 공유 형질이 없는 사람들의 것이라면 23개의 도시 블록을 얻을 수 있다. 각 블록은 수천 개의 개별적인 변이 지점을 구성하여 거의 동일한 높이의 건물을 형성한다. 그러나 그 건물들이 낭포성 섬유증과 같은 공통점이 있다면 갑자기 몇 개의 고층 건물이 스카이라인을 뚫기 시작한다. 당신의 DNA에서 정점(peak)의 기초가 있는 곳이 근본적인 문제의 일부일 수 있다. 이것은 '연관' 연구이므로 원인 자체를 밝힐 필요는 없다. 운이 좋으면 당신은 GWAS를 진행할 것이고, 알려진 게놈의 일부분에 거대한 정점이 존재할 것이다. 그 게놈은 알려진 유전자 내에 위치하고, 거대한 정점은 우리가 보일 수 있는 특정 결함을 유발하는 변이를 나타낸다.

세계의 지도로써 게놈의 개념으로 돌아가보자. 이것은 마치 땅에 깃발을 꽂고, X가 문제 지점을 표시할 뿐만 아니라 우리가 조사원을 그 식별 지점으로 보냈고, 그들이 원인이 무엇인지(이를테면, 지각 단층선인지 또는 오염된 강인지)를 밝혀냈다고 말하는 것과 같다. 그러나 대체로 GWAS는 수십, 수백 가지의 깃발이 땅에 꽂혀 있는 지도로 귀결되며, 우리가 보낸 조사원이 찾아낸 것은 특별하지 않은 메모 혹은 분명히 누적 효과가 있는 여러 가지 작은 문제일 것이다.

첫 번째 GWAS는 2005년에 발표되었다. 이는 망막 질환을 앓고 있던 99명의 게놈을 스캔하여 1번 염색체의 일부 영역을 밝혀낸 것이었다. 연구진은 이 변종을 보유하고 있는 유전자를 발견했으며, 신중한 통계 분석을 통해 나이-관련 황반 변성(age-related macular degeneration)

환자의 약 43퍼센트가 이 특정한 유전적 오류를 갖고 있다는 걸 밝혀냈다. 첫 번째 연구 이후, 이 기술의 활용 빈도와 활용 능력이 급증했다.

진정한 혁신은 2007년 WTCCC(Wellcome Trust Case Control Consortium : 웰컴트러스트 대조시험 컨소시엄)이라는 연구로 시작되었다. WTCCC의 규모는 50개의 실험실에서 관상동맥 심장 질환, 당뇨병(유형1 및 유형2), 고혈압, 양극성 장애, 크론병 및 류마티스성 관절염 등 일곱 가지 주요 질환을 가진 환자 1만 7,000명의 유전자를 분석하고, 50만 개의 SNP 테스트를 할 수 있을 만큼 거대했다. 그리고 수백 가지의 새로운 유전자가 이들 공통 질병에 작지만 중요한 영향을 미치는 것으로 밝혀졌다.

무엇보다 이 연구는 미래에 대한 기준을 세웠다. 무한한 인간의 다양성은 더 큰 표본 크기, 엄청난 수의 사람들과 환자들, 심층적인 데이터로 드러날 것이다. 데이터가 많아질수록 우리는 우리의 유전적 구성에 대한 더욱 세밀한 사항을 밝혀낼 수 있을 것이다. 2016년 5월, 한 연구는 사람들의 공교육 수준과 관련된 유전적 요인을 찾기 위해 30만 명이 넘는 사람들을 표본 추출하여 통계적으로 유의미한 74개의 유전적 위치를 발견했다. 이는 사람들이 학업을 지속하는 여러 가지 이유 중 단지 극소수를 차지하지만, 동기부여, 육아, 지적 능력 및 기타 여러 요소와 함께 DNA도 그중 하나다.

게놈은 칩에서 디지털화되었으며, 자연적으로 발생하는 수천 가지의 변이가 당신의 테스트 대상인 DNA가 씻겨나갈 수 있는 작은 유리판에 기록된다. 칩은 DNA가 같은 곳에서 서로 달라붙고 간단한 화학적 깃발을 통해 빛을 낼 것이다. 그렇게 하면 우리가 시험하기를 원하는 특정 조건과 관련된 게놈의 자연적 차이를 쉽게 찾아낼 수 있다. 매년 수백 개의 GWAS 논문이 발표되고 있다. 93명의 환자가 첫 번째 주제가 된지 11년 후, 나이-관련 황반변성에 대한 최신 GWAS가 거대한 다국적 연합체에 의해 2016년 1월 발표되었다. 그들은 1만 6,000명이 넘는 환자의 게놈을 분석하여 34개의 다른 게놈 위치에서 52개의 변종을 발견했다.

수년에 걸쳐 이 연구에 대해 많은 비판이 있었다. 일부는 기술적인 비판이었고, 일부는 열악한 실험 설계에 대한 비판이었다. 그것은 요즘 대부분의 인간 유전학 실험실의 표준 장비인 유전자 칩을 배치하면 쉽게 개선될 수 있는 부분이었다. 그러나 GWAS가 지난 수년간 이루어낸 가장 큰 지적 공헌은 아마도 우리의 가정이 틀렸다는 걸 입증한 점일 것이다. 그들은 유전학에서 우리가 그것이 존재한다는 사실도 몰랐던 가장 큰 현재의 수수께끼를 밝혀냈다.

잃어버린 유전가능성의 수수께끼

많은 사람들은 널리 일반적인 질병이 일반적인 유전적 원인을 가지고 있다고 생각했다. 그런 생각은 게놈 시대 초기에 우리가 엄청나게 많은 수의 유전자에 베팅하도록 만든 것과 유사한 오해로부터 생겨났다.

그것은 그런 식으로 밝혀지지 않았다. GWAS가 진행되는 시대에 출현한 많은 유전적 스카이라인은 맨해튼이나 런던의 높은 마천루가 아니라 옥스퍼드 또는 캠브리지의 낮은 스카이라인으로 등장했다.

고도로 측정 가능한 유전적 요소를 가진 가족사와 쌍둥이 연구를 통해 우리가 알고 있는 질병은 주요 결함 유전자를 밝혀낸 몇 안 되는 주요 고층 건물을 포기했다. 대신, 우리는 수십 또는 수백 개의 작은 정점을 가졌으며, 많은 정점이 통계적으로 튼튼한 자격을 갖추지 못했지만, 상당히 돋보일 정도로 자주 나타난다. 조사 중인 질병에 걸린 사람들에게 나타나는 많은 변이가 우리에게 알려졌지만, 질병원인론(disease aetiology)에서 생물학적으로 중요한 역할을 하지 않는 것으로 보인다. 그것은 마치 신문 기사를 읽을 때 일반적인 전제에 동의하지 않지만 특정한 오류는 하나도 찾아낼 수 없는 것과 같았다. 전반적인 의미는 잘못되었지만 정확한 오류는 파악하기 어렵고 잘 감춰진다.

GWAS연구는 우리 모두를 머리를 긁도록 만들었다. 인간 유전학의 많은 이야기들이 그렇듯이, 프란시스 골턴과 함께 시작된 한 세기의 작업에서 우리는 밝혀지길 기대하던 질병의 근원적인 뿌리를 보지 못했다. 골턴은 유전을 연구하기 위해 자연의 특이한 복제물인 일란성 쌍둥이를 활용하려는 계획을 가지고 있었다.

쌍둥이는 일란성 쌍둥이와 이란성 쌍둥이 두 가지 유형이 있다(이란성 쌍둥이는 가계도 상의 두 갈래로 나뉘지는 쐐기 선으로 표시되며, 일란성 쌍둥이는 삼각형으로 표시된다). 서로 완전히 동일한 일란성 쌍둥이는 수정 후 발달 초기의 배아가 유전적으로 동일한 두 개의 세포 묶음으로 분리되어 두 명의 아기로 태어난 것이다. 이란성 쌍둥이는 두 개의 난자가 동시에 수정된 결과이며 서로 유전적으로 유사하지 않다. 그들은 단지 자궁을 공유할 뿐이다.

1874년 프랜시스 골턴은 여러 가정의 부모와 병원의 책임자들에게 다음과 같은 설문지를 보냈다.

'본성'과 '양육'이 일반적으로 성인의 신체와 정신에 기여하는 각각의 비율을 추정하기 위해 데이터를 수집하려고 합니다. '본성'이란 선천적인 모든 것을 뜻하고, '양육'이란 출생 이후의 모든 영향을 뜻합니다.

…그리고 그는 쌍둥이에 관한 94건의 답변을 받았다. 그는 쌍둥이가 생기는 메커니즘을 올바르게 이해하지 못했지만(당시는 분자 유전학 이전의 시대였기 때문이다), 원칙적으로 일란성 쌍둥이가 서로 같은 선천적인(즉, 유전적인) 물질을 갖고 있다는 점을 발견했다. 따라서 쌍둥이 사이의 측정 가능한 차이는 내재적이라기보다는 환경적인 것으로 간주될 수 있었다. 이 간단한 전제가 현대 유전학의 기반을 이룬다.

이런 비교를 통해 골턴은 유전적 요소와 환경적 요소를 구분하도록 설계된 과학 패턴을 수립했다. 유전자는 임신될 때 결정되며, 원칙적으로 그 시점부터 고정되어 있다. 그는 우리가 그 이후로 논쟁해왔던 개념, 즉 유전가능성(heritability)에 대한 개념을 구축하고 있었다. 그것은 까다로운 아이디어였고, 일반적인 의미를 지닌 '상속(inherit)'이라는 단어와 비슷하기 때문에 끔찍하게 이름 지어진 것이었으며, 유전가능성이 과학적으로 무엇을 의미하는지에 대한 혼란의 대부분은 이런 성가

신 과학적 혼란에서 비롯되었다.[82] 유전 가능성은 개체군에서 나타나는 차이가 유전학으로 얼마나 많이 설명될 수 있는지, 그리고 환경에 의해 얼마나 많이 결정되는지를 측정한 것이다. 말로는 간단해 보이지만, 내부를 들여다보면 당황스럽게 만드는 용어다.

모든 일본인이 검은색 머리카락을 가지고 태어났다고 가정해보자. 이는 일본인에게 머리 색깔의 변이가 없다는 뜻이고, 따라서 머리 색깔의 유전가능성이 제로라는 뜻이다. 머리 색깔은 완전히 유전적으로 결정되는 특성이지만, 모든 일본인이 머리 색깔에 대해 동일한 유전적 구성을 가지고 있기 때문에 자연적 변이는 존재하지 않는다(최소한 회색으로 변할 때까지는 그렇다. 그러나 단순화를 위해 그것은 무시하기로 하자). 일본인의 머리 색깔 변화는 염색의 결과물이며 그것은 분명 유전적이지 않다.

성은 난자를 관통하는 정자의 유형에 의해 임신 직후에 유전적으로 결정된다. 인간에게 2개의 성이 있기 때문에[83] 성에 대한 유전가능성은 100퍼센트다. 우리가 개체군에서 볼 수 있는 모든 변이는 유전학에 의

---

82 예전에 한 연구원은 '유전 가능성'이 완전히 지어낸 것이므로 우리가 유전가능성이 실제로 무슨 의미인지에 대해 끝없이 논쟁하며 얽매이지 않기를 바란다고 말했다(그녀는 커트 보네거트의 〈제5 도살장〉의 외계인 종에서 따온 트랄파마도리안 지수(Tralfamadorian Score)를 제안했다). 대립 유전자, 마이크로 위성, 연관 불균형, 후성유전학 등의 유전 용어에 대해서도 마찬가지라고 할 수 있다.
83 이 말은 사실이 아니다. 이 발언이 단정하는 것처럼 두 가지 성으로 이원화되지 않는 여러 가지 유전병이 있다. 터너 증후군을 앓고 있는 여성은 X염색체가 하나밖에 없다. 클라인펠터 증후군은 남성의 성염색체가 XXY일 때 나타나는 질병이다. 생물학은 결코 단순하지 않다.

해 결정된다. 또는 이런 예를 들어보자. 모든 사람이 언어를 사용하며 (단순화를 위한 가정이다), 이는 언어에 대한 능력이 유전적으로 결정되었음을 의미한다. 당신이 사용하는 언어는 당신이 태어난 곳에서 전적으로 결정되므로 환경적이다. 따라서 당신이 사용하는 언어에는 유전적 영향이 없기 때문에, 언어의 다양성은 모두 환경적 특성이고 유전가능성은 제로다. 문제를 더욱 혼란스럽게 하는 것은 유전가능성이 오직 개체군에만 관련된다는 점이다. 유전가능성은 사람들의 집단에 걸쳐 나타나는 차이만을 측정하며, 개인의 본성과 양육의 총량을 설명하지 않는다. 그런 비율에 관해 알려진 척도는 없다.

위의 예는 이 엄청나게 어려운 측정 기준을 명확히 하기 위해 지나치게 단순화된 것이다. 대부분의 특성은 양쪽 모두를 어느 정도 갖고 있다. 골턴은 우리에게 '본성 대 양육'이라는 용어를 남겨주었지만, 이제 우리는 이 두 가지가 충돌하지 않는다는 것을 알게 되었다. 본성(유전자)과 양육(유전자를 제외한 모든 것) 간의 복잡한 상호작용은 사람이 만들어지는 방식이다. 따라서 '양육을 통한 본성'[84] 이라는 용어가 그것을 표현하는 훨씬 더 좋은 방법이다.

쌍둥이 연구는 수년에 걸쳐 복잡한 인간 특성의 유전가능성에 관한 자료를 풍부하게 제공해왔다. 지능보다 복잡한 것은 없으며, 어떤 수단으로든 지능을 측성할 때 개체군에서 나타나는 차이가 약 50퍼센트라

---

84 매트 리들리(Matt Ridley)가 2003년에 쓴 같은 주제를 다룬 탁월한 책의 제목이기도 하다. 이 용어는 원래 행동 유전학자 데이비드 리켄(David Lykken)에 의해 만들어졌다.

는 사실을 쌍둥이들은 연구의 세기 동안 매우 일관되게 보여주었다. 그렇다고 해서 지능의 50퍼센트가 유전자에 달렸고 나머지 50퍼센트가 양육과 교육에 의해 결정된다는 의미는 아니다. 그것은 우리가 개체군에서 보는 차이의 절반이 유전적이며 절반은 환경적이라는 것을 의미한다.[85]

요점은, GWAS기술을 사용하여 유전적 요소에 대해 거대한 개체군을 조사했을 때 우리가 발견할 수 있는 건 아주 작은 부분에 불과하다는 것이다. 이는 우리가 쌍둥이 연구(및 다른 기술)를 통해 생각했던 우리의 유전자에 내재된 복잡한 질병과 우리가 포스트 게놈 시대에 파악하기 시작한 자연적 다양성에 대해서도 똑같이 적용된다. 키와 같은 비교적 간단한 신체적 특징조차도 난해한 요인을 가진 것으로 판명되었다.

우리는 키가 매우 유전적이라는 것을 알고 있다. 100년에 걸친 수십 가지 연구결과에 따르면 주어진 개체군의 신장 차이의 대부분은 유전자에 따른 것이고 환경으로 인한 비율은 미미한 것으로 나타났다. 개체군에서 가장 키가 큰 사람이 210센티미터이고 가장 작은 사람이 150센티미터인 경우, 60센티미터 차이가 난다. 그중 약 50센티미터는 유전적 차이의 결과다. 수만 명의 자료가 GWAS분석에 투입됐고, 이를 통해 관련성이 있는 것으로 보이는 많은 대립유전자가 밝혀졌다. 그러나

---

85 지능의 유전가능성과 그것을 측정하는 문제, 그리고 이 과학 분야에서 가능한 정책과 논쟁을 다룬 책은 많을 것이다. 지금 당신이 읽고 있는 이 책은 그런 분야를 다루는 책은 아니다. 하지만 나는 BBC 라디오4를 통해 그런 주제를 다루는 다큐멘터리 시리즈〈지능 : 똑똑한 탄생, 동등한 탄생, 다른 탄생(Intelligence : Born Smart, Born Equal, Born Different)〉를 제작했다. 이 방송은 언제나 무료로 다시 볼 수 있다.

전체적으로 보았을 때 키를 결정하는 데 있어서 그 유전자의 기여도를 합산하면 단지 3센티미터 정도에 불과하다. 나머지 47센티미터를 구성하는 유전적 기여가 어디서 나오는지는 지금으로서는 알 수 없다.

심장병, 정신 분열증, 마약 중독, 알츠하이머 병, 자폐증, 당뇨병, 양극성 장애, 지능 그리고 우리가 보았던 거의 모든 상태, 질병, 행동에 대해서도 마찬가지다. 유전자는 거의 모든 인간 생물학과 심리학의 결과를 결정하지 않는다. 거기에는 수십 수백 가지의 유전자가 관여될 수 있으며, 각각은 누적 효과가 적을 뿐만 아니라 우리가 살고 있는 세계에 의해 그 효과가 감소된다.

문제의 일부는 우리가 질병을 정의하고 치료하기 위해 병을 함께 분류하려고 애쓴다는 점이다. 그러나 각 질병은 원인(들)과 환자 사이의 독특한 상호 작용이다. 어떤 질병은 다른 것보다 덜 특이하지만, 행동과 심리학 및 정신과에 관련된 질병은 악명이 높을 정도로 특이하다. 이것이 우리가 항상 질병의 정의를 재분류하고 재확인하는 이유다. 자폐증은 이제 자폐증 스펙트럼 장애로 보다 정확하게 정의된다. 자폐증을 가진 사람들이 지속적으로 보여주는 특징이 있기 때문이다. 어떤 환자는 다른 환자보다 더 심하며, 또 다른 어떤 환자는 우리와 약간만 다를 뿐이다.

잃어버린 유전가능성의 일부는 GWAS 접근법의 한계로 인한 것이다. GWAS 접근법은 우리가 종종 사람들 사이에서 보게 되는 차이점인 공통적인 SNP만을 조사한다. 잃어버린 유전가능성의 많은 부분이 희귀한 변이일 가능성도 있다. 반복되는 DNA 영역이 복잡한 형질과 질병의 유전적 원인 중 일부를 설명해줄 수도 있다. 이러한 소위 복제수변이(copy number variations, CNVs)는 본질적으로 게놈의 많은 다른 비트와 같기 때문에 염기서열의 거푸집과 같은 것이다. 종종 CNVs의 돌연변이는 개인에게 새로운 것이고 가족사에 나타나지 않기 때문에 발견하기가 까다롭다.

우리는 아직 잃어버린 유전가능성이 어디 있는지 모른다. 그러나 그것은 초자연적인 것이 아니라 과학적인 수수께끼이며, 게놈의 어딘가에 있을 것이 분명하다. 과거에 살았던 생명체의 복잡성과 함께 측정 가능한 조건으로 구축되는 아주 작은 효과를 가진 거대한 숫자로 우리가 아직 발견하지 못한 변이에서 잃어버린 유전가능성이 밝혀질 가능성이 매우 높다. 정말인지 10년 후에 다시 내게 물어보기 바란다.

이 이야기들은 모두 동일한 내러티브이며, 유전학은 끊임없이 변화하지만 우리는 문화적으로 흔들릴 수 없다는 의미이기도 하다. 우리는 자신을 설명할 수 있는 간단한 규칙을 찾기 위해 필사적이었다. 그 아이디어는 유전자가 특성이나 질병을 코드화할 것이며 우리가 세대를 거쳐 역사와 가족을 통해 이를 추적할 수 있다는 것이었다. 이는 수세기 동안 유전학에 선행한 아이디어다.

기록된 첫 번째 유전 상담은 유태인의 지혜를 담은 책 탈무드에서 다음과 같이 나타난다.

'그녀가 첫째 아들에게 할례를 해서 그 아들이 죽고, 둘째 아들도 죽었다면, 셋째 아들에게 할례를 해서는 안 됩니다.'라고 랍비가 말했다. 하지만 시므온 가말리엘(Simeon Gamaliel)은 이렇게 말했다. '셋째 아들에게는 할례를 하고, 넷째 아들에게는 하지 말아야 합니다.' 그러나 분명히 그 반대로 가르쳐졌다. 이제 이들 중 어느 것이 후자인가? 히야 아바(Hiyya Abba)가 요하난의 이름으로 말한 것을 와서 들어라. 세포리스에 있는 4명의 자매에게 예전에 그 일이 일어났다. 첫 번째 자매가 아들에게 할례를 했을 때 아들이 죽었다. 두 번째 자매가 그녀의 아들에게 할례를 했을 때 그 아들 또한 죽었고, 세 번째 자매의 아들 역시 죽었다. 네 번째 자매가 찾아오자 시므온 가말리엘이 말했다. '당신은 아들에게 할례를 해서는 안 됩니다.'

세 번째 자매가 왔더라면 그녀에게도 똑같이 말했을 거라는 가정은 불가능할까? 그렇다면 히야 아바의 증거의 목적은 무엇이었을까? 아마도 우리에게 그 자매들 역시 추정을 확립시킨다는 걸 가르쳐주려는 의도일 것이다.

이것은 현재 우리가 혈우병이라고 부르는 질병에 대한 당시의 묘사인 듯하다. 혈우병에 걸린 남자 아이는 쉽게 혈전을 형성할 수 없으므로 출혈로 인한 사망 위험이 매우 크다. 혈우병은 1989년 유전적 원인으로 파악할 수 있는 최초의 질병 중 하나였고, X염색체 상의 단일 유전자에 의해 야기되는 것이다(따라서 남성에만 영향을 미치고, 결함 있는 대립유전자를 가진 여성은 두 번째 X염색체 때문에 영향을 받지 않는다). 하지만 랍비는 기원전 200년경에 이미 그것을 알아냈고 잠재적으로 치명적인 유전적 변이가 어떻게 전달되는지를 확인했으며, 위험을 피하기 위해 혈우병을 가진 가정에서 태어난 남자 아이들에게 할례를 면제해주었다. 1803년 필라델피아 의사인 존 오토(John Otto)는, 남성은 혈우병 환자였고 여성은 건강한 보인자였던 가족을 통해 이를 정확하게 분석했다. 존 오토는 그들을 '피 흘리는 남자들'이라고 불렀으며, 가족사를 추적하여 찾아낸 여성 보인자에 대해 이렇게 기술했다.

그녀는 스미스라는 이름으로 뉴햄프셔 플리머스(Plymouth) 근교에 정착하여 다음과 같은 특이성을 후손들에게 전했다.

멘델이 완두콩 교배 실험을 통해 확립한 유전 법칙을 알기 전부터 우리는 수세기 동안 어떻게 형질이 부모로부터 자식에게 전달되는지 보아 왔다. 우리는 합스부르크 립(Hapsburg Lip)이라는 단어를 알고 있다. 사실 그것은 그들이 탐닉한 무지에서 비롯된 근친결혼의 낙인이었지만, 왕실의 후손이라는 상징이기도 했다. 빨간 머리를 가진 여왕 엘리자베스 1세는 천연두와의 투병으로 그녀의 타고난 빨간 머리가 가늘어진 이후에 치렁치렁한 빨간색 가발로 그것을 한층 강조했다. 일부 역사가들은, 크게 존경받았고 빨간 머리였던 선친 헨리 8세와의 눈에 띄는 유대감을 강화하기 위해 그 모습을 유지했다고 믿는다.

유전학은 가족에 대한 연구이며, 우리는 수천 년 동안 가족 세대 내에서 유사점을 조사해왔다. 그 시간의 대부분 동안, 우리는 유전의 가장 피상적이고 가장 가시적인 측면을 살펴보고 연구했다. 이런 특성이나 유전 패턴이 사실이 아니라는 뜻이 아니라, 과거의 연구가 너무나 단순했다는 뜻이다.

인간은 복잡하다. 그런데도 왜 어떤 이들은 인간 유전학이 단순할 거라고 생각하는 것일까? 물리학은 모든 것을 기술하는 단순한 모델로 우주를 축소시키려는 자연스러운 경향이 있다. 우리는 그런 표준 모델을 갖고 있다. 쿼크, 전자, 힉스 보손 등 모든 물질을 구성하는 12개의 기본 입자를 기술하는 방정식이 그것이다. 이 방정식은 새로운 발견이 이루어질 때마다 시간이 지나면서 세련되어질 것이다. 그러나 대부분의 물리학자들은 이전의 결과에 근거하여 우주의 모델이 다시 단순해질 거라고 생각한다. 생물학자들은 때때로 물리학자를 부러워한다. 생물학은 거대한 법칙(범용 유전학, 자연선택에 따른 진화 등)이 발견될 때마다 상황이 더 복잡해지기 때문이다.

멘델은 독립적인 유전 단위로써 유전자의 개념을 미리 구상하면서 완두콩을 통해 유전법칙을 발견했다. 이탈리아의 실험생물학자 테오도어 보베리(Theodor Boveri)는 나폴리 만에 서식하는 성게의 염색체에 이상이 생기면 괴물 같은 후손을 낳는다는 사실을 알아냈다. 20세기 초 뉴욕에서 토머스 헌트 모건(Thomas Hunt Morgan)은 초파리의 눈 색깔을 코드화하는 유전 단위가 염색체에(일부는 성염색체에, 다른 일부는 상염색체에) 위치하는 것을 발견했다. 서로 근접한 유전자들이 자주 함께 유전될 수 있음을 알았을 때 그는 유전학의 복잡성을 보기 시작했다. 이 현상을 연관(linkage)이라고 부르며(290쪽 참조), 그 단위를 그의 이름을 따서 센티모건(centimorgan)이라고 부른다. 모건의 아이디어를 DNA 덩어리에서 유전자 코드의 개별 문자로 정제하면 우리와 우리의 조상들에게서 진화를 볼 수 있는 하나의 방법이 된다.

1990년대에는 사람, 파리, 벌레를 함께 위치시킬 수 있는 방식을 알려주는 유전자가 발견되었다. 이 유전자는 하등생물 모두에서 분명히 비슷했고, 우리가 보았던 어느 위치에서나 동일한 기능을 수행하는 것처럼 보였다. '이쪽 끝은 머리, 다른 쪽은 꼬리, 여기는 눈, 여기는 배, 여기는 등이 될 것이다'라는 식이었다. 곤충과 포유류의 차이에도 불구하고, 우리는 그 생물체에서 똑같은 기능을 수행하는 동일한 유전자를 볼 수 있다. 이 아름다운 유전자는 인간의 역사가 아닌 지구상의 생명의 역사에 대한 놀라운 지표였다.

유전학자 프랑수아즈 야곱(Francois Jacob)은 사랑스런 문구를 통해 이 생명체들이 보여주는 진화를 수선공(tinkerer)으로 묘사했다. 한 가지 방식으로 뭔가가 작동할 때, 그것은 다른 곳에서도 기능하도록 조정될 수 있다. 혹스(Hox) 유전자, 팍스(Pax) 유전자 및 주 제어유전자는 우리가 공유된 조상을 이해하는 방식에 혁명을 일으켰다. 어떤 형태의 눈이 될 것인지에 관계없이 '이 조직은 눈이 될 것이다'라는 간단한 말을 통해 유전자가 얼마나 이상한 물질인지를 알 수 있다. 당신의 머리가 내 머리 혹은 벌레의 머리와 같은지에 관계없이 머리와 꼬리가 똑같다고 말하는 유전자가 발견될 수도 있다.

이 놀라운 발견의 나뭇가지조차도 사물, 머리, 눈 또는 꼬리에 대한 유전자가 있다는 개념을 강화시킨다. 이런 주 제어요소(master controller)에 의해 설정된 모든 유전 프로그램은 전적으로 상황에 따라 달라진다. 주 제어요소는 정의하는 능력을 가지고 있을지 모르지만, 쥐의 PAX_6 유전자가 삽입된 초파리는 쥐의 눈이 아닌 초파리 눈을 발생시킨다. 유전학의 역사에서 모든 단계는 우리가 상상하거나 관찰할 수 있는 모든 것에 저마다의 유전자가 존재한다는 생각을 강화시켰다. 그리고 이런 생각은 만물에 들어 있는 유전자라는 존재가 운명을 의미한다는 생각으로 이어진다. 즉, 당신의 운명은 당신의 유전자에 놓여 있다는 것이다.

하지만 이제 유전학은 그렇게 말하지 않는다. 그런 기만적인 발언은 오늘날 소비자 유전학의 시대로 이어지고 있다. '23앤미'가 내 게놈을 분석했을 때 이상하게 특이한 점이 발견되었다. 나는 술을 마셔도(과음하지 않는다면) 홍조를 띠거나 토하는 체질이 아니다. 나는 젖은 귀지를 갖고 있다. 나는 낭포성 섬유증, 테이삭스병, 겸상세포 또는 고셔병(Gaucher's disease)에 대한 대립유전자가 없다. 내가 금발 머리를 가질 확률은 28퍼센트다. 그것이 실제로 의미하는 바는 우리 게놈의 똑같은 지점에 똑같은 대립유전자를 가진 사람들의 28퍼센트가 금발 머리를 가지고 있다는 것이다. 한 가지 사실이 약간 돋보였다. 나는 가족력에 의해 발병하는 폐 질환 대립유전자의 보인자가 아니다. 이는 내 자녀들이 폐 질환으로 고통 받거나 그 질병을 후손에게 물려줄 확률을 크게 낮추기 때문에 상당한 안도감을 준다.

이런 분석의 대부분은 우리가 유전학에 관해 말할 때 우리가 말하는 방식의 문화적인 절반의 진실에 막연하게 기여한다. 나는 파란색에 우성인 갈색 눈동자를 가지고 있다. 학교에서 유전학을 배울 때 우리는 파란색이 열성 대립유전자이고 갈색이 우성 대립유전자라고 배웠다.

따라서 두 유전자를 각각 하나씩 가진다면, 당신의 눈동자는 갈색이 될 것이다. 파란색 형질이 두 개인 경우 파란색 눈동자를, 갈색 형질이 두 개인 경우에는 갈색 눈동자를 갖게 된다. 모두 매우 간단하고 정확하다.

20세기 초 레지날드 퍼네트(Reginald Punnett)는 이런 형질을 배열하는 근사한 방법인 퍼네트 바둑판법(Punnett square)을 개발했다. 퍼네트 바둑판법은 우리가 완두콩의 주름 모양, 낭포성 섬유증에 걸릴 확률, 눈동자 색 유전자의 다양한 조합을 가진 부모의 자녀들에게 나타날 눈동자 색 등을 알아낼 수 있게 해준다. 부모 모두가 갈색 눈동자인 경우에도 파란색 대립유전자의 보인자라면 파란색 눈동자를 가진 자녀가 태어날 수 있다. 그 확률은 4분의 1이다. 네 가지 가능한 결과 중 세 가지는 자녀에게 갈색 눈동자를 갖게 한다.

우리는 또한 혀 감기 가능여부도 비슷한 유전 패턴을 보여준다고 배웠다. 다른 학교에서는 다섯 번째 손가락 끝 관절의 굽힘(이른바 히치하이커의 엄지손가락), 귓불의 두개골 부착, 턱의 보조개 등을 또 다른 유전 패턴의 예로 가르쳤다. 엇갈린 손으로 깍지를 끼고 뒤집어 보면 엄지손가락이 서로 겹쳐지면서 매우 이상한 감각이 느껴질 것이다. 이것 역시 하나의 유전자를 통해 유전되는 특성으로서 수년 동안 가르쳐왔다.

멘델은 1860년대 브르노(Brno)에서의 대규모 완두콩 실험을 통해 이런 유전 확률 규칙을 정립했다. 그가 내놓은 규칙은 정확하다. 특성은 개별 단위로 유전자에 코드화 되어 있으며 독립적으로 유전된다. 멘델의 법칙에 따르면, 완두콩의 주름, 꽃 색깔, 혀 감기, 눈동자 색 등 서로 다른 표현형을 초래하는 동일한 유전자의 두 가지 대립 형질의 조합은 그 두 가지를 혼합하지 않지만 하나가 다른 것 위에 나타날 가능성을 초래한다.

문제는 우리가 완두콩보다 복잡하다는 것이다. 그리고 우리가 배운 이러한 특성은 반드시 그렇게 명확하지는 않다. 혀 감기의 경우, 어떤 사람들은 할 수 있고 다른 사람들은 할 수 없다. 그러나 일란성 쌍둥이를 통한 1950년대의 연구 이후 수십 년 동안 우리는 이 특성이 단순한 멘델적인 특성이 아니라는 것을 알고 있다. 33쌍 중 7쌍이 혀 감기에서 부조화를 나타냈다. 똑같은 형제임에도 그중 1명은 이 엄청나게 중요한 흑마술을 부릴 수 있었고 다른 1명은 불가능했다.

20세기 전반기의 위대한 유전학자 중 1명인 앨프리드 스터티번트(Alfred Sturtevant)는 1940년에 처음으로 혀 감기를 멘델적인 특성(그것의 보인자에게 능력의 가부를 부여하는 단일 대립유전자)으로 제안했다. 바람직한 과학자라면 그래야 하듯, 쌍둥이 연구가 끝난 후 그는 마음을 바꿨으며 1965년에 그것이 확정된 멘델적인 사례로 일부 현행 연구에 열거된 것을 보고 당혹스러웠다고 말했다. 혀 감기는 지금도 여전히 학교에서 멘델적인 특성이라고 가르치고 있다.

쌍둥이 연구는 또한 동일한 형제라도 손깍지 끼는 방식이 다양하다는 것을 보여주었다. 귓불은 붙어 있기도 하고, 안 붙어 있기도 하다. 어떤 사람은 그렇고, 어떤 사람은 그렇지 않다. 대부분의 사람들은 그 사이에 있다. 눈동자 색의 유전적 요소는 사실이다. 갈색은 실제로 파란색보다 우성이며, 파란색 눈동자를 가진 부모는 갈색 눈의 아이를 낳지 못한다.

　그러나 녹갈색 눈을 암호화하는 또 다른 유전자가 있다. 이것이 의미하는 바는 가장 투명한 파란색에서 가장 어두운 갈색까지 눈 색깔이 거의 완전한 스펙트럼이라는 것이다. 우리 눈동자에 있는 변이의 대부분은 상대적으로 간단한 유전 패턴에 기인할 수 있지만, 그것은 단순한 멘델적인 특성이 아니다. 지금까지 10개의 다른 대립유전자가 눈동자 색에 영향을 미치는 것으로 나타났다. 즉, 부모의 눈동자를 근거로 자녀의 눈동자가 어떤 색일지 예측하는 데 나는 돈을 걸 수 없다. 인간에 관한 경우, 간단하고 직관적으로 이해할 수 있는 유전적 대답은 틀릴 확률이 높다.

과학은 당신을 필요로 한다

　2001년 일부 언론인은 HGP의 첫 번째 결과에 대한 계시를 인간 유전학에 대한 일종의 재앙으로 묘사했다. 내기 장부는 대중의 영역에 없었고, 유전학 외부 세계에서는 몇 년 후까지 아무도 실제로 그것에 대해 알지 못했다. 그럼에도 불구하고, 일부 언론은 HGP를 우리가 유전학에 대해 알고 있다고 생각하는 모든 것이 잘못되었다는 발견으로 보도하기로 결정했다. 그것은 대격변의 장막이었다. 그 후 다른 사람들은 우리가 예상하지 못한 것을 발견했기 때문에 HGP가 돈 낭비라고 선언했다. GWAS연구가 예측하지 못한 복잡성의 그림을 보여주기 시작

했을 때도 같은 일이 발생했다. 2011년 「가디언」지에 다음과 같은 글이
실렸다.

심장병, 암, 정신 질환과 같은 일반적인 질병에 대한 모든 유전적 발견
가운데 인간 건강에 대한 소수의 사실만이 중요하다. 결함이 있는 유전자
는 우리에게 질병을 일으키거나 심지어는 가벼운 성향을 갖게 하는 원인
이 되는 경우가 거의 없으며, 결과적으로 인간 유전학은 심각한 위기에
처해 있다.

위기는 없다. 과학만이 있을 뿐이다. 올리버 제임스(Oliver James)라는
영국의 유명한 심리치료사는 2016년 영국 언론에서 유전 특성이 행동
특성과 심리적 장애의 유전에 거의 또는 전혀 영향을 미치지 않는다고
반복적으로 주장했다. 이 논쟁적이고 이단적인 견해에 굶주린 사람들
은 그가 TV, 라디오, 서적 등 많은 매체를 통해 이것을 사실로 말하도
록 부추겼다. 그는 틀렸다. 아주 쉽고 명백하게 틀렸다. 이런 주장을 반
복하는 올리버 제임스와 같은 사람들은 잃어버린 유전가능성의 문제가
무엇인지를 오해하고, 부재의 증거를 증거의 부재로 착각하는 유혹의
함정에 빠져 들었다. 우리는 유전적 결정론에서 유전적 거부론에 이르
기까지 다양한 주장을 할 수 있다.

그러나 두 극단적인 주장은 모두 단순하게 잘못되었다. 우리가 아직
전체 형질에 대한 '자연'의 예측된 총량을 설명할 수 없다는 것은 사실
이다. 이것은 과학이며, 과학자들이 하는 일은 그들이 아는 것과 알지

못하는 것을 해결하는 것이고 천천히 후자의 범주에서 전자의 범주로 옮겨가는 것이다. 우리가 과학을 올바르게 수행한다면, 우리는 모두 럼스펠드적인 사람이다.

어떤 기술도 인간을 완전히 설명하지는 못했지만 그 여정은 끝이 없다. 유전학자들은 지금까지 존재했던 가장 복잡한 존재에 대한 지금까지 작성된 가장 길고 복잡하게 코딩된 메시지를 다루고 있다. 코미디언 다라 오브라이언(Dara O'Briain)은 '과학자들은 모든 것을 알지 못한다'라는 어리석은 공격에 대한 반응으로 여러 번 이렇게 지적했다. '우리가 그렇다면, 우리는 멈출 것이다.' 각 기술에는 강점과 약점이 있다. 모든 연구에는 여러 면에서 결함이 있으며 과학의 모든 결과는 항상 조건부다. 게놈을 연구하는 것은 겸손의 훌륭한 실천이었다. 유레카(eureka)의 순간은 없으며, 정말로 혁명적인 발견은 거의 존재하지 않는다. 과학 사회학자 토머스 쿤(Thomas Kuhn)의 인상적인 용어를 빌리자면 '패러다임은 빙하기 속도로 이동한다.' 우리는 알 수 없는 끊임없는 조각 맞추기 퍼즐의 가장자리에서 알기 위한 방법으로서 과학을 수행하고 있다.

합스부르크 립에서부터 우리가 유전에 관해 이야기하는 방식에 이르기까지, 우리는 유전학을 오해하도록 문화적으로 주입되어 있다. 대부분 그것은 과학에 중요하다. 우리는 가능한 한 시대에 뒤떨어지지 않고 신화나 오해에 빠지지 않도록 사물을 배우고 이해하는 일에 관심을 가져야한다. 게놈에 대한 접근이 더 빠르고 저렴해짐에 따라 가공되지 않은 데이터(질병 및 특성에 대한 위험 요소)가 제시되기 때문에 유전학은 중요하다. 유전 경로의 복잡성, 환경과의 후생적 상호작용, 위험과 인구

역학의 기초가 되는 통계를 배우는 것보다 100파운드를 지불하는 것이 더 쉽다. 우리는 이러한 단순한 이야기에 집착하여 신화를 영속화하며, 인간이라는 것이 의미하는 놀라운 경이로움을 느끼지 못한다.

알코올 중독자가 문제가 있음을 인정하는 것처럼, 우리가 잘 모르는 것이 많다는 것을 적어도 지금 우리는 알고 있다. 20년 전 이완 버니의 내기 장부가 보여주듯이 과거의 우리는 그렇지 않았다. 그것이 진보(progress)다. 그리고 알아내야 할 것이 많다.

당신이 해답을 원한다면 가장 좋은 방법은 우리와 함께하는 것이다. '휴먼게놈프로젝터(HGP)' 및 그 이후에 개발된 기술은 현재 우리가 처리할 수 있는 것보다 더 많은 게놈 데이터를 생성한다. 거대한 DNA 염기서열이 채굴되기를 기다리고 있다. 지금 살아 있는 사람들과 오래전에 죽은 사람들로부터 훨씬 더 많은 것이 읽혀지기를 기다리고 있다. 그리고 그것은 계속 증가할 것이다.

나는 인간 유전학이 앞으로 나아갈 길은 출생에서부터 완전하게 모든 사람의 염기서열을 분석하는 것이라고 믿는다. 그 다음 우리는 아직 완벽하게 실현되지 않은 데이터 보안 및 개인 정보 보호 문제에 진입해야 하며, 그것은 가능한 한 가장 광범위한 상담을 통해 사회에서 다루어져야 한다. 그러나 인류의 다양성은 사실상 무한하며, 특성과 질병, 유전 및 역사에서 그 차이를 추구하기 위해 우리가 얻을 수 있는 모든 데이터가 필요하다. 그런 후에 우리는 그것을 깨뜨릴 필요가 있다.

인류는 탐험가의 종족이다. 수천 년 동안 우리는 세계와 우주와 그 안에 있는 우리의 위치를 이해하려고 노력하고 테스트해왔다. 탐험해야 할 미 개척지가 많이 남아 있지만, 이것을 직시하자. 당신이 우주 비행사가 될 가능성은 거의 없으며 당신의 자녀도 마찬가지다. 우주는 단단하고 선택 기준이 너무 엄격하여 인류역사상 1,000명 이하의 사람들만이 탐험할 자격을 얻었다.

그러나 모든 세포 안에도 미 개척의 영역이 있으며, 당신도 그 탐험대의 일원이 될 수 있다. 유일하게 완성된 지도는 시간 속에서 얼어붙은 죽은 행성 중 하나에 불과하다.

최근과 고대의 과거로부터 발굴된 육체를 통해, 지속적인 이주와 세계 사람들의 혼합을 통해, 그리고 언젠가는 단지 역사가들의 관심거리가 될 암 및 기타 질병과의 끊임없는 싸움을 통해 우리의 유전자 지도는 지속적으로 변하고 있다. 우리는 유전학자, 수학자, 컴퓨터 과학자, 코딩 전문가, 고고학자, 의사와 환자가 필요하다. 우리와 함께하자.

제6장
운명

•

'인간이 고난을 타고 태어나는 것은, 불티가 위로 나는 것과 같은 이치이다.'
−욥기 5장 7절(새번역 성경)

2006년 10월 16일, 테네시주, 포크 카운티, 킴지산

데이비스 브래들리 월드롭(Davis Bradley Waldroup)은 테네시 산맥에 있는 트레일러에서 별거 중인 아내 페니와 4명의 아이들이 도착하기를 기다렸다. 부부의 관계는 수개월 동안 긴장되어 있었고 그는 술을 많이 마신 상태였다. 아내의 친구인 레슬리 브래드쇼(Leslie Bradshaw)와 함께 그들이 도착했을 때, 그는 22구경 엽총을 소지한 채 그들과 싸우기 시작했다. 페니는 떠나겠다고 말했다. 월드롭은 페니의 자동차 열쇠를 빼앗아 숲으로 던졌고, 몇 분 후 엽총으로 브래드쇼를 여덟 차례 쐈다. 그녀는 사망했다. 페니는 산으로 도망치려 했지만 달아나던 그녀를 그가 뒤에서 쐈고, 그녀를 따라 잡은 후 주머니칼로 찔렀다. 그리고 삽으로 내리친 다음, 날이 큰 칼로 십여 차례 칼질을 하고 그녀의 손가락 하나를 잘라냈다.

월드롭은 섹스를 하기 위해 아내를 트레일러로 끌고 갔지만, 그녀가 반응이 없자 너무 피를 흘린다고 화를 냈다. 그는 자신의 아이들에게 '엄마한테 작별인사를 하라'고 말했지만, 그녀는 간신히 도망갈 수 있었다. 얼마 후 경찰이 살육 현장에 도착했다. 벽, 트럭, 카펫, 그리고 심지어 월드롭이 그날 저녁에 술을 마시면서 읽었던 성경책에도 피가 배여 있었다. 충분히 많은 끔찍한 신체적 증거를 통해 그는 명백한 살인 의도를 드러냈으며, 테네시 검찰은 사형을 구형했다.

2009년 3월 25일. 11시간의 심리 끝에 포크 카운티 대배심은 레슬리 브래드쇼에 대한 중대 납치 및 고의 살인, 페니 월드롭에 대한 중대 납치 및 2급 살인미수라는 판결을 내렸다. 브래들리 월드롭은 1급 살인에 대한 유죄 판결을 피했으며 사형 집행도 피했다. 하지만 그는 여전히 32년형에 직면했고, 판사는 배심원들이 다음번에는 용서할 수 없을지도 모른다는 이유로 항소 포기를 제안했다. 판사는 이 사건의 복잡성이 논란의 여지가 있음을 미묘하게 경고했다. 피고 측 변호인은 범죄를 계획하는 데 필요한 판단력이 없으므로 1급 살인이 성립할 수 없다고 주장했다. 브래들리 월드롭의 변호인에 따르면, 유전자가 그 이유였다.

피고 측의 방어 논리는 MAOA라고 알려진 모노아민 산화효소 A(monoamine oxidase A)였다. MAOA 유전자는 신경전달 물질을 파괴하는 효소를 암호화한다. 이 효소는 우리가 생각을 하거나 행동을 할 때 두뇌의 시냅스 사이에서 움직이는 메신저로써, 그 활동을 조절하는 것이 정상적인 삶의 필수적인 부분이다. 신경전달 물질은 100개가 넘지만 세로토닌, 도파민, 노르아드레날린이 가장 잘 알려져 있으며, 우리를 행복하게 하거나 슬프게 만드는 감정조절 기능을 하고, 약물, 성행위, 질병에 영향을 받는다. MAOA는 도파민 등이 가지고 있는 메시지가 세포들 사이에서 전달되면 이들 분자의 일부를 간단히 끊어버리고, 그렇게 함으로써 렌더링이 완료된다. 편지를 받아서 읽은 후 갈가리 찢어버리는 것과 같다.

이런 두뇌 활동 단계에서 지속적으로 사용되는 전형적인 분자 도구인 MAOA는 정상적인 삶에 필수적이다. 그것이 온전히 작동하지 않거나 비정상적인 유전 변이체가 사람의 뉴런에서 작동할 때 문제가 발생할 수 있다. 심혈관 질환, 암을 유발하기도 하며, 우리가 행동하는 방식에 있어서, MAOA는 자폐증, 알츠하이머 병, 조울증, 주의력 결핍 행동과다 장애 및 심각한 우울증과 관련되어 있다. 이런 다양한 종류의 질병은 감정조절과 관련된 분자에서는 드문 일이 아니지만, 유전자와 행동 사이의 관계가 얼마나 복잡하고 때로는 불가역적인지를 잘 보여준다.

20세기가 끝날 무렵, 공격적, 충동적 또는 범죄적 행동을 하는 사람들에게 MAOA의 특정 버전이 더 자주 나타난다는 연구 보고서가 쏟아져 나왔다. 최초의 보고서는 거대하고 악명 높은 네덜란드 가문의 남성들과 함께 시작되었다. 1870년까지 거슬러 올라가는 이 가문의 다섯 세대는 방화, 살인, 강간 등 범죄자들로 가득했다. 이 가문에 속한 남성의 IQ는 대체로 낮아서 약 85 정도였는데, 이는 일반인의 평균보다 훨씬 낮은 것이며 지적 장애의 경계선이다. 그 가문의 여성들은 가족인 몇몇 남성의 위협적 행동이 자기들을 위험에 빠뜨리고 있다며 두려움을 나타냈다.

네덜란드 의사 한 브루너(Han Brunner)는 그들의 가족사를 조사했고 X염색체 상의 공통 변종으로 범죄의 원인을 좁혔다. 이로 인해 남성만 그 증상을 겪고 여성은 겪지 않는 이유를 설명할 수 있었다. 남성에게만 영향을 미치는 여러 조건을 X-링크라고 하는데, 근본 원인은 남성이 단 하나의 X염색체만을 갖기 때문이다. 여성은 여분의 X염색체가 있으므로 하나의 X염색체에 유전자 이상이 발생해도 보완할 수 있다. X염색체 영역에는 많은 유전자가 포함되어 있었지만 MAOA 유전자가 후보로 두드러졌다. 신경전달 물질을 파괴하고 잡아먹는 MOAO는 유전자가 행동에 관여하는 확고한 사례를 만들었으며, 이는 실험용 쥐를 통한 초기 연구에서 밝혀졌다. 브루너가 네덜란드 가문 남성의 소변을 검사했을 때 MAOA의 식세포 작용에 따라 정상적인 분자 잔존물이 상당히 낮은 수준으로 나타났다. 조각난 편지가 충분하지 않은 것이었다. 그 남성의 신경전달 물질은 정상적으로 동작하기에는 충분하지 않는 것으로 보였다.

그 후 몇 년 동안, 게놈의 해상도가 더욱 명확해졌고 MAOA 유전자의 연구도 가속도가 붙었다. 2000년에는 MAOA가 유전자 자체의 코딩이 아니라 그 프로모터(promoter : 촉진자)에 있음을 보여주는 연구결과에 힘입어 폭력적 행동과의 연관성이 분명해졌다. 프로모터는 MAOA

를 활성화시키는 지시를 받는 유전자의 시작부분에 있는 DNA 덩어리다. MAOA의 경우, 프로모터는 DNA의 짧은 반복 부분을 포함하는데, 공격성과 돌발 행동 빈도가 높은 사람들의 MAOA 프로모터에서는 이러한 반복이 적다.

MAOA는 2004년 무렵 '전사 유전자(warrior gene)'라는 별명을 얻었다. 타블로이드판 신문은 종종 뉘앙스를 바꾸거나 없는 의미를 만들어 내기 때문에 과학을 타락시키고 왜곡시킨다는 비난을 받는 경우가 많다. 그러나 이 사건의 경우에는 10년 동안 유전자와 범죄에 관한 논쟁으로 이어질 언론매체 열풍을 불러일으킨 것은 학술지 「사이언스」 8월호였다. 거기에 개재된 논문이 원숭이를 대상으로 한 연구에 의해 MAOA의 변이가 밝혀졌으며 결함 있는 유전자에서 생겨난 공격성이 다른 원숭이 집단과의 싸움에서 이점이 될 수 있다고 주장한 것이었다. 그 논문에 붙은 표제어가 '전사 유전자'였다.

그 논문은 대단한 주목을 받았다. 2007년 뉴질랜드에서 진행된 소규모 연구는 MAOA의 특정 버전이 13세기 이후에 섬에 거주한 토착 폴리네시아인인 마오리족 남성에게 일반적으로 나타난다고 주장했다. 연구자들은 다음과 같이 말했다.

마오리족이 두려움 없는 전사라는 사실은 역사적으로 잘 알려져 있습니다.

'잘 알려져 있다'는 말이 나를 약간 골치 아프게 만들었다. 그 논문을 읽었을 때 머릿속으로 나는 이 말을 '이와 관련한 참고 문헌을 찾을 수 없습니다'라고 해석했다. 그렇다면 그 말이 사실일지라도 실증하기가 어렵다. 이 연구의 표본집단은 부모 중 한명 이상이 마오리 족인 남성 46명으로 구성되었다. 이들 중 8명의 마오리족 조부모를 가진 17명이 마오리 DNA를 정밀하게 추출하는 표본으로 분류되었고, 이 그룹은 '마오리족 사람들은 유전적으로 폭력적인 경향을 갖는다'는 주장을 MAOA 대립유전자가 증명해주는지 알아보기 위해 테스트했다.

마오리족은 실제로 역사적인 전사 문화(warrior culture)라는 명성을 얻었으며, 럭비 월드컵 개회식에서 덩치 큰 마오리족 남성들이 호전적인 하카(haka) 춤을 추며 지축을 흔드는 종종 모습을 볼 수 있다. 그러나 '두려움 없는 전사'는 나에게 과학적 진술처럼 들리지 않는다. 그 말은 선입견을 가진 가치판단처럼 들리며, 계량화하는 것도 불가능하다. 뉴질랜드는 유럽 식민지 개척자가 원주민의 전통을 존중하는 좋은 사례 중 하나이기도 하지만, 뉴질랜드에서 마오리족에 대한 편견은 엄연한 현실이기 때문에 이런 방식으로 고정 관념을 강화하는 건 과학 논문으로서 자격을 의심스럽게 만든다. MAOA 유전자의 민족 관련성은 마오리족을 넘어 확산되었다. 중국인이 '결함 있는 MAOA 유전자'를 가장 많이(77퍼센트) 갖고 있는 것으로 나타났고, 백인이 34퍼센트로 가장 낮았다. 중국인은 유전적 전사로서 명성을 가진 것일까?

2003년 한 두꺼운 논문은 어린 시절 성적 학대를 당한 경험이 있는 가해자 집단에서 결함 있는 변종과 관련된 폭력이 현저하게 증가했다는 주장을 내놓았다. 반면에 학대를 받았지만 정상적인 MAOA를 가진 표본집단은 범죄자가 될 가능성이 적었다. 이 결과는 2012년에 메타 분석(meta-analysis : 여러 연구를 취합하여 분석의 깊이를 더하는 기법)에서 확인되었다.

그리고 그 연구는 법이 동반된 미묘하게 특수한 조건으로 계속 진행되고 있다. 2009년, 이탈리아에 살고 있는 알제리인 아브델말렉 베이아웃(Abdelmalek Bayout)은 콜롬비아인을 살해한 혐의로 체포되었다. 그러나 변호인이 그를 결함 있는 MAOA 유전자의 보인자라고 입증한 후 3년형으로 경감되었다. 같은 해에 수행된 한 실험적 연구는 실험심리학에서 잠재적인 적을 처단하기 위한 대용품으로 매운 고추를 사용하는 일반적인 기법인 '핫 소스 패러다임(hot sauce paradigm)'을 사용했다. 매운 소스는 지난 수년간 모든 종류의 가설적인 갈등에 적용되었으며, 사람을 실제로 해칠 의도가 없는 연구진에 의해 실험적인 처벌로 조심스럽게 부과되었다. 연구의 목적은 돈을 훔쳐갔다고 추정되는 사람들을 처벌할 충동과 의지를 테스트하는 것이었다. 연구결과, 결함 있는 MAOA 유전자를 가진 사람들이 매운 고추를 더 많이 더 빨리 나눠준 것으로 나타났다.

같은 해에 진행된 미국의 한 연구에 따르면 미국의 갱단은 결함 있는 MAOA 유전자를 가진 조직원의 비율이 높았으며, 그 조직원은 싸움에서 무기를 사용할 가능성이 더 높았다. 또한 연구팀은 갱단 구성원의 40퍼센트가 정상적인 MAOA 유전자를 갖고 있으며, 심각한 결함이 있는 MAOA 유전자의 보인자는 갱단에 없다고 밝혔다. 그들은 이 예비적 연구의 한계를 솔직히 언급한 후, 이런 결론을 내렸다.

우리의 조사는 갱단 형성과 활동이 대부분의 반사회적 행동처럼 유전자와 환경의 상호작용과 관련이 있다는 것을 보여준다.

혹자는 '대부분의 반사회적 행동처럼'이라는 문구를 '모든 인간의 행동처럼'이라는 포괄적인 한정어로 만족스럽게 대체할 수 있을 것이다. 나는 과학자가 그런 구별을 한다는 게 매우 이상하다고 생각했다. 심지어 8월의 학술지마저 이처럼 이상한 단순화의 유혹을 받는다. 2008년 「네이처」는 히틀러, 로버트 무가베, 사담 후세인, 무솔리니의 사진과 함께 '무자비한 유전자(ruthlessness gene)'를 발견했다고 발표했다. 2010년에는 또 다른 진지한 학술지 「EMBO 리포트」가 첫 번째 문장에서 '범죄 유전자'에 대한 아이디어를 일축했다. 이 학술지는 제목을 '전사 유전학'에서 '정신병 유전자'로 바꾸면서 자신의 신뢰도에 걸맞게 유전학과 행동과 법 사이의 관계에 대한 미묘하지만 견고한 견해도 제시했다.

미국 아이다호 보이즈주립대 형법학과 교수 앤서니 월시(Anthony Walsh)는 이렇게 주장했다. '선고가 너무나 어리석음에도 유전적 요인을 고려하면서 우리가 다운증후군이나 지능과 판단 기능을 현저히 저해하는 다른 증후군에 대해 이야기하지 않는다면, 이것은 진보주의자들이 스스로 바보스럽게 생각하는 일종의 유전적 결정론입니다. 내 유전자 또는 뉴런이 나를 그렇게 행동하도록 만들었다는 주장을 기각하기 위해 판사들은 신경 과학과 유전자 수업을 들어야 합니다. 어떤 유전자도 문명인답게 행동해야 할 의무를 면제해주지 못합니다.'

MAOA 유전자는 단지 범죄적인 폭력이나 충동이 아니다. 지난 몇 년 동안 MAOA는 공격성을 넘어선 연구의 주제였다. MAOA의 변종과 중독성 도박자 사이의 소소한 연관성이 2000년에 발표되었다. 2009년에는 무모한 위험 부담과 관련이 있다는 연구결과가 발표되었으며, 연구진은 (더 이상의 기계론적 분석 없이) 이 대립유전자가 사람들을 위험에 빠뜨리고 충동적 행동을 하게 만든다고 추정했다. 모든 과학 논문이 어느 정도 그렇듯이 이런 연구에도 결함이 있다. 그 논문 중 많은 수가 통계적으로 취약하거나 연구능력이 부족하거나 표본의 크기가 너무 작다. 그것이 반드시 오류를 만드는 건 아니지만, 자신의 주장에 도움이 되지도 않는다.

2014년 스웨덴 카롤린스카 연구소(Karolinska Institutet)의 야리 티호넨(Jari Tiihonen)박사 연구팀은 핀란드에서 1,154건의 살인, 살인 미수, 과실치사, 폭행을 저지른 범죄자 800명의 유전자를 분석했다. 다시 한 번 MAOA는 게놈의 암흑에서 빛을 발했고, CDH_{13}이라는 두 번째 유전자 역시 마찬가지였다. 이 연구는 폭력 범죄에 대한 유전적 단서를 찾기 위해 GWAS 접근법을 사용했는데, 두 유전자 변이와 맨해튼 차트는 통계적으로 무의미한 혼란 상황을 거쳐 주목할 만한 정점이 하늘로 돌출하면서 분명한 혼돈에 빠졌다.

CDH_{13}은 난백질이 두뇌, 특히 편노제(amygdala : 정서적 반응, 의사결정, 기억에 관여하는 신경핵의 집합체)에 연결되어 있는 뉴런과 관련된 유전자다. 편도체의 결함은 공포, 공격성, 알코올 중독과 관련이 있으며, 이 모두는 직관적으로 폭력적인 범죄와 일치하는 것처럼 보일 수 있다. 다

른 편도체 결함 역시 불안, 성적 취향, 사생활 침해와 관련이 있다. 또한 CDH_{13}은 충동적 행동을 특징으로 하는 주의력결핍 과잉행동 장애(ADHD)의 주요 원인 중 하나로 추정된다. 핀란드 연구 대상 중 살인사건의 80퍼센트는 사전 계획이 아니었고 충동적이었다. 이것이 더 큰 그림에 적합해지는 것일까? 그렇지 않다. 이것은 엄청난 양의 퍼즐에서 단지 추정적 연관일 뿐이다. 일부는 관련성이 있을 수도 있고 그렇지 않을 수도 있다. 그 유전자는 요인일 수도 있고 원인일 수도 있지만, 현재로서는 알 수 없다. 연구팀은 이 점에 대해 매우 분명했으며, 그들이 발견한 연관성이 잠재적인 폭력 범죄자를 식별하기 위한 선별 용도로 인식되기에는 통계적으로 너무 확률이 낮다고 분명하게 언급했다. 그리고 그들은 다음과 같이 한 걸음 더 나아갔다.

법의학적 심리학의 기본 원칙에 따르면, 처벌이나 법적 책임을 고려할 때 범죄자의 실제 정신능력(표현형)만이 중요하며, 추정되는 위험요소(예를 들면 유전자형)는 결과로 나타나는 판단에 본질적으로 법적 역할을 하지 않는다.

야리 티호넨은 2014년 BBC와의 인터뷰에서 이렇게 말했다. '심각한 폭력 범죄를 저지르는 건 일반인들에게는 극히 드문 일입니다. 그래서 상대적 위험성은 증가하더라도 절대적 위험성은 매우 낮습니다.'

이러한 모든 연구는 폭력 범죄의 병인학(aetiology)에서 가능한 요소를 지적하며, 이는 적절한 상황 하에서는(더 정확하게 말하자면, 잘못된 상황

하에서는) 폭력의 불씨가 될 수 있다. 행동은 복잡하다. 유전학은 복잡하다. 실제 세계의 내러티브는 대부분의 누적적인 복잡성을 인식하지 못한다. 연구에 따르면 백인 남성의 3분의 1은 살인이나 폭력을 저지르는 사람과 똑같은 대립유전자를 지니고 있거나 매운 고추 소스를 처벌로 내놓았다는 사실을 명심하자. 통계적으로 말해서, 그들 중 누구도 살인을 하지 않을 것이다.

브래들리 월드롭은 소위 '전사 유전자(warrior gene)'를 가지고 있었다. 그는 어린 시절에 폭행당하고 학대당했다. 그는 살인과 상해를 저지르던 그날 밤 심하게 술을 마셨다. 그는 총과 다른 무기를 사용할 준비가 되어 있었다. 나는 사형을 지지하지 않는다. 그러나 브래들리 월드롭과 아브델말렉 베이아웃이 가증스러운 범죄로부터 적어도 부분적으로 무죄 판결을 받은 과정은 잘못되었다고 나는 확신한다. 월드롭의 재판에서 한 배심원은 다음과 같이 말한 것으로 인용되었다.

진단은 진단일 뿐이고, 나쁜 유전자는 나쁜 유전자일 뿐입니다.

모든 연구에도 불구하고, 이 유전자가 어떻게 작용하는지, 생물학적인 삶의 혼란에 어떻게 참여하는지, 어떻게 삶의 경험과 기회가 외부 세계와 조화를 이루는지 우리는 잘 모른다. 우리가 안다고 하더라도, 법적 파급 효과는 모호하며 정치적으로 결정되는 것이다. 우리는 우리 유전자의 노예일까 주인일까? 이것은 어리석고 단순한 질문이다. 우리는 노예도 주인도 아니다. 달리 말하면 그런 질문은 중대한 법적 결과가 있는 생물학적 결정론이다. 물론, 이것이 사법 시스템에 새로운 것은 아니며 단지 새로운 유전학이 오고 있다는 뜻이다. 이제 유전학은 예정되었다는 법적인 정당방위와 변명의 신전의 일부가 되었다. 보인자가 어릴 때 가혹행위를 당하면 폭력에 관련된 측정가능 유전자가 영향을 받는다. 그러나 어쩌면 복잡하고 잘 모르는 유전학의 뿌리를 통해 주어지는 면죄부는 아동을 학대하면 안 된다는 광범위한 견해를 놓치고 있을 수도 있다.

2012년 12월 14일, 현재 미국에서 흔히 볼 수 있는 사건이 발생했다. 22세의 애덤 랜자(Adam Lanza)는 권총과 반자동 소총을 장전하고 고향인 코네티컷주 샌디 후크의 한 지역 학교로 차를 몰았다. 거기서 그는 20명의 초등학생을 포함하여 26명을 살해한 후, 권총으로 자살했다. 그는 학교로 가기 전에 이미 침대에서 자고 있던 어머니를 살해했다. 곧바로 이런 상상할 수 없는 범죄를 저지른 동기와 악마 같은 행동의 원인에 대한 추측과 분석이 시작되었다. 비디오 게임은 종종 무차별 살인에 대한 원인으로 지목되는 첫 번째 후보다. 12월 20일에 한 미국 상원의원은 '부모, 소아과 의사, 심리학자가 더 잘 안다'는 이유로 비디오 게임과 폭력 간의 관계에 대한 연구[86]를 요구하는 법안을 제출했다.

---

86 이것은 '의견은 풍부하지만 데이터가 부족함'을 특징으로 하는 연구 영역이다. 2016년 내가 공동저자로 참여한 한 논문은 비디오 게임의 폭력성과 관련된 십대 청소년의 문제를 다루려고 시도했다. 우리는 매우 미미한 효과를 발견했는데, 아마도 자료가 부족했기 때문일 것이다. 그건 신문의 헤드라인을 장식할 만한 결과는 아니지만, 과학이란 그런 것이다.

애덤 랜자는 실제로 게이머였고, 그의 마지막 날에도 평소처럼 매우 폭력적인 전쟁 게임 〈콜 오브 듀티 4(Call of Duty 4)〉를 즐겼다. 언론은 비난을 이해하거나 공유하려고 필사적인 대중에게 독점적인 통찰력과 설명 가능한 범죄 프로파일을 제공하라고 외쳤다. 그것은 이상한 주장이었다. 〈콜 오브 듀티 4〉는 당시에 전 세계에서 1,500만 장이나 팔렸기 때문이다.[87] 그리고 미국의 10대 소년의 비디오 게임의 보급률은 2015년에는 약 84퍼센트였다. 이는 대다수의 10대 소년들이 비디오 게임을 한다는 것을 의미한다. 보고된 총기난사 사건에 정신 파괴적 요소가 있더라도, 폭력적인 비디오 게임과 살인 행위 사이의 통계적 관련성은 부적절하다. 게임이 너무 광범위하게 퍼져 있기 때문에 통계적으로 폭력적인 비디오 게임과 살인적인 폭력 사이에 인과관계가 있다는 생각은 어리석은 것이다. 총격 사건에 대한 최종 보고서에 따르면, 애덤 랜자는 〈DDR(Dance Dance Revolution)〉과 〈슈퍼 마리오 브라더스(Super Mario Bros)〉라는 게임도 자주 즐겼다. 전자는 디스코 댄스를 모방한 게임이고, 후자는 금화를 모으고 공주를 구하는 게임이다.

비난의 근원을 찾기 위해 수사 당국이 다음으로 주목한 것은 유전학이었다. 전체 게놈 염기서열 분석이 보편적이고 저렴해졌기 때문에, 당국은 MAOA 혹은 대안적인 단일 유전자가 아니라 그의 모든 DNA를 분석했다. 언론은 DNA에 악마가 있는지 확인하기 위해 애덤 랜자의 게놈이 분석될 거라고 보도했다. 그는 살인을 위해 태어난 걸까?

---

87 실제로 나는 잘 만들어진 〈콜 오브 듀티〉시리즈의 예전 버전을 많은 시간 동안 즐겨왔다.

애덤 랜자는 매우 혼란스런 소년이었다. 그는 감각처리장애로 진단받았다. 이는 아동이 정상적인 사회적 행동에 참여하는 데 상당한 어려움을 겪는 상태다. 또한 그는 자폐스펙트럼장애 아스퍼거증후군, 강박충동장애라는 진단도 받았다. 이 모든 질병에는 유전적 요소가 있다. 그중 어느 것도 유전자에 의해 단독으로 발생하지 않는다. 지금까지의 모든 연구는 이런 질병의 진단에 작은 효과를 가진 많은 유전자들이 매우 작은 역할을 한다는 것을 보여주었다. 이는 복잡한 정신질환에 대한 매우 전형적인 진술이다. 그중 어느 것도 특정하게 관련된 유전자는 없으며, 발견된 연관성도 미약하다. 또한 이런 장애와 폭력 범죄 사이에는 알려진 연관성이 없다.

그럼에도 불구하고 「뉴욕타임스」는 2012년 크리스마스이브에 코네티컷 대학교의 연구원들이 애덤 랜자의 유전자 서열을 분석할 것이라고 보도했다. 대학의 대변인은 그들의 계획을 확인했지만 세부사항은 부족했고 현재까지 결과는 공개되지 않았다. 많은 과학자들의 반응은 통명스러웠고 부정적이었다. 하버드 의과대학 유전학자이자 신경학자인 로버트 그린(Robert Green)은 「뉴욕타임스」에 기고한 글에서 대량 학살에 대해 다음과 같이 말했다.

일반적인 유전적 요인이 있다는 건 거의 상상할 수 없습니다. 나는 그것이 유전적 요인이 존재하기를 바라는 우리에 대해 더 많은 걸 말하고 있다고 생각합니다. 우리는 설명이 있기를 바랍니다.

작가이자 과학자인 P.Z.마이어스(P.Z. Myers)는 다음과 같은 간결한 선제적 결론을 추가했다. 나는 그의 결론에 진심으로 동의한다.

나는 그들이 애덤 랜자의 DNA를 볼 때 정확히 무엇이 발견될지 예측할 수 있습니다. 그건 인간일 겁니다. 게놈 전체에 흩어져 있는 참조 표준으로부터 수만 가지의 작은 뉴클레오티드 변이가 있을 겁니다. 우리 모두가 이런 종류의 차이를 가지고 있기 때문입니다. 과학자들은 그 차이의 99퍼센트가 무엇을 뜻하는지 전혀 알지 못합니다.

이 연구는 무익하다. 그건 과학으로 포장된 무의미한 외침이다. 우리는 애덤 랜자의 머리 색깔, 귀지의 특징, 그 밖의 몇몇 특성을 발견할 수 있을 것이다. 우리는 소수의 질병이 발현될 그의 가능성을 알 수 있을 것이다. 그러나 애덤 랜자의 범죄와 거의 비슷한 수천, 수만 건의 총격 사건이 있었더라도, 그 모든 게놈들이 해독되고 그들이 무고한 희생자 살육을 저지르지 않는 사람들과 통계적으로 중요한 차이가 있는 것으로 밝혀지더라도, 훨씬 더 간단한 인간의 특성에 대해 우리가 알고 있는 것을 토대로 유전자 변형은 아마도 우리가 볼 수 있는 유전가능성의 작은 부분을 차지할 것이다.

이것이 사실일지라도(나는 사실이 아니라는 쪽에 내 집을 걸겠다), 그것이 어떤 필요한 정책적 함의를 제시할 수 있을지 의문이다. 신생아에서 이 정교한 유전자형을 제거할 것인가? 누군가가 애덤 랜자와 동일한 유전자형의 99.999퍼센트를 가지고 있다면, 우리는 그를 감시 목록에 넣어야 할까? 브래들리 월드롭과 아브델말렉 베이아웃은 그들의 유전자에 비추어 형량이 줄어들었다.

다른 정치적 환경이라면, 그들이 단순히 나쁘게 태어났다는 것을 근거로 형량을 늘리는 것이 똑같이 정당화되지 않을까? 그래서 정책적으로 우생학을 열렬히 수용한 미국과 나치 독일에서 많은 사람들이 그랬듯이, 그들은 완치될 수 없고 거세되거나 처형되어야 한다는 주장이 논란의 여지없이 수용되지 않을까? 이 안이한 경향은 유전학의 단순한 오해에서 비롯된다. 유전학은 확률의 과학이며, DNA 염기서열만을 전제로 한 모든 행동분석은 위험한 시도이며 중대한 실패에 직면할 거라고 나는 생각한다.

우리는 이런 유형의 사례에서 확신할 만한 통계를 보게 된다. 여기 그런 통계가 있다. 대량 살상의 100퍼센트가 총기소지에 의해 가능해진 것이다. 대량 살상 범죄자들이 공통적으로 갖는 유전자형이 있더라도 총이 없다면 살인은 일어나지 않았을 거라고 나는 확신할 수 있다.

* * *

이런 이야기는 과학 자체만큼이나 새롭다. 우리는 수세기 동안 범죄와 모든 종류의 복잡한 인간 행동을 생물학에 연결시키려고 노력해왔다. 요즘은 유전학과 뇌 스캔이 신앙심, 부러움, 사랑 등 특정 행동의 근본 원인에 대한 확실한 증거로 제시되고 있다. 우리가 요즘 너무나 익숙한, 다른 색깔의 작은 점이 '켜진' 두뇌를 자른 듯한 그 예쁜 스캔은 뇌의 주인이 질문을 받고 생각하는 모든 것에 대응하는 신경학적 활동의 한 지점을 묘사하는 표준적인 언론 문구가 되었다. 이러한 유형의 검사, 즉 자기공명영상(MRI)은 유전학과 마찬가지로 대부분 견고하고 우수한 과학이며 과학 분야에서 잘 받아들여진다. 그건 누군가를 스캐너에 눕히고 그들에게 몇몇 질문을 하고, 사진이 어떻게 나오는지 보는 것처럼 간단하지 않다. 우리가 단순히 유전자를 읽고 누군가가 어떻게 행동하는지를 추론할 수 없는 것처럼, 우리는 마음을 읽을 수 없다.

MRI 검사는 두뇌의 산소 소비량을 어느 비트가 활발히 가동되는지에 관한 대용물로 읽어낸다. 그러나 유전학과 마찬가지로, 여기서도 결론을 내리기 전에 신중한 통계 분석과 수정이 필요하다. 뇌 활동의 미묘함과 세포 수준에서의 생각의 해상도는 정확하고 세부적이다. 이러한 두뇌 스캔은 유익하지만 확정적이지는 않다. 그러나 이것은 뉴스를 읽음으로써 얻을 수 있는 인상이 아니다. 판결이 증거에 의존하는 재판의 맥락에 그것을 놓으면, 과학에 대한 치명적인 의심은 결정을 혼란스럽게 만든다.

존 웨인 게이시(John Wayne Gacy)는 미국에서 가장 많은 희생자를 낸 연쇄 살인범 중 한 명이었다. 그는 시카고 주변 지역을 중심으로 십대 소년과 청년들을 폭력적이고 성적으로 짓밟았다. 1970년대에 33명의 소년을 살해한 혐의로 사형을 당한 후, 미국은 그의 두뇌가 제거되어 악마가 두뇌의 회백질의 구조에 숨어 있는지 조사했다. 그 이전에, 1929년 서독 라인란트(Rhineland)에서 피터 쿠르텐(Peter Kurten)은 적어도 9명을 살해하고 많은 사람들을 폭행하여 '뒤셀도르프의 흡혈귀'라는 전설적인 별명을 얻었다. 그는 1931년 단두대에서 참수되었으며, 그의 두뇌 역시 제거되어 어떤 악마가 존재했는지 조사되었다. 오늘날, 그의 박제된 머리가 위스콘신에 있는 '리플리의 믿거나 말거나! 박물관'에 전시되어 있다. 2명의 두뇌 모두에서 범죄에 대한 단서가 드러나지 않았다. 그건 그저 평범한 인간의 두뇌일 뿐이었다.

유전자를 통해 특별한 인간의 행동을 이해하려는 우리의 욕구는 폭력적인 살인자에만 국한되지 않는다. 2014년 영국 TV 채널4는 〈데드 페이머스(Dead Famous) DNA〉라는 황금시간대 시리즈를 방송했다. 베토벤, 존 레넌, 나폴레옹, 아돌프 히틀러 등 역사의 주요 인물을 분석 대상으로 선정하여 적당히 웅장한 음악을 배경으로 검증 가능한 세포 조직을 찾으려는 모험이 방송의 핵심이었다. 제작진의 목표는 전 세계적으로 중요한 업적에 DNA가 단서를 제공했는지 확인하기 위해 그들의 유전자를 정밀 조사하는 것이었다.

죽은 유명인의 신체 부위를 거래하는 사업은 얼마나 이상하고 섬뜩한 세계일까? 〈데드 페이머스 DNA〉는 문제를 일으키지 않을 정도로 비도덕적이면서 엽기적인 재미를 선사했다. 내가 시청자로서 받은 압도적인 감각은 프로그램 자체를 희생시키면서 흥미를 유발하는 샤덴프로이데(Schadenfreude : 남의 불행에 대해 갖는 쾌감)의 느낌이었다. 텔레비전 쇼는 종종 발견의 은유적 여행에 의존하지만, 이것은 값비싼 어리석음을 발견하는 넓은 시야의 여행이었다. 나폴레옹의 절단된 음경이 유용한 DNA 추출을 위해 너무 작다고 생각될 때(프로그램 제작진은 3센티미터 길이로 쪼그라든 살덩어리 이상이 필요했을 것이다), 마릴린 먼로와 존 F. 케네디의 머리카락이 햇볕에 표백되어 DNA가 없어져서 지출된 1만 달러가 날아갔을 때, 혹은 5,000달러를 쓴 조지 3세의 머리카락 표본이 가발에서 나온 것으로 밝혀졌을 때가 특히 그랬다. 그러나 홀로코스트를 부인하는 것으로 유명한 기괴한 나치 휘장 상인에게 머리카락을 구입하는 장면은 불쾌하고 도덕적으로 혐오스러웠다. 비록 그것이 히틀러의 머리에서 나온 것이 아니라 어떤 인도인의 머리에서 나온 것으로 밝혀졌을 때 시청자의 혐오감은 약간 줄어들었지만 말이다.

하지만, 죽은 자의 육체를 추적하는 것이 유전적으로 문맹인 이 TV 쇼의 주된 요점은 아니었다. '마릴린 먼로를 매력적으로 만든 이유를, 알버트 아인슈타인이 그렇게 지능이 높았던 이유를, 아돌프 히틀러가 그렇게 사악했던 이유를 그들의 DNA가 밝혀줄 수 있을까요?' 이마를 찌푸린 사회자가 진지하게 물었다.

대답은 '아니요'다. 하지만 틀림없이 그것은 편집된 프로그램이었을 것이다. 악마가 DNA에 암호화되어 있을까? 아니다. 지능은? 그건 확실히 유전적인 요소를 가지고 있는 중요한 것이지만, 개체군에 걸쳐 측정되는 것이지 개인에서 측정되는 건 아니며, 지능의 특정한 유전적 상관관계를 찾는 일은 지금까지 별 성과가 없었다. 미녀에 관해서는, 나는 마릴린 먼로를 좋아하지 않는다. 전 세계의 많은 사람들도 그럴 거라고 나는 믿는다. 나는 로렌 바콜(Lauren Bacall)을 더 좋아한다. 나는 '눈'과 '관찰자'와 관련이 있는 이 개념을 함께 포함하는 영화 제목이 있다는 걸 깨달았다.

실제로 여성의 아름다움에 대한 전형이 있지만, 그런 전형 중 상당수는 문화적으로 독특하며 문화적 경계 내에서도 보편적이지 않다. 마릴린 먼로의 신체성은 부분적으로 그녀의 유전자에 있었고, 신체성이 부분적으로 그녀의 매력이었음은 의심의 여지가 없다. 그러나 그녀의 프로필, 연기, 개성, 옷, 메이크업, 머리카락, 그리고 그녀의 인지된 아름다움에 기여하는 모든 것들은 그녀의 DNA에 코드화되어 있지 않았고, 유전학으로 밝혀낼 수도 없었다. 그녀가 마릴린 먼로가 되기 전 노마 진(Norma Jean : 마릴린 먼로의 본명)은 빨간 머리였지만, 여성의 아름다움의 전형으로 그녀의 지위에 대해 논할 때 면밀히 조사되는 것은 그녀의 상징적인 염색한 금발 머리라고 나는 확신한다.

우리가 범죄성향, 심리적 특성, 정신질환, 정치적 편향과 같은 완벽하게 정상적인 인간 행동, 알코올에 대한 감수성, 게이 또는 성적 취향의 스펙트럼에 관해 이야기하고 있는지 여부는 중요하지 않다. 유전학에 의해 밝혀지는 생물학은 원인이나 방아쇠나 근거가 아니다. 그것은 잠재적인 요인, 즉 가능성이다.

우리는 과학이 미묘하고 복잡하며 유행에 빠지지 않기를 바란다. 슬프게도 그것은 사실이 아니다. 기술은 더욱 쉬워지고 광범위하게 적용된다. 기술이 적용되는 조사는 실험실, 사람, 출판물, 기금 등 다양하다. 학술지는 모두 동등하지 않으며, 학술지에 게재된다는 건 진실의 표시가 아니라, 단지 연구가 공식적인 문헌에 포함되고 다른 과학자와 논의될 수 있는 기준을 통과했다는 뜻이다. 그것은 또한 뉘앙스와 정밀 조사가 동일한 기준에 부합되지 않는 대중과 언론 속으로 들어갔다는 의미다. 유전학은 성숙해지고 데이터는 흐른다. 유전학은 복잡하고 명확하지 않으며 분석, 구문 해석 및 실험적 테스트가 필요하며, 그 이상의 모든 것들을 반복해야 한다. 과학 연구의 복잡한 생태계와 출판물 사이의 관계 및 그 정보가 대중의 영역으로 들어가는 방식은 자주 어긋난다. 제5장 앞부분의 H.L.멘켄의 금언은 그것을 완벽하게 포착하는데, 그가 신문기자였다는 걸 고려하면 아이러니한 일이다.

모든 복잡한 문제에 대해 간단하고, 직접적이고, 이해할 수 있으며, 잘못된 해결책이 있습니다.

아무도 '악마의 유전자' 또는 미녀의 유전자, 음악 천재의 유전자, 과학 천재의 유전자를 찾을 수 없다. 그건 존재하지 않기 때문이다. DNA는 운명이 아니다. 특정한 유전자의 특정한 변형이 존재하면 특정한 행동의 실행확률을 변경시키는 효과를 가질 수는 있다. 더욱이, 많은 유전자에서 많은 사소한 차이를 가진다는 것은 환경과 협력하여 DNA가 아닌 모든 것을 포함하는 특정한 성격의 발현 가능성에 영향을 미친다.

구글에 '과학자 유전자 발견'이라고 입력하고, 쓰레기에서 8월의 학술지까지 검색되는 수천 개의 모든 미디어 기사의 헤드라인을 살펴보자.

과학자들, 코카인 중독에 대한 유전자 발견
− 「가디언」 2008년 11월 11일

과학자들, 남성을 여성처럼 느끼게 하는 '성전환 유전자' 발견

　　　　　　　　　　　　　　　　－「데일리메일」 2008년 10월 27일

과학자들, 키 유전자 발견

　　　　　　　　　　　　　　　　－「BBC온라인」 2007년 9월 3일

연구 : 유전자가 당신이 죽을 시간을 예측한다

　　　　　　　　　　　　　　　　－「애틀랜틱」 2012년 11월 19일

정신을 잃을 만큼 당신을 겁주는 유전자 : 과학자들이 사람들을 더욱
두려워하게 만드는 '불안 유전자'를 발견했다

　　　　　　　　　　　　　　　　－「데일리메일」 2002년 7월 19일

과학자들, 핵심 유전자가 사람들을 어떻게 비만으로 만드는지 발견

　　　　　　　　　　　　　　　　－「USA투데이」 2015년 8월 19일

과학자들, 성적 성향을 예측하는 데 도움이 되는 '게이 유전자' 발견

　　　　　　　　　　　　　　　　－「데일리 미러」 2015년 10월 9일

　성적 행동은 스펙트럼이다. 한쪽 끝의 사람들은 완전한 동성애자
(homosexual)이고 다른 쪽 끝에는 완전한 이성애자(heterosexual)가 존재
한다. 대부분의 사람들은 생각, 말 또는 행동에서 중간에 위치한다. 어

떤 사람들은 무성애자(asexual)다. 다른 모든 것과 마찬가지로 성적 취향은 부분적으로 유전되며 측정하기가 어렵다. 쌍둥이 연구는 유전가능성이 약 50퍼센트라는 것을 보여준다. 즉, 일란성 쌍둥이 중 한 명이 동성애자라면 나머지 한명도 그럴 확률은 50퍼센트다. 어떤 사람들은 성적으로 성숙하기도 전에 자신을 게이라고 생각한다. 사람들의 행동은 시간이 지남에 따라 변하며, 이는 유전가능성이 평생에 걸쳐 변한다는 것을 의미한다. 다형성은 동성애 행동과 관련된 연구에서 제안되었지만, 이것 역시 확률론적 유전자형이다. 이 유전적 변이 중 하나를 갖는다고 해서 무조건 게이가 되는 것은 아니며, 그것이 없다고 이성애자가 되는 것도 아니다.

이 단순한 내러티브는 분명히 틀렸다.[88] 그것은 제5장에서 다뤘던 GWAS 연구에서 주로 나온 것이며, 연구에서 추출한 요소가 있지만 헤드라인은 실제 연구의 결과를 정확하게 반영하지 않는 경우가 종종 있다. 일부 질병은 단일 유전자에 단일 근본 원인을 가지고 있으며, 그 장애가 어떻게 나타나는지는 매우 다양할 수 있다. 이것을 유전학의 개념으로 '침투성'이라고 부른다. 논의된 바와 같이, 낭포성 섬유증처럼

---

88 오직 완전한 허영심 때문에, 나는 이 오류를 고드윈의 법칙(Godwin's Law : 온라인 토론에서 논쟁이 지속되면서 히틀러를 언급하는 추세) 또는 베터릿지의 법칙(Betteridge's Law : 제목이 질문형인 경우 응답은 '아니오'일 가능성이 높다는 법칙)처럼 일반화된 인터넷상의 법칙 형태로 러더포드의 법칙(Rutherford's Law)이라고 주장했다. 내가 주장한 자기도취적인 법칙은 이렇게 표현할 수 있다. A라는 복잡한 인간의 특성이 있고 '과학자들이 A에 대한 유전자를 발견했다'라는 신문기사 제목이 뜬다면, 그런 유전자는 존재하지 않기 때문에 과학자가 틀렸을 가능성이 높다.

유전학적으로 가장 직접적인 질병조차도 우리의 유전자, 세포 및 우리 몸 외부에서 윙윙거리는 수많은 다른 요인에 의해 완화된다. 유전은 운명이 아니라 확률의 게임이다.

그것은 헤드라인 작성자의 잘못이 아니다. 과학의 역사 역시 분명히 비난받아야 한다. 완두콩의 개별 특성을 연구하여 유전 법칙을 우리에게 알려준 그레고어 멘델을 떠올려보자. 20세기를 통해 우리는 유전법칙을 열심히 연구해서 DNA를 풀어냈으며 유전 암호를 해독했다. 1980년대에 우리가 확인한 최초의 질병 유전자는 실제로 낭포성섬유증, 듀켄씨 근이영양증, 헌팅턴병(Huntington's disease) 등 특정 질병에 대한 것이었다.

우리는 가족을 통해 눈동자 색깔을 추적했고 가족과 자신을 비춘 거울에서 볼 수 있는 다른 특성을 추적했다. 그러나 이 발견이 있은 지 20년 후 게놈 시대에 우리는 이것이 특이한 것임을 알게 되었다. 그 유전자가 가족에서 직접적으로 계승되고 발견하기가 더 쉽기 때문에 우리는 그것을 먼저 특징화했다. 인간의 특성, 행동, 질병은 대부분 복잡하며, 수십 또는 수백 개의 유전자가 그것이 작동하는 불가사의한 환경과 함께 작은 부분을 담당한다.

유전학의 단순한 결정론적 형태는 새로운 골상학(phrenology)일 뿐이다. 19세기 영국과 미국에서 조지 콤(George Combe)의 주도로 인간의 두뇌와 두개골의 모양이 신중함, 자부심, 진실성, 양심과 같은 인간의 특성을 결정하는 수단으로 인식되었다. 그 추세는 수십 년 동안 계속되었으나, 그 행동의 부정확성에 만족하지 못하는 다윈과 골턴 시대의 경향에서 밀려났다. 그러나 이탈리아의 체사레 롬브로소(Cesare Lombroso)는 범죄자가 환경에 의해 만들어지는 것이 아니라 타고나는 것이며, 신체적 특성의 전체 범위에 의해 식별될 수 있다는 신념에 집착했다. 범죄는 강간에서 살인, 절도에 이르기까지 다양했으며 증거에는 이마의 모양, 얼굴이나 두개골의 비대칭성, 팔의 길이, 귀의 모양이 포함되었다.

그러나 그의 측정은 형편없었고, 유행은 지나갔고, 골상학은 이제 사이비 과학으로 폐기되었다. 겉으로는 빛났지만 깊이가 없었던 것이다. 골상학의 아이디어에 대한 간단한 테스트는 그것이 허울만 그럴 듯한 것임을 증명했다. 차이의 측정은 중요하지 않았으며, 성격의 측정은 변덕스러웠다. 골상학은 데이터에 의해 치명상을 입었다. 그것은 과학의 정밀 검사에 의해 지지될 수 없는 아이디어였다. 현미경이 개발됨에 따라 해부학은 거시적인 것에서 세포질로 바뀌었고, DNA가 어떻게 작동하는지 이해하기 시작했을 때 분자 수준으로까지 발전했다. 이 원리는 여전히 적용된다. 누군가의 복잡한 행동을 두개골의 융기, 부풀음, 기본적 형태에 의해서만 예측하는 것은 불가능하다. 그리고 DNA로도 불가능하다.

네덜란드 동부 지역, 1944년 11월

전쟁의 막바지였다. 유럽에 대한 제3제국(나치독일)의 끈질긴 공격이 끝나가고 있었다. 연합군은 6월 D-Day 상륙을 통해 독일 영토로 진격했고 나치가 후퇴하도록 압박했다. 네덜란드 남부 지역은 해방됐지만 연합군의 크리스마스 종료 계획은 실패했다. 마켓가든 작전(operation Market Garden)은 라인강 건너편 독일로 진입하려는 시도였지만, 아른헴(Arnhem)과 다른 곳에서 독일군을 그들의 조국으로 밀어내기 위해 필요한 다리를 확보하는 데 실패했다. 9월, 점차 좁아진 점령 지역에 대한 나치의 장악력을 약화시키기 위해 네덜란드 철도 노동자들이 파업에 돌입했지만 마지막 맹렬한 보복이 자행되었다. 나치는 서부 지역으로의 모든 식량 운송에 대해 금수조치를 취했고, 굶주림이 시작되었다. 버터는 10월에 동이 났고 동물성 지방도 며칠 뒤에 그렇게 됐다. 독일군은 가축과 다른 식량도 차단했다. 금수조치는 11월에 부분적으로 완화되었다. 베를린이 제한적으로 해로를 통해 식품 수송을 허용한 것이었다. 이는 운하가 산재한 네덜란드에서 매우 중요했다. 그러나 겨울이 오고 있었고, 통행이 허가될 무렵에는 수로는 이미 얼어붙었고, '굶주림의 겨울(Hongerwinter)'이 시작되었다.

다음 몇 달 동안 기근이 몰아 닥쳤다. 가장 유력한 추정치는 1만 8,000명이 넘는 사람들이 영양실조의 직접적인 결과로 사망했다는 것이다. 당시의 소식통에 따르면, 튤립 구근은 사탕무와 마찬가지로 보조 식량이 되었다. 네덜란드 사람들은 연료가 떨어지자, 추위를 피하기 위해 건물과 궤도 전차의 목재를 뜯어서 난로에 태웠다. 당시는 이미 식량배급의 시기였지만 식량 공급이 거의 이루어지지 않았고, 그 양도 점점 줄어들었다. 식물성 기름의 배분은 9월에서 3월까지 1인당 1.3리터, 즉 1개월에 1컵으로 제한되었다. 감자도 배급되었지만 곧 동이 났고,

감자 배급표는 공동 주방에서 묽은 죽으로 교환되었다. 빵 배급량은 몇 년 동안 월간 2,200그램에서 11월에는 800그램으로 떨어졌으며, 이는 1945년 4월에 다시 절반으로 떨어졌다.

4월 29일 일요일, RAF(Royal Air Force : 영국 공군)와 캐나다 공군은 만나 작전(operation Manna)을, USAF(United States Air Force : 미국 공군)는 대식가 작전(operation Chowhound)을 수행했다. 그것은 기근 지역에 식량을 투하할 때 나치가 격추시키지 않기로 동의한 두 가지 인도적인 임무였다. 6일 후 독일은 항복했고 식량은 네덜란드로 다시 유입되기 시작했다. 기록 보존과 공중 보건에 대한 이해가 가능한 현대 전쟁의 배급 기간 동안 이 공포가 일어났기 때문에 나치는 우리가 할 수 없거나 결코 하지 않을 실험을 효과적으로 수행했다. 그들은 이런 질문을 던졌다. '사람들을 심하게 굶기면 그들에게 어떤 일이 발생하는가?'

결과 중 많은 것이 비극적이지만 별로 놀라운 것은 아니다. 굶주림을 버티며 살아남은 사람들은 생리학에서 정신의학에 이르기까지 다양한 건강 문제를 겪었다. 오드리 헵번(Audrey Hepburn)은 당시 열다섯 살이었고, 많은 다른 사람들처럼 '굶주림의 겨울'을 견디며, 말린 튤립 구근으로 빵과 비스킷을 만들어 먹었다. 성인이 되었을 때 그녀는 빈혈, 호흡기 질환 및 부종에 걸린 채 기아에서 살아남았다는 사실을 밝혔고, 1944년 그녀가 겪은 영양실조를 그녀의 인생 전반에 걸친 건강 문제의 원인으로 지목했다.

이러한 건강 상태는 모두 비참하게 예측할 수 있다. 그들의 DNA는 이미 자리를 잡았다. 그러나 태어나지 않은 아기들은 다른 일련의 문제에 직면하게 된다. 산모의 영양실조는 자궁 내 태아의 유전자 발현에 영향을 미치며, DNA를 변화시키고 파괴한다. '굶주림의 겨울'을 겪은 아이들에 대한 결과는 그들의 삶 전체에 걸쳐 지속될 건강 문제의 집합이었다. 일반인과 비교하거나 기근을 피한 시기에 임신된 다른 형제자매와 비교했을 때, 그들은 키가 더 작았고 체중이 더 가벼웠다. 그들은 비만, 당뇨병, 정신 분열증에 걸릴 가능성이 더 높았으며, 심혈관 계통 질환과 유방암으로 고통 받았다.

영양실조는 여러 면에서 신체에 영향을 미칠 수 있지만, 외부 세계가 우리의 선천적 생물학과 상호 작용하는 방법 중 하나는 '유전자 이외의 것'을 의미하는 후성유전학(Epigenetics)의 영역을 통해서다. DNA는(새로운 암의 무작위 돌연변이 또는 방사선이나 다른 돌연변이 유발원의 공격으로 인해 영향을 받지 않는 한) 사람의 생애에서 변하지 않는다. 그러나 모든 세포에 모든 DNA가 존재하기 때문에 정확한 유전자만 적시에 발현되도록 하는 메커니즘이 필요하다. 후성유전학은 유전자 조절 시스템 중 하나로써 유전자 서열 자체를 변경시키지 않고 DNA를 변형시키는 방법이다.

DNA를 오케스트라의 악보라고 생각해보자. 그 안의 음표는 변함이 없다. 베토벤의 7번 교향곡의 악보를 보면 1816년, 1916년 또는 2016년에 출판된 것이 모두 음표가 동일하다. 전체 오케스트라가 연주했을 때 사운드가 어떻게 들리는가 하는 것은 다른 문제다. 오케스트라의 지휘자와 각 연주자는 음표를 해석하고 악보에 크레센도(crescendo : 점점 세게), 디미누엔도(diminuendo : 점점 약하게), 아다지오(adagio : 매우 느리게) 등 주석을 달아 음악을 어떻게 표현할지를 결정한다. 원래의 악보가 동일해도 각 공연은 독특하다.

DNA에서는 음표가 결코 바뀌지 않지만 여러가지 방법으로 주석이 붙는다. 가장 일반적인 방식은 메틸 그룹이라고 불리는 작은 분자 태그를 통해 이루어진다. 이는 3개의 수소에 붙어 있는 탄소원자로서 인간 DNA의 핵염기 C(시토신)에 붙어 있다. 메틸 그룹은 이 부분의 DNA를 억제시키는 효과가 있다. 메틸 그룹이 유전자에 있다면, 그 유전자는 RNA로 전사될 수 없으며, RNA로 전사되지 않으면 단백질이 되지 않는다. 메틸 그룹은 게놈에 아직 남아 있지만, 쓸모가 없어진 것이다. 그것이 유전자의 프로모터에 붙어 있다면, 그 유전자는 활성화되지 않을 것이며, '다음 문장에 영향 받지 말라'는 명령이다. 이 명령은 아무런 도움이 되지 않는다.

DNA 서열 자체는 변하지 않지만(본성), DNA의 변형은 유기체의 작용에 따라 되돌릴 수 있다(양육). 우리는 수십 년 동안 이것을 알고 있었으며, 가장 명백한 예를 지구상에 있는 사람들의 절반 이상이 수행하고 있다. 여성은 두 개의 X염색체를 갖고 있지만 실제로는 오직 하나만 필요하다. 그래서 모든 세포에서 무작위로 선택된 하나의 X염색체는 후성 메틸기로 영구적으로 분류되어 전체 염색체를 효과적으로 수정시킨다. 많은 개별 유전자도 이와 같이 조절되며, 상응하는 많은 형질이 이 시스템에 의존한다.

어미 쥐가 새끼 쥐들을 핥아줄 때 덜 핥아진 새끼는 스트레스 수준이 현저하게 높아진다. 이는 스트레스와 연관된 유전자에 대한 후성적 태그가 적음을 의미한다. 일부 실험용 쥐에게 털 색깔에 관여하는 유전자의 후성 발현을 변화시키는 음식물을 투여하면 쥐를 더 무겁고 암에 걸리기 쉽게 만드는 녹-온 효과(knock-on effect)가 나타난다. 당신이 방금 먹은 샌드위치는, 그것을 소화시킬 때 다음 몇 분, 몇 시간에 걸쳐서 활성화되는 유전자를 조절하는 방식으로 당신 몸에 후성적 변화를 일으킨다. 태깅이 발생하는 방식과 환경적 요인에 대한 반응을 측정하기 위한 새로운 기술이 개발되면서, 후성유전학은 일반 생물학과 새롭게 피어나는 분야에 매우 중요한 역할을 하고 있다.

그러나 후성유전학은 온갖 종류의 아직 풀리지 않은 생물학의 수수께끼를 설명하려고 시도하는 언론의 열광에 노출되어 비약되는 분야이기도 하다. 이는 종종 과학에서 일어나는 일이다. 헛소리[89]를 남발하는 황색 언론 군단은 그들의 돌팔이 짓을 펼쳐놓을 수 있는 진짜지만 까다로운 과학 개념을 사랑한다. 그것은 마법과 같은 과학적 이미지를 제공하는 '퀀텀(양자)' 같은 단어와 함께 등장한다.

예를 들면 기치료[氣 reiki]의 확장판인 '퀀텀 치료'같은 식이다. 이런 기초 물리학 단어는 가루비누 작명법부터 심리이론에 이르기까지 다양하게 남발된다. 많은 진짜 과학용어가 과학을 빙자한 유행어의 한 자리에 차용되는 것이다. 거의 모든 대상에 덧붙여지는 '뉴로(신경)-' 또는

---

89 내 편집자는 한 페이지에 '헛소리(ackamarackus)'라는 단어를 두 번이나 사용하면 안된다고 주장했다. 그래서 나는 헛소리라는 뜻을 가진 평범하고 오래된 단어를 나열해 보았다. tosh(개소리), baboonery(군소리), flimflam(잡소리), claptrap(잠꼬대), rannygazoo(공염불), baloney(거짓말).

'나노-'라는 단어에서 우리는 같은 효과를 본다. 뉴로 마케팅, 뉴로 기업가정신, 뉴로 정치학은 과학적이라는 느낌을 주기 위해 그럴듯한 과학용어가 사용되는 새로운 분야다. 후성유전학은 과학을 빙자한 과장이나 의심스러운 연구에 의해 확대될 예측 가능한 돌팔이짓 때문에 새로운 퀀텀이 될 위험에 처해 있다. 실제로는 생물학의 한 파생 분야에 불과한 후성유전학이 마치 마법처럼 모든 치료법에 피상적으로 적용되고 있는 것이다.

　네덜란드에서 벌어진 끔찍한 나치 실험은 그들이 기아로 내몬 사람들을 비교 불가능한 데이터 세트로 만들어냈다. '굶주림의 겨울'을 겪은 사람들은 평생 동안 연구되었으며 제국주의의 잔혹함으로 인해 야기된 건강 문제는 영양실조의 영향에 대한 중요한 정보를 제공했다. 하지만, 예상치 못한 것은 결과 중 일부가 자녀들에게 지속되었다는 점이었다. '굶주림의 겨울' 동안 태어난 아기들은 현재 70대 노인이 되었으며, 그들 중 많은 수가 성인이 된 자녀를 두고 있었다. 너무 많은 생존자들이 너무 많은 건강 문제를 갖고 있다는 사실은 놀랍지 않았지만, 그들의 자녀 역시 건강에 문제가 있다는 사실은 놀라웠다.

　포유동물에서 후성 유전적 변형은 각 세대에서 초기화되는 경향이 있지만, 매우 희귀하고 제한된 후성 유전적 태그는 적어도 몇 세대 동안 부모에서 자녀로 전달되는 것으로 추정된다. 우리는 쥐에서 이런 태그 중 일부를 발견했지만, 인간에서는 훨씬 드물게 나타난다. 쥐의 경우, 두려움이나 스트레스와 같은 학습된 행동은 제시된 후성 유전적 메커니즘에 의해 다음 세대에게 그리고 다다음 세대에게도 전달될 수 있다. 과학자의 관점에서 이는 특정 유전자의 DNA 메틸화가 어미에게 발생하여 새끼의 임신 이후에도 지속되며, 우리가 예상하는 것처럼 재설정되지 않는다는 것을 의미한다.

'굶주림의 겨울'의 아기의 자녀들은 작아지지 않았으며 심혈관 질환의 가능성도 증가하지 않았다. 그러나 그들은 더 뚱뚱했거나 신생아 비만을 증가시켰다. 인생의 후반기에, 이는 당뇨병 및 기타 건강 문제의 위험 증가와 관련이 있다. 이 결과는 인간에게서 처음으로 나타났는데, 어머니에게 일어나는 일은 자녀뿐만 아니라 손자들에게도 영향을 줄 수 있음을 보여주었다.

이와 유사한 결과가 다른 소수의 사람들에게도 나타난다. 자주 인용되는 한 연구는 스웨덴의 외베르칼릭스(Överkalix) 지역의 인구와 관련이 있으며, 이는 지난 한 세기 동안의 매우 들쑥날쑥한 수확량에 따른 것이었다. 사춘기 직전에 흉작 시즌을 견뎌냈던 할아버지를 가진 사람들의 평균 기대수명이 매우 증가했다. 그들은 굶주림으로 인해 유전적 변이를 유발하는 뭔가를 취득하여 후손에게 전달했다. 브리스톨 과학자들은 세대를 초월하는 연구의 표준인 에이본 종축 연구(Avon Longitudinal Study)라 불리는 거대한 데이터 세트를 사용하여 비슷한 결과를 얻었다. 이에 따르면 사춘기 이전에 흡연한 사람들이 사춘기 이후에 흡연한 사람들보다 더 살찐 아들을 낳은 것으로 나타났다. 다시 한번, 뭔가가 분명히 취득되고 전달된 것이다.

이러한 결과는 복잡하고 혼란스럽지만 사소한 것일 수도 있으며, 더 많은 연구와 검토가 필요하다. 세대간 후성유전학(epigenetics)은 불행하게도 시류에 휩쓸리기 쉬운 과학이며, 팡파르(fanfare)를 정당화하기에는 연구에 적용된 조사가 충분히 강력하지 못하다는 사실에 많은 과학자들은 불안해한다. 이 불안감은 설치류에 대한 실험적 연구뿐만 아니라 네덜란드와 스웨덴의 기아에서 나타나는 세대 간 후성 유전적 영향에 대한 소규모의 피상적 연구에서 볼 수 있는 매혹적이지만 수수께끼 같은 관찰에도 적용된다.

사람들이 이러한 발견에 흥분하는 이유 중 하나는 다윈 이후 진화된 형질이 평생 동안 획득될 수 있다는 개념을 우리가 거부했다는 것이다. 장 밥티스트 라마르크(Jean-Baptiste Lamarck)는 이 아이디어의 창안자이며, 오늘날까지 그의 이름이 붙어 있다. 라마르크 유전법칙이 가르쳐지면 종종 틀린 것으로 조롱받는다. 그의 아이디어는 형질을 사용하면 다음 세대로 전달되는 것을 촉진하고 사용하지 않으면 전달이 줄어든다는 것이다. 실제로 라마르크는 훌륭한 과학자였으며, 18세기와 19세기에 걸쳐 평생 동안 훌륭한 아이디어로 생물학의 발전에 많은 기여를 했다. 그러나 습득과 실행을 통한 진화에 관해서는 좋은 과학자들이 종종 그렇듯이 그는 틀렸다. 자연선택의 맹목적 메커니즘을 통해 다윈의 진화가 라마르크의 생각을 대신했지만, 그가 죽은 후에는 그의 생각을 분석하는 데에만 그쳤다.

사실, 다윈 자신은 어떤 특성에 대한 라마르크의 견해를 효과적으로 지지하고 있었다. 그는 1868년에 식물에서 성과 무관한 세포가 환경 신호를 획득할 수 있다는 가설을 세웠으며, 결과적으로 배아 세포로 모이게 될 '씨앗'을 만들어서, 식물이 부모 세대의 삶의 경험에 반응한 자손을 만들 것이라고 가정했다. 아우구스트 바이즈만(August Weisman)은 5세대에 걸쳐 8마리 쥐의 꼬리를 자른 실험에서 비슷한 생각을 테스트했다. 태어난 새끼 901마리 중 꼬리 없이 태어난 것은 한 마리도 없었다. 그는 실제로 특성의 사용을 시험하지는 않았지만, 진화가 획득된 특성을 따르는지 여부를 묻고 있었다. 물론 유전학자 스티브 존스(Steve Jones)가 지적한 것처럼, 유대인들은 수천 년 동안이 실험을 수행해 왔으며, 아직까지 포피가 없는 남자 아기는 태어나지 않았다. 라마르크 유전은 하나의 아이디어였으며 틀린 것이었다. 유전자는 자손의 임신 이전에 각 부모에서 자리 잡으며, 종의 진화를 가져 오는 DNA의 변화는 이미 임신에 의해 일어났을 것이다.

생쥐, 쥐 및 극소수의 인간 실험에서 세대 간 연구가 얼핏 보기에는 이 진화론의 핵심을 반박하는 것처럼 보인다. 하지만 과연 그럴까? 아마도 그렇지 않을 것이다. 변경 사항이 영구적이라면, 우리는 수수께끼를 갖게 된다. 그러나 생쥐에서 변이가 사라지기까지 몇 세대만 지속되었다면, 효과는 흥미롭지만 혁명적인 것처럼 보이지는 않는다. 우리는 인간에 대한 영향의 영속성에 대해서는 아직 모르며, 그것처럼 답답할 정도로 천천히 성장한다.

창조론자들(그리고 사실에 의해 구애받지 않는 사람들)은 다윈이 잘못되었고 이러한 세대 간 후성적 연구들이 라마르크 진화를 보여준다고 주장하기 위해 후성유전학을 인용한다. 변화는 영원하지 않으며 자연선택이 작용하는 DNA 염기서열 자체를 변화시키지 않으므로 그들의 주장은 옳지 않다. 심지어 우리가 관찰한 몇 가지 유전된 후성적 변화조차

거의 예측할 수 없으며, 예측한다고 해도 긍정적이지 않다. 할아버지가 기근을 버티며 살았다면, 외베르칼릭스의 손자는 더 오래 살았을 것이다. 그러나 다음 계절을 살아남은 여성의 손녀는 기대 수명이 낮았다. 결론은 무엇일까? 결정적이지 않다는 것이다. 더 많은 연구가 필요하다. 비록 언젠가 후성적 표식이 영구적으로 유전되며 그로 인해 선택될 수 있음을 우리가 보여준다고 해도, 그것은 진화론적 바다의 한 방울일 뿐이다. 견고한 한 가지 예를 보여 달라. 그러면 나는 직접적인 다윈 법칙의 예 10억 개를 문자 그대로 보여주겠다.

뉴에이지의 전문가와 속기 쉬운 저널리스트는 유전자가 운명이라는 잘못된 가정 하에 당신의 삶을 변화시키는 방법으로 후성유전학을 꼽으며, 명상과 같은 라이프스타일 선택에 의해 초래된 후성적 변화는, 최고의 뉴에이지 전문가 디팍 초프라(Deepak Chopra)의 말을 인용하자면 '우리의 운명에 거의 무제한적인 영향을 미친다.'

나는 그것이 당신에게 '운명'이 무엇을 의미하는지에 달려 있다고 생각한다. 당신이 점심 식사를 소화시킬 운명이라면, 맞다. 후성유전학이 중요한 역할을 한다. 당신이 오늘 밤 잠을 자야할 운명이라면, 당신의 후성적 태깅은 그에 따라 바뀔 것이다. 당신은 평생 동안 사소한 후성유전학적 변이를 거칠 것이다. 메틸 태깅은 암에 관련된 유전자에 영향을 줄 수 있으며, 실제로 잘못 변형된 유전자를 다시 활성화하기 위해 후성적 표식을 뒤집는 약물이 개발되고 있다. 이 모든 것들이 앞으로 수년 내에 적절한 과학적 분석을 거칠 필요가 있는 생물학의 중요한 부분이다. 약간의 사소한 연구에서 관찰되는 세대 간 효과에 관해서는, 이러한 효과가 실제로 있는지, 있다면 얼마나 강한지 기다려보자.

그 동안, 후성유전학의 현재 상황을 살펴보자. 후성유전학은 생물학의 매혹적이고 필수적인 부분이지만 아직 초기 단계이며, 진지하고 정밀한 조사가 필요하다. 후성유전학은 신비롭거나 새로운 것이 아니며, 이단이 아니며, 다윈의 법칙을 뒤엎지 않으며, 당신의 삶과 운명에 대한 초자연적인 힘을 선물하지 않는다.

후성유전학은 존재의 수수께끼를 풀기위한 끊임없는 탐구에서 필수적으로 요구된다. 더 많은 후성적 영향의 중요성을 이해할 수 있게 해주는 기술의 발명은 흥미롭고 새로운 분야다. 그 일은 필요하며, 과장적이지 않으며 단단하다. 그 수수께끼가 풀리기를 기다리는 동안, 신비로운 사고가 결코 과학에서 환영받지 못한다는 것을 기억함으로써 우리는 모든 이익을 얻을 것이다.

제7장
인류의 미래에 대한 짧은 소개

•

'안녕, 친구! 우리는 모두 미래에 관심이 있어.
왜냐하면 너와 내가 남은 인생을 보낼 곳이기 때문이지! 그리고 친구,
이런 미래의 사건이 너의 미래에 영향을 줄 것이라는 것을 기억해둬.'
—놀라운 크리스웰(The Amazing Criswell), 『외부 공간에서의 계획 9』(1959)

한 TV 프로듀서는 나에게 점심을 사주면서 다음과 같은 매우 중요한 질문을 했다. '언제 인간이 날 수 있는 능력을 진화시킬까요?' 캐릭터의 DNA에 돌연변이가 생긴 새로운 슈퍼 히어로 시리즈가 텔레비전에 등장했다. 돌연변이는 그들에게 비행능력, 염력, 시간여행, 마인드컨트롤 등 기괴한 만화책의 힘을 주었다. 이는 마블 코믹스(Marvel Comics)의 돌연변이 엑스맨(X-Men)과 유사하지만 분명히 마블의 돌연변이 엑스맨은 아니었다. 그 프로듀서는 드라마 같은 과학 프로그램에 관심이 있었다. 그것은 믿을 수 없는 인간 능력에 대한 진정한 과학, 그리고 이런 종류의 초강력의 진화에 대한 현실 세계 가능성에 대해 다루는 것이었다.

내 대답은 빨랐다. 우리는 이미 진화되었다. 나는 만화를 좋아하며 지금도 즐겨본다. 지난 30년 동안 나는 초능력이 가능한 현실을 상상하

는 일에 자유시간의 상당 부분을 투자했다(혹은 낭비했다). 그러나 그 대답은 이상한 이야기나 놀라운 환상에 의존하지 않는다. 그래서 나는 인류가 엄청난 창조적 두뇌를 어떻게 진화시켰으며 미래를 계획하고 예측할 수 있는지, 그리고 발명과 창조성이 어떻게 인류가 자연선택의 많은 역사적 족쇄에서 벗어나도록 도와주었는지에 대해 일장연설을 했다. 우리는 조리법을 발명하여 위장을 부담을 덜었으며, 원소 불에 대한 우리 고유의 제어 능력으로 이미 부분적으로 음식물을 분해시켰기 때문에 모든 종류의 씹는 분자를 소화시킬 필요가 없다.

우리는 야생의 들짐승과 땅의 식물을 가축화하고 정착시킴으로써 사냥과 채집뿐만 아니라 떠돌이 유목민 생활에서 벗어났다. 이것은 또한 우리의 문화, 기술, 그리고 유전자까지 변화시켰다(제2장에서 살펴보았다). 우리는 무자비한 기세로 고대 인구를 희생시켰던 질병(흑사병, 말라리아, 전염병)을 근본적으로 제거했다. 한때 천연두는 매년 수십만 명을 죽음으로 내몰았지만, 백신 접종의 결과 1980년대 이후 천연두의 사례는 없었다. 소아마비는 역사가들에게만 관심 있는 질병이 될 것으로 예측된다. 이러한 종류의 진화론적 압력은 발명, 과학, 그리고 우리 자신의 진화적 궤도를 통해 나타난 기술의 결과로 인해 급격히 변해왔다.

'우리가 날아다니려면 얼마나 걸리느냐고요? 우리는 계속 날고 있어요.' 나는 열정적으로 말했다. 인류는 비행기, 헬리콥터, 우주 탐사용 로켓을 발명했으며, 심지어는 호버보드와 제트팩을 타고 다닐 날도 그리 멀지 않았다. 우리는 달 표면을 걸었고, 크립톤의 아들 칼 엘이 지구에 온 것처럼 곧 이 행성의 아들딸이 다른 행성에서 걸을 것이다. '우리

는 이미 초인이에요.'

그는 만족스러워 보였고 감동 받은 듯했다. 그리고는 이렇게 말했다. '그러면 앞으로 몇 세기 안에 우리가 날도록 진화할거라고 생각하시나요?'

* * *

나는 피자를 다 먹은 후 그에게 감사하며 자리를 떠났다. 팔다리는 진화 과정에서 실제로 변한다. 모든 동물의 기본 신체 계획은 대체로 비슷하지만, 공통적인 진화론적 기원에서 벗어난다. '다리는 여기에 있어야 한다'고 지시하는 유전자는 다리를 가진 모든 종에서 광범위하게 동일하며, 이는 그 뿌리가 깊음을 의미한다. 혹스 유전자(Hox gene)라고 불리는 이 유전자는 신체의 어느 부분이 어디에 위치할 것인지를 지정한다. 거의 모든 생물체의 신체적 변이는 이것의 돌연변이, 복제 및 증식에 달려 있다. 일반적인 곤충은 다리가 여섯 개이고 거미는 8개지만, 다족류와 송충이 같은 생물은 더 많은 다리가 있다. 그러나 그 많은 다리는 작은 절지동물 대다수에서 표준적인 6개의 다리를 만드는 유전자의 단순한 복제에서 생겨났다.

박쥐 날개와 새 날개는 기능적으로 동일하지만, 다른 진화 경로를 통해 발전해 왔다. 우리는 이것을 '수렴'이라고 부른다. 수억 년 전에 몇몇 공룡은 활공이 가능하도록 앞발의 형태가 바뀌었고 뼈 속이 텅 비고 가벼워졌다. 티라노사우루스 렉스(*Tyrannosaurus rex*)와 더 크고 무서우면서도 고집 세고 털로 뒤덮인 포식자를 포함하여, 공룡은 활공을 하기 훨씬 전에 이미 깃털을 가지고 있었지만, 수백만 년의 진화를 통해 하늘을 날수 있는 추진력을 얻게 되었다. 포유동물은 공룡 시대 초기부터 다양한종으로 분화되었지만, 1,240가지 박쥐 종의 조상이 될 작은 설치류는아직 수천만 년 동안 하늘을 날지 않았고 깃털도 없었다. 구조적으로 그들은 유사하면서도 다르다. 그들의 날개는 둘 다 앞발이 변화된 것으로서, 이는, 그것의 공통적인 뿌리가 활공에 있는 게 아니라 네 발에 기원을 두고 있음을 의미한다. 앞발로서 그들은 상동(homologous)이다. 즉,동등한 뼈가 존재하고, 펼쳐지면서 뚜렷한 날개 형태로 변형되었다.

펄럭임과 상승과 활공을 가능케 하는 새들과 박쥐의 날개는 진화 생물학의 기술적 언어로 표현하자면 상동이 아니라 상사(analogous)기관이며, 사실상 곤충과 비행기의 날개에 속한다. 하지만 곤충과의 기능적유사성과는 달리, 새와 박쥐의 날개는 비슷한 뼈를 가지고 있다. 실제로 돌고래의 지느러미와 말의 발굽도 그런 관계이며, 이는 이 신체기관이 네 다리에 뿌리를 갖고 있음을 다시 한 번 보여준다. 그러나 앞다리의 날개 부분은 독립적인 진화론적 기원을 갖고 있다.

따라서 우리의 팔이 날개로 진화하려면 손과 팔을 포기하거나 완전히새로운 팔다리가 생겨나야 한다. 어느 쪽이든 진화론적 압력은 크지 않다. 더 중요한 사실은 '날개'를 위한 유전자는 없다는 것이다. 팔이 날개로 바뀌려면 우리는 자궁에서 기괴하고 엄청난 에너지를 요구하는 변이를 겪어야 하는데, 그런 일은 일어날 수도 없고 일어나지도 않는다.

자신에게 이점을 제공하는 미묘한 자연선택이 수많은 유전자에서 이루어지면서 박쥐와 새는 수천 세대에 걸친 누적적인 변화를 통해 활공

능력을 얻었다. 마음대로 상상해보자면, 팔다리는 진화의 거대한 계획에서 너무나 오래된 것이기 때문에 아직 태어나지 않은 아기는 여분의 팔다리 한 쌍의 성장을 자극할 유전적 돌연변이를 가질 수도 있다. 이런 돌연변이가 성공적으로 복제되어 후손에게 전달되고, 세대 간 시간에 걸쳐 그 돌연변이를 자극하는 유전자가 매번 조금씩 더 크고 날개 모양으로 선택되면서 개체군을 통해 퍼져 나갈 수도 있다. 그 과정은 아마도 수십 세대에서 수백 세대가 걸릴 것이다. 하지만 날개는 미래의 세대로 몇몇 유전자를 전달할 수 있는 가장 좋은 기회를 제공하는 수단일 뿐이다.

조류의 경우, 날개가 그 추진력을 제공하는 것을 중단하자마자 그 유전자는 사라졌다. 날지 못하는 에뮤, 카카포(올빼미앵무새), 키위에서 그 증거를 볼 수 있다. 그리고 곤충들은 자신이 갖고 있는 유전자에 대해 어떤 이점을 주기만 하면 진화 과정에서 닥치는 대로 날개를 획득하고 펼쳤다. 날개가 있으면 포식자를 피해 달아나거나 먹이에 접근하거나 암컷에게 구애하는 데 유리하다. 이 모두가 진화된 특성을 가질만한 상당히 합리적인 이유다. 관련된 시간 척도 역시 우리가 상상할 수 없을 정도다. 따라서 형태론적 가설로써 상상 속에서는 가능할 수도 있지만, 이런 일이 실제로 발생할 확률은 방사능에 오염된 거미에게 물린 소년

이 손목에서 거미줄을 발사하는 능력을 얻을 확률과 비슷하다.[90]

그러나 갑작스럽게 날개를 획득할 신체적 가능성이 희박하다는 점과 중력의 족쇄를 아무런 도움 없이 풀 수 있을 정도로 강력한 팔다리를 만들려면 엄청난 신진 대사가 요구된다는 점과는 별개로, 우리가 미래에 날개를 진화시키지 않을 진짜 이유를 나는 프로듀서에게 이렇게 말했다. '우리는 항상 날아다니고 있어요. 우리는 아무런 도움 없이 비행할 필요가 없어요.' 날개를 가진 사람들이 채울 수 있는 생태학적 틈새는 없다. 불가사의하고 비현실적인 돌연변이에 의해 선천적인 비행 능력을 가진 인간이 탄생한다고 해도, 지구에 구속된 채 걸어 다니는 우리를 능가하는 그들만의 장점은 거의 없을 것이며, 오히려 그들은 괴상한 외모 때문에 매력 있는 성적 파트너가 되지 못할 것이다.

그건 진화가 작동하는 방식이 아니며, 만화책, 공상과학 소설, 창조론자들이 엄청나게 단순화시켜서 만들어낸 진화의 허상에 불과하다. 우리는 인류와 모든 생명체의 종이 보여주는 놀라운 적응이 목적에 부합하는 것임을 알고 있다. 적응주의적 관찰을 적용하는 것은 매우 쉽다. 모든 신체기관은 환경에 맞춰 그것이 가장 잘 기능할 수 있는 방식으로 진화한 것이다. 볼테르의 소설 속 인물인 팡글로스(Pangloss) 박사가 주장한 것처럼, 우리의 코가 튀어나온 건 안경을 걸치기 위해서가 아니라,

---

90 〈스파이더맨!,놀라운 환상 15부,1962〉의 원래 주인공인 피터 파커(Peter Parker)는 젊은 과학 천재였기 때문에 손목에 장착하는 거미줄 발사기를 발명했다. 만화에 등장하는 슈퍼 히어로들은 몇 년마다 스스로를 재창조한다. 파커 역시 2002년 영화에서 누에고치 액체를 발사하는 새로운 능력을 얻었다. 하얗고 끈적거리는 액체를 방출하는 10대 소년은 또 다른 뭔가에 대한 상징의 일종이다.

역사, 시간, 우연, 섹스의 결과물이다. 실제로 코와 냄새가 사람보다 몇 억 년 앞서기 때문에, 우리는 그런 조상의 짐을 지니고 있는 것이다.

오랜 세월에 걸쳐, 인류의 코는 그것의 용도, 얼굴의 전반적인 모양 변화, 이성을 유혹하는 방식에 따라 자연적 돌연변이를 통해 형태가 바뀌었다. 코의 형태는 실제로 유전자에 의해 뒷받침되며, 진화의 척도인 서로 다른 대립유전자 집단에서 다양하게 나타난다. 코 모양은 아마도 나쁜 예가 될 수 있다. 나는 사람들이 코의 크기에 상관없이 똑같은 번식 성공률을 갖는다고 믿기 때문이다(적어도 내가 아는 한 코의 크기와 번식 성공의 관계에 대한 연구는 이루어지지 않았다). 번식 성공률을 하락시키거나 향상시키는 대립유전자에 대한 미묘한 질문 또는 그 근본 원인인 건강에 대한 질문은 실제로 우리 종의 미래 진화에서 중요한 문제다. 유전학자들은 '인류가 여전히 진화하고 있는가?'라는 질문을 많이 받는다. 대답은 '그렇다'이다.

우리의 게놈은 진화가 일어나는 곳이다. 우리의 DNA는 모든 세대에 걸쳐 시간이 지남에 따라 변한다. 이러한 변화는 대부분 미묘하고 사소한 것이지만, 그중 일부는 사람들의 관심을 끌 만큼 재미있기도 하다. 우리 인간의 눈은 세 가지 색깔을 구별하는 구조로 되어 있다. 우리 눈 속에는 고도로 전문화된 세포인 광수용체(photoreceptor)가 있는데, 이름에서도 알 수 있듯이 이 세포의 역할은 눈동자로 들어오는 빛의 원자를 포착하는 것이다. 광수용체에는 간상체(rod)와 추상체(cone) 두 종류가 있다고 일반적으로 알려져 있다. 간상체는 망막의 주변에 존재하며, 낮은 광도 조건에서 사물의 움직임을 포착하는 기능을 한다. 우리

시야의 가장자리에서 움직이는 물체가 흐릿하게 보이는 이유는 이 간상체 때문이다. 추상체는 망막의 중앙에 위치하며, 눈앞에 있는 물체의 색깔을 가장 선명하게 포착하는 기능을 한다. 그래서 당신이 손을 옆으로 뻗은 채 뭔가를 들고 흔들면서 똑바로 정면을 쳐다보면, 움직이는 것을 볼 수는 있지만 어떤 색인지는 알 수 없는 것이다.

추상체에는 세 가지 유형이 있으며, 각각 당신이 보게 될 색을 결정하는 특정 파장의 빛에 더 잘 반응한다. 이 빛은 범위가 겹치고 사람마다 미묘한 차이가 있지만 넓게 보면 청색, 녹색 및 적색에 해당하는 짧은 파장, 중간 파장, 긴 파장이다. 각 파장에 따른 추상체의 차이점은 옵신(opsin)이라고 불리는 단일 단백질 때문이다. 광자는 깨끗한 각막과 수정체의 핵이 없는 세포를 통과하여 젤리형 방수(jelly aqueous)와 유리체를 거치고, 뇌 세포, 신경 및 혈관의 세 계층을 지나, 뾰족한 추상체 끝에 붙어 있는 옵신이 위치하는 눈동자의 바로 뒤쪽에 도달한다.[91] 그곳에서 광자는 옵신 분자에 의해 포획되고 물리적으로 반응하여 그 형태가 흔들리고, 이런 분자의 진동이 전기적 신호를 일으켜서 광수용체의 다른 말단과 신경 세포의 여러 층을 통해 전파되며, 집합적으로 묶여 있는 신경 섬유와 시신경을 거쳐 두뇌의 시각 피질로 전달된다. 이런 과정을 통해 당신이 사물을 보게 되는 것이다.

많은 포유류가 추상체 옵신을 두 개만 가지고 있기 때문에 볼 수 있는 색깔의 종류가 인간보다 적다. 대부분의 유인원은 3개의 추상체 옵신을 가지며, 아프리카와 아시아의 토종 원숭이도 마찬가지다. 고양이는 간상체가 많아서 어둠 속에서 사람보다 훨씬 잘 보지만, 추상체가 적어서 색깔은 거의 구별하지 못한다. 어떤 종류의 갯가재는 16개 이상의 추상체 옵신을 가지고 있으며, 이것을 미세하게 조정하여 빨간색,

---

91 눈의 구조는 빛을 포착하는 작업을 실질적으로 수행하는 역할을 하는 광수용체에 도달하기 전에 혼란스러운 여러 단계를 거치는 매우 이상한 방식으로 되어 있다. 그건 마이크는 자기 손에 쥐고 녹음하려는 상대방의 입에는 마이크 줄을 갖다 대는 것과 같다. 그러나 아이러니하게도 손에 지팡이를 잡은 장님처럼 더듬거리면서 우리의 눈은 그럭저럭 진화해 왔다. 멕시코 동굴 물고기의 눈은 그들이 살고 있는 밤처럼 어두컴컴한 환경에서 유용하지 않기 때문에 퇴화되어 버렸다. 우리가 망막을 거꾸로 뒤집는 일은 우리 겨드랑이에서 날개가 자랄 확률과 비슷할 정도로 엄청난 유전적 작업이기 때문에, 결코 일어나지 않을 것이다. 하지만 문어와 오징어는 망막을 실용적인 방식으로 회전시킬 수 있다. 물론 눈은 사실과 사실에 개의치 않는 사람들 간에 눈을 부라리며 지루하게 이어지는 전쟁에서 창조론자들이 종종 선택하는 무기이기도 하다. 그들은 '눈은 우연히 진화되었다고 보기에는 너무 복잡하고 완벽합니다!'라며 목소리를 높인다. 오징어는 그 말에 동의할 수도 있겠지만, 백내장, 근시, 사시, 소안구증, 무홍채증, 노안, 망막 박리, 녹내장, 색맹 등등 수십 가지 안과 질환을 가진 사람들은 절대로 동의하지 않을 것이다. 인간의 눈은 선견지명이 부족한 진화의 결과물 혹은 정말로 쓰레기 같은 창조자의 결과물이다.

파란색, 녹색뿐만 아니라 편광, 자외선 등 인간에게는 보이지 않는(꿈에서나 볼 수 있는) 여러 가지 빛의 색깔을 볼 수 있다.

우리에게 세 가지 색깔(그리고 새우에게는 수많은 색깔)을 볼 수 있게 해준 돌연변이는 처음에는 유전자 변화의 대부분을 차지하는 단일 문자 변경이 아니라 DNA 전체 섹션의 대량 복제와 이후의 변이에 따른 것이었다. 색깔은 우리가 보는 빛의 파장에 의해 결정된다. 단파장 옵신의 유전자는 7번 염색체에 있는 반면, 중파장 옵신과 장파장 옵신의 유전자는 X염색체에 있다. 이것이 여성보다 남성에게 색맹에 더 많이 나타나는 이유다. 여성은 X염색체가 두 개이므로 하나의 옵신에 결함이 있더라도 두 번째 옵신으로 대체할 수 있지만, 남성은 X염색체 하나밖에 없기 때문에 그럴 수가 없다.

원시 인류의 초기 진화가 이루어지던 어떤 시점에 X염색체 상의 하나의 옵신이 복제되어 그 기능을 잃지 않고 자유롭게 돌연변이를 일으킬 수 있었으며, 그래서 우리는 새로운 색에 대한 감각을 자유롭게 얻게 되었다. 이 모든 것이 현생인류가 출현하기 훨씬 전인 수천만 년 전부터 일어난 일이다. 그러나 비슷한 일이 지금 우리 안에서 일어나고 있다.

좀 더 정확히 말하자면 우리 중 절반 안에서 일어나고 있다. 일부 여성이 4색성(tetrachromatism)을 가지고 있을 가능성이 발견된 것이다. 이 여성들은 또 다른 무작위 복제를 통해 X염색체 중 하나에서 네 번째 옵신을 갖게 된 것으로 보인다. 전체 여성의 8분의 1 정도가 이 유전자 변이를 가지고 있는 것으로 추정되지만, 그 변이가 4색성을 발현시키는 것인지 여부는 아직 명확히 밝혀지지 않았다. 이 능력을 가진 사람은 다른 사람들이 볼 수 없는 색깔도 볼 수 있다. 이것은 새롭게 연구되고 있는 분야로 아직 제대로 규명되지 않고 있다. 하지만 일부 여성들에 대한 연구가 이루어졌으며, 그들은 일반적인 3색성(trichromatism) 사람들의 눈에는 애매해 보이는 색상 차이를 명확하게 구분하는 것으로 보인다.

적록색맹을 검사할 때 쓰이는 이시하라 테스트(Ishihara test)는 다른 색깔의 원을 포함하는 여러 가지 원으로 구성되어 있다. 일반적인 시력을 가진 사람들에게는 숨겨진 숫자가 보이지만, 숫자를 구성하는 색깔의 교묘한 디자인으로 인해 색맹인 사람들에게는 그 숫자가 보이지 않는다. 4색성 테스트 역시 이와 비슷한 방법으로 일반인에게는 녹색으로만 보이는 것을 피실험자가 뚜렷하게 구별하는 능력을 가지고 있는지 판별하는 것이다.

우리가 왜 3색성을 갖도록 진화했는지에 대한 이론은 매우 다양하다. 나무에 매달려 채집 생활을 하던 유인원 조상들에게는 울창한 녹색 숲 속에서 과일의 붉은 빛을 구별하는 능력이 매우 큰 장점이 되었을 것이라고 많은 학자들이 추정하고 있다.

하지만 인간이 네 가지 색상을 구분해서 얻게 되는 장점은 수수께끼다. 많은 동물들이 인간의 3색성 이상의 것을 가지고 있지만, 인간의 3색성은 (우연과 시간이 결합되어) 최근에 무작위적으로 선택된 것으로 보인다. 하지만 어떤 표현형 문제도 일으키지 않기 때문이 부정적으로 선택된 돌연변이는 아닌 듯하다. 이것은 간단히 말해서 무한한 변화의 또 다른 예다. 이 돌연변이가 많은 사람들 속으로 퍼져나갈 가능성은 없어 보이지만, 누가 알겠는가? 5000년 후에 다시 내게 물어보라.

4색성은 독특한 효과가 있는 돌연변이의 한 예일 뿐이다. 대부분의 돌연변이에는 그런 흥미로운 중요성이 없다. 유전자 복제는 불완전하므로 이를 막기 위해 우리 세포에는 많은 DNA 맞춤법 검사 시스템이 있다. 돌연변이는 주로 단일 변화로써 일어나지만, 때로는 더 넓은 DNA 영역에서 대규모로 발생하기도 한다. 돌연변이가 없다면 진화는 일어나지 않을 것이다. 어떠한 선택이 일어날 수 있는 변화가능성이 없기 때문이다.

진화론적 관점에서 볼 때, 완벽함은 지루하고 비현실적이며, 적어도 DNA 코드에 있어서는 돌발적 상황이 필수적이다. DNA 복제 과정은 불완전해야 한다. 바로 그런 우연성을 통해서 당신에게 고유한 100가지 이상의 돌연변이가 나타나게 된다. 자녀가 있는 경우, 당신은 그런 돌연변이를 당신의 자녀에게도 전달할 수 있으며, 자녀들 역시 자신만의 고유한 돌연변이를 충분히 갖게 된다. 인간이 성행위를 계속하고 성행위가 더 많은 자손을 낳는 한 우리는 계속 진화하고 있는 것이다. 우리가 이러한 진화적 변화를 피하는 것은 지구의 기후를 바꾸는 것과 비슷하다.

물론, 우리는 지구의 기후를 근본적으로 변화시켰다. 우리는 1만 년 동안 땅을 경작하고 동물들을 사냥하여 멸종시켰다. 인류는 지구상에 존재하면서 그 지형과 동식물군을 함께 바꿔나갔다. 기후는 지질시대

[世, epoch]에 따라 바뀌었고 빙하기를 거치면서 인류는 바뀐 기후에 적응했다. 인간 활동의 결과로 인해 이제 빙하기가 다시는 돌아오지 않을 수도 있다. 현대적 농경과 300년간의 지속적인 산업 혁명을 통해 인간은 지구 온난화를 가속화시켰다. 그 시간 동안 우리의 삶은 몰라볼 만큼 풍요로워졌다. 기대 수명은 각 나라마다 다르고 지역별로 다르긴 하지만(실제로 영국의 경우 부유한 런던 중심부에서 동쪽의 빈곤 지역으로 이어지는 지하철역에 따라 기대 수명 감소가 나타난다), 전반적인 평균 수명은 크게 향상되었다. 우리는 역사상 어느 때보다도 적은 수의 자녀를 두고 있으며 그중 많은 수가 생존한다. 대부분의 문화권에서 사람들은 신분에 상관없이 원하는 상대와 결혼할 수 있게 되었다. 이 모든 것들이 우리를 자연선택의 구속으로부터 벗어나게 해주었다. 우리는 (점점 더 많은 문화권에서 허용되고 있는 동성 간 결혼을 포함하여) 누구와 배우자가 될 것인지, 언제 자녀를 낳을 것인지를 자유롭게 선택할 수 있다.

하지만 가까운 과거에 농경은 우리를 변화시켰다. 우리가 먹는 음식에서, 그 음식을 소화시키기 위해 우리가 가진 유전자에서, 우리가 마시는 우유에서, 우리가 이동한 북부 지방에서 그런 변화가 나타났다. 인류는 숲을 개척했지만, 거기에는 여전히 물이 있었고 모기가 번식했으며, 그것에 대응하여 매개체에 대한 겸상 형질 보호와 동형 접합체에 대한 겸상 적혈구 빈혈증을 갖도록 인류도 다시 진화했다.

유전체학이라는 신세계는 인류에게 엄청난 양의 데이터 세트를 제공했으며, 이를 통해 우리는 모든 사람을 효과적으로 비교하여 인류의 DNA에서 일어난 진화적 변화의 속도를 파악할 수 있다. 그것은 새로운 힘이나 새로운 특성을 우리에게 준 개별 유전자만을 분석하는 것이 아니라 우리의 전체 DNA를 분석하는 학문이다.

학자들은 참조 게놈과 공통적이고 희귀한 변이 구조 및 데이터베이스를 사용한다. 2013년, 시애틀에 있는 워싱턴대학교의 조쉬 아키(Josh Akey)와 그의 연구팀은 6,500명의 게놈을 비교하면서 SNP의 개별 변이를 관찰했다. 그들은 1만 5,000개의 유전자를 스캔했고 115만 개의 SNP를 발견했다. 그리고 각 대립형질이 발생한 역사적 시점을 측정하기 위해 인류가 농경을 시작한 이후 종으로서의 개체수가 1,000배 이상 증가했다는 사실을 요소화하는 것을 포함하여 6가지 테스트를 적용했다. 이런 차이점 중에서 4분의 3이 지난 5,000년 동안 발생했다. 우리는 아직도 진화하고 있는 걸까? 대답은 분명히 '그렇다'이다. 우리는 변이가 끝난 종이 아니라 변이가 진행 중인 종이다.

우리 DNA의 이러한 단일 변화 중 약 16만 4,688건은 좋은 소식이 아닐 수 있다. 그것들은 단백질을 미묘하게 변형시키는 DNA에 대한 변화지만, 아마도 단백질을 비효율적이거나 나쁘게 변형시켜서 기능 불량으로 만드는 듯하다. 조쉬 아키의 데이터에 따르면 이런 변화 중 86퍼센트가 지난 5,000년 동안 발생했다. 우리는 정말로 진화하고 있으며, 이에 따라 새로운 유전적 문제점이 나타나고 있는 것이다.

아프리카에서 벗어나 세계로 향했던 인류의 발걸음을 생각해보면 이는 놀라운 일이 아니다. 약 10만 년 전에 발생한 이런 발걸음은 불과 수천 명에 의해 이루어진 것이며 이들이 전 세계 나머지 지역으로 퍼져 후손을 낳게 되는 창시자가 되었다. 세계 인구는 5,000년 전에 500만 명 정도였지만, 2025년이 되면 90억 명에 이를 것으로 추산된다. 이 창시자들은 유럽과 아시아의 모든 방향으로 퍼져 나갔고, 당시 육지였던 베링해협을 건너 아메리카 대륙에 도달했으며, 동쪽으로는 중국, 남쪽으로는 인도와 오세아니아에 이르렀다. 그리고 그들은 가는 곳마다 자신의 유전자의 자취를 남겼다. 우리는 농경문화와 질병의 존재가 인류의 게놈을 어떻게 바꿔놓았는지를 살펴보았다. 문화는 지금도 인류의 유전자를 변화시키고 있다.

만약 당신이 인도의 하이데라바드에서 수술을 받는다면, 첫 번째로 받게 될 질문은 '당신은 바이샤(Vaishya)입니까?'일 것이다. 바이샤는 인도의 카스트 제도에서 종교 계급인 브라만(Brahman)과 불가촉천민 계급인 수드라(Sudra) 사이에 위치하는 '상인 계급'이다. 사회적 신분에 관한 질문은 하이데라바드 병원의 수술 동의서 맨 위에 있다. 어떤 사람들은 이 질문이 인도의 뿌리 깊은 악습인 사회적 편견을 보여주고 있다고 생각한다. 하지만 사실 그것은 인도인의 게놈의 진화에 근거한 현명한 질문이다.

1980년대 인도의 외과의사들은 마취제를 맞은 일부 환자가 깨어날 때가 지나도 몇 시간 동안 의식을 잃은 상태로 머물러 있다는 것을 발견했다. 전형적인 일반 마취제는 환자를 수면 상태로 만들기 위해 특정한 작용을 하는 마약 혼합제다. 수면과 무관한 요소를 제외시키는 과정을 통해 의사들은 석시닐콜린(succinylcholine)이라는 일시적 근육 이완제가 수면 상태를 지속시키는 원인임을 밝혀냈다.

이 약물은 의사가 환자에게 호흡 튜브에서 투입할 때 폐의 근육 조직이 거부 반응을 일으켜서 기도가 막히는 것을 방지하기 위해 사용된다. 일반적인 환자에게 이 마취 약물을 투여하면 수십 분 후에 깨어나지만, 특정 환자의 경우에는 효과가 몇 시간이나 지속된 것이다. 이는 건강에 심각한 악영향을 끼치지는 않았지만, 간단한 수술을 한 후에도 이상하게 길어지는 마취 시간 때문에 인위적인 호흡 상태가 계속된다는 점이 문제였다. 더 면밀한 조사를 통해서 의사들은 이 증상이 바이샤에서만 발생한다는 걸 발견했다. 또한 유전학자들은 바이샤의 게놈[92]을 조사하여 특이한 변화 한 가지를 찾아냈다. 일반적으로 마취제와 비슷한 혈액 내 분자의 분해를 도와주는 효소인 부티릴콜린에스테라제(butyrylcholinesterase : BCHE)를 코딩하는 유전자의 단일 문자가 무작위로 전환된 것이었다.

진전된 검사를 통해 아랍계 유태인과 이뉴잇족 역시 다른 돌연변이를 통해 같은 가성콜린에스테라제(pseudocholinesterase) 결핍증에 걸리기 쉽다는 것이 밝혀졌다. 하이데라바드의 인도 유전학자들에 따르면 이

---

92 인도인의 게놈에 대한 조사는 2009년에 시작되었으며, 오지의 마을에서부터 대도시에 이르기까지 모든 계층의 사람들을 샘플링했다. 이를 통해 현재 인도 인구 분포의 엄청난 다양성에도 불구하고 인도인의 게놈은 두 개의 뚜렷한 고대 개체군으로부터 유래된 것임이 밝혀졌다. 북쪽에서 온 개체군은 아프리카에서 처음으로 북쪽으로 이동했던 유럽인과 중동인의 먼 사촌이었다. 남쪽에서 온 개체군은 북쪽 개체군과 달랐고 중국인과도 달랐다. 하지만 두 개체군은 되돌릴 수 없을 만큼 섞여버렸기 때문에 지금은 이런 구분이 시각적으로 불가능하다. 표본추출된 거의 모든 인도인들이 이런 두 가지 조상 집단의 혼합을 보여 주었지만, 혼합 비율은 각각 다르게 나타났다. 인도인의 게놈은 유럽인보다 4배나 많은 유전적 다양성을 나타냈다. 서로 다른 그룹에 속하는 인도인 사이의 유사성은 스코틀랜드인과 독일인의 유사성보다도 적다.

돌연변이는 1,000년 전 한 미지의 인물의 몸에서 발생했으며, 족내혼 때문에 그가 속한 집단에서 계속 유전되었다고 한다. 바이샤 계급의 인구는 2,000만 명 이상이므로, 대규모의 근친 교배가 그런 대규모 집단 내에서 변종을 유지할 수는 없었을 것이다. 카스트 제도조차도 그런 유전적 누출을 막을 만큼 견고하지는 않다. 다른 연구자들은, 겸상 적혈구에 대한 이형 접합체가 말라리아를 차단하는 것처럼, 알려지지 않은 조건에서 이 특정 대립유전자가 약간의 점진적인 이점을 부여했을 수도 있다고 추측했다.

바이샤와 이뉴잇족은 각각 인도식 버터와 고래고기를 즐겨먹는 독특한 식습관이 있다. 모두 지방이 풍부한 음식물이다. 결과적으로 두 집단에는 비만 인구가 많으며, 아마도 이 변종 유전자가 과포화 지방의 신진 대사에 어떤 역할을 하는 것으로 생각된다. 현재까지는 BCHE 유전자와 그 주변 유전자에서 자연선택의 흔적은 발견되지 않았으며, 보인자에게 이점을 제공하는 주변 유전자와 함께 BCHE 유전자가 전달되었다는 증거도 없다.

그럼에도 불구하고 이 유전자 변이는 수세기 동안 아무런 영향을 미치지 않았을 수도 있으며, 중요하지 않은 대립유전자의 전형적인 SNP일 수도 있다. 현대 의학의 출현으로 이 자연적 유전자 변이가 갑자기 관심을 끌게 된 것이다. 이제 인도인의 마취제는 사람들의 문화에 의해 형성된 진화의 결과인 게놈에 맞춰져 있다. BCHE 대립유전자는 앞으로도 지금처럼 계속 존재할 것이다. 이 유전자는 진화해왔지만, 존재하는 기간 중 몇 년 동안 중립적일 수도 있다. 지금은 BCHE 대립유전자가 마치 약물에 중요한 영향을 미치지만, 치명적이거나 생식능력 적합성을 감소시키지는 않기 때문에 자연선택의 압력을 받지 않는다.

카스트 제도는 이상한 진화적 실험이며, 서로 다른 사회 집단에 속하는 사람 간의 결혼을 막는 엄청나게 복잡한 사회적 계급구조다. 카스트 제도의 장벽을 낮추려는 현대적인 노력 덕분에 인도의 대도시 중심부에서는 규율이 완화되고 있지만, 지방에서는 아직도 대부분의 결혼이 이 제도를 따르고 있다. '유머 감각이 좋은 분을 만나고 싶어요' 등 결혼 상대를 찾는 인도의 신문 광고는 여전히 카스트 제도의 신분계급에 따라 구별된다. 이것은 유전자와 게놈이 여러 세대에 걸쳐 특정 집단 내에서 대체로 유지되어 왔다는 것을 (그리고 계속 유지될 것임을) 의미한다.

역사적으로 이민족의 유입이 많았던 사회 구조를 가지고 있는 영국에서는 서로 다른 사회 집단에 속하는 남녀 간의 결혼이 훨씬 더 일반적이며, 전통적 상류층과 하층 계급 간의 결혼은 채털리 부인의 신분을 뛰어넘는 사랑과 함께 발생했다. 엘리트 가문은 번영과 몰락을 거듭한다. 인도에서는 카스트 제도로 인한 사회적 제한 때문에 족내혼이 더욱 엄격하게 유지된다. 한동안 카스트 제도가 영국의 식민 통치 기간 동안 인도에서 고착화되었다는 의심이 있었다. 영국이 인도 사회를 통제하려는 수단으로 기존에 존재하던 비공식적인 카스트 제도를 강화시키고 장려했다는 것이다.

유전체학을 통해 우리는 사회적 관습이 인도인의 게놈에 영향을 미친 시점을 추정할 수 있다. 2013년에 이루어진 게놈에 관한 여러 연구에 따르면, 카스트 제도에 따른 대립유전자는 적어도 1,900년 전부터 족내혼을 통해 계층화되기 시작한 것으로 보인다. 이는 역사적 기록이 애매하게 제시하는 시점과 다르며 그보다 훨씬 정확하다. DNA는 카스트 제도가 식민지 시대보다 수백 년 전에 나타났음을 보여준다.

게놈의 진화는 명백하다. 우리는 문화와 기술로 그런 진화를 구체화한다. 인류는 아프리카의 뿌리에서 자발적으로 벗어난 후 개체군을 폭발적으로 증가시킴으로써 게놈의 진화를 형성했다. 진화는 끊임없이 모든 세대를 변화시키고 있다. 문제는 '우리가 여전히 진화하고 있는가?'가 아니라 '우리가 여전히 자연선택의 대상이 되고 있는가?'이다.

그건 대답하기 더욱 어려운 질문이다. 그 질문의 본질적 어려움은 대부분 '자연'이라는 단어에 놓여 있다. 우리 삶의 어떤 것도 실질적 의미에서 자연스러운 것으로 간주될 수 없다. 인류는 수만 년 동안 살아온 세계의 모든 요소를 변화시켰으며, 그 세계의 환경을 제어함으로써 (또는 적어도 조작하려고 시도함으로써) 사람들 간의 차이점을 끊임없이 선택해 온 진화의 장악력을 크게 변화시켰다.

음식과 성(sex)은 우리의 유전자를 미래로 이끌어 갈 두 가지 주요 자원이다. 그러나 인류는 농경이라는 유전 공학의 고전적 형태를 통해 자신의 음식을 거의 새롭게 만들어냈으며, 지금 우리는 자신이 원하는 것을 먹고 있다. 우리는 자손의 생산을 위해서가 아니라 자신의 만족을 위해서 원하는 사람과 성적 관계를 맺는다. 위생, 주거, 의약, 재화는 역사적으로 인류를 억눌렀던 자연의 압력으로부터 벗어나도록 해주었다. 대부분의 여성들은 이제 그들이 원할 때 자녀를 낳을 수 있는 시대에 살고 있다. 전체적으로 볼 때, 우리는 아이 자체를 원하기 때문에 원하는 만큼 아이를 낳는 것이지, 존재와 시간의 공격으로부터 살아남을 수 있는 유전자를 최대한 확보하기 위해 아이를 많이 낳는 것은 아니다. 19세기 영국 여성의 평균 자녀수는 5.5명이었지만 1차 대전이 끝날 무렵에는 2.4명으로 떨어졌다.

아동 사망률과 여성의 출산 자녀수는 진행 중인 인류의 진화가 자연선택의 형태로 이루어지고 있는지 여부를 판단하는 두 가지 핵심 요소다. 스칸디나비아는 이에 관한 자료가 가장 많은 지역이다. 스웨덴에서는 18세기 후반 아동사망률이 3명 중 1명에 달했지만, 오늘날에는 1000명 중 3명에 불과하다. 이 차이는 인류와 진화의 관계가 변화하는 과정의 일부다.

우리가 가혹한 자연으로부터 벗어나고 있음을 보여주는 이런 자료는 자연선택과 함께 이루어지는 인류의 진화가 멈추지는 않았지만 급격하게 느려지고 있음을 의미하는 듯하다. 죽은 아이들의 유전자는 더 이상 지속되지 못하고 살아남은 아이의 대립유전자는 다음 세대와 개체군으로 전파될 가능성이 훨씬 더 높기 때문에 아동 사망률은 진화적 변화의 원인이다. 또한 크게 향상된 의학, 공공 보건, 피임법을 통해 유아 사망률이 줄어들면서 인간에 대한 자연선택의 영향력이 감소되고 있다.

잠재적 균형은 선택에서 나온다. 사람의 수명이 늘어남에 따라 여성의 가임 기간도 늘어났지만, 자녀를 낳을 수 있는 기간에 실제로 출산을 하는 여성의 비율은 계속 변하고 있다. 여성이 낳는 자녀의 숫자가 달라지고 생존하는 유아의 비율도 달라지면서, 또 다른 선택이 이루어질 가능성이 존재한다. 이것은 최근에 등장한 연구 과제이며, 그에 관한 데이터는 아직까지는 거의 수집되지 않고 있다.

유아 사망률은 역사를 통해 매우 다양하며 일반적으로 감소하는 추세지만 전 세계적으로 여전히 높다. 부유한 국가의 아동 사망률은 급격하게 감소했으며 지난 100년 동안의 데이터는 이를 분명히 보여준다. 유아 사망률은 출생 후 1년 이내의 사망으로 정의되며, 유엔에 따르면 오늘날 여러 선진국(싱가포르, 일본, 스칸디나비아, 유럽 대부분)의 유아 사망률은 1,000명 당 2~3명 수준이다. 영국은 4.19명이고 미국은 5.97명이다. 현재 유아 사망률이 가장 높은 10개국은 모두 아프리카 대륙에 있으며, 1,000명당 70~90명에 이른다. 1950년에 유아 사망률이 가장 낮았던 스칸디나비아의 스웨덴, 노르웨이, 아이슬란드는 1,000명 당 사망자가 20명 수준이었으며, 가장 높은 10개국 중 아프리카 국가의 수는 6개국뿐이었지만 그 비율은 1,000명 당 250명이었다.

이 모든 불공정한 상황은 인류의 진화를 불가능하게 할 수 있는 세계적인 지형도를 만들어내고 있다. 인류는 너무 광범위하며 불평등이 지배하고 있다. 유아 사망률에 대한 자료를 수집하는 것은 필수적인 부분이지만, 정작 우리가 실제로 관심을 갖고 있는 DNA 비트가 변화하는 빈도에 대해서는 충분한 데이터가 없다. 수천 년 동안 가계도가 했던 것은 세대와 시간을 거슬러 올라가서 조상의 자취를 추적하는 일있으며, 우리는 이것을 과학적으로 예측하는 능력을 지난 수십 년 만에 갖게 되었다.

매사추세츠의 아름다운 도시 프레이밍햄의 주민에 대한 오랜 연구가 1948년 이래로 계속되고 있다. 이 연구는 처음에는 심장 건강과 관련된 데이터를 수집하는 것으로 시작했지만 오랜 시간에 걸쳐 1만 4,000명이 넘는 사람들을 지속적으로 관찰하여 1,000편이 넘는 논문을 발표했다. 이는 의사와 과학자들이 50년 동안 이 마을 사람들을 연구하여 얻은 노력의 결과물이다. 그들이 관찰한 것은 여성이 낳는 자녀수의 변동이며 이는 문화와 관련되어 있다. 흡연, 운동 그리고 지방이 많은 음식이 우리에게 큰 관심사가 아니었던 1950년대와 60년대에 프레이밍햄 여성들은 1990년대에 비해 평균적으로 자녀수가 적었다. 진화가 진행되기 위해서는 형질이 유전되어야 한다. 흡연과 높은 콜레스테롤 수치는 유전적인 요소를 가지고 있지만, 진화를 가능하게 하는 잠재적인 동력은 아니다.

프레이밍햄의 여성들은 건강한 삶을 통해서 더 많은 아이들을 낳았고 더 많은 유전자를 미래 세대에게 전달했다. 그녀들은 평균적으로 더 젊은 나이에 일찍 아기를 가졌으며, 이는 평균적으로 나중에 또 다른 아기를 낳을 수 있음을 의미했다. 또한 평균적으로 약간 통통한 몸매의 키가 작은 여성들이 더 많은 자녀를 가졌음이 확인되었다. 지역 문화 환경의 변화에 상관없이 이런 추세가 지속된다면, 2400년에 프레이밍햄의 여성들은 평균적으로 키가 2.5센티미터 더 작아지고 몸무게는 0.5킬로그램 더 늘어나게 된다. 이런 종류의 느린 인구통계학적 변천은 상당히 광범위한 전형적 진화 과정이지만, 분명히 혁명적인 것은 아니다. 또한 이런 변천은 학교 급식 정책의 변경, 공장 폐쇄, 도시 외곽으로의 이주와 같이 사소해 보이는 환경 요인의 갑작스러운 변화에 의해 사라질 수도 있다. 형질은 절대로 환경의 영향을 받지 않은 채 단독으로 진화하지 않는다.

핀란드에서는 최근에 자국민의 진화에 대한 가장 심도 깊은 조사가 이루어졌다. 2015년 핀란드 과학자들은 15세대에 걸친 300년 동안의 계보 기록(약 1만 명)에 관한 자료를 수집했다. 이 300년은 농업 및 어업 국가에서 산업 국가로의 전환, 그리고 그러한 혁명적 전환과 관련된 모든 문화적 변화가 이루어진 시간이다. 18세기 핀란드 영토는 동쪽의 러시아와 서쪽의 스웨덴 간의 전쟁터였고, 핀란드 인구는 45만 명에 불과했다. 러시아인들이 침략과 철수를 반복했고 스웨덴인들도 마찬가지였다. 산발적인 평화와 번영으로 인해 핀란드 인구는 19세기까지 두 배가 되었고 2010년까지 5백만 명을 넘었다. 그들의 출생률은 19세기 중반에 가구 당 5명에서 오늘날 가구 당 1.6명으로 떨어졌지만, 생존율은 이런 감소 추세를 보상하기에 충분했고 그 이상이었다. 1860년대에 핀란드에서 출생한 아기 중 3분의 2가 생존했으나 2차 세계대전 당시에는 그 비율이 94퍼센트를 넘었다.

엘리자베스 볼런드(Elisabeth Bolund) 교수의 연구팀은 교회 기록을 조사하여 핀란드 역사상 가장 포괄적인 가계도를 재구성했다. 연구팀은 수명, 자녀 수, 첫 번째와 마지막 자녀를 낳았을 때의 산모의 연령에 대한 의미 있는 데이터를 찾아냈고, 이 수치가 시간이 지남에 따라 가족 내에서 어떻게 전개되었는지 살펴봄으로써 어느 비율이 유전자 때문인지 분석할 수 있었으며, 그 유전자가 작동하는 상황에 어떤 영향을 미치는지 알 수 있었다. 엘리자베스 볼런드는 출생 데이터 변화의

4~18퍼센트가 DNA에 기인할 수 있음을 발견했고, 그 영향이 시간이 지남에 따라 증가했다는 것을 보여주었다. 보건 및 위생에 대한 접근성이 높아짐에 따라 환경 불평등의 영향이 줄어들면 적어도 출산 및 임신의 추세에 있어서 유전자의 영향이 커질 수 있다. 이것은 원칙적으로 다윈의 자연선택 이론에 더 많은 기반을 제공한다.

이 영향이 다른 지역 혹은 전 세계에서 나타나는지 여부는 알려지지 않았다. 그러나 현재 인간 진화의 질문은 두 가지 요소에 크게 의존한다. 첫 번째 질문은 '변화가 유전될 수 있는가?'이다. 이에 대한 대답은 '그렇다'다. 우리는 특정 유전자에서 이런 사실을 확인할 수 있으며, DNA의 세부사항이 반드시 알려지지는 않은 복잡한 행동에서 그것이 나타나는 걸 볼 수 있다. 두 번째 질문은 '아기들의 생존율은 다양한가?'이다. 그 대답 역시 '그렇다'이며, 측정가능하다.

이 연구에서 시간 척도는 매우 짧으며 변화는 작다. 전 세계의 유아 사망률의 차이는 핀란드와 프레이밍햄과 같은 풍요로운 인구에서의 이런 진화가 추론되거나 일반화될 수 없음을 의미하며, 감비아 및 다른 곳의 소규모 연구에서 약간 비슷한 결과를 볼 수 있지만, 그곳의 데이터는 포괄적인 것과는 거리가 멀다. 몇 세대는 진화론적 강물에서 관찰가능한 자료에 우리의 발가락을 겨우 담그는 정도의 시간 척도에 불과하다. 그러나 인류는 진화하고 있고, 우리 게놈은 변하고 있다. 선택의 압력이 급격하게 바뀌었음에도 근대성에 대한 인류의 장악력은 그런 변화를 완전히 제거하지 못했다. 우리는 시간에 고정된 생물이 아니며,

우리는 창조된 종이 아니라 낳아진 종으로 남아 있다. 차이가 있는 한, 우리는 언제나 전환기에 있는 종이 될 것이다.

지금까지 살았던 모든 사람들의 역사는 우리의 DNA 혹은 땅 속에 묻혀 있다. 그러나 예측은 어려우며, 특히 미래에 대한 예측은 더욱 어렵다. 이 책이 끝나가면서 이 모든 것이 애매한 결론처럼 들리겠지만, 행복하게도, 그것이 과학의 본성이다.

지식보다 무지가 더욱 자주 확신을 낳는다…

우리의 털북숭이 조상에서 이어지는 인간의 진화에 관한 연구인 『인간의 계보』에서 다윈이 한 말이다. 창조론자들과 논쟁하는 것이 시간 낭비라는 것은 비밀이 아니다. 그들은 사물을 근본적으로 다르게 보기 때문이다. 그들은 그들이 생각하는 것이 진실이라고 믿지만, 과학에서 우리는 틀렸다고 가정해야 한다. 우리는 우리가 옳다고 알고 있는 모든 것을 의심해야 한다는 걸 알고 있다. 당신의 아이디어와 실험에서 잘못된 것을 찾기가 어려워지고 어려워질 때, 그것은 아마도 당신이 올바른 길을 가고 있다는 신호일 것이다. 그것은 과학의 영원한 비장의 카드다.

기독교인들은 가끔씩 자신의 신앙을 끊임없이 의심한다고 말하지만, 과학자와는 다른 유형의 의심이다. 기독교인들은 그들의 가정이 확증될 것이라는 전제 하에 의문을 제기하는 것처럼 보인다. 과학자들은 자신의 결과가 뒤집힐 수도 있다는 명백한 전제 하에 의문을 제기한다. 내가 아는 대부분의 기독교인들 역시 다윈의 진화가 만물의 현재 모습이 어떻게 이루어졌는지를 가장 잘 설명한 것이라고 생각한다. 그럼에도 창조론은 기독교의 한 부분으로 존재하며, 주변부에 있지만 목소리가 크며, 우스꽝스러운 오류로 거품을 일으키고 있다.

이와 관련된 창조론자들이 제시한 좀비 논쟁[93]의 무기력한 무기고에 대해 언급할 만한 가치가 있는 점이 하나 있다. 그들은 과도기적 화석이 없다는 것을 끊임없이 주장한다. 한 종이 다른 종으로 변했다는 증거가 없다고, 과도기적 시각은 전혀 효용이 없다고, 자신들의 관점은 그 자체로 완벽하며, 점진적인 단계가 될 수 없다고 주장한다.

보려고 하지 않는 사람들보다 더한 장님은 없다. 사실, 화석 기록은 과도기적 형태로 가득 차 있다. 누군가가 이름 붙이려 선택하는 어떠한 개별적인 특성도 다양한 형태로 돌에 새겨져 있다. 우리는 미묘하고 사소한 변화를 보여주는 화석에서 우리 자신의 눈으로 이어지는 수많은 형태의 원시적 눈을 볼 수 있을 뿐만 아니라, 살아 있는 생물체에서도 단세포 생물인 유글레나의 광수용체 패치부터 우리와 우리보다 훨씬 뛰어난 시력을 가진 많은 생물의 눈에 이르기까지 모든 진화 단계를 볼 수 있다.

화석이 희귀하고 가능성이 희박하기 때문에 화석에서는 그 그림이 완벽하지 못하다. 그러나 분명히 그 속에는 과도기적 변화가 담겨 있다. 또한 우리는 화석을 통해 어떤 신체기관이 다른 신체기관으로 이어

---

93 뇌도 없고 심장도 없으며, 비실거리고 침을 흘리며, 끊임없이 발을 질질 끌고, 이성, 지성, 토론이 개입할 여지가 없으며, 필연적으로 추한 괴물이 되는 논쟁.

지는 수십 개의 작은 움직임을 개략적으로 파악할 수 있다. 이를 통해 팔이 날개로, 광수용체 세포가 눈으로, 지느러미가 발로, 산소 흡입 기공이 폐로 이어지는 것이다. 지질시대에 걸친 이러한 모든 점진적인 변화가 자연선택의 대상이 되며, 모든 것이 DNA에 인코딩된다.

진실은 (당신이 자손을 낳는 한) 유전적인 관점에서 당신은 과도기적 존재라는 것이다. 당신의 DNA는 부모님의 DNA와 자녀의 DNA 사이의 완벽한 중간 단계다. 만약 우리가 지구상에 살았던 모든 사람의 DNA와 모든 생물의 DNA를 모을 수 있다면, 우리는 세포에서 세포로, 부모에서 자식으로, 종에서 종으로 이어지는 모든 변화 과정을 차트로 보여주는 엄청나게 거대한 혈통을 그릴 수 있을 것이다. 그 DNA는 상상할 수 없을 만큼 거대한 색상표의 향연에 존재하는 모든 단색 픽셀이다. 하지만 불행히도 우리는 그 그림을 그릴 수 없다. 대신에 우리는 우리가 가지고 있는 게놈 데이터를 사용하여 살아 있는 종과 몇몇 죽은 종을 비교함으로써 그들 간의 진화 거리를 계산하고, 이 새로운 정보를 화석학, 지질학, 통계학, 수학을 활용하여 나머지 조각그림 퍼즐에 끼워 맞춘다.

시간이 지남에 따라 유전적 변화가 축적되어 새로운 종이 형성된다. 호모 사피엔스와 호모 네안데르탈렌시스 사이의 반복적으로 위반된 경계(제1장 참조)에 의해 예시된 바와 같이 시간이 흐르면서 경계가 희미해지지만, 개별 생물체가 경험하는 독특한 압력과 함께 충분한 변화가 습득되고 그들이 분화되는 새로운 종의 개체군에 그 변화가 뿌리를 내릴 것이다. 이렇게 분화된 새로운 종의 유전자는 너무 달라서 기존의 종의 유전자와 섞일 수 없다. 섹스의 메커니즘이 신체적으로나 생화학적으로 (또는 종종 둘 다) 서로 너무나 다르기 때문에 더 이상 번식 능력을 갖지 못하는 것이다.

이런 진화 형태는 실제로 증명할 수 있는 사실이며, 살아 있는 종과 죽은 종의 생물학에서 확인할 수 있다. 실제로 우리는 다윈 이후 많은 종에서 이것을 분명히 관찰했다. 초파리는 여러 세대에 걸쳐 서로 다른 시기에 열매를 맺는 다른 나무에서 먹이를 얻은 결과 별개의 두 가지 종으로 분화되고 있다. 철새인 검은머리꾀꼬리는 대부분 스페인에서 겨울을 나지만, 일부는 영국에서 겨울을 난다. 1960년대에 정원에서 새 모이주기가 점점 인기를 얻은 이래 몇몇 검은머리꾀꼬리는 여름 거주지인 독일과 더 가까운 영국으로 찾아오고 있다. 그들은 스페인으로 이동하기 전에 도착하므로 교미에 관해 첫 번째 몫을 가지며, 이제 그들은 다른 종의 새처럼 보이기 시작한다. 이 새들과 곤충들과 우리 자신은 세대 간 시간에 걸쳐 미묘하고 비밀스럽게 변화하기 때문에 과도기적이다.

창조론자들은 소진화(microevolution : 같은 종 내의 변화)는 실제로 일어나지만, 대진화(macroevolution : 한 종에서 다른 종으로의 변화)는 일어나지 않는다고 말한다. 생물학자들은 그런 구별을 하지 않는다. 소진화든 대진화든 모든 진화는 적절한 조건에 주어지면 충분히 긴 시간 척도에 걸쳐 이루어지는 동일한 과정이다. 검은머리꾀꼬리와는 달리, 인류는 현재 진화적 환경 속에 단단히 자리 잡고 있다. 인류가 새로운 종으로 분화될 가능성은 없다. 인류는 너무 유사하며, 너무 광범위하며, 너무 많이 그리고 너무 천천히 상호번식하기 때문이다. 그러나 충분히 오랜 기간을 거치면, 모든 생물 종은 살아 있는 다른 것이 되거나 죽게 된다. 이것은 지구상에서 살아가는 모든 생명체에 대한 영원한 진실이다.

다윈의 자연선택에 따른 진화론은 말 그대로 이론이다. 과학 밖에서는 이 단어의 의미에 대해 이해할만한 약간의 혼란이 존재한다. 과학 내부에서 '이론'은 우리가 가진 최고의 설명을 의미한다. 일반인이 사용하는 의미와 달리, 그것은 추측이나 예감이나 가설이 아니다. 다윈의 진화론은 우리가 가진 살아 있는 세계에 대한 가장 완벽한 주관적인 그림이다. 그것은 진리가 아니다. 진리는 수학, 종교 및 철학의 영역이기 때문이다. 과학에서 우리는 분명히 진실을 추구하며, 우리가 사물을 인식하는 방식 혹은 우리가 원하는 사물의 존재 방식이 아니라 사물이 실제로 존재하는 방식에 더 가까이 다가가도록 발걸음을 내딛는다.

다윈의 진화론은 무엇과도 비교할 수 없는 탁월한 이론이다. 그것은 독보적인 가치를 지니기 때문에 다른 이론들과 경쟁할 필요가 없다. 그것 외에는, 우리가 관찰하고 테스트한 사실들에 의해 뒷받침되는 지구상의 생명체에 대한 또 다른 과학적 설명은 존재하지 않는다.

유전자가 발견되기 150년 전에, 이중나선이 발견되기 100년 전에, 인간의 게놈이 판독되기 50년 전에 찰스 다윈은 자신의 아이디어를 확립시켰다. 그러나 이 모두가 똑같은 이야기를 들려준다. 생명은 화학반응이다. 생명은 이전에 온 것에서 파생된다. 생명은 불완전한 복제다. 생명은 DNA에 새겨진 정보가 축적되고 정제된 것이다. 자연선택은 지구에서 생명체가 탄생한 후 어떻게 진화했는지를 설명해준다. 우리는 분주하게 이론을 다듬고, 모든 게놈을 판독함으로써 가능해진 정밀성과 정교함으로 세부 사항을 연구하고, 이해할 수 있는 패턴이 나타날 때까지 그 숫자를 분석한다. 우리는 데이터다.

인류는 여전히 자연선택의 압력에 의한 진화의 대상일까? 그렇다. 하지만 40억 년 지구의 역사에 존재하는 다른 모든 종에 비해 인류에 대한 진화의 장악력은 약화되고 느려지고 있다. 우리는 특별한 동물이다. 우리는 아직도 진화하고 있는가? 대답은 분명하다. 진화는 시간과 변화가 합쳐진 것이다. 우리는 인류의 먼 과거와 최근의 과거에서 그것을 확인했다. 인류의 진화는 때로는 분명히 긍정적인 자연선택의 결과였고, 때로는 그저 시간을 거스르지 않는 흐름일 뿐이었다. 변화가 없는 종은 이미 멸종되었다. 우리가 새로운 변화를 만드는 한, 인류는 과거에 그랬듯이 앞으로도 가장 아름답고 가장 경이롭게 진화할 것이다.

●

'우리는 탐험을 멈추지 않을 것이다.
그리고 우리의 모든 탐험의 끝은
우리가 시작한 곳으로 도달할 것이다.
그리고 처음으로 그 곳을 알게 되리라.'
-T.S. 엘리엇, 『리틀 기딩(Little Gidding)』

이 책을 쓰는 일은 내가 사람들에 대해 생각하는 방식에 영향을 미쳤다. 나는 흐린 3월의 어느 수요일 아침에 붐비는 런던 지하철 빅토리아 라인에 앉아 이 글을 쓰고 있다. 열차가 쿵쾅거리는 소리는 그리 즐겁지 않다. 모든 사람들이 정시에 직장에 도착하기 위해 분주하게 움직이는 이런 상황에서 남을 배려하는 행동을 하기는 쉽지 않다. 하지만, 나는 사람들을 보는 걸 좋아한다. 특히 얼굴을 살펴보는 걸 좋아한다. 그들의 얼굴은 저마다 다르면서도 너무나 비슷하다.

우리 모두가 브릭스턴(런던의 한 지역)행 열차에 탔다는 점에서 이 여행의 공통점이 있지만, 출근 전 40억 년의 경로는 모두 다르다. 친근한 통근자들을 바라보며 나는 우리 종에 대해 경탄한다. 그렇다. 우리는 독특하며, 다른 종들은 근접할 수 없는 많은 일들을 할 수 있다. 모든 종은 독특하다. 우리는 갯가재처럼 서로 다른 16개 파장의 빛을 볼 수 없고, 수많은 철새들처럼 쉬지 않고 1,600킬로미터를 날아갈 수 없고, 물고기처럼 물속에서 숨을 쉴 수 없다.

모든 종은 특별하다. 독창적으로 진화한 우리의 지능은 기술을 발달시키도록 우리를 이끌었다. 우리는 과학과 공학과 문화를 발전시켰고, 우리를 둘러싼 세계와 자신을 이해하려고 노력했기 때문에 그 모든 일을 이루어냈다. 인류가 거울에 비친 자신의 몸을 바라보며 진화에 대해 질문을 던진 것은 허영심이 아니었다. 그것은 호기심이었다. '호기심이 고양이를 죽인다'는 속담은 무의미한 문구다. 호기심을 억누르는 건 인간의 본성을 억누르는 것이다. 우리는 해부학과 세포를 들여다보았고, 지금은 유전자라는 숨겨진 왕국의 내면을 들여다보고 있다. 또한 우리는 하늘과 별, 땅속과 바다 속, 원자와 분자, 그리고 이제는 양자 영역의 보이지 않는 세계까지 연구하고 있다. 과학은 탐험이며 우리는 탐험가다.

생물학의 모든 이론은 인류 전체의 유사점과 차이점을 통합해야 한다. 우리는 특별한 유인원이다. 그런 생각을 하면서 나는 열차에 타고 있는 사람들의 얼굴을 본다. 나는 어떤 여성의 얼굴선을 보면서 그녀의 피부에 탄력을 주는 단백질을 생각한다. 그리고 호수처럼 푸른색에서 밤처럼 검은색까지 다양한 눈동자를 살펴보고, 누군가의 앞니를 보면서 동아시아의 기원을 가진 런던 시민들의 것과는 다른 앞니 뒤쪽의 가리비 무늬를 떠올린다. 나는 유전자들이 그들의 공동체에서 모여 자신들이 만든 생물학적 껍질에서 살아남기 위해 상의하는 장면을 상상한다. 그들이 상의하는 정확한 내용이 사람들마다 다르므로 우리는 독특하다. 인류라는 종족 내에서 우리 모두는 너무나 완전히 독창적이다.

'고유함'이라는 말은 별다른 수식어가 필요 없는 특이한 단어이며, 이 책의 첫 페이지에서 나는 자연스럽게 우리 종의 고유성을 부정했다. 그럼에도 불구하고 당신과 똑같은 사람은 과거에도 없었고, 앞으로도 다시는 없을 것이다. 당신의 얼굴, 당신의 생물학적 특성, 당신의 신진 대사, 당신의 경험, 당신의 가족, 당신의 DNA 그리고 당신의 역사는 완전히 무관심한 세계에서 벌어진 우주적 우연에 따른 결과물이다.

우리의 DNA는 독특하지만 그것은 과거에 살았던 수백만 명으로부터 파생되었다. 그들 중에 악당 리처드 3세와, 예수 그리스도의 포피를 교황에게 선물한 사람과, 15세기에 알려지지 않은 유럽인 조상을 공유하면서 나의 친밀한 사촌 또는 먼 사촌이 된 많은 사람들과, 처음으로 아이슬란드의 화산 해안에 발을 디딘 바이킹의 후손들이 있다는 사실이 나를 기쁘게 한다. 조지프 챙의 말처럼, 양쯔강 유역에서 벼를 재배하던 조상과 이집트에서 피라미드를 건설하기 위해 피땀을 흘린 조상을 우리 모두가 공유하고 있다는 사실이 나를 기쁘게 한다.

우리 조상들이 처음으로 젖소와 염소에서 우유를 짜냈고, 항아리와 접시를 만들었고, 멧돼지와 매머드를 사냥했고, 심지어 네안데르탈인 또는 데니소바인과 성관계를 가져서 인류가 지속되는 한 그들의 유전자를 우리 안에 영원히 남겨주었다는 사실이 나를 기쁘게 한다.

우리가 누구인지, 어떻게 지금 여기까지 왔는지 이해하려고 노력하면서 우리는 과거를 재구성한다. 물론 우리는 DNA 그 이상의 존재이며, 매우 먼 길을 거쳐 온 존재다. 이 책의 길이를 시간 척도로 사용하면, 기록된 인류의 역사는 66만 개가 넘는 문자 중 한 개에 해당한다. 그러나 지구의 시간이라는 거대한 바다의 물 한 방울에 모든 인류의 역사가 담겨 있으며, 돌에, 문서에, 예술에, 단어에, 뼈에, 건축물과 항아리에, 그리고 DNA에 기록되어 있다. 게놈은 역사책이다. 우리는 그 역사책에 대한 탐험을 중단하지 않을 것이며, 인류가 존재하는 한 탐험은 결코 끝나지 않을 것이다. 자, 이제 이 책은 끝났다.

감사의 말

다음과 같은 여러분들이 글과 아이디어에서 많은 도움을 주었다. 너무나 감사드린다.

제니퍼 래프(Jennifer Raff), 에드 용(Ed Yong), 이완 버니(Ewan Birney), 수지 게이지(Suzi Gage), 알렉스 갈랜드(Alex Garland), 스티븐 키엘러(Stephen Keeler), 사라 켄트(Sarah Kent), 앤 파이퍼(Anne Piper), 리처드 도킨스(Richard Dawkins), 피터 프랭코판(Peter Frankopan), 브라이언 콕스(Brian Cox), 아오이페 맥리사트(Aoife McLysaght), 루이스 크레인(Louise Crane), 라라 캐시디(Lara Cassidy), 얀 웡(Yan Wong), 리 로웬(Lee Rowen), 조지프 알베르토 산티아고(Joseph Alberto Santiago), 나다니엘 컴퍼트(Nathaniel Comfort), 나다니엘 러더퍼드(Nathaniel Rutherford), 마커스 하벤(Marcus Harben), 아나 폴라 로이드(Ana Paula Lloyd), 크리스 군

터(Chris Gunter), 엠마 다윈(Emma Darwin), 그레이엄 쿱(Graham Coop), 리사 마티수-스미스(Lisa Matisoo-Smith), 제인 소우던(Jane Sowden), 엘스페스 메리 프라이스(Elspeth Merry Price), 데이비드러더퍼드(David Rutherford), 아난다 러더퍼드(Ananda Rutherford), 다윈 서신 프로젝트 (the Darwin Correspondence Project), 서브하드라 다스(Subhadra Das), 데비 케네트(Debbie Kennett), 설레리액스(the Celeriacs), 라지브 칸(Razib Khan), 레오니드 크루글리약(Leonid Kruglyak), 알리스 와들(Alys Wardle), 앤드류 코헨(Andrew Cohen), 게일 케이(Gail Kay), 헨리 지(Henry Gee), 레나 케란스(Lena Kerans), 아일린 스캘리(Aylwyn Scally), 프란체스카 스타브라카폴로(Francesca Stavrakapoulou), 탬신 에드워즈(Tamsin Edwards), 페니 영(Penny Young), 매트 리들리(Matt Ridley), 하미쉬 스펜서(Hamish Spencer), 케빈 미첼(Kevin Mitchell), (Marcus Munafo), (Pete Etchells), 로버트 플로민(Robert Plomin), 피터 도넬리(Peter Donnelly) 크리스 스트링거(Chris Stringer). BBC 라디오 사이언스 제작진인 안나 버클리(Anna Buckley), 데보라 코헨(Deborah Cohen), 사샤 피쳄(Sasha Feachem), 피오나 힐(Fiona Hill), 피오나 로버츠(Fiona Roberts), 애드리안 와시번 (Adrian Washbourne), 앤드류 럭-베이커(Andrew Luck-Baker), 젠 휜티(Jen Whyntie), 그리고 마니 체스터턴(Marnie Chesterton)은 모두 저와 함께 유전학 관련 프로그램을 만든 분들이다. 팀 어스번(Tim Usborne)과 폴 센(Paul Sen)은 BBC4 시리즈⟨유전자 코드(The Gene Code)⟩에서 나를 이끌었고, 그 시리즈는 이 책의 아이디어에도 반영되었다.

앨리스 로버츠(Alice Roberts)는 합리적으로 예상할 수 있는 것보다 더 많은 것을 도와주었다. 유전학은 딱딱하다는 그녀의 말을 여러 번 마음속에 되새겼다. 매튜 콥(Matthew Cobb)의 도움과 너그러움은 마블 코믹스에 대한 그의 지식만큼이나 폭넓었다. 문학 에이전트 윌 프랜시스(Will Francis)가 제 글을 더 멋지게 만들어주었으므로 얀클로우 앤 네스비트(Janklow & Nesbit)의 모든 분들께 감사드린다. 편집자인 비 헤밍(Bea Hemming)에게 가장 깊은 감사의 말을 전한다. 당신의 편집 솜씨를 지켜보는 건 즐거움이자 은총이었다. 편집부의 홀리 하틀리(Holly Harley)와 샬럿 콜(Charlotte Cole), 그리고 표지 디자인을 위해 애써준 스티브 마킹(Steve Marking)과 앤디 앨런(Andy Allen)에게도 감사드린다. 언제나처럼 조지아(Georgia), 베아트리체(Beatrice), 제이크(Jake), 그리고 제 가장 최근 인류 진화 나뭇가지인 주노(Juno)에게 마음 속 깊이 사랑과 고마움을 전한다.

게놈 genome / 휴먼게놈프로젝트 human genome project

게놈은 생물체의 전체 유전 물질이며 생물체 DNA의 총합이다. '휴먼게놈 프로젝트'는 공공의 기금에 의한 거대한 과학적 노력이었으며, 21세기의 처음 몇 년 동안 결실을 맺었다. 예산과 시간에 따라 규정된 이 프로젝트의 목표는 인간의 게놈을 완전하게 판독하여 인간의 유전자가 어떻게 작동하는지, 어떻게 진화했는지, 그리고 잘못될 경우 어떤 일이 발생하는지에 대한 정보를 전세계에 데이터베이스로서 제공하는 것이었다. 주요 결과물은 각 개인의 개별적인 변이를 비교할 수 있는 평균적인 인간의 표준적인 게놈이었다.

단백질 protein

생물의 몸속에서 가장 중요한 기능을 담당하는 생물학적 분자 덩어리. 긴 끈처럼 생긴 아미노산이라고 불리는 간단한 분자들이 모여서 단백질을 구성한다. 아미노산의 끈이 접히면서 3차원 구조를 만들고, 세포 내의 다른 단백질과 결합하여 자신의 기능을 활성화하기도 한다.

'단일 뉴클레오타이드 다형성' SNP

사람들 간의 유전적 차이가 나타나는 이유는 게놈의 특정 지점에서 유전자 코드의 개별 문자들이 서로 다르기 때문이다(아래의 대립유전자 참조). 이 차이가 특정 지점에서 한 개의 문자가 단순히 변경된 것일 때, '단일 뉴클레오타이드 다형성(SNP : single nucleotide polymorphism)'이라고 부르며, 일반적으로 SNP('스니프'라고 발음한다)라고 약칭한다. inquiry와 enquiry는 모두 '조사'라는 뜻을 가진 단어이며, 알파벳에서의 SNP라 할 수 있다.

대립유전자 allele

우리는 누구나 23쌍의 유전자 세트를 갖고 있지만, 그 내용은 모두 다르다. 대립유전자는 대체 철자 또는 오타와 비슷한 유전자 변이체(또는 게놈 내의 위치)다. '행동'이라는 단어의 철자를 미국에서는 'behavior'라고 쓰고 영국에서는 'behaviour'라고 쓰지만, 그 의미는 바뀌지 않는다. 반면에 'affect(영향)'와 'effect(효과)'는 문자 하나가 바뀌면서 의미가 완전히 달라진다. 둘 다 대립유전자의 예다.

멘델의 법칙 Mendelian / Mendel's Laws

생물학적 유전의 기본 법칙은 19세기에 그레고어 멘델(Gregor Mendel)에 의해 확립되었다. 그는 수천 가지 완두콩을 교배하고 여러 가지 특성이 어떻게 후대로 이어지는지 관찰하여, 다음과 같이 요약할 수 있는 세 가지 광범위한 법칙을 만들었다.

1. 생물은 부모 양쪽으로부터 각각 물려받은 대립유전자 사본 두 개를 갖고 있다.
2. 각 형질은 서로 독립적으로 유전된다.
3. 일부 대립유전자는 열성인자라고 불리는 다른 것들보다 우세하다. 부모 중 한쪽에서 우성인자를 물려받고 다른 쪽에서는 열성인자를 물려받는다면 우성인자만 표현된다. 열성인자(예를 들면 빨간색 머리카락)가 표현형이 되려면 부모 양쪽으로부터 물려받은 두 개의 대립유전자가 모두 열성이어야 한다.

흔히 그렇듯이, 이 법칙에는 몇 가지 주목할 만한 예외가 있다는 점에서 규칙과 비슷하다. 생물학은 특히 예외가 많은 학문이다.

미토콘드리아 mitochondria

세포에서 사용되는 에너지를 만들어내는 데 가장 중요한 역할을 하는 세포 내 기관. 작은 DNA 루프 형태의 독자적인 염색체를 갖고 있으며, 이는 세포핵에 들어 있는 대부분의 염색체와 구별된다. 미토콘드리아 DNA(때로는 mtDNA로 간단히 표기한다)는 오직 어머니로부터만 유전되어 모계를 도표화할 수 있기 때문에 유전학자와 계보학자들의 큰 주목을 받고 있다.

아미노산 amino acid

함께 연결되어 단백질을 형성하는 작은 분자. 각 아미노산은 특정한 3개의 염기 배열에 의해 DNA에서 암호화된다.

염기 bases

유전자 배열을 결정짓는 DNA의 개별 구성요소. 뉴클레오티드라고도 한다. A,T,C,G로 약칭되는 네 가지 염기가 존재한다. DNA의 이중 나선 구조를 꼬인 사다리라고 가정하면, 사다리의 발 디딤대 각각을 염기로 볼 수 있다. A염기는 오직 T염기와만 쌍을 이루고, C 염기는 오직 G염기와만 쌍을 이룬다 (RNA에서는 T가 U로 바뀐다).

염색체 chromosome

유전자를 보유하는 DNA가 길게 나열된 것. 생물의 염색체 개수는 종마다 다르다. 인간의 경우에는 22쌍(44개)의 상염색체와 2개의 성염색체를 가지고 있다. 여성의 성염색체는 XX, 남성의 성염색체는 XY다.

유전자 gene

가장 간단하게 정의하자면, 유전자는 작동 단백질을 코딩하는 DNA의 염기 서열이라고 할 수 있다. 이는 DNA가 RNA를 만들고 RNA가 단백질을 만든다는 '중앙 도그마(central dogma)' 이론에 부합하는 정의다. 유전자는 DNA로 구성되어 있으며, 텍스트의 문장처럼 염색체의 일부로서 존재한다. 더 정확한 정의는 없지만, 이 모델을 따르지 않는 활성 유전 요소가 있다. 지난 몇 년 동안 단백질이 되지 않는 RNA를 암호화하는 여러 가지 DNA가 확인되었다. 이것은 아직 유전자로 분류되지 않는다.

유전자형 genotype

유전자형은 당신이 가진 유전자의 버전을 나타낸다.

유전체학 genomics

유전학을 포함하여 매우 광범위하게 게놈을 연구하는 학문. 게놈을 연구한다는 것은 생물체 내의 특정 기능을 가진 유전자를 관찰할 뿐만 아니라, 그 유전자의 제한 요소 및 DNA에 저장된 정보를 분석하는 것이다.

유전학 genetics

유전자, DNA, 질병, 유전, 진화 등을 연구하는 학문.

이형접합체 / 동형접합체 heterozygous / homozygous

각 부모로부터 물려받은 하나의 유전자 쌍. 이형접합체는 동일한 유전자의 두 가지 다른 버전을 가지고 있음을 의미하며, 동형접합체는 둘 다 동일함을 의미한다.

코돈 codon

단백질을 형성하는 특정 아미노산을 코딩하도록 특정 순서로 결합된 3개의 염기. 염기는 4 종류가 있으므로, 3개씩 조합하면 64개의 코돈이 만들어진다.

그러나 생물학에서는 (단백질을 생성을 멈추게 하는 STOP 신호를 포함하여) 20개의 아미노산만을 사용한다. 이는 유전자 코드에 불필요한 부분이 있음을 의미한다. 서로 다른 몇몇 코돈은 동일한 아미노산을 코딩할 수 있다. DNA에 있는 코돈의 배열이 유전자를 표시한다.

표현형 phenotype

유전자 또는 유전자형이 신체적으로 발현된 것. 예를 들면, 유전자 MC₁R (유전자형)의 특정 버전은 당신의 표현형이 빨간 머리가 된다는 것을 의미한다.

DNA

Deoxyribonucleic acid(데옥시리보핵산)의 약자. 전형적으로 염색체에 배열되어 있는 유전 물질. DNA는 유전자가 기록된 문서라고 할 수 있다.

BCE

Before the Common Era(공통 시대 이전)의 약자. 'BC(Before Christ : 기원전)'라는 용어와 같은 뜻이지만 종교적 색채를 없앤 것이다. 과학계에서는 BCE가 BC를 어느 정도 대체하고 있다. (이 책에서 저자는 연도에 BCE와 CE를 사용했다.—옮긴이)

CE

'Common Era(공통 시대)'의 약자. 기존의 AD(Anno Domini: 서기)와 같은 뜻이다. 예를 들면 이 책이 처음 출판된 연도는 AD 2016년 또는 CE 2016년이다.

참고 문헌

유전학, 진화론 그리고 인간이라는 주제에 대해 내게 큰 영향을 준 다음과 같은 저서들을 독자들도 읽어보기를 권장한다.

The Language of the Genes ∶ Solving the Mysteries of Our Genetic Past, Present and Future by Steve Jones, Harper Collins, 1991 ∶ 이 책은 '휴먼게놈프로젝트'가 시작되기 25년 전에 써진 고전이다. 그러나 스티브 존스의 뛰어난 문장력과 줄거리는 오늘날까지도 읽을 가치가 있다.

Genome ∶ A Biography in 23 Chapters by Matt Ridley, Fourth Estate, 1999 ∶ 역시 고전이며, 인류의 게놈이 밝혀지기 전에 출판되었다.

Life's Greatest Secret ∶ The Race to Crack the Genetic Code by Matthew Cobb, Profile, 2015 ∶ 내가 읽은 책 중 유전자 코드에 관한 가장 확실한 결정판이다.

그리고 당연히, 항상 근본으로 돌아가게 된다.

The Descent of Man, and Selection in Relation to Sex by Charles Darwin, MA, FRS

(John Murray, 1871)

시작하는 말

http://www.prb.org/Publications/Articles/2002/HowManyPeopleHaveEverLive donEarth.aspx

Happy Birthday to you! by Dr Seuss (Harper Collins Children's Books, 2005)

Larkin, Philip, 'This be the Verse', *High Windows* (Faber and Faber, 1974). Reproduced with permission from Faber and Faber Ltd

International Human Genome Sequencing Consortium, Lander, Eric S., et al., 'Initial sequencing and analysis of the human genome', *Nature* 409(2001), 860 – 921

제1장 호색적이고 이동적인 인류

Many have written on the origin of life, including myself (*Creation, Viking*, 2013), but none better than Nick Lane, notably in *The Vital Question : Why is Life the Way it is?* (Profile, 2015)

Brown, P., et al., 'A new small-bodied hominin from the Late Pleistocene of Flores, Indonesia', *Nature* 431 (2004), 1055 – 61

Sutikna, Thomas, et al., 'Revised stratigraphy and chronology for *Homo floresiensis* at Liang Bua in Indonesia', *Nature* 532 (2016), 366 – 9

van den Bergh, Gerrit D., et al., '*Homo floresiensis*-like fossils from the early Middle Pleistocene of Flores', *Nature* 534 (2016), 245 – 8

Jobling, Mark A., 'The truth is out there', *Investigative Genetics* 4:24 (2013)

Wong, Kate, 'The Littlest Human', *Scientific American* 16 (2006), 48 – 57

Krings, Matthias, et al., 'Neandertal DNA Sequences and the Origin of Modern Humans', *Cell* 90 : 1 (1997), 19 – 30

Liu, Wu, et al., 'The earliest unequivocally modern humans in southern China',

Nature 526 (2015), 696 – 9

Howell, F. Clark, 'The Evolutionary Significance of Variation and Varieties of "Neanderthal" Man', *The Quarterly Review of Biology* 32 : 4 (1957), 330 – 47

Rendu, William, et al., 'Evidence supporting an intentional Neandertal burial at La Chapelle-aux-Saints', *Science* 318 : 5855 (2007), 1453

Green, Richard E., et al., 'Analysis of one million base pairs of Neanderthal DNA', *Nature* 444 : 7117 (2006), 330 – 6

Noonan, James P., et al., 'Sequencing and Analysis of Neanderthal Genomic DNA', *Science* 314 : 5802 (2006), 1113 – 18

Green R.E., Krause J., Briggs A.W., et al., 'A draft sequence of the Neandertal genome', *Science* 328 : 5979 (2010), 710 – 22

Prüfer, Kay, et al., 'The complete genome sequence of a Neanderthal from the Altai Mountains', *Nature* 505 (2014), 43 – 9

Arensburg, B., et al., 'A Middle Palaeolithic human hyoid bone', *Nature* 338 (1989), 758 – 60

Murugan, Malavika, et al., 'Diminished FoxP2 Levels Affect Dopaminergic Modulation of Corticostriatal Signaling Important to Song Variability', *Neuron* 80 : 6 (2013), 1464 – 76

Krause, J., Lalueza-Fox, C., Orlando, L., et al., 'The derived FOXP2 variant of modern humans was shared with Neandertals', *Current Biology* 17 : 21 (2007), 1908 – 12

Hurst, J.A., et al., 'An extended Family with a Dominantly Inherited Speech Disorder', *Developmental Medicine Child Neurology* 32 : 4 (1990), 352 – 5

Kuhlwilm, M., et al., 'Ancient gene fl ow from early modern humans into Eastern Neanderthals', *Nature* 530 (2016), 429 – 33

Mainland, Joel D., et al., 'The missense of smell : functional variability in the human odorant receptor repertoire', *Nature Neuroscience* 17 (2014), 114

Lalueza-Fox, C., et al., 'A Melanocortin 1 Receptor Allele Suggests Varying Pigmentation Among Neanderthals', *Science* 318:5855 (2007), 1453 – 5

Hoover, Kara C., et al., 'Global Survey of Variation in a Human Olfactory Receptor Gene Reveals Signatures of Non-Neutral Evolution', *Chemical Senses* 40 (2015), 481 – 8

Juric, Ivan, Aeschbacher, Simon and Coop, Graham, 'The Strength of Selection Against Neanderthal Introgression', *bioRxiv* (30 October 2015)

Harris, Kelley and Nielsen, Rasmus, 'The Genetic Cost of Neanderthal Introgression', *bioRxiv* (29 March 2016)

Krause J., Fu Q., Good J.M., et al., 'The complete mitochondrial DNA genome of an unknown hominin from southern Siberia', *Nature* 464 (2010), 894 – 7

Sawyer, Susanna, et al., 'Nuclear and mitochondrial DNA sequences from two Denisovan individuals', *PNAS* 112 (2015), 15696 – 700

Reich, D., Richard, E.G., et al., 'Genetic history of an archaic hominin group from Denisova Cave in Siberia', *Nature* 468 (2010), 1053 – 60

Reich, David, et al., 'Denisova Admixture and the First Modern Human Dispersals into Southeast Asia and Oceania', The American Journal of Human Genetics 89 (2011), 516 – 28

Huerta-Sanchez, Emilia, et al., 'Altitude adaptation in Tibetans caused by introgression of Denisovan-like DNA', *Nature* 512 (2014), 194 – 7

Curnoe, D., et al., 'A Hominin Femur with Archaic Affinities from the Late Pleistocene of Southwest China', *PLOS One* 10:12 (2015)

Birney, Ewan and Pritchard, Jonathan K., 'Archaic humans : Four makes a party', *Nature* 505 (2014), 32 – 4

제2장 최초의 유럽연합

Hardy, Karen, et al., 'The Importance of Dietary Carbohydrate in Human Evolution', *The Quarterly Review of Biology* 90 : 3 (2015), 251

Itan, Y., et al., 'The Origins of Lactase Persistence in Europe', *PLOS Computational Biology* 5 : 8 (2009)

Shennan, Stephen, et al., 'Regional population collapse followed initial agriculture booms in mid-Holocene Europe', *Nature Communications* 4 (2013)

Lazaridis, Iosif, et al., 'Ancient human genomes suggest three ancestral populations for present-day Europeans', *Nature* 513 (2014), 409 – 13

Seguin-Orlando, Andaine, et al., 'Genomic structure in Europeans dating back at least 36,200 years', *Science* 346 : 6213 (2014), 1113

Fu, Qiaomei, et al., 'Genome sequence of a 45,000-year-old modern human from western Siberia', *Nature* 514 (2014), 445 – 50

Helgason, et al., 'Sequences From First Settlers Reveal Rapid Evolution in Icelandic mtDNA Pool', *PLOS Genetics* 5 : 1 (2009)

Benedictow, O.J., The Black Death 1346 – 1353 : *The Complete History* (Boydell Press, 2004)

Procopius, *Secret History* : *History of the Wars*, II. xxii – xxiii : (translated by Richard Atwater. Chicago : P. Covici, 1927; New York : Covici Friede, 1927; reprinted Ann Arbor, MI : University of Michigan Press, 1961)

Adhikari, K., et al., 'A genome-wide association scan in admixed Latin Americans identifies loci influencing facial and scalp hair features', *Nature Communications* 7 (2016)

Leslie, Stephen, et al., 'The fine-scale genetic structure of the British population', *Nature* 519 (2004), 309

제3장 우리가 왕이었을 때

Rohde, Douglas L.T., Olson, Steve and Chang, Joseph T., 'Modelling the recent common ancestry of all living humans', *Nature* 431 (2004), 562 – 6

Chang, Joseph, 'Recent common ancestors of all present-day individuals', *Advances in Applied Probability* 31 (1999), 1002 – 26

Ralph, Peter and Coop, Graham, 'The Geography of Recent Genetic Ancestry across Europe', *PLOS Biology* 11 : 5 (2013)

'Revealed : the Indian ancestry of William', *The Times* (14 June 2013)

Lucotte, Gerard, et al., 'Haplogroup of the Y Chromosome of Napoleon the First', *Journal of Molecular Biology Research* 1 : 1 (2011)

Seguin-Orlando, Andaine, et al., 'Identification of the remains of King Richard III', *Nature Communications* 5 (2014)

Edwards, Russell, *Naming Jack the Ripper : New Crime Scene Evidence, A Stunning Forensic Breakthrough, The Killer Revealed* (Sidgwick & Jackson, 2014)

Alvarez, Gonzalo, Ceballos, Francisco C. and Quinteiro, Celsa, 'The Role of Inbreeding in the Extinction of a European Royal Dynasty', *PLOS ONE* 4 : 4 (2009)

Alvarez, Gonzalo, Ceballos, Francisco C. and Berra, Tim M., 'Darwin was right : inbreeding depression on male fertility in the Darwin family', *Biological Journal of the Linnean Society* 114 (2015), 474 – 83

Fareed, Mohd and Afzal, Mohammad, 'Estimating the Inbreeding Depression on Cognitive Behavior: A Population Based Study of Child Cohort', *PLOS ONE* 9 : 10 (2014)

McQuillan, Ruth, et al., 'Evidence of Inbreeding Depression on Human Height', *PLOS GENETICS* 8 : 7 (2012) http://dx.doi.org/10.1371/journal.pgen.1002655

Kalaydjieva, Luba, et al., 'Reconstructing the Population History of European

Romani from Genome-wide Data Genetic studies of the Roma (Gypsies) : a review', *BMC Medical Genetics* 2 (2001), 5

Waller, John C., et al., 'Prevalence of congenital anomaly syndromes in a Spanish Gypsy population', *Journal of Medical Genetics* 29 : 7 (1992), 483

Gazal, Steven, et al., 'High level of inbreeding in final phase of 1000 Genomes Project', *Scientific Reports* 5 (2015)

제4장 인종의 종말

Uglow, Jenny, *The Lunar Men: The Friends Who Made the Future 1730 – 1810* (Faber and Faber, 2003)

Galton, Francis, 'Cutting a round cake on scientific principles' *Nature* 75 (1906), 173

Galton, Francis, 'On the Anthropometric Laboratory at the late International Health Exhibition', *Journal of the Anthropological Institute* 14 (1884), 12

Galton, Francis, *Hereditary Genius : An Inquiry Into Its Laws and Consequences* (Macmillan, 1869)

Hirschfeld, Ludwik and Hirschfeld, Hanka, 'Serological Differences between the blood of diff erent races : the result of researches on the Macedonian Front', *The Lancet* 194 : 5016 (1919), 673 – 718

Schneider, W.H., 'The History of Research on Blood Group Genetics : Initial Discovery and Diffusion', *History and Philosophy of the Life Sciences* 18 (1996), 282

Piper, Anne, 'Light on a Dark Lady', *Trends in Biochemical Sciences*, 23 (1998), 151 – 4 http://cwp.library.ucla.edu/articles/franklin/piper.html

Lewontin, R.C., 'The Apportionment of Human Diversity', *Evolutionary Biology* 6 (1972), 381 – 98

다음 자료는 단순한 주제가 아니어서, 여러 해에 걸쳐 면밀히 검토되었고 또한 읽을 가치가 충분히 있다.

Richard Dawkins and Yan Wong discuss it in *The Ancestor's Tale : A Pilgrimage to the Dawn of Evolution* (Weidenfeld & Nicolson, 2005), and Anthony Edwards critiqued it in 2003 in a paper entitled 'Human genetic diversity : Lewontin's fallacy' (*BioEssays* 25 : 8, 798 – 801).

Sato, T., et al., 'Allele frequencies of the $ABCC_{11}$ gene for earwax phenotypes among ancient populations of Hokkaido, Japan', *Journal of Human Genetics* 54 : 7 (2009), 409 – 13

Nakano, Motoi, et al., 'A strong association of axillary osmidrosis with the wet earwax type determined by genotyping of the $ABCC_{11}$ gene', *BMC Genetics* 10 : 42 (2009)

Kamberov, Y.G., et al., 'Modeling Recent Human Evolution in Mice by Expression of a Selected EDAR Variant', *Cell* 152 (2013), 691 – 702

Rosenberg, N.A., et al., 'Genetic Structure of Human Populations', *Science* 298 : 5602 (2002), 2381 – 5

Raff , Jennifer, 'Nicholas Wade and race : building a scientific facade' www.violentmetaphors.com (21 May 2014) http://violentmetaphors. com/2014/05/21/nicholas-wade-and-race-buildinga-scientifi c-facade/

Reuter, Shelley, 'The Genuine Jewish Type : Racial Ideology and Anti-Immigrationism in Early Medical Writing about Tay-Sachs Disease', *The Canadian Journal of Sociology* 31 : 3 (2006), 291 – 323

Hughey, Matthew W. and Goss, Devon R., 'A Level Playing Field? Media Constructions of Athletics, Genetics, and Race', *The ANNALS of the American Academy of Political and Social Science* 661 : 1 (2015), 182 – 211

Vancini, R.L., et al., 'Genetic aspects of athletic performance : the African runners phenomenon', *Open Access J Sports Med.* 5 : (2014), 123 – 7

제5장 인류가 만든 가장 놀라운 지도

ENCODE Project Consortium, Birney, E., et al., 'Identification and analysis of unctional elements in 1% of the human genome by the ENCODE pilot project', *Nature* 447 : 7146 (2007), 799 – 816

Rosner, Fred, and Pierce, Glenn F., 'Correspondence : Hemophilia A', *The New England Journal of Medicine* 330 : 1617 (1994)

Waller, John C., 'The birth of the twin study–a commentary on Francis Galton's "The History of Twins"', *International Journal of Epidemiology* 41 : 4 (2012), 913 – 17

Martinez–Frias, M.L. and Bermejo, E., 'Prevalence of congenital anomaly syndromes in a Spanish Gypsy population', *Journal of Medical Genetics* 29 (1992), 483 – 486

Vanscoy, L.L., et al., 'Heritability of lung disease severity in cystic fibrosis', *American Journal of Respiratory and Critical Care Medicine* 175 (2007), 1036

Manolio, Teri A., et al., 'Finding the missing heritability of complex diseases', *Nature* 461 : 7265 (2009), 747

GWAS의 탄생

Klein, R.J., et al., 'Complement Factor H Polymorphism in Age–Related Macular Degeneration', *Science* 308 : 5720 (2005), 385–9

The Wellcome Trust Case Control Consortium, 'Genome–wide association study of 14,000 cases of seven common diseases and 3,000 shared controls', *Nature* 447 (2007), 661 – 78

Sturm, R.A. and Larsson, M., 'Genetics of human iris colour and patterns', *Pigment Cell & Melanoma Research* 5 (2009), 544

Alpher, R.A., Bethe, H. and Gamow, G., 'The Origin of Chemical Elements', *Physical Review* 73 : 7 (1 April 1948), 803 – 4

Matlock, P., 'Identical twins discordant in tongue–rolling', *Journal of Heredity* 43

(1952), 24

Sturtevant, A.H., 'A new inherited character in man', *Proceedings of the National Academy of Sciences USA* 26 (1940), 100 – 2

Latham, Jonathan, 'Th e failure of the genome', *Guardian* (17 April 2011)

James, Oliver, 'Sorry, but you can't blame your children's genes', *Guardian* (30 March 2016)

제6장 운명

State of Tennessee v. Davis Bradley Waldroup, Jr. (2011) Criminal Court for Polk County No. 08-101

Brooks-Crozier, Jennifer, 'The nature and nurture of violence : early intervention services for the families of MAOA-LOW children as a means to reduce violent crime and the costs of violent crime', *Connecticut Law Review* 44 : 2 (2011)

Lenders, J.W.M., et al., 'Specifi c genetic deficiencies of the A and B isoenzymes of monoamine oxidase are characterized by distinct neurochemical and clinical phenotypes', *Journal of Clinical Investigation* 97 : 4 (1996), 1010 – 19

Frazzetto, G., et al., 'Early trauma and increased risk for physical aggression during adulthood : the moderating role of MAOA genotype', *PLOS ONE* 2 : 5 (2007)

Gibbons, Ann, 'Tracking the Evolutionary History of a "Warrior" Gene', *Science* 304 : 5672 (2004), 818

Caspi, A., et al., 'Role of genotype in the cycle of violence in maltreated children', *Science* 297 : 5582 (2002), 851 – 4

Lea, Rod and Chambers, Geoff rey, 'Monoamine Oxidase, Addiction, and the "Warrior" Gene Hypothesis', *The New Zealand Medical Journal* 120 : 1250 (2007)

McDermott, Rose, et al., 'Monoamine oxidase A gene (MAOA) predicts behavioral aggression following provocation', *PNAS* 106 : 7 (2009), 2118 – 23

Beaver, Kevin M., et al., 'Monoamine oxidase A genotype is associated with gang membership and weapon use', *Comprehensive Psychiatry* 51 : 2 (2010), 130 – 4

'"Ruthlessness gene" discovered by Michael Hopkin,' *Nature* (4 April 2008)

Hunter, Philip, 'The Psycho Gene', *EMBO Reports* 11 : 9 (2010), 667 – 9

Tiihonen, J., et al., 'Genetic background of extreme violent behavior', *Journal of Molecular Psychiatry* 20 : 6 (2015), 786 – 92

Hogenboom, Melissa, 'Two genes linked with violent crime',

BBC Online (28 October 2014)

애덤 랜자에 관하여

Kolata, Gina, 'Seeking Answers in Genome of Gunman', *New York Times* (24 December 2012)

Etchells, Peter J., et al., 'Prospective Investigation of Video Game Use in Children and Subsequent Conduct Disorder and Depression Using Data from the Avon Longitudinal Study of Parents and Children', *PLOS ONE* 11 : 1 (2016)

Myers, P.Z., 'Fishing for meaning in a dictionary of genes', *Pharyngula* (27 December 2012)

Banning, C., 'Food Shortage and Public Health, First Half of 1945', *The Annals of the American Academy of Political and Social Science* 245 : The Netherlands during German Occupation (May 1946), 93 – 110

Stein, A.D. and Lumey, L.H., 'The relationship between maternal and off spring birth weights after maternal prenatal famine exposure : the Dutch Famine Birth Cohort Study', *American Journal of Human Biology* 72 : 4 (2000), 641 – 54

Kaati, G., et al., 'Cardiovascular and diabetes mortality determined by nutrition during parents' and grandparents' slow growth period', *European Journal of Human Genetics* 10 : 11 (2002), 682 – 8

Pembrey, Marcus, et al., 'Human transgenerational responses to early-life experience : potential impact on development, health and biomedical research', *Journal of Medical Genetics* 51 : 9 (2014), 563 – 72

Chopra, Deepak and Tanzi, Rudolph, 'You Can Transform Your Own Biology', www.chopra.com/ccl/you-can-transformyour-own-biology

제7장 인류의 미래에 대한 짧은 소개

Fu, W., O'Connor, T.D., et al., 'Analysis of 6,515 exomes reveals the recent origin of most human protein-coding variants', *Nature* 493 (2013), 216 – 20

Pandit, Jaideep J., et al., 'A hypothesis to explain the high prevalence of pseudo-cholinesterase deficiency in specific population groups', *European Journal of Anaesthesiology* 28 (2011), 550

Reich, D., et al., 'Reconstructing Indian population history', *Nature* 461 (2009), 489 – 94

Moorjani, Priya, et al., 'Genetic Evidence for Recent Population Mixture in India', *The American Journal of Human Genetics* 93 : 3 (2013), 422 – 38

Bolund, Elisabeth, et al., 'Effects of the demographic transition on the genetic variances and covariances of human life-history traits', *Evolution* 69 (2015), 747 – 55

Rolshausen, Gregor, et al., 'Contemporary Evolution of Reproductive Isolation and Phenotypic Divergence in Sympatry along a Migratory Divide', *Current Biology* 19 : 24 (2009), 2097 – 101

Excerpt from Eliot, T.S., 'Little Gidding' from *Four Quartets* (Faber and Faber, 1942). Reproduced with permission from Faber and Faber Ltd.

찾아보기

인명

ㄱ

ㄴ

ㄷ

ㄹ

ㅁ

ㅂ

ㅅ

용어

사피엔스 DNA 역사

펴낸날	**초판 1쇄 2018년 4월 5일**

지은이	**에덤 러더퍼드**
옮긴이	**한정훈**
펴낸이	**심만수**
펴낸곳	**(주)살림출판사**
출판등록	**1989년 11월 1일 제9-210호**

주소	**경기도 파주시 광인사길 30**
전화	**031-955-1350 팩스 031-624-1356**
홈페이지	**http://www.sallimbooks.com**
이메일	**book@sallimbooks.com**

ISBN	**978-89-522-3916-7 03470**

※ 값은 뒤표지에 있습니다.
※ 잘못 만들어진 책은 구입하신 서점에서 바꾸어 드립니다.

이 도서의 국립중앙도서관 출판예정도서목록(CIP)은 서지정보유통지원시스템 홈페이지
(http://seoji.nl.go.kr)와 국가자료종합목록시스템(http://www.nl.go.kr/kolisnet)에서
이용하실 수 있습니다.(CIP제어번호: CIP2018008627)

책임편집·교정교열 **정현미**